ESP8266과 MQTT 통신으로 만드는 사물인터넷 세상

김한종 저

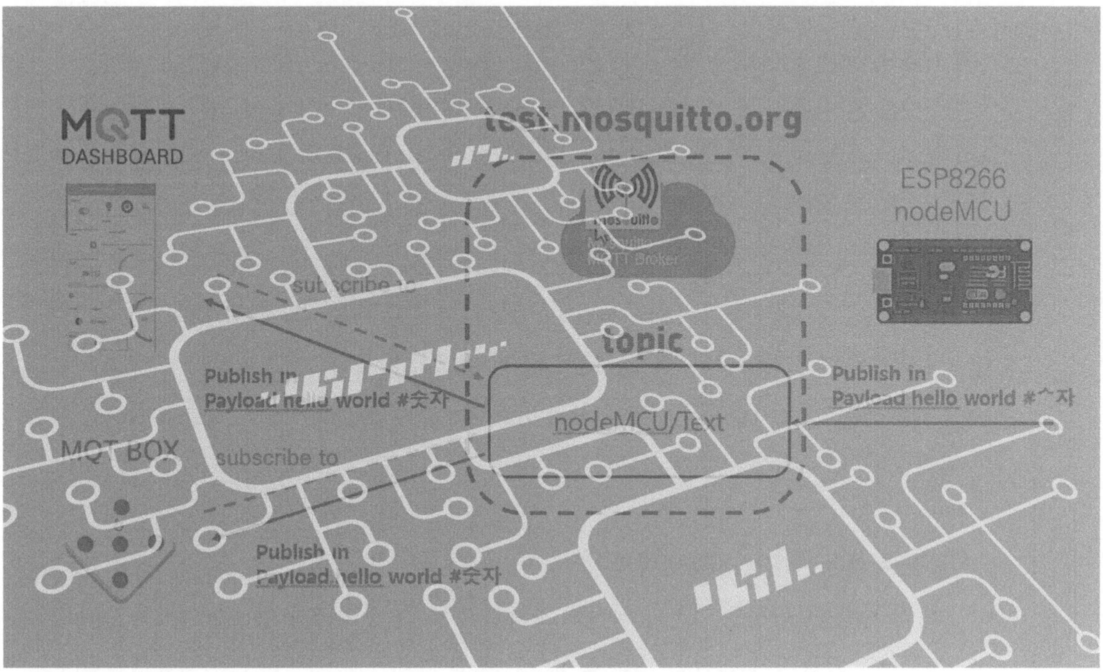

도서출판 가람

연결의 시대, 사물인터넷이 여는 새로운 세상

우리가 살아가는 세상은 점점 더 '연결'이라는 단어로 설명됩니다. 사람과 사람, 기계와 기계, 그리고 사람과 기계가 서로 소통하며 새로운 가치를 만들어내는 세상 - 바로 사물인터넷(Internet of Things, IoT) 시대입니다. 이제 가정의 조명, 냉장고, 자동차, 심지어 농장의 토양 센서까지도 인터넷과 연결되어 데이터를 주고받습니다. 그리고 이러한 연결의 중심에는, 작지만 강력한 '마이크로컨트롤러'가 있습니다. 이 교재는 그중에서도 ESP8266이라는 경제적이면서도 강력한 Wi-Fi 모듈과, IoT 통신의 핵심 프로토콜인 MQTT(Message Queuing Telemetry Transport)를 통해 사물인터넷의 본질을 경험하고 이해하도록 설계되었습니다.

왜 ESP8266과 MQTT인가

ESP8266은 단순한 센서 제어용 보드가 아닙니다. 저렴한 가격과 손쉬운 네트워크 기능 덕분에, 전 세계 수많은 메이커와 개발자들이 IoT 프로젝트의 첫걸음을 이 보드로 시작하고 있습니다. 이 교재에서는 ESP8266을 활용하여 데이터 수집, 전송, 저장, 시각화에 이르는 전체 과정을 직접 구현해볼 수 있도록 구성했습니다. 또한 MQTT는 IoT 환경에 최적화된 경량 메시지 통신 프로토콜로, 한정된 전력과 네트워크 환경에서도 안정적인 데이터 송수신이 가능합니다. 본 교재는 단순히 코드를 따라 치는 데서 끝나지 않습니다. MQTT의 구조, 브로커와 클라이언트 간의 상호작용 등을 통해 '연결'의 기술적 원리를 깊이 이해할 수 있도록 안내합니다.

실습으로 배우는 진짜 사물인터넷

이 책의 가장 큰 특징은 이론과 실습의 조화입니다. 각 장마다 구체적인 예제와 단계별 실습을 통해, 학습자가 직접 코드를 작성하고 결과를 눈으로 확인하도록 설계했습니다. LED를 제어하는 간단한 프로젝트부터, 센서 데이터를 클라우드로 전송하고 모바일로 모니터링하는 고급 응용까지 한 걸음씩 따라오다 보면 어느새 IoT 시스템의 전체 구조를 이해하게 됩니다. 또한 이 교재는 단순한 기능 구현에 머물지 않고, 데이터 흐름과 네트워크 구조, 그리고 시스템 확장성까지 다루어 학습자의 사고를 한 단계 확장시킵니다. 실습을 마칠 때쯤이면, 여러분은 이미 자신만의 IoT 서비스를 구상할 수 있는 개발자로 성장해 있을 것입니다.

미래를 여는 기술, 여러분의 손끝에서

사물인터넷은 더 이상 특정 전문가의 영역이 아닙니다. 스마트홈, 헬스케어, 농업, 환경 모니터링, 산업 자동화 등 모든 분야에서 IoT 기술은 혁신의 중심에 있습니다. 이 교재를 통해 여러분은 단순히 회로와 코드를 배우는 것이 아니라, 데이터와 연결의 힘으로 세상을 바꾸는 기술의 본질을 배우게 될 것입니다. 여러분이 이 책의 마지막 장을 덮을 때쯤, 'ESP8266과 MQTT'라는 작은 기술의 조합이 얼마나 큰 가능성을 품고 있는지 깨닫게 되길 바랍니다. 그리고 그 가능성을 실제로 구현하는 사람이 바로 여러분 자신이 되길 기대합니다.

이 책은 사물인터넷 교육 현장에서 학생들이 가장 쉽게 접근하고, 동시에 가장 깊이 이해할 수 있는 교재를 만들고자 하는 열정에서 출발했습니다. 모든 실습은 현장 중심으로 설계되었으며, 실제 산업 현장에서 사용하는 기술 구조를 단순화하여 학습자가 실질적인 자신감을 가질 수 있도록 구성하였습니다. 이 책을 통해 IoT 기술을 처음 접하는 학생부터, 실무에 적용하려는 개발자까지 모두가 '연결의 즐거움'을 느낄 수 있기를 바랍니다. 작은 코드 한 줄이 세상과 이어지는 거대한 통로가 되는 경험을, 이 책과 함께 시작해보세요.

끝으로 본 책이 출판되기까지 많은 도움을 주신 도서출판 가람에 감사드립니다.

2025년 11월 저자

차례

제4장 ESP8266 NodeMCU 디지털 출력 제어

제5장 ESP8266 NodeMCU 디지털 입력 제어

제6장 ESP8266 NodeMCU 아날로그 입력제어

차례

제10장 ESP8266 NodeMCU I2C 통신을 활용한 센서 제어

제11장 ESP8266 NodeMCU SPI 통신을 이용한 RFID/NFC 센서 제어

제12장 ESP8266 NodeMCU 시리얼 통신을 활용한 센서 제어

제13장 ESP8266 NodeMCU 시리얼 통신과 블루투스 통신을 활용한 센서 제어

제14장 ESP8266 NodeMCU 로라(LoRa) 통신을 활용한 센서 제어

제15장 ESP8266 NodeMCU 수면모드 활용

제1장

사물인터넷과 ESP8266 NodeMCU 개발 보드

1.1 사물인터넷(IoT)

사물인터넷(IoT, Internet of Things)은 사람, 사물, 데이터 등 이 세상에 존재하는 모든 것을 인터넷을 통해 서로 연결하여 생성된 데이터를 수집하고 처리, 활용을 통해 부가가치를 생성하는 기술을 의미한다. 예전에는 주로 각종 센서를 연결해주는 무선 근거리 통신에서 사물인터넷 기술이 사용되었지만, 최근에는 클라우드 플랫폼을 포함하여 유무선 원거리 통신에도 광범위하게 적용되어 스마트 홈, 스마트 팜, 산업 자동화, 헬스케어, 스마트 시티 등 다양한 분야에서 다양한 응용 서비스를 제공하며 혁신을 가져오고 있다.

사물인터넷은 [그림 1.1]과 같이 센서(Sensor), 디바이스(Device), 네트워크(Network), 플랫폼(Platform), 서비스(Service)의 5가지 구성요소로 구성되어있다. 디바이스는 센서들로부터 데이터를 모으고 WiFi, LoRa 및 이동통신 등의 네트워크 통신 기술을 통해 플랫폼 서버에 전달한다. 플랫폼 서버는 센서를 통해 수집한 데이터를 취합, 분류, 분석하여 의미 있는 정보를 생성하고 이를 고객(Client) 혹은 서비스(Service)에 제공한다.

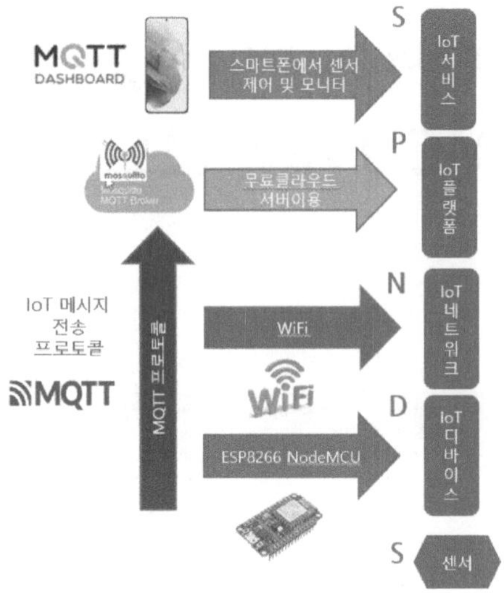

그림 1.1 사물인터넷 구성요소

진정한 의미의 사물인터넷을 다루기 위해서는 사물인터넷을 구성하는 5가지 구성요소를 모두 포함하여야 하며 센서로부터 데이터를 수집하는 디바이스는 전력 소모를 줄여 배터리의 사용 시간을 늘리는 것이 중요하다. 그러므로, 디바이스는 사용하지 않을 때 거의 모든 기능을 정지하는 수면모드 기능을 지원하고 플랫폼 서버에 데이터를 전달하기 위해 WiFi 기능이 내장된 디바이스를 사용할 필요가 있다. 본 교재에서는 이러한 기능들을 포함하고 있는 ESP8266 NodeMCU 디바이스를 사용한다. 디바이스가 수집한 센서 데이터 즉, IoT 메시지를 플랫폼 서버로 전달하기 위해서는 메시지 전송 프로토콜이 필요한데 많이 사용되고 있는 IoT 메시지 전송 프로토콜로는 MQTT(Message Queueing Telemetry Transport)와 CoAP(Constrained Application Protocol)이 있다. MQTT는 경량의 발행-구독 기반의 메시징 프로토콜로 저전력, 저대역폭 네트워크에 적합하며 TCP/IP 위에서 작동한다. CoAP 프로토콜은 경량의 RESTful 프로토콜이며 HTTP와 유사한 요청-응답 모델로 UDP 기반으로 동작한다. 본 교재에서는 메시지 전송 프로토콜로 MQTT 프로토콜을 사용하며 MQTT 프로토콜을 지원하는 플랫폼 서버로 IoT 메시지를 전송한다. 스마트 폰에서도 MQTT 프로토콜을 지원하는 앱을 사용하여 플랫폼 서버에 접속하게 되고 메시지를 받거나 새로운 메시지를 보내 디바이스에 연결된 센서들의 상태를 모니터링하거나 센서를 제어하게 되어 사물인터넷을 구성하는 5가지 구성요소들을 학습해 보도록 한다.

1.2 ESP8266 NodeMCU 보드(디바이스)

ESP8266 NodeMCU 개요

- ESP8266: Espressif Systems 사에서 개발한 와이파이 기능을 내장하고 있는 32비트 마이크로 콘트롤러(MCU)로 [그림 1.2]의 금색 부분
- NodeMCU: 마이크로 콘트롤러 ESP8266에 올라가 있는 펌웨어
- ESP8266 NodeMCU: ESP8266 MCU에 USB와 아두이노 IDE 환경 지원 등을 추가해서 개발된 개발 보드(또는 모듈, 디바이스)로 사물인터넷 환경에서 사용되고 있는 대표적인 디바이스

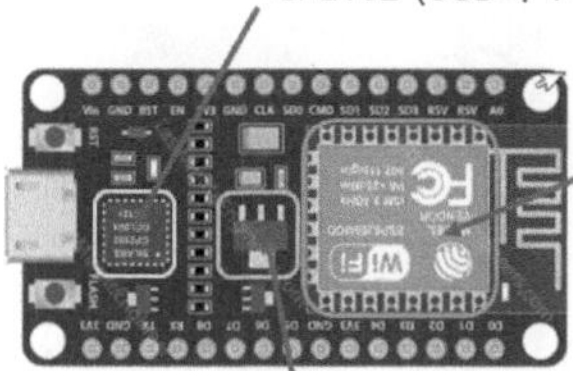

그림 1.2 ESP8266 MCU

ESP8266 NodeMCU 장단점

1) 장점

- 아두이노에 별도의 WiFi 통신 모듈을 사용하는 것보다 ESP8266 NodeMCU 하나를 사용하는 것이 가격도 저렴하고 부피도 적음

- 하나의 모듈 안에서 WiFi가 기본 지원되므로 사용하기 간편하여 홈 자동화, 사물인터넷 응용에 적합
- NodeMCU에 내장된 프로세서(80MHz대)가 아두이노 보다(16MHz대) 속도가 훨씬 빠름
- 아두이노 IDE를 사용하여 프로그래밍 및 업로드 가능

2) 단점

- 아두이노 보드에 비해 입출력 핀 수가 적음
- WiFi 동작 시 전력 소비가 커서 배터리 동작 환경에서 오래 가동시킬 수 없으나 배터리 가동 시간을 늘리기 위해 절전 수면모드를 사용할 수는 있음

ESP8266 버전

- ESP8266 MCU는 [그림 1.3]과 같이 ESP8266-01부터 ESP8266-12F 등 다양하게 존재하고 흔히 줄여서 ESP-01 또는 ESP-12F로 사용

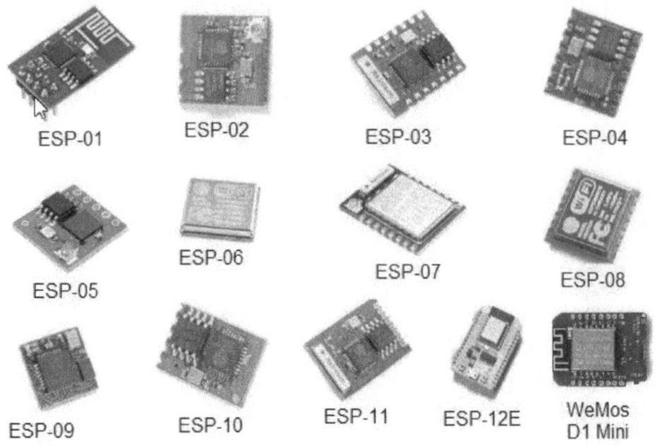

그림 1.3 ESP8266 MCU 버전

- 가장 널리 사용되는 ESP8266 NodeMCU 보드는 ESP-01, ESP-12F MCU를 사용한 NodeMCU 보드 및 Wemos D1 Mini
- 본 교재에서 사용하고 있는 것은 [그림 1.4]와 같이 ESP-12F NodeMCU 보드를 사용하며 앞으로 ESP8266 NodeMCU라 하면 ESP-12F NodeMCU 보드를 말함
- 참고로, ESP8266의 후속 모델이 ESP32인데 ESP32에는 와이파이와 블루투스가 내장된 듀얼코어로 구성

(a) ESP-12F NodeMCU 보드

(b) ESP32 보드

그림 1.4 ESP-12F NodeMCU 보드 및 ESP32 보드

ESP8266 (ESP-12F) NodeMCU 보드 종류

- [표 1.1]과 같이 ESP8266 NodeMCU 개발 보드 버전은 0.9와 1.0 버전이 있는데 0.9 버전은 ESP-12를 사용하고 있고 1.0 버전은 ESP-12F를 사용하고 있음. 또한 1.0 버전은 크기 및 사용하고 있는 UART 칩에 따라 V2 버전과 V3 버전이 있음
- V2는 V3보다 크기가 더 작고 V2는 UART 칩(USB와 TTL간의 변환)으로 CP2102를 쓰는 반면, V3는 CH340을 씀. CP2102가 더 신뢰성이 높다고 알려짐

표 1.1 ESP8266 NodeMCU 보드 종류

세대	버전	면목상 버전	마이크 콘트롤러
1	0.9	V1	ESP-12
2	1.0	V2	ESP-12E 또는 ESP-12F
3	1.0	V3	ESP-12E 또는 ESP-12F

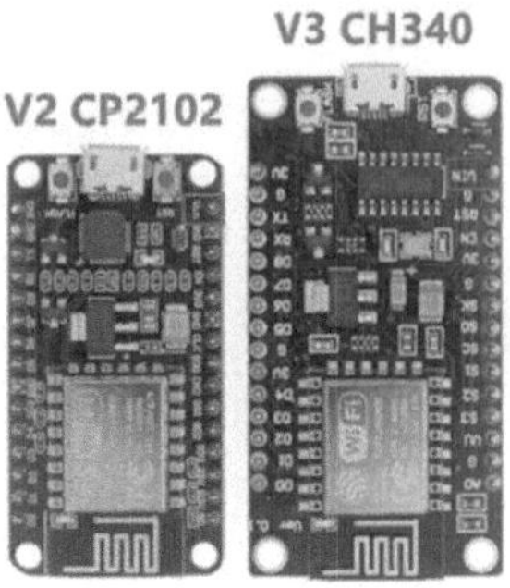

ESP8266 NodeMCU V2 보드(또는 모듈)의 주요 특징

- V2 보드의 주요 특징을 [표 1.2]에 제시
- WiFi 기능을 내장하고 있으며 4MB의 플래시 메모리를 가지고 있고 80MHz의 클럭 속도로 실행되어 처리 속도가 매우 빠름
- 디지털 I/O는 모두 PWM 및 인터럽트를 지원
- 11개의 디지털 I/O 핀이 있지만 9개 만 디지털 I/O로 사용하고 나머지 2개는 일반적으로 직렬 통신(Serial) 용도로 사용
- 가장 중요한 제한 사항으로 아날로그 입력 핀이 1개로 제한
- 보드는 USB 포트를 통해 또는 Vin 핀에 연결된 외부 7-12V 전원 공급 장치를 사용하여 전원을 공급
- 보드는 3.3V로 동작 (HIGH 출력 시 3.3V가 나타남)
- 파란색 온보드 LED는 D4 (GPIO2)에 연결되며 LED_BUILTIN 상수를 사용하여 액세스

표 1.2 ESP8266 NodeMCU V2 보드의 주요 특징

네트워크	Built-in IEEE 802.11 b/g/n WiFi
주파수범위	2.412 ~2.484GHz
무선 네트워크 형태	STA/AP/STA+AP
네트워크 프로토콜	IPv4, TCP/UDP/FTP/HTTP 등
마이크로 콘트롤러(MCU)	ESP-8266 32-bit RISC CPU
플래쉬 메모리	4 MB
SRAM	64KB
클럭속도	80 MHz
동작전압	3.3V
입력전압 (추천)	7-12V
I/O 핀당 DC 전류	12mA
직렬-USB 변환기(Serial to USB Converter)	CP2102
USB 커넥터	Micro USB
디지털l I/O	11
PWM I/O 핀 (디지털 I/O와 공유)	11
아날로그 입력 핀	1 (10 비트)
통신	Serial, SPI. I2C

ESP8266(ESP-12F) MCU 칩 핀 배열

- [그림 1.5]와 같이 알루미늄 쉴드 부분이 ESP8266 (ESP-12F) MCU 임
- 총 17개의 GPIO 핀 (GPIO0~GPIO16)으로 구성
- 1개의 아날로그 입력핀 (ADC0)을 가짐

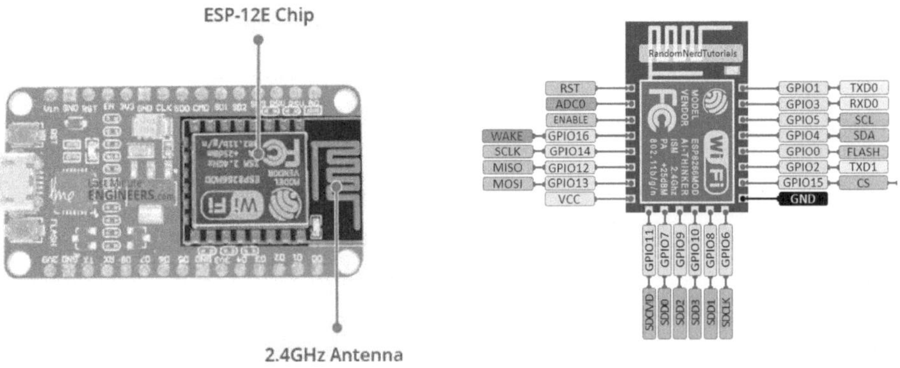

그림 1.5 ESP-12F 칩 핀 배열

ESP8266 NodeMCU 보드 핀 배치도

- ESP8266 (ESP-12F) MCU의 총 17개 GPIO 핀 (GPIO0~GPIO16)이 보드 양쪽 핀 헤더로 [그림 1.6]과 같이 연결
- 보드에는 디지털 I/O로 D0~D8이 표시되어 있으며 아날로그 입력은 A0로 표시
- D0~D8과 A0에 대응되는 ESP-12F GPIO핀 번호는 [그림 1.6]과 같음
- 핀 멀티플렉싱 기능으로 단일 GPIO핀이 다중 기능 동작

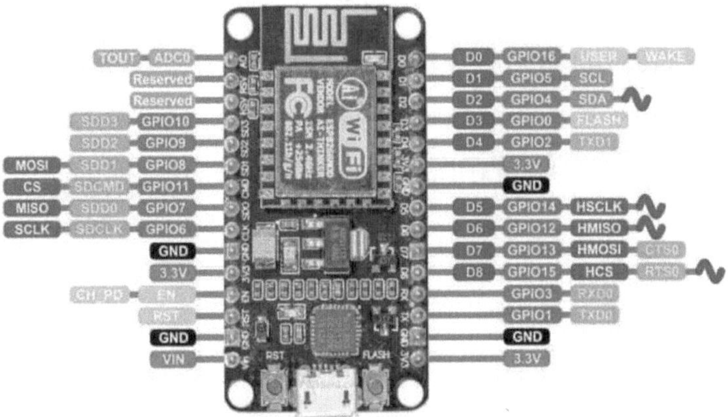

그림 1.6 ESP8266 NodeMCU 보드 핀 배치도

ESP8266 NodeMCU 개발 보드(또는 모듈) 핀 기능

- [표 1.3]에 ESP8266 NodeMCU 개발 보드 핀 기능을 제시
- 핀을 이용하여 프로그램 작성 시 ESP-12F MCU 칩을 기본으로 사용하므로 ESP-12F MCU 칩 GPIO 핀 번호를 사용해도 되고 보드에 적힌 A0, D0~D8 이라는 명칭도 사용 가능
- GPIO 1,3 번은 시리얼 통신용
- GPIO 6~11번은 플래시 메모리용으로 이미 사용 중이므로 사용 불가
- GPIO 16번 (D0)은 수면모드(Sleep mode)에서 깨어(Wake)나기 위한 용도로 사용

표 1.3 ESP8266 NodeMCU 핀 기능

보드 라벨	GPIO	입력(Input)	출력(Output)	비고
D0	GPIO16	인터럽트 불가		수면모드 깨우기 용으로 사용
D1	GPIO5			SCL (I2C) - 소프트웨어에서 구현
D2	GPIO4			SDA (I2C) - 소프트웨어에서 구현
D3	GPIO0			
D4	GPIO2			파란색 온 보드 LED 연결 (부논리 동작) LED_BUILTIN 상수를 사용하여 액세스
D5	GPIO14			SPI(SCLK)
D6	GPIO12			SPI(MISO)
D7	GPIO13			SPI(MOSI)
D8	GPIO15			SPI(CS)
RX	GPIO3		Rx (수신)	시리얼(UART) 통신 용
TX	GPIO1	Tx (송신)		시리얼(UART) 통신 용
A0	ADC0	아날로그 입력	×(불가)	10비트 ADC

ESP8266 NodeMCU 보드 전원

- ESP8266 NodeMCU 전원 관련 부분은 [그림 1.7]과 같음
- 외부 전원 공급 방법

1) USB 전원 사용 시

- Vin 핀은 전압이 출력 됨

면목상 버젼	Vin 핀 전압	비고
V2	4.7V	5V 센서 구동으로 사용 가능
V3	1.4V	5V 센서 구동으로 사용 불가능

2) Vin 핀으로 외부 전원 사용 시

- 7~12V 전원 공급

- 동작 전압 : 2.5V ~ 3.6V
- LM1117 3.3V 600mA 레귤레이터 내장

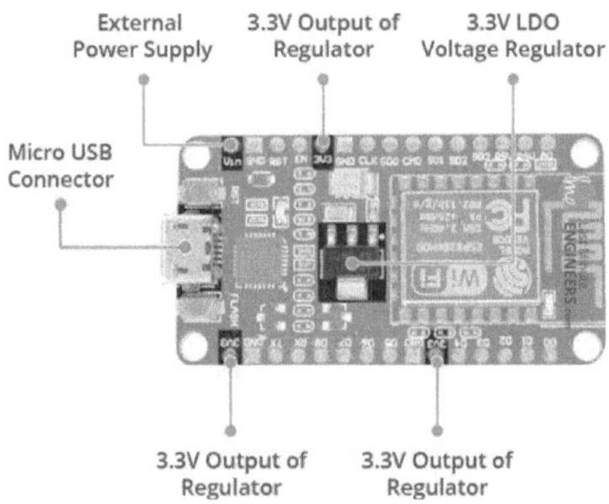

그림 1.7 ESP8266 NodeMCU 보드 전원

ESP8266 온보드 LED 및 리셋(RST) 핀

1) 온보드 LED

- [그림 1.8]과 같이 대부분의 ESP8266 개발 보드에는 LED가 내장되어 있음
- 파란색 온보드 LED는 D4 (GPIO2)에 연결되어 있으며 이 핀은 LED_BUILTIN 상수를 사용하여 액세스 가능
- 부논리로 동작 즉, HIGH 신호를 보내면 꺼지고 LOW 신호를 보내면 켜짐

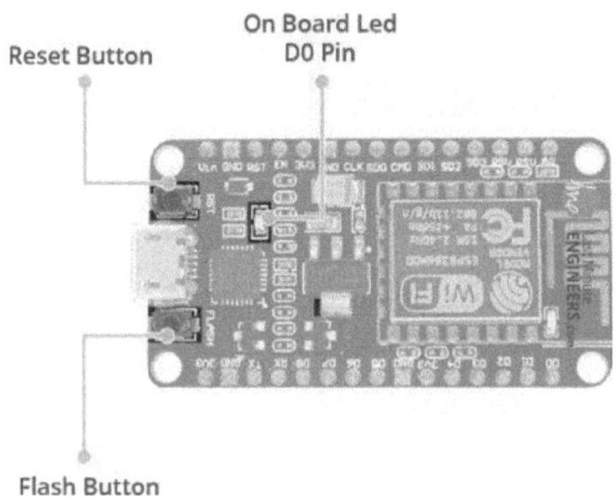

그림 1.8 ESP8266 NodeMCU 온보드 LED 및 리셋 버튼

2) 리셋(RESET) 버튼

- 리셋 버튼을 눌러 RST 핀이 LOW가 되면 ESP8266이 리셋 됨

1.3 ESP8266 NodeMCU 개발환경 구축하기

ESP8266 NodeMCU 개발환경

- NodeMCU는 Lua라는 프로그램 언어를 통해 개발할 수 있으나 많은 사람들이 아두이노 IDE를 통해 프로그래밍을 하면서 보다 많은 자료가 공유되고, 편리하게 사용되고 있음

- 본 교재에서는 아두이노 IDE를 사용하여 펌웨어를 개발할 것이므로 아두이노 IDE에 ESP8266 보드를 설치하는 방법을 살펴볼 것임
- 아두이노 IDE에 ESP8266 보드를 설치하려면 아두이노 IDE가 설치되어 있어야 하며 설치가 되어있다면 다음 절차를 따르고 아두이노 IDE가 설치되어 있지 않으면 먼저 아두이노를 설치하여야 함
- 본 교재에서는 아두이노 IDE 2.3.2를 사용하여 ESP8266 NodeMCU 디바이스 프로그램 수행

ESP8266 NodeMCU 개발환경 구축

1) [그림 1.9]와 같이 Arduino IDE에서 "파일〉 기본 설정"으로 이동

그림 1.9 개발환경 구축 1

2) [그림 1.10]과 같이 "추가적인 보드 매니저 URLs" 필드에 아래 내용을 입력 후 "확인" 버튼을 클릭

http://arduino.esp8266.com/stable/package_esp8266com_index.json

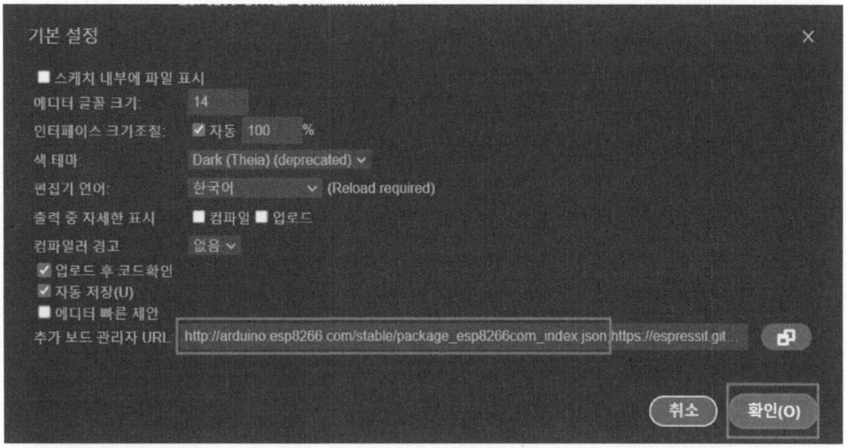

그림 1.10 개발환경 구축 2

3) [그림 1.11]과 같이 보드 매니저 아이콘을 누른 후 ESP8266을 검색하고 "ESP8266 by ESP8266 Community"에 대한 최신 버전을 선택한 후 설치

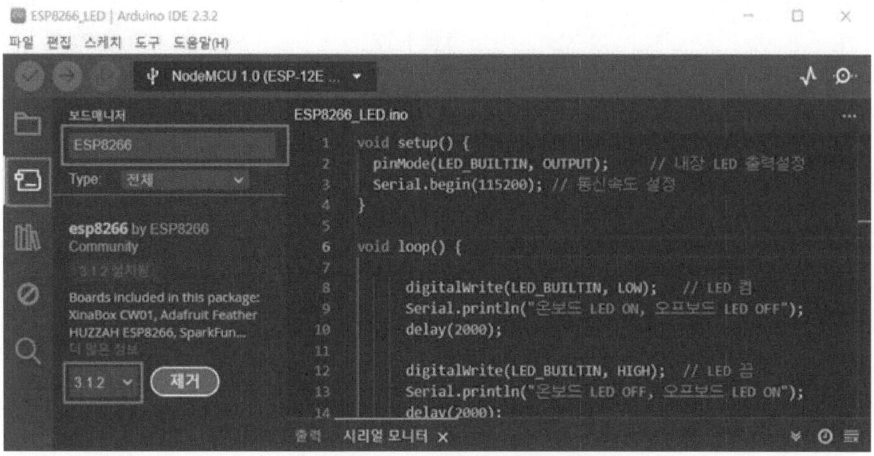

그림 1.11 개발환경 구축 3

실험 1-1

ESP8266 NodeMCU 개발환경 테스트

1) 예제 선택하기

- [그림 1.12]와 같이 IDE의 메뉴에서 파일/예제/01.Basics/Blink를 선택

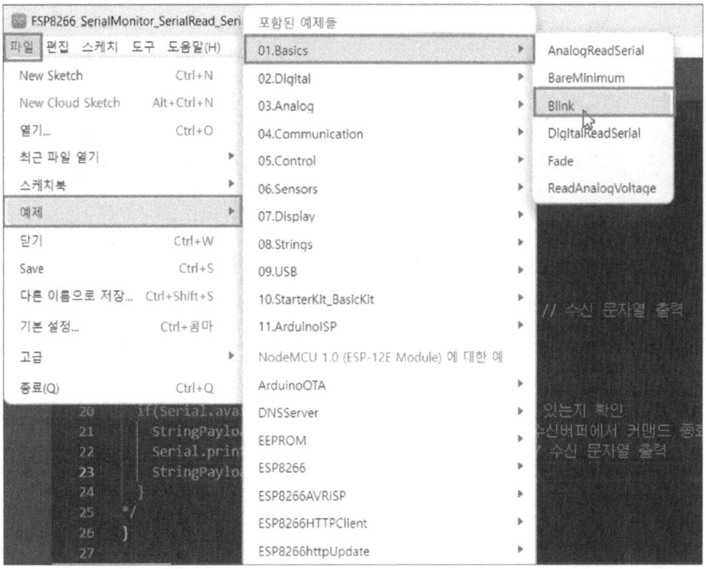

그림 1.12

2) 예제 스케치 프로그램

- Blink를 선택하면 [그림 1.13]과 같은 스케치 프로그램이 나타남
- 여기서는 프로그램 동작에 대해서는 설명하지 않고 통합개발환경(IDE)가 정상적으로 동작하는지 이 예제 스케치 프로그램을 가지고 확인

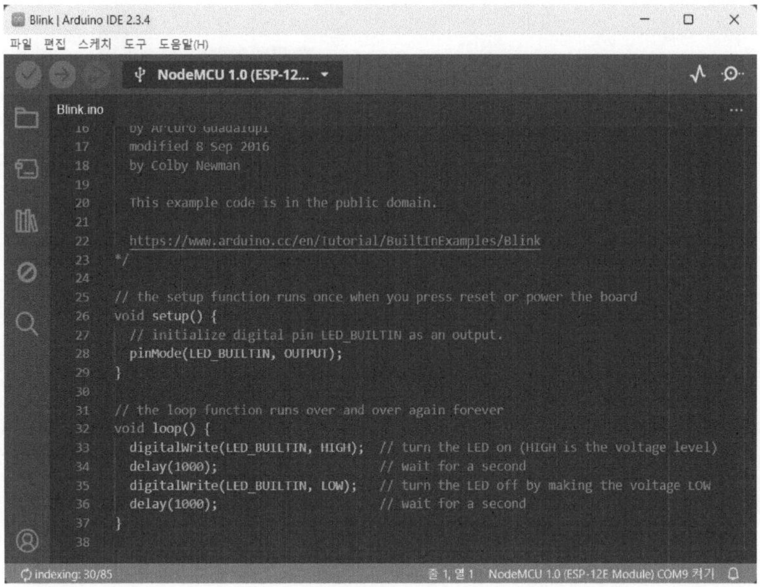

그림 1.13

3) 아두이노 IDE에서 ESP8266 NodeMCU 보드와 연결된 포트 설정

- 아두이노 IDE에서 ESP8266 NodeMCU 보드와 연결된 포트를 설정하여야 하는데 [그림 1.14]와 같이 IDE/도구/보드/esp8266/NodeMCU 1.0(ESP-12E Module)을 통해 연결된 보드를 선택하고 [그림 1.15]와 같이 IDE/도구포트/COM9을 선택(연결된 포트는 사용자마다 다를 수 있으며 본 실험의 경우 ESP8266 NodeMCU가 COM9에 연결되었음)

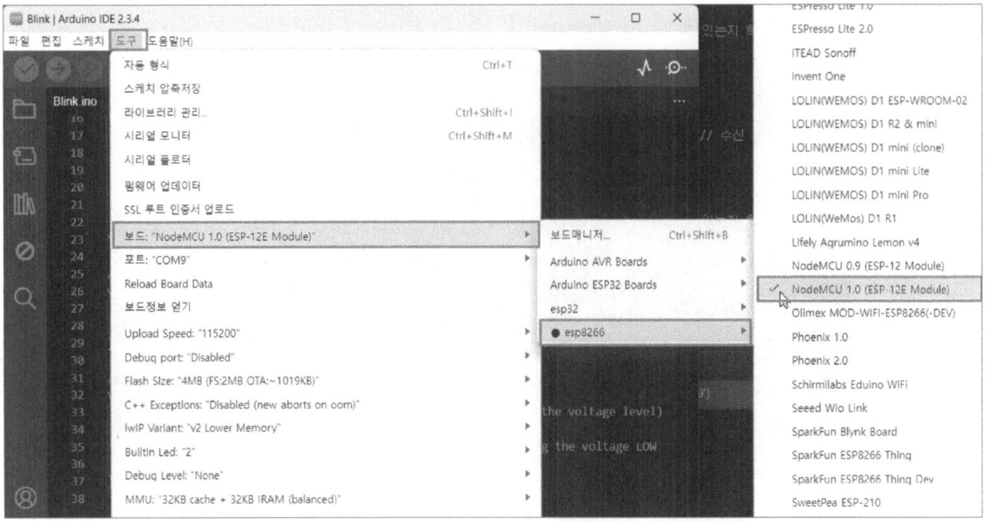

그림 1.14

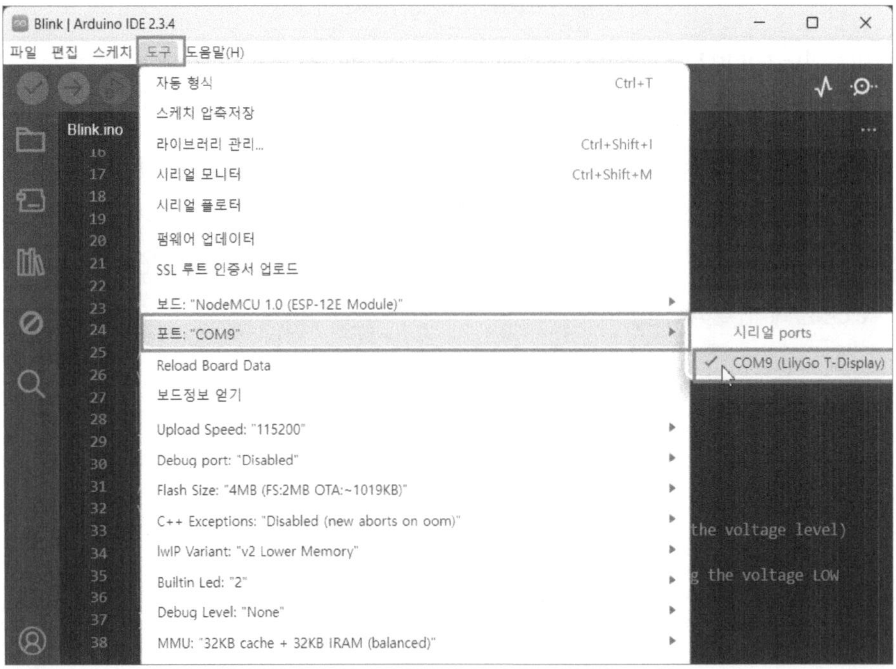

그림 1.15

4) 예제 스케치 프로그램 컴파일 및 업로드

- 컴파일 및 업로드를 위해서는 [그림 1.16]과 같이 편집 탭 밑에 있는 오른쪽 화살표 아이콘을 클릭하면 컴파일을 수행하고 ESP8266 NodeMCU 플래쉬 메모리에 프로그램을 업로드 수행

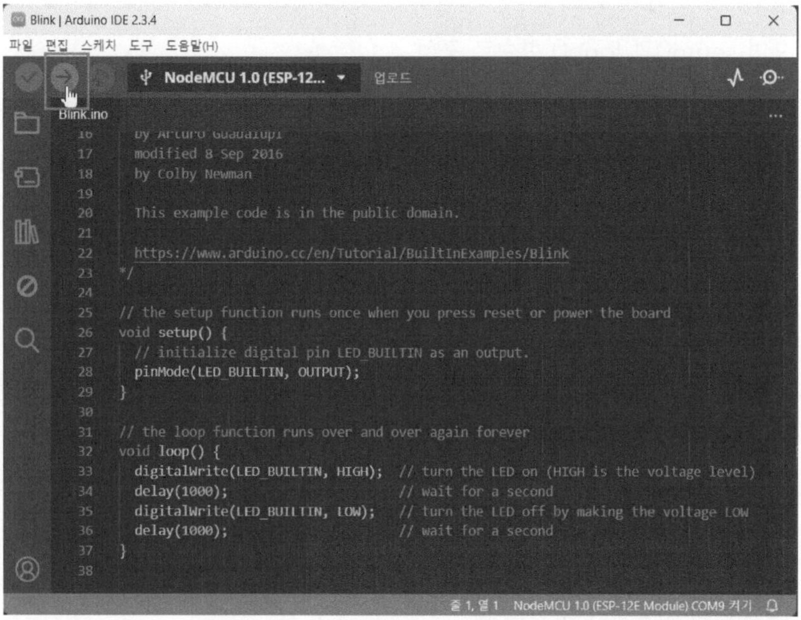

그림 1.16

5) 결과 확인

- 업로딩이 완료되면 보드의 D4 (GPIO2) 핀에 연결된 파란색 온보드 LED가 1초 간격으로 ON, OFF 반복함을 확인할 수 있음
- 이를 확인하였다면 ESP8266 NodeMCU 펌웨어 프로그램을 개발할 수 있는 개발환경 구축이 정상적으로 완료

1.4 아두이노 문법

1) 스케치 프로그램의 기본 구조

- 아두이노 스케치 프로그램은 일반적인 C, C++ 프로그램과 다르게 main() 함수가 없으며 setup()과 loop() 함수로 구성

○ setup()

- setup() 함수는 스케치 프로그램이 시작되면 호출되고 아두이노 보드의 파워 업 또는 리셋 후 한번 만 실행
- 프로그램에 필요한 변수나 핀을 초기화하는데 사용

○ loop()

- loop() 함수는 그 이름이 의미하는 것과 같이 연속적이고 반복적으로 실행되면서 프로그램 변경 및 응답을 통해 아두이노 보드를 제어하는데 사용
- 결국, [그림 1.17]과 같이 아두이노에 전원을 인가하면 setup() 함수를 한번 실행하고 그 이후 전원이 꺼질 때까지 loop() 함수를 무한히 반복하는 구조
- C 프로그램 관점에서 보면 [그림 1.18]과 같다고 생각할 수 있고 main() 함수 부분이 제외된 것으로 생각하면 됨

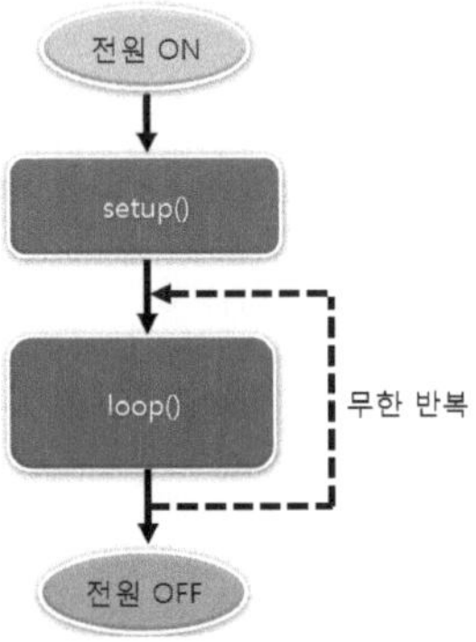

그림 1.17 아두이노 프로그램 구조

아두이노	C-언어

void setup() {
}
void loop() {
}
	void main() {
	  setup();
	
	  while(1) {
	    loop();
	  }
	}

그림 1.18 C-언어 관점에서 아두이노 프로그램 구조

2) 아두이노에서 사용하는 상수와 변수

(1) 상수

- 프로그램에서 어떠한 숫자 값을 이해하기 쉬운 단어로 선언해 둔 것을 상수라 하며 상수는 프로그램 실행이 종료될 때까지 선언된 값을 변경할 수 없음
- 상수는 프로그램 개발 시 사용자가 정의하여 사용할 수도 있으며 아두이노 스케치 프로그램 시에 미리 선언된 상수를 사용할 수도 있는데 "Program Files/Arduino/hardware/arduino/avr/cores/arduino/ Arduino.h" 파일 안에 선언되어 있음

○ HIGH/LOW

- 디지털 핀을 읽거나 쓸 때 핀이 취할 수 있는 두 개의 가능한 값

● HIGH

HIGH의 의미는 핀이 입력 또는 출력으로 설정되어 있는지 여부에 따라 차이가 있음. 핀 설정이 입력으로 설정되고 핀을 읽었을 때 2.31V 이상의 전압이 존재하는 경우 HIGH로 인식. 만약 출력으로 설정하고 핀에 HIGH를 출력하면 핀에 3.3V 전압이 나타남

● LOW

LOW의 의미는 핀이 입력 또는 출력으로 설정되어 있는지 여부에 따라 차이가 있음. 핀 설정이 입력으로 설정되어 있는 경우에 핀을 읽었을 때 0.99V 이하의 전압이 존재하는 경우 LOW로 인식. 만약 출력으로 설정하고 핀에 LOW를 출력하면 핀에 0V가 나타남

○ INPUT/OUTPUT/INPUT_PULLUP

- 디지털 핀을 pinMode() 함수를 이용하여 INPUT, OUTPUT, INPUT_PULLUP으로 설정하면 전기적 동작을 변경할 수 있음

● INPUT

핀을 pinMode() 함수로 INPUT으로 설정하면 그 핀을 신호를 받아들이는 입력용으로 사용한다는 것을 의미

- **INPUT_PULLUP**

  ESP8266 MCU 칩은 내부 풀업 저항을 내장하고 있으므로 외부 풀업 저항을 사용하는 대신에 내부 풀업저항을 사용하고자 하는 경우에 pinMode() 함수 인자로 사용

- **OUTPUT**

  핀을 pinMode() 함수로 OUTPUT으로 설정하면 그 핀은 신호를 내보내는 출력용으로 사용한다는 것을 의미

○ true/false

- true/false는 아두이노 언어의 참과 거짓을 표현하는데 사용되는 두 가지 상수로 소문자를 사용

  - **false**

    거짓은 0으로 정의

  - **true**

    참은 거의 1로 정의 하지만 사실은 더 넓은 의미의 정의를 가지고 있어 0이 아닌 어떤 정수든 boolean의 의미에서는 참

(2) 변수

- 상수와 반대로 언제든지 값을 변경할 수 있는 것을 변수라 하며 변수는 프로그램 실행 중에 사용되는 데이터를 저장하는 공간
- 변수란 프로그램 실행 도중에 사용될 값들을 임시로 저장할 기억장소에 붙여진 이름
- 데이터는 메모리라는 기억장소에 기억되는데 저장될 기억장소의 크기와 저장 형태에 따라 여러 가지 자료 형들이 존재
- 사용할 메모리 공간의 크기를 정하고 그 공간에 데이터를 저장하거나 가져오기 위해서 이름을 붙여주어야 하는데 이것을 변수선언이라 함

(3) 데이터 형(type)

(a) 기본 자료 형

데이터 형		특징	예
논리형	boolean	- 크 기 : 1바이트 - 데이터 : true, false - 범 위 : 0, 1	boolean flag=true;
문자형	char	- 크 기 : 1바이트 - 데이터 : 한 개 문자 - 범 위 : -128~127	char c='r';
	unsigned char	- 크 기 : 1바이트 - 데이터 : 한 개 문자 - 범 위 : 0~255	unsigned char c=100;
정수형	byte	- 크 기 : 1바이트 - 데이터 : 정수 - 범 위 : 0~255	byte c=200;
	int 또는 short	- 크 기 : 2바이트 - 데이터 : 정수 - 범 위 : -32,768~32,767	int ledPin=13;
	unsigned int 또는 word	- 크 기 : 2바이트 - 데이터 : 정수 - 범 위 : $0\sim 2^{16}-1$	unsigned int a=2000;
	long	- 크 기 : 4바이트 - 데이터 : 정수 - 범 위 : $-2^{31} \sim 2^{31}-1$	long a = 200000;
	unsigned long	- 크 기 : 4바이트 - 데이터 : 정수 - 범 위 : $0 \sim 2^{32}-1$	unsigned long time;
실수형	float	- 크 기 : 4바이트 - 데이터 : 실수 - 범 위 : $-2^{31} \sim 2^{31}-1$ (소수점이하 7)	float temp=0.145;
	double	- 크 기 : 4바이트 - 데이터 : 실수 - 범 위 : $-2^{31} \sim 2^{31}-1$ (소수점이하 14)	double temp= 0.1455387;

(b) 파생 자료 형

① 배열(array)

- 동일한 자료 형의 많은 변수를 한 번에 선언 가능
- 변수의 개수만큼 메모리에서 연속된 기억공간이 할당
- 배열에서 차지하는 위치를 첨자(index)라 하며 첨자는 0부터 시작

【예】
int ages[5]={10,20,30,40,50};
int sum=0;
for(i=0;i<5;i++)
  sum+=ages[i];
	변수의 자료 형
	배열의 이름
	변수의 개수
	int ages[5];

② 문자열(string)

- 여러 개의 문자가 모여 있는 것으로 이중인용부호("") 안에 표현
- 문자열은 끝에 널 문자가 붙어 문자열의 끝을 알리기 위해 사용
- 널 문자는 아스키 코드값이 0이고 특수문자 '\0'로 약속되어 있음
- 문자열을 표현하는 두 가지 방법
  - 문자 배열을 사용하는 방법
  - String 클래스 (String 자료 형)을 사용하는 방법

ⓐ 문자 배열을 사용하는 방법

- 문자 배열을 선언하고 문자 상수와 널 문자를 저장하거나 문자열 상수로 초기화

【예】 char Str1[15];	• 문자 배열선언
char Str4[ ] = "arduino";	• 문자 배열을 선언하고 문자열상수로 초기화. 널 문자까지 문자 배열에 입력되어 문자 배열의 개수는 8이 됨

ⓑ String 클래스 (String 자료 형)을 사용하는 방법

- String은 데이터 형이 아니라 문자열을 쉽게 다루도록 정의된 클래스(Class)
- String 클래스(String 자료형)은 문자 배열보다 문자열을 손쉽게 다룰 수 있도록 해주는 자료 형. 즉, 문자열을 매번 문자 배열을 선언하지 않고 저장 및 사용이 쉽도록 제공
- String 클래스는 문자열을 프로그램에서 쉽고 편하게 사용하기 위해서 문자열이 가지는 속성과 기능들을 하나로 묶어서 만든 자료형으로 생각하면 되고 일반 변수처럼 사용하면 됨
- String 클래스의 객체를 선언하여 사용

[String 객체 선언 및 사용]
String 변수명(객체명)　// String 클래스 타입 변수 선언(객체 생성, 인스턴스화) 변수명.함수명(메소드명)　// String 클래스 제공 함수(메소드) 사용

```
String msg="koreatech"; // 문자열 대입
String masg1="100"; //문자열 대입
Serial.println(msg.substring(1)); //문자열에서 부분 문자열을 가지고 오는 메소드
                    // (substring())를 이용 하여 "koreatech" 문자열에서 인덱스가
                    // 1부터 끝까지인 부분 문자열 "oreatech"이 출력
int a = msg1.toInt()+200; //문자열을 숫자로 바꿔주는 메소드(toInt()) 이용
Serial.println(a);
```

- String으로 선언된 객체의 경우 문자열 결합은 + 연산자를 사용하여 쉽게 연결

```
String fruit="pine";
fruit + = "apple";
```

- String 클래스에서 사용하는 몇 가지 메소드

int *String*.indexOf(value) int *String*.indexOf(value, from)		
기능	String 내에 있는 한 문자 또는 문자열의 위치를 알려 줌	
매개변수	value	찾고자 하는 값 (문자 또는 문자열)
	from	Search 을 시작하는 인덱스
리턴 값	int	Value의 인덱스 -1 : 찾고자 하는 것이 없으면

String.substring(from) *String*.substring(from, to)		
기능	String 내에 있는 substring을 얻어 냄. 시작 인덱스는 포함되며 끝 인덱스는 포함되지 않음	
매개변수	from	substring이 시작하는 인덱스
	to	substring을 끝내는 인덱스로 이것 바로 전 까지가 substring 임.
리턴 값	String	substring

int *String*.toInt(void)		
기능	String을 정수로 변환. String은 정수로 시작하여야 함.	
매개변수	void	없음
리턴 값	int	변환된 정수 값 0 : String이 정수로 시작하지 않는 경우

int *String*.length(void)		
기능	널 문자열을 제외한 문자열의 길이(문자 개수)를 반환	
매개변수	void	없음
리턴 값	int	문자열 길이 정수 값 0 : 빈 문자열("")의 경우

ⓒ 문자 배열과 String 간 변환

● String을 문자 배열로 변환하는 유용한 함수

(1) 스트링.toCharArray() 메소드

- 문자열을 문자 배열로 변환하는 데 사용되는 메서드
- 문자열의 각 문자를 문자 배열의 각 요소로 변환하여 새 배열을 생성
- 자동으로 배열 끝에 NULL 종료 문자를 추가
- toCharArray(char *buffer, unsigned int bufferSize)
  String 객체의 내용을 지정된 버퍼에 복사. 버퍼 크기(bufferSize)를 지정하여 배열에 저장할 수 있는 최대 문자 수 결정
- toCharArray(char *buffer, unsigned int bufferSize, unsigned int index)
  첫 번째 메소드와 유사하지만, 문자열의 특정 인덱스부터 복사 시작

(2) 스트링.c_str() 메소드

- String 객체를 C 스타일의 널로 끝나는(null-terminated) 문자열로 변환
- String 객체에서 const char* 타입의 포인터를 반환
- C 라이브러리 함수나 다른 C 스타일 함수와의 호환성을 유지할 수 있음

● 문자 배열을 String으로 변환

- String 생성자를 이용

```
char *p="korea";
char q[]="tech";
String a=(String)p;
String b=(String)q;
Serial.println(a+b+(String)100);
```

3) 아두이노에서 사용하는 다양한 함수들

(1) 시간 함수

unsigned long millis(void)		
기능	프로그램 동작 후 경과한 시간을 millisecond 단위의 시간 반환 약 50일 후 오버플로우 발생	
매개변수	void	없음
리턴 값	unsigned long	millisecond 단위 시간

unsigned long micros(void)		
기능	프로그램 동작 후 경과한 시간을 microsecond 단위의 시간 반환 약 70분 후 오버플로우 발생	
매개변수	void	없음
리턴 값	unsigned long	microsecond 단위 시간

void delay(ms)		
기능	millisecond 단위의 시간 동안 프로그램 멈춤	
매개변수	ms	millisecond 단위 시간 - unsigned long
리턴 값	void	없음

void delayMicroseconds(us)		
기능	microsecond 단위의 시간 동안 프로그램 멈춤	
매개변수	us	microsecond 단위 시간 - unsigned int
리턴 값	void	없음

(2) 통신 함수

○ 시리얼(Serial) 객체

- ESP8266 NodeMCU 마이크로 프로세서(MCU) 내부에서 처리되는 병렬데이터를 외부로 전송하기 위해 직렬 데이터열로 바꾸어 전송하는 것을 시리얼(Serial) 통신이라 함
- 시리얼 통신은 NodeMCU 보드와 컴퓨터 또는 NodeMCU 보드와 시리얼 통신을 지원하는 다른 장치 사이의 직렬통신을 위해 사용

• NodeMCU 보드는 두 개의 하드웨어 시리얼 제공 즉 두 개의 포트(UART)를 가지고 있는데 [그림 1.19]와 같이 하나의 시리얼 포트(Serial 객체 사용)는 **송신 핀으로 TXD0(GPIO1)와 수신 핀으로 RXD0(GPIO3)을 사용**하며 다른 하나의 시리얼 포트는 송신만 할 수 있으며 송신 핀으로 TXD1(GPIO2)을 사용

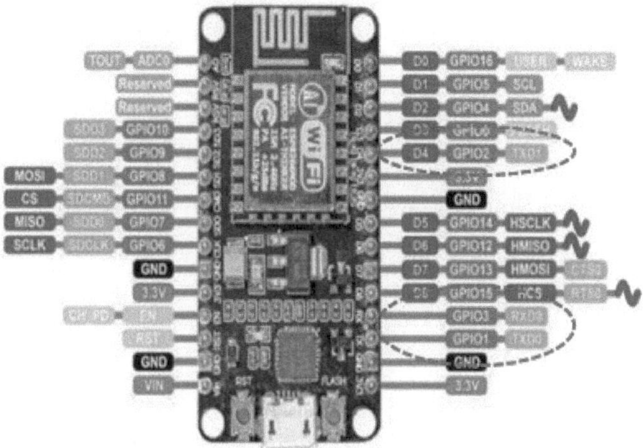

그림 1.19 시리얼 통신

• NodeMCU 보드는 Serial로 **송신 핀 TXD0(GPIO1)와 수신 핀 RXD0(GPIO3)을 사용하여** USB를 통해 컴퓨터와 시리얼 통신을 하는데 사용자는 이러한 시리얼을 두 가지 용도로 사용

○ NodeMCU 보드의 시리얼포트는 컴퓨터와 시리얼 통신용으로 두 가지 용도로 사용

1) 업로드 : [그림 1.20]과 같이 컴퓨터에서 작성한 NodeMCU 디바이스 프로그램을 NodeMCU에 업로드하는 용도. [실험 1.1]에서 이 기능을 이용해 예제 프로그램을 업로드 함

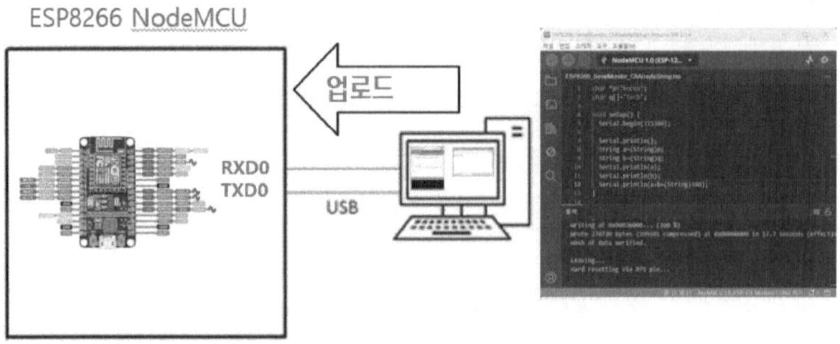

그림 1.20 시리얼 통신 용도 1

2) 시리얼 모니터와 데이터 입출력: [그림 2.21]과 같이 NodeMCU가 PC 아두이노 IDE 시리얼 모니터 창에 데이터를 출력(디버깅)하거나 아두이노 IDE에서 NodeMCU로 데이터를 전송하는 용도

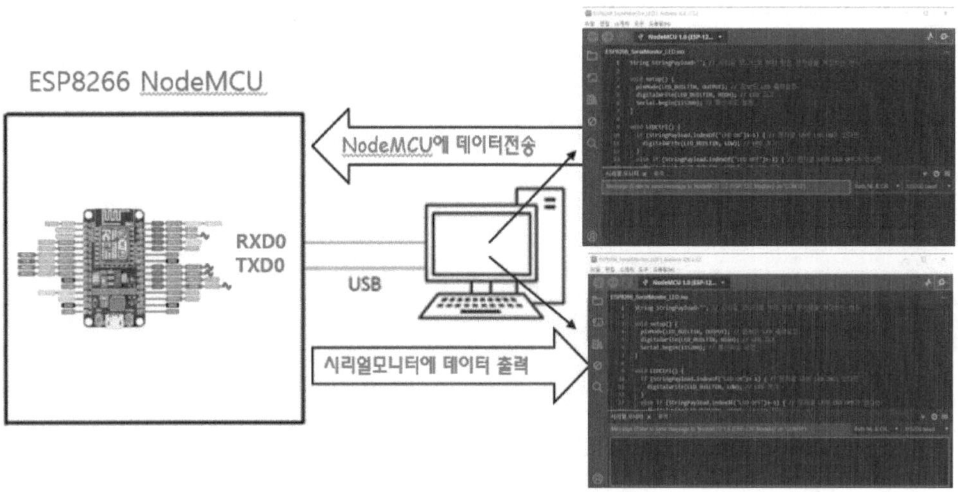

그림 1.21 시리얼 통신 용도 2

○ **아두이노 IDE 시리얼 모니터**

- 시리얼의 두 가지 용도 중에서 PC 아두이노 IDE에 내장된 시리얼 모니터(Serial Monitor)와 NodeMCU 디바이스 간 데이터를 입출력하는 것에 대하여 자세히 살펴봄
- [그림 1.22]와 같이 ESP8266 NodeMCU 디바이스 프로그래밍을 하는 아두이노 IDE 창의 우측 상단에 있는 시리얼 모니터 아이콘을 클릭하면 NodeMCU 디바이스와 시리얼 통신을 통해 데이터를 전송하고 표시해주는 시리얼 모니터 창이 나타남

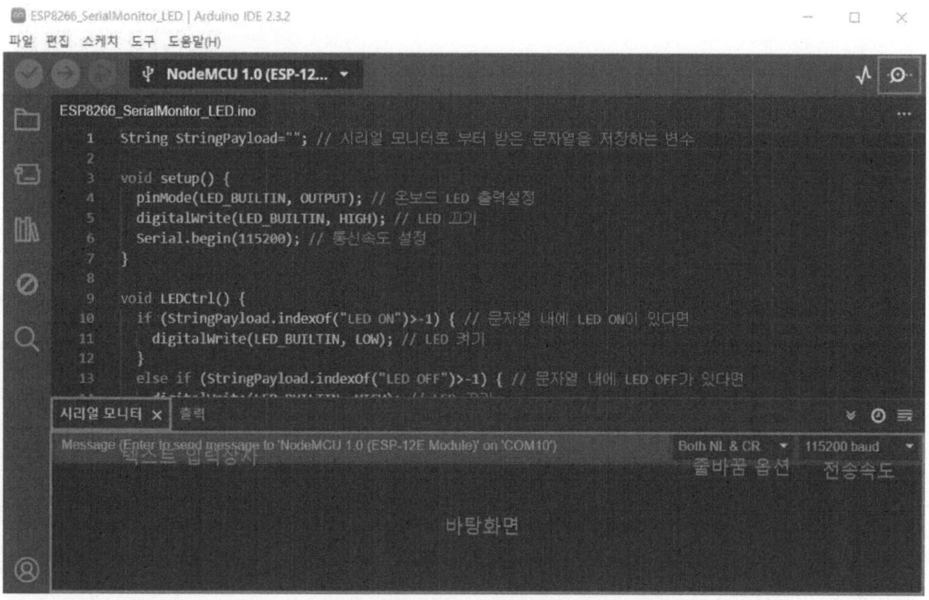

그림 1.22 시리얼 모니터

- [그림 1.22]와 같이 시리얼 모니터 창은 바탕화면, 텍스트 입력상자, 줄바꿈 옵션, 전송속도로 구성
  - ■ 시리얼 모니터 바탕화면: NodeMCU가 컴퓨터 시리얼 모니터로 전송한 데이터를 표시
  - ■ 텍스트 입력상자: 아두이노 IDE에서 NodeMCU로 전송할 데이터나 명령을 입력하는 상자

- 줄바꿈 옵션: 아두이노 IDE에서 NodeMCU로 보낼 데이터나 명령의 끝을 어떻게 처리할 것인지 설정
  - No line ending
  - 새줄
  - 캐리지리턴
  - Both NL & CR

  * 새줄(NL 또는 LF: 아스키값 0x0A)은 끝에 '\n'을 추가하는 것 즉, 줄 바꿈 의미

  * 캐리지리턴(CR : 아스키값 0x0D)은 끝에 '\r'을 추가하는 것 즉, 줄의 맨 처음으로 보내는 것
- 전송속도: [그림 1.23]과 같이 NodeMCU 디바이스 프로그램에서 **"Serial.begin(통신속도)"** 함수를 사용하여 설정한 속도와 일치시켜야 함. 이 속도로 컴퓨터는 ESP8266 NodeMCU와 통신

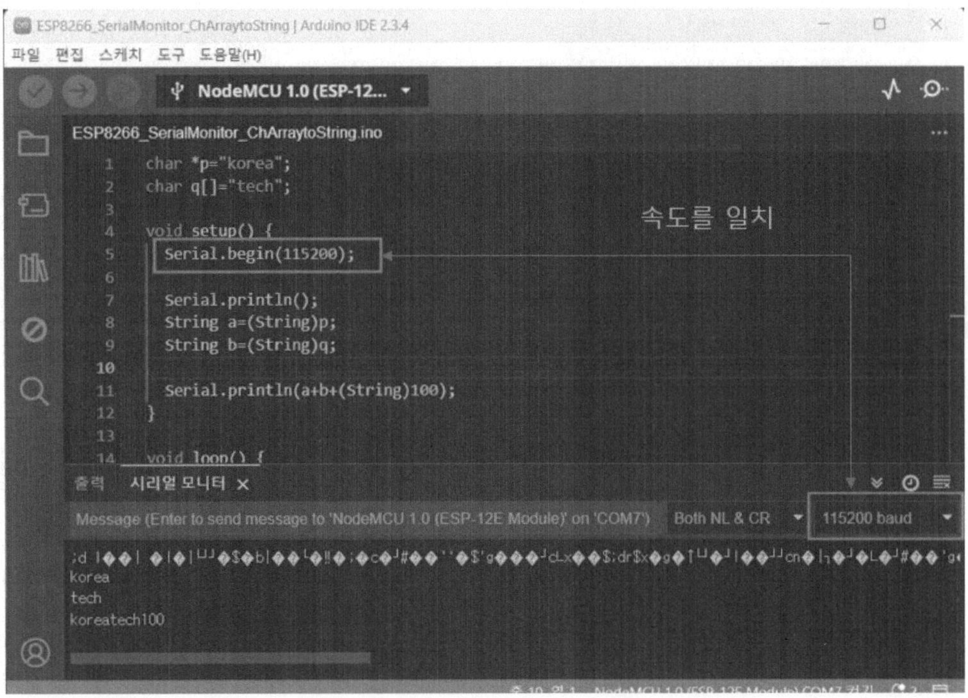

그림 1.23

○ Serial 객체에서 사용되는 메서드

- 시리얼 객체에서 사용되는 여러 가지 메소드(함수)들에 대해서는 추후에(12장에서) 자세하게 다룰 예정이며 여기에서는 NodeMCU에서 PC의 시리얼 모니터에 데이터를 출력하거나 PC 시리얼 모니터 창의 텍스트 입력상자에서 NodeMCU로 데이터를 보내 NodeMCU에서 수신받는데 필요한 메소드들만 살펴봄

1) NodeMCU 데이터 전송 속도 설정에 필요한 메소드

void Serial.begin(speed) void Serial.begin(speed, config)		
기능	시리얼 통신의 데이터 전송 속도 설정, 시리얼 포트 개방, 통신 시작	
매개변수	speed	bits/sec(bps) 단위 전송 속도 설정- long (가능한 속도 : 300, 600, 1200, 2400, 4800, 9600, 14400, 19200, 28800, 38200, 57600, 115200, 230400, 250000, 460800, 500000, 921600, 1000000, 2000000)
	config	데이터비트, 패리티, 정지비트 설정 **8 데이터비트, 패리티없음, 1 정지비트 (SERIAL_8N1)이 default 값**
리턴 값	void	없음

2) NodeMCU에서 PC의 시리얼 모니터에 데이터를 출력하는데 필요한 메소드들

long Serial.print(val) long Serial.print(val, format)		
기능	데이터를 문자열 형태로 송신하여 시리얼 모니터 바탕화면에 표시	
매개변수	val	전송 할 데이터 값, 문자 또는 문자열을 문자열로 취급
	format	전송할 값이 문자열이 아닌 경우 출력 형식 지정 2진수 형태(BIN), 8진수 형태(OCT), 10진수 형태(DEC), 16진수 형태(HEX) - Serial.print(78, BIN) → "1001110" - Serial.print(78, OCT) → "116" - Serial.print(78, DEC) → "78" - Serial.print(78, HEX) → "4E" 플래쉬 메모리를 사용하기 위해서는 F( )을 사용 가능 (- Serial.print(F("Hello World"))
리턴 값	long	전송한 바이트 수

long Serial.println(val) long Serial.println(val, format)		
기능	데이터를 문자열 형태로 송신하고 줄바꿈. 시리얼 모니터 바탕화면에 문자열이 표시되고 커서는 다음줄로 이동 데이터의 마지막에 캐리지 리턴(carriage return)을 의미하는 '\r'과 새줄(new line)을 의미하는 '\n'이 붙어서 송신	
매개변수	val	Serial.print() 함수와 동일
	format	Serial.print() 함수와 동일
리턴 값	long	Serial.print() 함수와 동일

int Serial.write(val) int Serial.write(str) int Serial.write(buf, len)		
기능	1 바이트 단위로 데이터를 바이너리 형태로 전송	
매개변수	val	단일 바이트로 전송하는 값
	str	스트링
	buf	배열
	len	버퍼 길이
리턴 값	int	전송한 바이트 수

3) PC 시리얼 모니터 창의 텍스트 입력상자에서 NodeMCU로 보낸 데이터를 NodeMCU에서 수신받는데 필요한 메소드들

int Serial.available(void)		
기능	시리얼 포트의 수신 버퍼(64바이트 저장 가능)에 저장된 데이터의 개수를 바이트 단위로 반환	
매개변수	void	없음
리턴 값	int	수신 버퍼에 저장된 데이터의 개수

int Serial.read(void)		
기능	수신된 데이터 중 첫 번째 바이트의 데이터를 읽음. 읽혀진 데이터는 수신 버퍼에서 삭제	
매개변수	void	없음
리턴 값	int	수신된 데이터 중 첫 번째 바이트 또는 **-1(데이터가 없을 시)**

StringSerial.readStringUntil(terminator)		
기능	시리얼 버퍼 내에서 찾고자 하는 문자까지 문자들을 읽어 문자열 반환	
매개변수	terminator	찾고자 하는 문자
리턴 값	String	문자열 반환 **(찾고자 하는 문자 전까지 반환)**

실험 1-2

바이트 값을 2진수, 8진수, 10진수 및 16진수로 표현

• 아래의 스케치 프로그램을 업로드

```
unsigned char num=158; // 전역변수

void setup() {
  Serial.begin(115200); //시리얼 통신개방, 통신속도 설정

  Serial.println();
  Serial.print("BIN : ");
  Serial.println(num, BIN); // 2진수 출력
  Serial.print("OCT : ");
  Serial.println(num, OCT); // 8진수 출력
  Serial.print("DEC : ");
  Serial.println(num, DEC); // 10진수 출력
  Serial.print("HEX : ");
  Serial.println(num, HEX); // 16진수 출력
}

void loop() {

}
```

[결과]

- ESP8266 NodeMCU 보드와 PC 시리얼 모니터는 서로 115200bps 속도로 통신
- setup() 함수는 단지 한 번만 실행되므로 문자열이 한 번만 출력

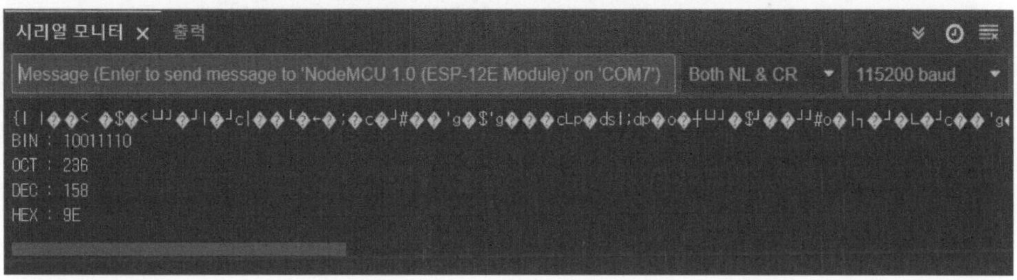

실험 1-3

Sting 객체를 활용한 문자 출력

- 아래의 스케치 프로그램을 업로드

```
String LedColor[]={"NO", "Red(R)", "Green(G)", "Blue(B)"}; // 전역변수
boolean doorStatus=true; // 전역변수

void setup() {
        Serial.begin(115200); //시리얼 통신개방, 통신속도 설정
        Serial.println();
}

void loop() {
        if (doorStatus) {
          for(int i=0; i<4; i++) {
            Serial.println(LedColor[i]); // 문자열 출력
          }
          doorStatus=false;
        }
}
```

[결과]

- ESP8266 NodeMCU 보드와 PC 시리얼 모니터는 서로 115200bps 속도로 통신

실험 1-4

Sting 객체를 활용한 문자 출력

- 아래의 스케치 프로그램을 업로드

```
void setup() {
  Serial.begin(115200); //시리얼 통신개방, 통신속도 설정

  Serial.println();
  String rcvMsg="@TMP#25!";
  Serial.println(rcvMsg); // 문자열 출력

  int startChP=rcvMsg.indexOf('@'); // 문자 '@'의 위치
  int middleChP=rcvMsg.indexOf('#'); // 문자 '#'의 위치
  int endChP=rcvMsg.indexOf('!'); // 문자 '!'의 위치

  Serial.println("@ index : "+(String) startChP); // 문자 '@'의 위치 출력
  Serial.println("# index : "+(String) middleChP); // 문자 '#'의 위치 출력
  Serial.println("! index : "+(String) endChP); // 문자 '!'의 위치 출력
  Serial.println(rcvMsg.substring(startChP+1,middleChP)); // 부분 문자열 출력
  Serial.println(rcvMsg.substring(middleChP+1,endChP)); // 부분 문자열 출력
}

void loop() {

}
```

[결과]

- ESP8266 NodeMCU 보드와 PC 시리얼 모니터는 서로 115200bps 속도로 통신
- 문자열 내의 문자 위치와 부분 문자열 출력

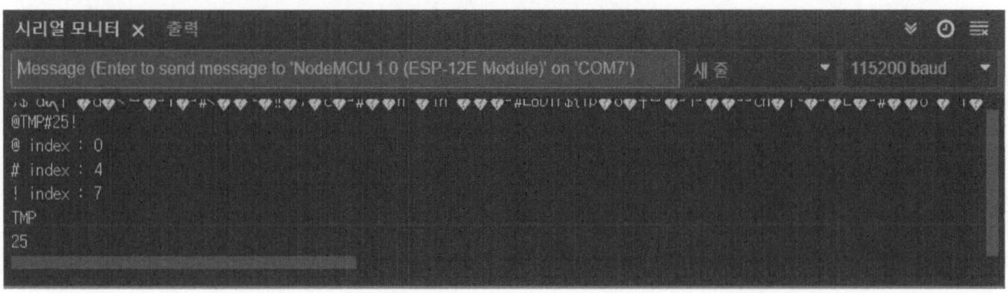

실험 1-5

String을 문자 배열로 변환

- 스트링.toCharArray() 메소드를 이용하여 문자 배열로 변환
- 아래의 스케치 프로그램을 업로드

```
String p="Koreatech"; // String
char payLoad[50];  // 문자 배열

void setup() {
  Serial.begin(115200); //시리얼 통신개방, 통신속도 설정

  Serial.println();
  Serial.println(" String 출력 : "+p);
  Serial.println(" String 길이 출력 : "+(String)p.length());

  p.toCharArray(payLoad, p.length()+1); // String을 문자 배열로 변환, 널 문자 추가를 위해 +1
  Serial.println(" 문자 배열 출력 : "+(String)payLoad);
  Serial.println(" 문자 배열 길이 출력 : "+(String)strlen(payLoad));
}
void loop() {

}
```

[결과]

- ESP8266 NodeMCU 보드와 PC 시리얼 모니터는 서로 115200bps 속도로 통신
- 스트링.toCharArray() 메소드를 이용하여 문자 배열로 변환하는 경우 널문자를 마지막에 삽입해 주기 위해 문자열의 길이에 1을 더함

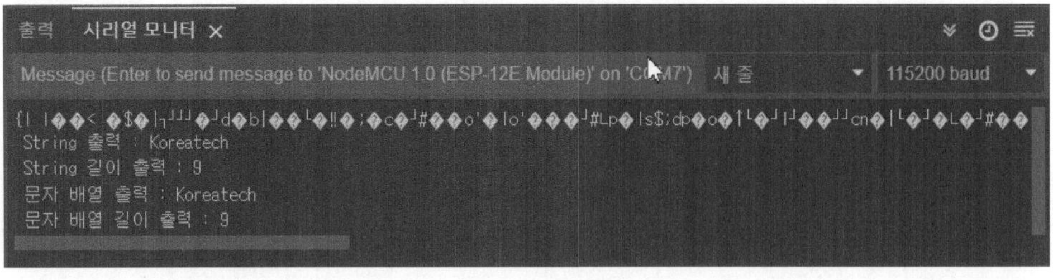

실험 1-6

delay() 시간 함수를 사용하여 5초마다 1~10까지 출력

- 아래의 스케치 프로그램을 업로드

```
unsigned char num=0; // 전역변수
boolean Status=true; // 전역변수

void setup() {
  Serial.begin(115200); //시리얼 통신개방, 통신속도 설정
  Serial.println();
  Serial.println("Delay 함수 사용");
}

void loop() {
  if (Status) {
    if(++num == 10) {
      Status=false;
    }
    Serial.println(num);
  }
  delay(5000); //5초 동안 프로그램 멈춤
}
```

[결과]

- ESP8266 NodeMCU 보드와 PC 시리얼 모니터는 서로 115200bps 속도로 통신
- delay() 함수는 지정된 밀리초(millisecond) 동안 작업을 중단하고 프로그램이 멈춰서는 시간 함수임. 즉, 프로세서가 계속 어떤 일을 수행하는 것이 아니라 프로세서가 멈추어있게 되고 시간이 경과 된 후에 다른 작업을 수행할 수 있는 차단함수 임.
- 5초 간격으로 1부터 10까지 출력

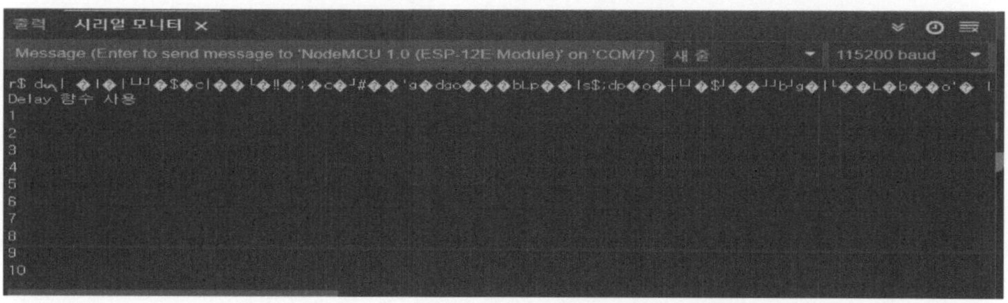

실험 1-7

millis() 타이머 시간 함수를 사용하여 5초마다 1~10까지 출력

• 아래의 스케치 프로그램을 업로드

```
unsigned char num=0; // 전역변수
boolean Status=true; // 전역변수
unsigned long lastTime = 0; // millis() 함수가 리턴한 이전 시간을 저장하는 변수(초기값 0)

void setup() {
  Serial.begin(115200); //시리얼 통신개방, 통신속도 설정
  Serial.println();
  Serial.println("millis 함수 사용");
}

void loop() {
  if (Status) {
    if (millis() - lastTime > 5000) { // 시간 차를 이용하여 5초가 지났는지 확인
      lastTime = millis(); // 현재시간을 이전시간에 저장

      if(++num == 10) {
        Status=false;
      }
      Serial.println(num);
    }
  }
}
```

[결과]

- ESP8266 NodeMCU 보드와 PC 시리얼 모니터는 서로 115200bps 속도로 통신
- millis() 함수는 호출될 때마다 프로그램이 시작한 이후 경과된 시간을 밀리초(millisecond) 단위로 시간을 알려주는 타이머 함수
- millis() 함수가 반환한 현재시간과 저장된 이전시간과의 시간차를 이용하여 이전 시간에서 경과된 시간을 측정할 수 있으며 이러한 방법을 사용하면 프로세서가 멈추어

서는 일이 없이 계속적으로 어떤 일을 수행할 수 있게 됨

- 5초 간격으로 1부터 10까지 출력

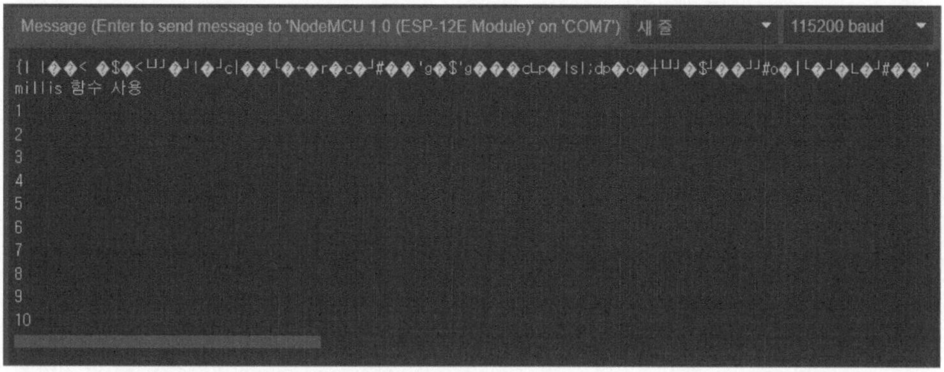

실험 1-8

PC 아두이노 IDE 시리얼 모니터에서 ESP8266 NodeMCU로 데이터 전송

- 시리얼 모니터에서 줄바꿈 옵션을 **"새줄"**로 통신속도를 115200으로 설정
- 시리얼 모니터 텍스트 입력 상자에 "Koreatech"을 입력하고 ESP8266 NodeMCU 보드로 전송
- 수신 데이터는 수신 버퍼에 쌓이고 Serial.read() 함수를 사용하여 1바이트씩 수신 데이터를 읽어 String 변수에 넣고 모든 데이터를 수신받은 후 시리얼 모니터에 출력
- 아래의 스케치 프로그램을 업로드

```
String StringPayload=""; // 시리얼 모니터로부터 받은 문자열을 저장하는 변수

void setup() {
  Serial.begin(115200); // 통신속도 설정
}

void loop() {
  if(Serial.available()) { //수신 버퍼에 수신 데이터가 있는지 확인
    char ch=Serial.read(); //버퍼에서 1바이트 읽음
    if(ch != '\n') { //수신문자가 종료문자인지 확인
      StringPayload+=ch; //수신문자를 문자열에 추가
    }
    else {
      Serial.println(" 수신 문자열 :"+StringPayload); // 수신 문자열 출력
      Serial.println(" 수신 문자열 길이 :"+(String)StringPayload.length()); //수신문자열 길이 출력
      StringPayload=""; // 수신문자열 초기화
    }
  }
}
```

[결과]

- 시리얼 모니터 창 텍스트 입력상자에 Koreatech 이라고 입력한 후 엔터 치를 누르면 시리얼 모니터 창 바탕화면에 수신 문자열과 길이가 나타남

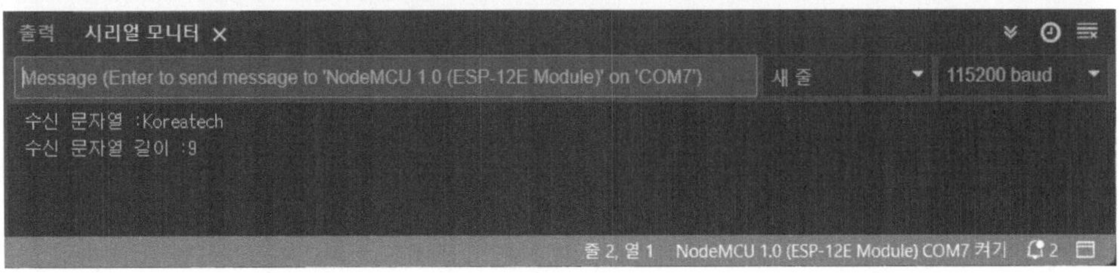

실험 1-9

PC 아두이노 IDE 시리얼 모니터에서 ESP8266 NodeMCU로 데이터 전송

- [실험 1-8]과 동일하며 이번에는 Serial.readStringUntil() 함수를 이용
- 아래의 스케치 프로그램을 업로드

```
String StringPayload=""; // 시리얼 모니터로부터 받은 문자열을 저장하는 변수

void setup() {
  Serial.begin(115200); // 통신속도 설정
}

void loop() {
  if(Serial.available()) { //수신 버퍼에 수신 데이터가 있는지 확인
    StringPayload = Serial.readStringUntil('\n'); //수신버퍼에서 커맨드 종료 문자까지 읽음
                                                   // 종료문자 앞까지 반환
    Serial.println(" 수신 문자열 :"+StringPayload); // 수신 문자열 출력
    Serial.println(" 수신 문자열 길이 :"+(String)StringPayload.length( )); //수신 문자열 길이 출력
    StringPayload=""; // 수신문자열 초기화
  }
}
```

[결과]

- [실험 1-8]과 동일한 결과

제2장

ESP8266 NodeMCU 와이파이(WiFi) 통신

2.1 무선랜(WLAN : Wireless Local Area Network)

무선랜(WLAN : Wireless Local Area Network)

- 한 건물 내 또는 학교나 회사 등 비교적 좁은 범위의 한정된 지역 내에 있는 기기들을 유선케이블 대신 무선 RF 기술을 이용한 네트워크 구축방식 즉, [그림 2.1]과 같이 케이블 연결 없이 무선으로 근거리통신망 환경을 구현하는 개념으로 주파수 대역으로는 2.4GHz와 5GHz의 ISM(Industrial, Science, and Medical) 대역을 사용

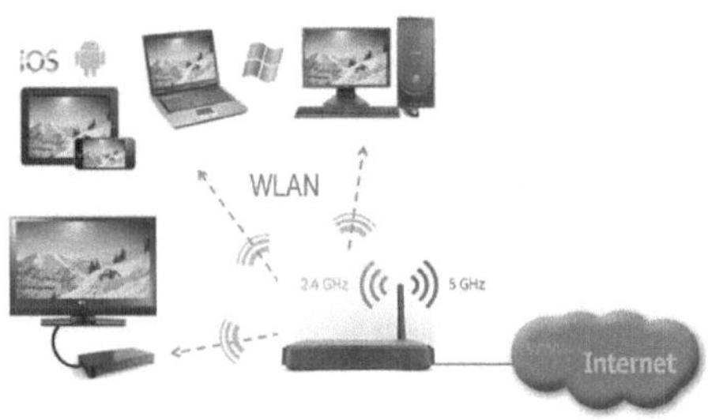

그림 2.1 WLAN

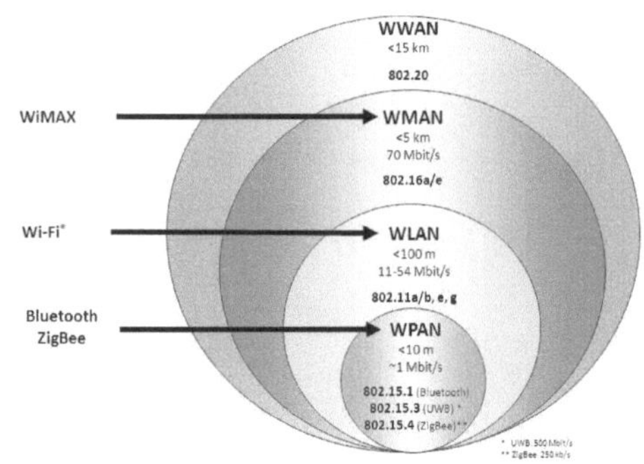

그림 2.2 WPAN과 WLAN 비교

- 무선랜이라는 이름처럼 근본적으로 LAN의 특성을 가지고 있다는 점에서, 휴대폰 등 일반적인 모바일 환경에서 이용되는 무선인터넷과는 대별. 즉, 기기에 무선랜 카드만

장착되어 있다면 특정 지역 내에서 통신케이블에 연결하지 않고도 자유롭게 인터넷에 접속할 수 있게 해주는 기술

- WPAN과 비교하여 전송속도 및 통신거리 증가 : 전송속도 및 통신거리 관점에서 WPAN과 WLAN을 [그림 2.2]에 비교하였는데 WPAN은 10m 거리에서 저속 데이터 전송에 사용되며 WLAN은 100m 거리에서 54Mbps까지 고속 전송에 사용. 2019년에 상용화를 시작한 IEEE 802.11ax (WiFi6)인 경우 9.6Gbps까지 전송
- 무선랜 표준은 여러 가지 방식이 있으며 비교표를 [표 2.1]에 나타냄

표 2.1 무선랜 표준 규격 비교

구분	IEEE802.11b (WiFi1)	IEEE802.11a (WiFi2)	IEEE802.11g (WiFi3)	IEEE802.11n (WiFi4)	IEEE802.11ac (WiFi5)	IEEE802.11ax (WiFi6)
주파수 대역	ISM(2.4GHz)	ISM(5GHz)	ISM(2.4GHz)	ISM(2.4GHz, 5GHz)	ISM(5GHz)	ISM(2.4GHz, 5GHz, 6GHz)
변조 방식	DSSS/CCK	OFDM	DSSS/OFDM	OFDM	OFDM	OFDM
다중 접속	CSMA/CD	CSMA/CD	CSMA/CD	CSMA/CD	CSMA/CD	OFDMA
안테나 기술	SISO	SISO	SISO	MIMO (Up to 4)	MU-MIMO (Up to 8)	MU-MIMO
전송 속도	11Mbps	54Mbps	54Mbps	600Mbps	6.9Gbps	9.6Gbps
채널 대역폭	10MHz	20MHz	20MHz	20/40MHz	20/40/80/160 MHz	20/40/80/160 MHz
출력 제한	100mW	100mW	100mW	100mW	100mW	100mW
상용화 시기	1997	2003	2003	2009	2014	2019

- 무선랜 네트워크 형태
  - 인프라(Infrastrucure) 방식 : [그림 2.3](a)와 같이 AP(액세스 포인트)나 무선랜 공유기에 여러 대의 클라이언트가 접속해 네트워크를 구성하여 통신하는 방법
  - 애드혹(Ad-Hoc) 방식 또는 피어 투 피어(Peer-to-Peer) 방식 : [그림 2.3](b)와 같이 각 클라이언트가 AP(액세스 포인트)나 무선랜 공유기 없이 서로 접속해 네트워크를 구성해 통신하는 방법

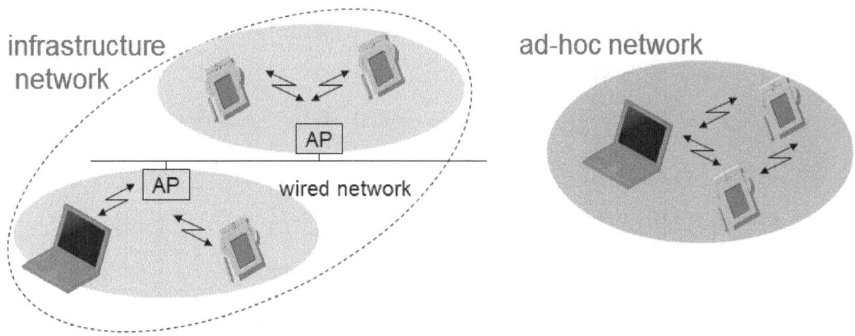

(a) 인프라(Infrastrucure) 방식　　(b) 애드혹(Ad-Hoc) 방식

그림 2.3 WLAN 네트워크 형태

- 무선랜 용어
  - **STA(Station)**: WiFi 단말(WiFi 인터페이스를 가진 단말)을 의미. 즉, WiFi 네트워크에 접속하는 단말
  - **AP(Access Point)**: 802.11 무선랜 인터페이스와 802.3 이더넷 인터페이스를 가지는 장비로 STA가 보낸 데이터를 무선으로 받아 이더넷 포트를 통해 유선망으로 보내 주는 장비로 자체 WiFi 네트워크 구성 가능

2.2 ESP8266(ESP-12F) NodeMCU WiFi 기능

- ESP8266 NodeMCU에는 WiFi 기능이 내장되어 있으며 WiFi 기능은 다음과 같음

1. WiFi 모드 (WiFi Modes)

- ESP-12F는 3가지 WiFi 모드를 지원

1) STA 모드 (Station Mode)

- 기존 WiFi 네트워크(AP 또는 무선랜 공유기)에 연결되어 인터넷 액세스 가능

- 다른 기기(PC, 스마트폰, 서버)와 TCP/IP 통신 수행

2) AP 모드 (Access Point Mode)

- ESP-12F가 WiFi 핫스팟(SoftAP) 역할 수행
- 다른 기기들이 ESP-12F에 직접 연결 가능 (최대 5개 동시 접속)

3) STA + AP 모드 (동시 모드)

- ESP-12F가 동시에 AP 및 STA 역할 수행
- WiFi 네트워크에 연결되면서 다른 기기들도 ESP-12F에 연결 가능

2. WiFi 연결 기능 (WiFi Connectivity Features)

- 802.11 b/g/n 프로토콜 지원 (2.4GHz, 최대 속도 72.2Mbps)
- TCP/IP 스택 내장 (IPv4, TCP/UDP/HTTP/FTP 등 지원)
- WPA/WPA2 보안 프로토콜 지원
- DHCP 클라이언트 및 서버 기능 제공
- 정적 IP 및 동적 IP (DHCP) 할당 가능
- WiFi SSID 검색 기능 지원

3. WiFi 송수신 성능 (WiFi Signal & Performance)

- 송신 출력 (Tx Power): 최대 +20 dBm (약 100m 이상 거리에서 통신 가능, 환경에 따라 다름)
- 안테나 종류: PCB 안테나 내장 + 외부 안테나 핀 제공
- 최대 클라이언트 수: SoftAP 모드에서 최대 5개 기기 동시 연결 가능

2.3 WiFi 네트워크에 ESP8266 NodeMCU 연결

- NodeMCU를 지역 네트워크에 연결하여 사용하기 위해서는 [그림 2.4]와 같이 유무선공유기(AP 또는 무선랜 공유기)를 사용하여 지역 네트워크를 구성하고 STA들이 유무선공유기에 접속하면 공유기는 사용 가능한 IP 주소를 할당

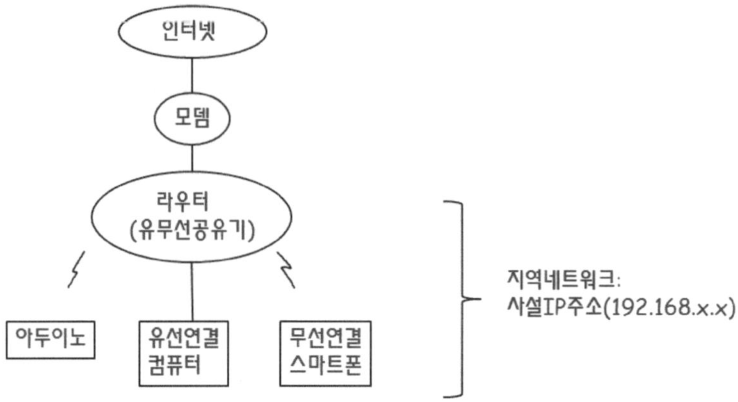

그림 2.4

- 인터넷에 연결되는 모든 장치는 서버나 클라이언트로 동작
- 유무선공유기를 사용하여 지역 네트워크를 구성하는 대신에 스마트 폰의 핫스팟 기능을 사용하여 [그림 2.5]와 같이 스마트 폰을 AP(공유기 또는 라우터)로 사용하여 지역 네트워크를 구성할 수 있음

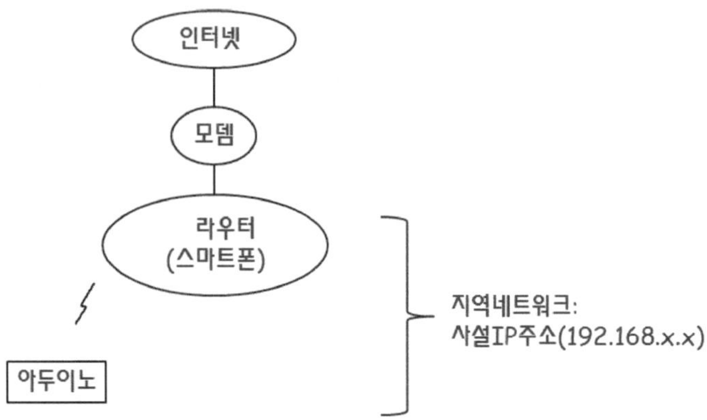

그림 2.5

ESP8266WiFi.h 라이브러리 설치

- 1장에서 설명한 것과 같이 보드 매니저에서 ESP8266을 설치하면 ESP8266 NodeMCU가 WiFi 네트워크에 연결하기 위해 필요한 ESP8266WiFi 라이브러리가 설치되고 제공하는 함수들을 이용하여 WiFi 네트워크에 연결

ESP8266WiFi.h 라이브러리 메소드

- ESP8266 NodeMCU가 WiFi 네트워크에 연결하기 위해서는 ESP8266 WiFi.h 라이브러리를 삽입하고 제공 메소드들을 사용

WiFi.begin(ssid, password)		
기능	특정 AP에 연결 시도	
매개변수	ssid	WiFi 네트워크 이름
	password`	WiFi 네트워크 비번
리턴값	void	없음

WiFi.status()		
기능	WiFi 연결 상태를 반환	
매개변수	void	
리턴값	WL_CONNECTED	연결 성공
	WL_NO_SSID_AVAIL	네트워크 SSID가 없는 경우
	WL_CONNECT_FAILED	연결 실패
	WL_DISCONNECTED	연결이 끊긴 경우

WiFi.localIP()		
기능	AP 또는 무선랜 공유기에 의해 할당된 IP 주소 반환	
매개변수	void	
리턴 값	String	IP 주소

WiFiServer *server*(port)		
기능	지정된 포트로 수신하는 서버 객체 생성	
매개변수	port	수신 할 포트 (웹서버의 경우 80)
리턴 값	void	없음

server.available()		
기능	서버에 클라이언트가 연결되어 있으면 클라이언트 객체 반환	
매개변수	void	
리턴 값	Client object	클라이언트 객체 (클라이언트에 읽을 수 있는 데이터가 없는 경우 객체는 false 임)

server.begin()		
기능	서버 동작 시작	
매개변수	void	없음
리턴 값	void	없음

WiFiClient *client*	
기능	서버에 접속할 클라이언트 객체 생성

client.print(data)		
기능	서버에 연결된 클라이언트에 데이터 전송	
매개변수	data	출력할 데이터
리턴 값	int	출력한 바이트 수

client.println() client.println(data)		
기능	서버에 연결된 클라이언트에 데이터, 캐리지 리턴('\r') 및 줄 바꿈('\n') 전송	
매개변수	data	출력할 데이터
리턴 값	int	출력한 바이트 수

client.write(data)		
기능	서버에 연결된 클라이언트에 데이터 전송	
매개변수	data	출력할 바이트 또는 문자
리턴 값	int	출력한 바이트 수

client.available()		
기능	클라이언로부터 수신 받은 수신데이터가 수신 버퍼에 있는지 확인 수신 버퍼에 저장된 데이터 개수를 반환	
매개변수	void	없음
리턴 값	int	수신 버퍼에 저장된 데이터 개수

client.read()		
기능	클라이언트로부터 수신받은 수신 버퍼에서 한 문자를 읽음	
매개변수	void	없음
리턴 값	int	읽은 문자 또는 없는 경우 -1

client.flush()		
기능	아직 읽지 않은 모든 바이트를 버림	
매개변수	void	없음
리턴 값	void	없음

client.stop()		
기능	서버와의 연결을 끊음	
매개변수	void	없음
리턴 값	void	없음

2.4 HTTP 프로토콜

- HTTP (Hypertext Transfer Protocal)은 인터넷 상에서 데이터를 주고 받기 위한 클라이언트/서버 모델을 따르는 프로토콜
- WWW (World Wide Web)에서 하이퍼텍스트 문서를 교환하기 위해 사용되는 통신규약
- TCP/IP 프로토콜 위에서 동작하며 포트 80번을 사용하여 통신
- HTML 문서, 이미지, 동영상, 오디오, 텍스트 문서 등의 모든 종류의 데이터를 전송
- 첫 표준은 HTTP/1.1이며 이후로 HTTP/2, HTTP/3이 등장

1. 동작 방식

- HTTP는 [그림 2.6]과 같이 서버/클라이언트 모델로 동작
- 클라이언트에서 요청(request)를 보내면 서버는 요청을 처리해서 응답(response)

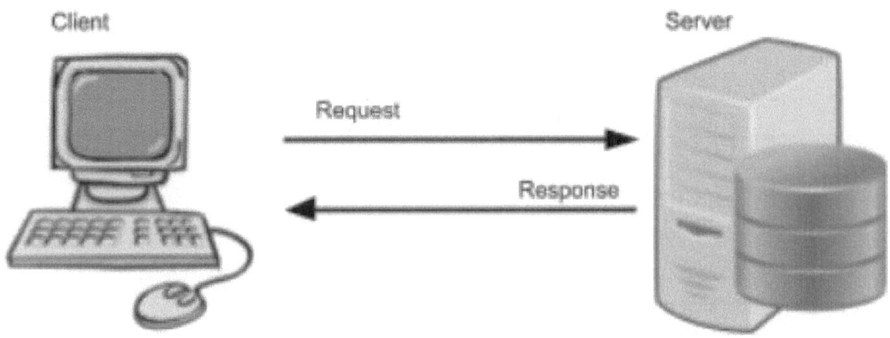

그림 2.6 HTTP 동작 방식

① 클라이언트

- 서버에 요청하는 클라이언트 소프트웨어(IE, Chrome, Firefox, Safari ...)가 설치된 컴퓨터를 이용

- 클라이언트는 URI를 이용해서 서버에 접속하고, 데이터를 요청

② 서버

- 클라이언트의 요청을 받아서, 요청을 해석하고 응답을 하는 소프트웨어가 설치된 컴퓨터(Apache, nginx, IIS, lighttpd) 등이 서버 소프트웨어
- 웹 서버는 보통 표준포트인 80번 포트로 서비스

2. HTTP의 흐름

- 클라이언트의 요청을 받아서 서버가 응답을 하는 HTTP 동작 과정은 [그림 2.7]과 같음

① TCP 연결

② HTTP 메시지를 전송 (클라이언트는 서버에 요청 메시지를 전송)

③ 서버에 의해 전송된 응답을 읽음 (클라이언트는 서버로부터 응답메시지를 수신)

④ 연결을 닫거나 다른 요청들을 위해 재사용

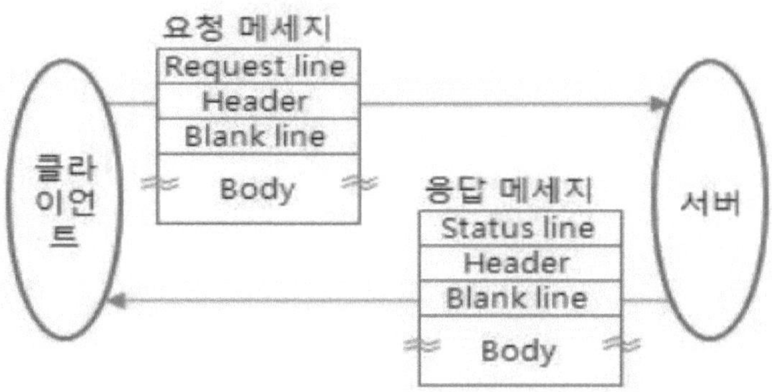

그림 2.7 HTTP 동작과정

3. HTTP 요청(request) 메시지 형식

○ 요청(request) 메시지

- 요청 메시지는 [그림 2.7]과 같이 요청라인(request line), 헤더(header), 공백라인(blank line), 바디(body)로 구성
- 요청라인은 [그림 2.8]의 예와 같이 다음으로 구성

① 요청 메서드 : GET, PUT, POST, PUSH, OPTIONS 등의 요청 방식

② 공백

③ 요청 URI : 요청하는 자원의 위치 명시

④ 공백

⑤ HTTP 프로토콜 버전 : 웹 브라우저가 사용하는 프로토콜 버전

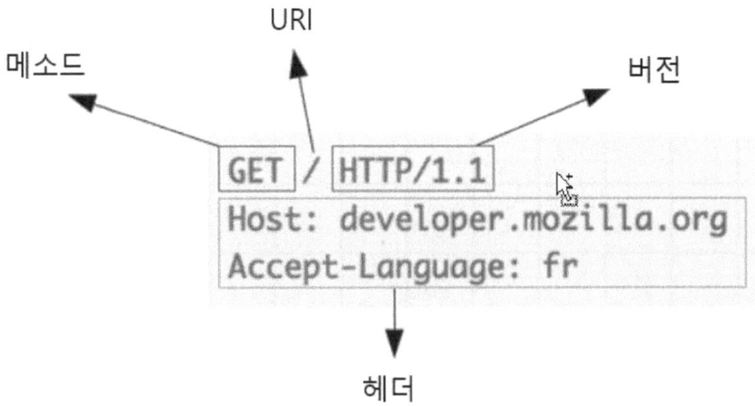

그림 2.8 요청라인 구성

○ 요청 메서드 (request method)

- 메서드는 요청의 종류를 서버에게 알려주기 위해서 사용
- GET, POST, PUT, DELETE 등의 요청 방식
  - GET : 정보를 요청하기 위해서 사용 (SELECT)
  - POST : 정보를 추가(삽입)하기 위해서 사용 (INSERT)

- PUT : 정보를 업데이트하기 위해서 사용 (UPDATE)
- DELETE : 정보를 삭제하기 위해서 사용 (DELETE)

- GET 방식은 클라이언트가 서버로부터 문서를 읽어오려 할 때 사용, 클라이언트가 특정 페이지를 요청하면서 서버로 보내는 데이터를 주소창에 포함시켜 보냄
- POST 방식은 클라이언트가 서버에게 어떤 정보를 전송할 때 사용, 클라이언트가 특정 페이지를 요청하면서 서버로 보내는 데이터를 바디(body)에 숨겨서 전송

○ URI(Uniform Resource Identifiers)

- 클라이언트 소프트웨어(IE, Chrome등의 브라우더)는 URI를 이용하여 자원의 위치를 찾음
- HTTP는 전송 프로토콜이고, URI는 자원의 위치를 알려주기 위한 프로토콜
- WWW (World Wide Web) 상에서 접근하고자 하는 자원의 위치를 나타내기 위해서 사용
- 자원은 HTML 문서, 이미지, 동영상, 오디오, 텍스트 문서 등 모든 것이 될 수 있음
- 예로 다음의 URI에서 https://www.koreatech.ac.kr/kor/Main.do
  - https : 자원에 접근하기 위해서 https 프로토콜을 사용 (프로트콜)
  - www.koreatech.ac.kr : 자원의 인터넷 상에서의 도메인 (IP 주소) (위치)
  - /kor/Main.do : 요청할 자원의 이름 (자원명)

4. HTTP 응답(response) 메시지 형식

○ 응답(response) 메시지

- 응답메시지는 [그림 2.7]과 같이 상태라인(status line), 헤더(header), 공백라인(blank line), 바디(body)로 구성
- 상태라인은 [그림 2.9]의 예와 같이 다음으로 구성

  ① HTTP 프로토콜 버전 : 웹 브라우저가 사용하는 프로토콜 버전

  ② 공백

  ③ 상태 코드 : 서버가 알려주는 여러 가지 정보

④ 공백

⑤ 상태 문구 :

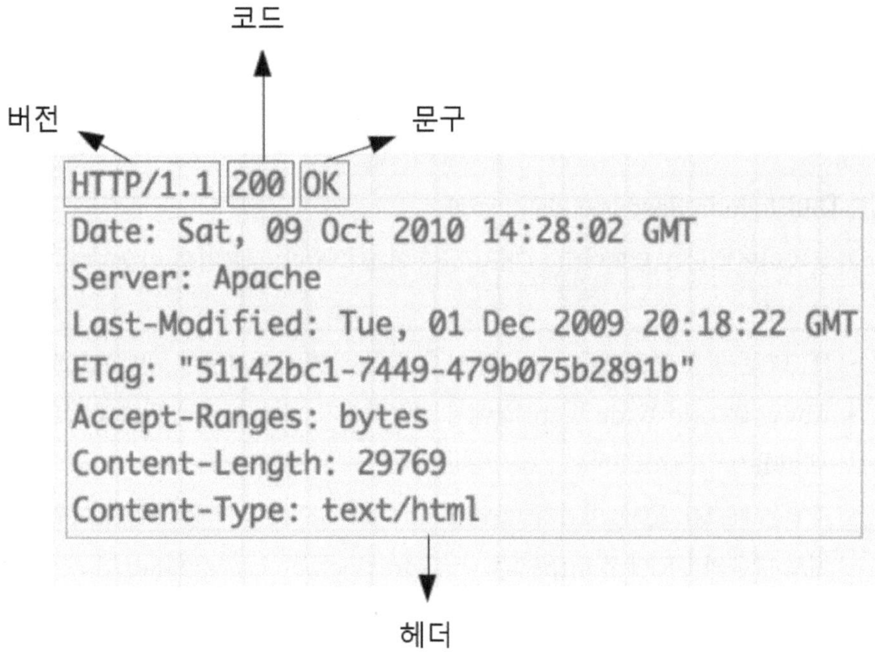

그림 2.9 상태라인 구성

○ 상태 코드

- 2xx : 서버가 요청을 성공적으로 처리했음을 의미

코드번호	설명	비고
200	성공(OK)	서버가 요청을 성공적으로 처리

- 4xx : 클라이언트 요청에 오류가 있음을 의미

코드번호	설명	비고
400	잘못된 요청	헤더 포맷이 HTTP 규약에 맞지 않음
403	금지	서버가 요청을 거부
404	찾을수 없음	요청한 자원이 존재하지 않음

2.5 NTP 서버 활용

- NTP (Network Time Protocol) 서버는 네트워크 상에서 컴퓨터 간의 시간 동기화를 위해 사용되는 서버
- NTP 서버는 정확한 시간을 제공하며, 클라이언트는 이 서버에 접속하여 자신의 시스템 시간을 동기화할 수 있음
- ESP8266 NodeMCU (NTP 클라이언트)는 인터넷에 연결할 수 있는 WiFi 기능을 내장하고 있으므로 NTP 서버에서 정확한 시간을 가져올 수 있고 이를 통해 IoT 프로젝트에서 실시간 시계(Real-Time Clock, RTC) 기능을 구현할 수 있음

1. NTP 서버의 역할

- 네트워크 상의 모든 장치(서버, PC, 라우터 등)의 시간을 동일하게 맞춰주는 역할
- 표준 시간 원자시계를 기준으로 동기화된 정확한 시간 제공
- 로그 기록, 보안 프로토콜(TLS, Kerberos 등), 분산 시스템 등에서 정확한 시간 유지 필수

2. 공개 NTP 서버

- 전 세계적으로 사용 가능한 공용 NTP 서버 목록

1) 한국

- time.kriss.re.kr (한국표준과학연구원, KRISS)
- time.bora.net
- time.nuri.net
- time.kornet.net

2) 글로벌 NTP 서버

- pool.ntp.org (전 세계 NTP 서버 풀)

- time.google.com (Google NTP 서버)
- time.windows.com (Microsoft Windows 기본 NTP 서버)

3. NTP 서버에 연결하여 시간 값을 가져오는 과정

1) WiFi 연결

2) NTP 서버 설정

▶ configTime(gmtOffset_sec, daylightOffset_sec, ntpServer); 을 사용하여 NTP에서 시간 동기화

▶ gmtOffset_sec = 9 * 3600; 로 UTC+9 (한국 시간) 적용

3) 현재 시간 가져오기

▶ time_t rawtime = time(nullptr);

- time(nullptr)는 현재 Unix 타임스탬프(1970년 1월 1일 00:00:00 UTC 이후 초 단위)를 반환
- time_t 는 정수형 타입으로 보통 long 또는 long long으로 정의

▶ struct tm *timeinfor = localtime(&rawtime);

- localtime(&rawtime)는 time_t 값을 지역 시간(struct tm)으로 변환
- struct tm 은 다음과 같은 멤버를 포함하는 구조체

```
struct tm {
  int tm_sec;   // 초 (0-59)
  int tm_min;   // 분 (0-59)
  int tm_hour;  // 시 (0-23)
  int tm_mday;  // 일 (1-31)
  int tm_mon;   // 월 (0-11, 0 = 1월)
  int tm_year;  // 연도 (1900년부터의 연도 차이, 예: 2024년이면 124)
  int tm_wday;  // 요일 (0-6, 0 = 일요일)
  int tm_yday;  // 1년 중 날짜 (0-365)
  int tm_isdst; // 써머타임 여부 (양수=적용, 0=미적용, 음수=정보 없음)
};
```

2.6 NodeMCU WiFi 기능을 활용한 실습

실험 2-1

ESP8266 NodeMCU 보드를 NTP 클라이언트로 활용하여 NTP 서버로부터 날짜, 요일, 시간을 가져와 시리얼 모니터에 출력

- NTP 서버("pool.ntp.org")에 시간 동기화를 하고 1초마다 날짜, 요일, 시간을 출력
- 실험 시스템 구성도는 [그림 2.10]과 같음

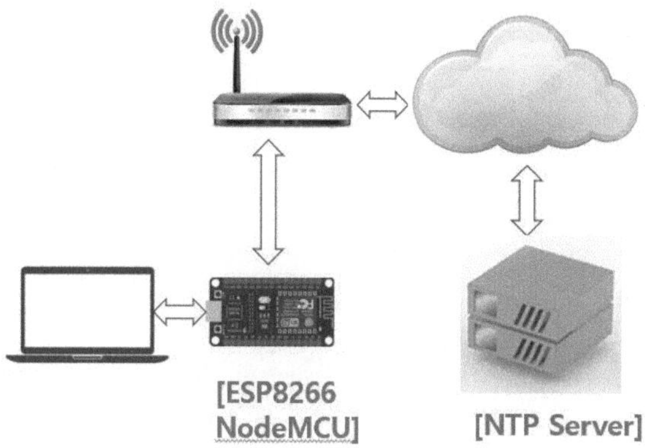

그림 2.10 실험 시스템 구성도

- 아래의 디바이스 프로그램을 업로드

NodeMCU 디바이스 프로그램 ESP8266_NTP_Server

```
#include <ESP8266WiFi.h> // ESP8266WiFi 라이브러리 삽입
#include <time.h> // 시간과 관련된 함수를 위한 라이브러리

const char* ssid= "**********"; //WiFi 네트워크 이름
const char* password = "**********"; // WiFi 네트워크 비번
```

```
const char* NTP_server = "pool.ntp.org"; //NTP 서버

int GMTOffset = 60 * 60 * 9; // 시간 오프셋 설정, 한국은 UTC/GMT +9
int daylightOffset = 0; // 국가에서 서머타임을 사용하는 경우 오프셋 값 설정
const String weekDays[]={"Sun", "Mon", "Tue", "Wed", "Thu", "Fri", "Sat"};

void setup_wifi() {
  delay(10); // 10ms 대기
  WiFi.mode(WIFI_STA); // WiFi를 STA 모드로 설정
  WiFi.begin(ssid, password); // WiFi 연결 시도
  Serial.println("");
  Serial.print("Connecting to ");
  Serial.println(ssid); // WiFi 네트워크 이름 출력
  while (WiFi.status() != WL_CONNECTED) { // 접속될 때까지 대기
    delay(500);
    Serial.print(".");
  }
  Serial.println("");
  Serial.print("WiFi connected to ");
  Serial.println(ssid); // WiFi 네트워크 이름 출력
  Serial.print("IP address: ");
  Serial.println(WiFi.localIP()); //DHCP에 의해 ESP 모듈에 할당된 IP 출력
}

void setup() {
  Serial.begin(115200); // 통신속도 설정
  setup_wifi(); // wifi 설정 함수 호출
  configTime(GMTOffset, daylightOffset, NTP_server); // NTP 서버를 통한 시간 동기화
}

void loop() {

  // 현재 시간 가져오기
  time_t rawtime=time(nullptr);
```

```
  struct tm *timeinfor = localtime(&rawtime);

  //날짜 출력
  Serial.print(timeinfor->tm_year+1900);
  Serial.print("/");
  Serial.print(timeinfor->tm_mon+1);
  Serial.print("/");
  Serial.print(timeinfor->tm_mday);
  Serial.print(" ");

  // 요일 출력
  Serial.print("(");
  Serial.print(weekDays[timeinfor->tm_wday]);
  Serial.print(") ");

  // 시간 출력
  Serial.print(timeinfor->tm_hour);
  Serial.print(":");
  if (timeinfor->tm_min < 10) Serial.print("0");
  Serial.print(timeinfor->tm_min);
  Serial.print(":");
  if (timeinfor->tm_sec < 10) Serial.print("0");
  Serial.println(timeinfor->tm_sec);

  delay(1000);
}
```

실험 2-2

ESP8266 NodeMCU 보드를 웹 서버로 동작시키고 클라이언트인 웹 브라우저에 간단한 웹 페이지를 표시

- NodeMCU 보드를 웹 서버로 구동 시킨 뒤 클라이언트인 웹 브라우저를 통해서 NodeMCU 보드 웹 서버에 접속하여 웹 페이지를 요청하면 웹 서버는 간단한 웹 페이지를 브라우저에 보내 표시
- HTML로 간단하게 웹 페이지를 만들어 웹 페이지를 브라우저에 표시
- 웹 페이지는 "Hello World!!"라는 문자열과 메타태그를 사용하여 10초마다 웹 페이지를 갱신(refresh) 하도록 하며 갱신될 때마다 값이 1씩 증가하여 표시되도록 함
- 과정은 [그림 2.11]과 같음

1. HTML 언어로 웹 페이지 구성 (아두이노 IDE)
2. 구성한 웹 페이지를 NodeMCU 보드에 업로드 (아두이노 IDE)
3. WiFi에 연결
4. NodeMCU 보드를 웹 서버로 구동 (NodeMCU 보드)
5. 웹 클라이언트로 NodeMCU 보드 웹 서버에 웹 페이지 요청 (크롬 등의 웹 브라우저)
6. 웹 클라이언트로부터 요청받은 웹 페이지 응답 전송 (NodeMCU 보드)
7. 웹 페이지가 표시 (웹 브라우저)

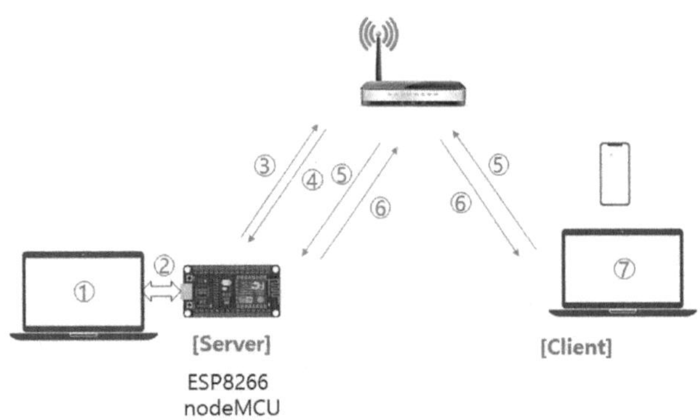

그림 2.11

- 아래의 디바이스 프로그램에서 사용하는 WiFi 네트워크 이름과 비밀번호를 입력
- 아래의 프로그램을 업로드

NodeMCU 디바이스 프로그램 ES8266_WebServer_Simple

```
#include <ESP8266WiFi.h> // ESP8266WiFi 라이브러리 삽입

const char* ssid= "**********"; //WiFi 네트워크 이름 입력
const char* password = "**********"; // WiFi 네트워크 비번 입력

WiFiServer server(80); // 서버생성, 포트번호 80설정 (웹서버 설정)
WiFiClient client; // 클라이언트 객체 생성
String request=""; //클라이언트가 요청한 Get Request를 저장할 변수
int reqCnt=0; // 값을 저장하는 변수 (초기 값 0)

void setup() {
   Serial.begin(115200); // 시리얼 모니터와 통신속도 설정
   setup_wifi(); //wifi 네트워크 접속
}

void loop() {
  client = server.available();   // 클라이언트가 접속하였는지 확인

  if(client) {  // 새로운 클라이언트가 연결되었다면,
    Serial.println("New Client.");  // 시리얼 모니터에 문자 출력

    boolean currentLineIsBlank= true; // http 요청은 공백라인으로 끝남
    while(client.connected()) { // 클라이언트가 연결되어 있다면

      if(client.available()) { // 클라이언트로부터 수신된 읽을 바이트가 있다면,
        char c = client.read(); // 한 문자를 읽음
        request += c; // 요청 변수에 추가

        if(c == '\n' && currentLineIsBlank) { // http 요청의 끝
          parseGetRequest(); //수신된 get request를 분석하기 위해 파싱
```

```
        httpResponse(); // HTTP 요청(request)에 대한 응답(response) 전송
        break; // 요청 메시지의 요청라인+헤더 부분을 모두 읽으면 break
      }
      if(c == '\n') { // 개행문자이면
        currentLineIsBlank= true; //현재라인이 공백
      } else if(c != '\r') { // CR 문자가 아니면
         currentLineIsBlank= false; //현재라인이 공백이 아님
      }
    }
  }
  request=""; // 변수 초기화
  client.stop(); // 연결 끊음
  Serial.println("Client disconnected.");
  Serial.println("");
 }
}

void setup_wifi() {
  delay(10); // 10ms 대기
  WiFi.mode(WIFI_STA); // WiFi를 STA 모드로 설정
  WiFi.begin(ssid, password); // WiFi 연결 시도
  Serial.println("");
  Serial.print("Connecting to ");
  Serial.println(ssid); // WiFi 네트워크 이름 출력
  while (WiFi.status() != WL_CONNECTED) { // 접속될 때까지 대기
    delay(500);
    Serial.print(".");
  }
  Serial.println("");
  Serial.print("WiFiconnected to ");
  Serial.println(ssid); // WiFi 네트워크 이름 출력
  Serial.print("IP address: ");
  Serial.println(WiFi.localIP()); //DHCP에 의해 ESP 모듈에 할당된 IP 출력
  server.begin(); // 서버 시작
  Serial.println("Server started");
```

```
}

void parseGetRequest() {
  Serial.print("request: "); // GET / HTTP/1.1
  Serial.println(request); // 클라이언트가 서버에 요청한 정보 출력
}

void httpResponse() {
  // HTTP 응답 헤더는 응답코드(e.g. HTTP/1.1 200 OK), content-type, blank line으로 구성
  client.println("HTTP/1.1 200 OK");
  client.println("Content-type:text/html");
  client.println("Connection: close");
  client.println(); // blank line

  // HTML 웹 페이지 표시
  client.println("<!DOCTYPE HTML>");
  client.println("<html><head>");
  client.println("<link rel='icon' href='data:,'>"); //GET /favicon.ico HTTP/1.1을
                                                      //피하기위해 필요
  client.println("<meta http-equiv='refresh' content='10'/>");
  client.println("<title>Welcome Text Webpage</title>");
  client.println("</head>");

  client.println("<body><br><br>");
  client.println("<p align='center'><font size='10' color='greenor'> Hello World!!
</font></p><br/><br/>");
  client.print("<p align='center'><font size='10' color='red'>");
  client.print(++reqCnt);
  client.println("</font></p>");
  client.println("</body></html>");

  client.println(); // HTTP 응답은 blank line으로 끝남
}
```

[실험 수행 결과]

- 스케치 프로그램을 업로드하면 [그림 2.12]와 같이 NodeMCU 보드는 WiFi 네트워크에 연결하고 할당된 서버 IP (192.168.35.143)을 출력
- 웹 클라이언트인 웹브라우저를 띄우고 [그림 2.13]과 같이 주소창에 서버 IP인 192.168.35.143을 입력 하면 웹 서버에 웹 페이지 요청
- 웹 서버는 웹 클라이언트로부터 요청받은 웹 페이지를 응답 전송하면 웹 브라우저에 웹 페이지가 나타남
- 서버는 10초마다 웹 페이지를 갱신하여 웹브라우저에 보내 주는데 [그림 2.14]와 같이 값이 증가하는 것을 확인할 수 있음.

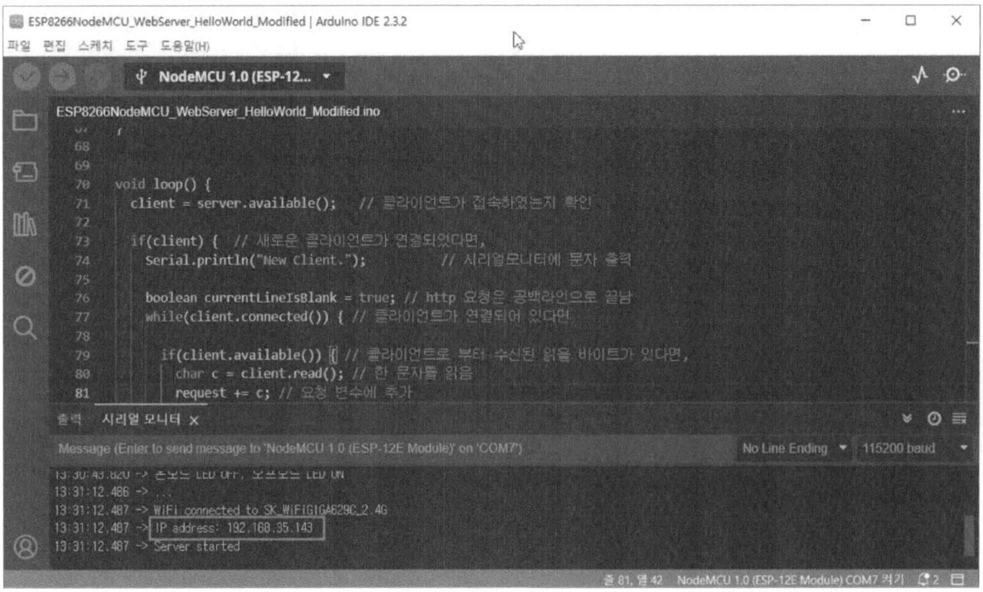

그림 2.12

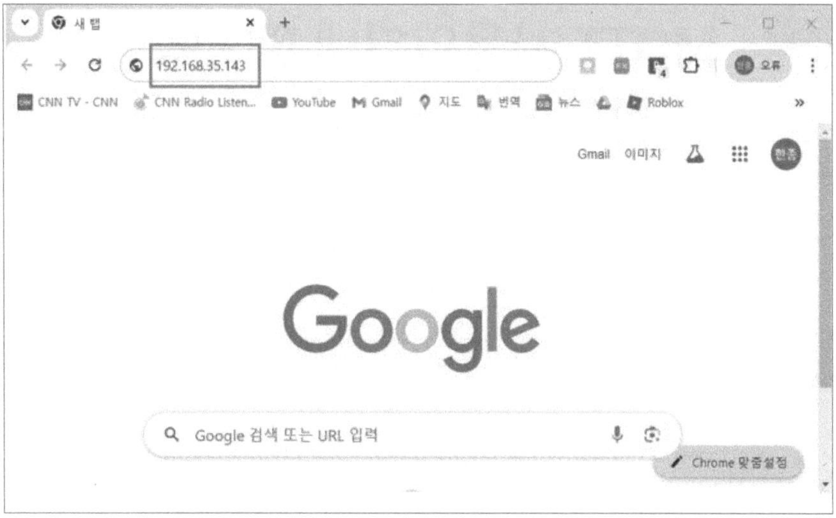
새 탭
192.168.35.143
Google
Google 검색 또는 URL 입력
Chrome 맞춤설정

그림 2.13

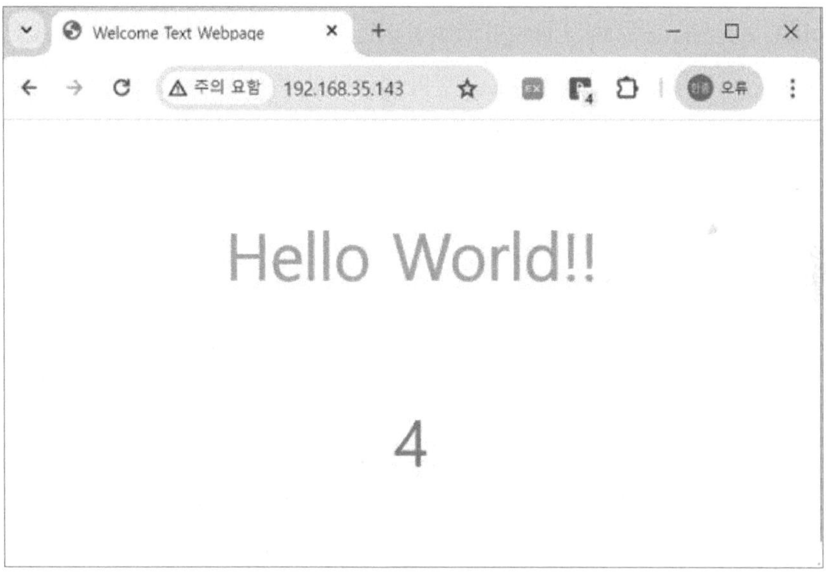
Welcome Text Webpage
주의 요함
192.168.35.143
Hello World!!
4

그림 2.14

제3장

MQTT 사물인터넷 망 구축 및 맛보기

3.1 MQTT 프로토콜

- MQTT(Message Queueing Telemetry Transport) 프로토콜은 IBM이 1999년에 개발하였으며 2016년 국제 표준화
- MQTT는 TCP/IP 프로토콜 위에서 동작하는 발행-구독(Publish-Subscribe) 기반의 메시지 송수신 프로토콜로 사물통신(M2M: Machine to Machine)과 사물인터넷(IoT: Internet of Things)에서 메시지 송수신용으로 사용되고 있는 대표적인 프로토콜
- 메모리 용량이 적은 기기에서도 구현이 가능하고 통신 부하도 적은 푸시기술 기반의 가볍고 간편한 메시지 송수신 프로토콜
- Facebook Messenger가 MQTT를 채택하여 운영

1. MQTT 동작 구조

- X(옛 트위터) 서비스의 동작 구조를 떠올려 보면, [그림 3.1] (a)와 같이 X에서는 사용자(User)가 다른 사용자를 팔로우(follow)한 상태에서 다른 사용자가 메시지를 생성시켜 트윗(tweet)을 하게 되면 메시지를 받아볼 수 있으며 또한 스스로 메시지를 생성하고 트윗하면 자신을 팔로우(follow)하는 사용자에게 메시지를 전달할 수 있는 구조
- MQTT도 트위터 서비스와 거의 유사한 동작 구조를 가짐. [그림 3.1] (b)와 같이 **사용자(User)가 클라이언트(Client)로 팔로우(follow)를 구독(subscribe)으로 트윗**

(tweet)을 발행(publish)으로 생각하면 됨. 즉, MQTT 네트워크에서 클라이언트가 다른 클라이언트를 구독한 상태에서 다른 클라이언트가 메시지를 생성시켜 발행을하게 되면 메시지를 받아볼 수 있음. 또한 스스로 메시지를 생성하고 발행하면 가입한 클라이언트에게 메시지를 전달할 수 있음

- MQTT 시스템에 참여하는 MQTT 클라이언트는 메시지 발행(publish, 트윗에 해당) 또는 메시지 구독(subscribe, 팔로우에 해당) 두 가지 동작을 할 수 있음. 클라이언트가 메시지를 발행하고 구독하는 중간에 메시지를 수집, 재분배하는 작업을 수행해주는 서버가 필요한데 MQTT 시스템에서는 MQTT 브로커라 호칭

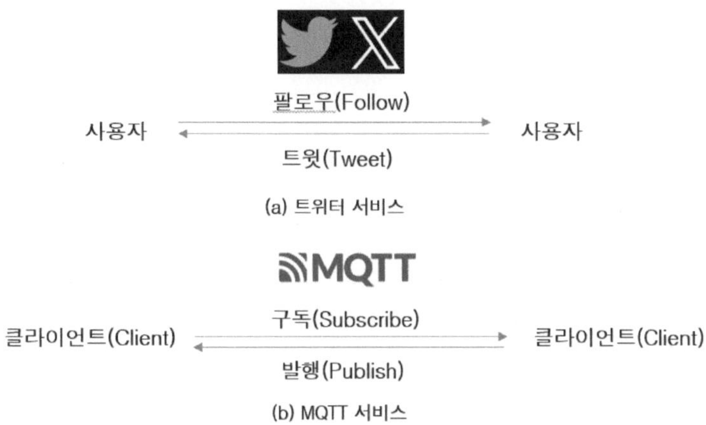

그림 3.1 X와 MQTT 서비스

2. MQTT 프로토콜에서 사용하는 용어들

○ 클라이언트(client)

- MQTT 네트워크에 접속하는 디바이스
- 메시지 발행(publish, 트윗에 해당), 메시지 구독(subscribe, 팔로우에 해당) 두 가지 동작 수행
- 즉, 서버인 브로커에게 메시지를 전달하고 필요한 메시지를 받음

○ 브로커(Broker)

- 서버 역할을 해주는 장치 또는 프로그램
- MQTT 브로커는 각종 클라이언트(디바이스)들이 보내주는 메시지를 수집하고 이걸 다시 필요한 클라이언트(디바이스)들에게 전송해주는 중계 서버 역할
- 다양한 MQTT 브로커 프로그램들이 개발되어 있는데 ActiveMQ, Apollo, IBM Message Sight, JoramMQ, Mosquitto, RabbitMQ, Solace Message Routers 등이 자주 사용
- 우리는 **Mosquitto 브로커를 사용**. Mosquitto는 MQTT의 기본 기능을 충실히 지원하는 가벼운 MQTT 브로커 프로그램

○ 토픽(topic)과 페이로드(payload)

- MQTT 클라이언트는 브로커를 통해 메시지를 송수신
- 메시지는 토픽(Topic)과 페이로드(Payload)로 구분하여 관리 즉, 메시지는 토픽과 페이로드로 구성
- 토픽은 메시지 이름(또는 주제)이며 페이로드는 메시지 내용에 해당
- 토픽 설정 시 유의 사항

  - 토픽은 슬래시(/)로 구분된 계층구조를 갖음

  (예) 집 1층 거실에 있는 온도 센서의 온도 26도는 다음의 메시지로 브로커에 전달

  토픽 : myhome/firstFloor/livingRoom/temperature

  페이로드 : 26

  - 와일드카드 문자 #을 지원하며 토픽 문자열 끝에만 사용할 수 있고 모든 하위 토픽 지칭

  토픽 : myhome/#

  - 최상위 토픽이 / 문자로 시작하지 않도록 함

  토픽 : /home/sensor/humid (/ 문자로 시작되었음)

  - 토픽 이름에 공백을 사용하지 않음

○ **발행 (publish) 및 발행자 (publisher)**

- 클라이언트에서 MQTT 브로커로 메시지(토픽+페이로드)를 송신하는 것
- 메시지 발행은 트윗에 해당
- MQTT 브로커로 메시지를 발행 즉, 발생시키는 클라이언트가 발행자에 해당

○ **구독 (subscribe) 및 구독자 (subscriber)**

- 클라이언트가 관심 있는 토픽을 브로커에게 알려주는 것
- 메시지 구독은 팔로우에 해당
- MQTT 브로커로 관심 있는 토픽을 구독 신청하는 클라이언트가 구독자에 해당

3. MQTT 동작

- MQTT 동작은 [그림 3.2]와 같이 발행자, 구독자, 브로커로 구성된 MQTT 망(네트워크)에서 동작
- 구독자(Subscriber)는 관심있는 특정 토픽(Topic)을 브로커에 전달하여 구독 신청
- 발행자(Publisher)는 특정 토픽에 페이로드로 구성된 메시지를 중개 서버인 브로커(Broker)에 전송하여 메시지 발행
- MQTT 브로커는 발행자 클라이언트가 발행한 메시지를 받고 토픽을 구독한 모든 구독자 클라이언트들에게 메시지를 전송

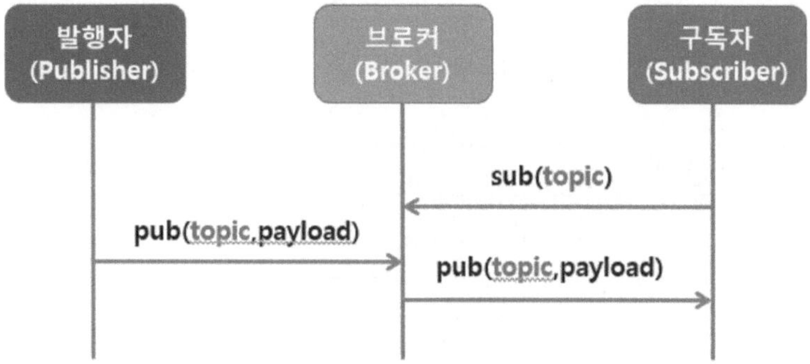

그림 3.2 MQTT 동작

4. MQTT QoS (Quality of Service)

- MQTT는 시스템에 참여하는 클라이언트(디바이스)들의 처리 능력, 네트워크 대역폭, 메시지 오버헤드 등 주변 상황에 맞게 시스템이 동작할 수 있도록 3단계 QoS(Quality of Service)를 제공 즉, 메시지를 송수신할 때 어느 정도의 통신 서비스 품질을 유지할 지 결정
- 3단계 QoS
  1) 레벨 0 (At most once): 메시지는 한 번만 전달(Fire and Forget), 전달 여부를 확인하지 않음. 유실 가능성 있음
  2) 레벨 1 (At least once): 메시지는 최소 한번은 전달되나 핸드 셰이킹 과정으로 추적하지 않음. 중복 전송될 수도 있음
  3) 레벨 2 (Exactly once) : 메시지는 중복없이 정확히 한번 전달되게 메시지의 핸드 셰이킹(4단계 확인 프로세서) 과정을 수행하여 정확하게 전달
- 0에 가까울수록 메시지 처리에 대한 부하가 적은 대신 메시지 손실 위험이 높아지고 2에 가까울수록 메시지 손실 위험은 줄어들지만 메시지 처리 부하가 급격히 증가

3.2 MQTT 송수신 패킷

1. MQTT 패킷 구조

- 전송되는 MQTT 패킷 구조는 [그림 3.3] 같이 2바이트의 고정 헤더(Fixed header), 옵션에 따른 가변 헤더(Variable Header)와 페이로드(Payload)로 구성

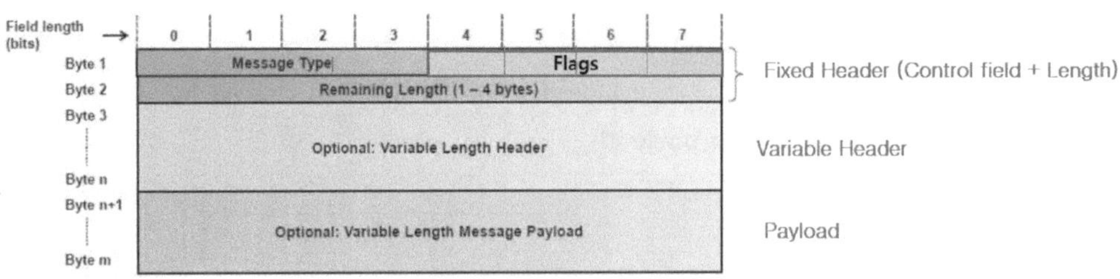

그림 3.3 MQTT 패킷 구조

- 고정 헤더는 4비트의 메시지 타입(Message Type)과 4비트의 플래그로 이루어진 1바이트의 제어 필드(Control Field)와 패킷의 나머지 길이를 나타내는 1바이트로 구성
- 메시지 타입의 4비트는 [표 3.1]과 같이 총 16개의 패킷 유형과 4비트의 플래그 값을 정의
- 한 예로, 메시지 타입의 4비트 값이 0011(3)에 해당하는 패킷이 메시지를 발행할 때 사용하는 발행(PUBLISH) 패킷에 해당하며 4비트의 플래그 비트로 DUP 비트는 발행(PUBLISH) 제어 패킷의 중복 전달 여부를 나타내고 QoS 2비트는 발행(PUBLISH) 서비스 품질(QoS)을 나타내며 RETAIN 비트는 발행(PUBLISH) 메시지가 브로커에 의해 저장되어야 하는지 여부를 나타냄

표 3.1 MQTT 패킷 유형

Message Type - 4 bits :

Mnemonic	Enumeration	Description	Direction	Bit 3	Bit 2	Bit 1	Bit 0
Reserved	0000 (0)	Reserved					
CONNECT	0001 (1)	Client request to connect to Server	Client to Server	0	0	0	0
CONNACK	0010 (2)	Connect Acknowledgement	Server to Client	0	0	0	0
PUBLISH	0011 (3)	Publish message	Client to Server or Server to Client	DUP[1]	QoS[2]	QoS[2]	RETAIN[3]
PUBACK	0100 (4)	Publish Acknowlegement	Client to Server or Server to Client	0	0	0	0
PUBREC	0101 (5)	Publish Recieved (assured delivery part 1)	Client to Server or Server to Client	0	0	0	0
PUBREL	0110 (6)	Publish Release (assured delivery part 2)	Client to Server or Server to Client	0	0	1	0
PUBCOMP	0111 (7)	Publish Complete (assured delivery part 3)	Client to Server or Server to Client	0	0	0	0
SUBSCRIBE	1000 (8)	Client Subscribe Request	Client to Server	0	0	1	0
SUBACK	1001 (9)	Subscribe Acknowlegement	Server to Client	0	0	0	0
UNSUBSCRIBE	1010 (10)	Client Unsubscribe Request	Client to Server	0	0	1	0
UNSUBACK	1011 (11)	Unsubscribe Acknowlegement	Server to Client	0	0	0	0
PINGREQ	1100 (12)	PING Request	Client to Server	0	0	0	0
PINGRESP	1101 (13)	PING Response	Server to Client	0	0	0	0
DISCONNECT	1110 (14)	Client is disconnecting	Client to Server	0	0	0	0
Reserved	1111 (15)	Reserved					

2. MQTT CONNECT 패킷 구조

- 클라이언트가 브로커에 연결할 때 가장 먼저 보내는 패킷으로 이 패킷을 통해 클라이언트는 연결 요청을 수행하고, MQTT 세션과 관련된 다양한 설정을 전달
- CONNECT 패킷 구조는 [그림 3.4]와 같음

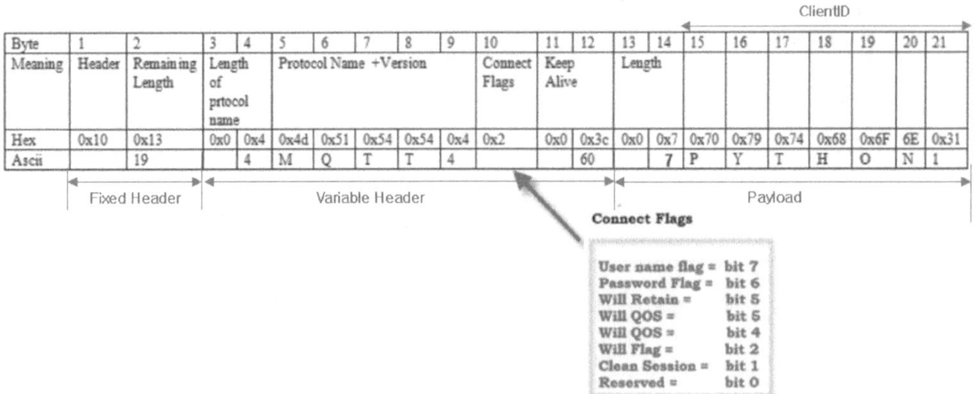

Byte	1	2	3	4	5	6	7	8	9	10	11	12	13	14	15	16	17	18	19	20	21
Meaning	Header	Remaining Length	Length of prtocol name		Protocol Name +Version					Connect Flags	Keep Alive		Length								
Hex	0x10	0x13	0x0	0x4	0x4d	0x51	0x54	0x54	0x4	0x2	0x0	0x3c	0x0	0x7	0x70	0x79	0x74	0x68	0x6F	6E	0x31
Ascii		19		4	M	Q	T	T	4			60		7	P	Y	T	H	O	N	1

그림 3.4 MQTT CONNECT 패킷 구조

1) 고정 헤더(Fixed header)

- [표 3.1]에서와 같이 첫 바이트인 메시지 타입 값은 0x10
- 두 번째 바이트는 패킷의 나머지 길이로 [그림 3.4]의 경우 값이 19임

2) 가변 헤더(Variable Header)

- 첫 두 번째 바이트는 프로토콜 이름의 길이로 프로토콜 "MQTT"에 해당하는 0x00 0x04로 고정
- 다음으로 프로토콜 이름과 버전이 나오는데 프로토콜 이름은 "MQTT"이고 버전은 MQTT 3.1.1인 경우 0x04이고 MQTT 5.0인 경우 0x05 (4=MQTT 3.1.1, 5=MQTT 5.0)
- 다음 1바이트는 Connect 플래그로 다음의 기능

비트	필드	설명
7	User Name Flag	1이면 User Name 포함
6	Password Flag	1이면 Password 포함
5	Will Retain	1이면 Will 메시지를 Retain
4-3	Will QoS	Will 메시지의 QoS (0~2)
2	Will Flag	1이면 Will 메시지 포함
1	Clean Session	1이면 기존 세션 제거
0	(Reserved)	항상 0

- Will 메시지는 클라이언트의 비정상적인 종료를 감지하고 이를 다른 클라이언트에게 알림으로써 시스템의 안정성과 신뢰성을 유지하는데 사용
- Clear Session은 클라이언트가 브로커와 새로운 연결을 설정할 때, 이전에 저장된 세션상태를 유지(0)할지 또는 새로운 세션을 시작(1)할지 결정

  1: 기존 세션 상태(구독 정보 및 미 전송 메시지)가 모두 삭제

  0: 이전 세션 상태를 유지(클라이언트의 구독 정보와 미 전송 메시지)

• 마지막 Keep Alive 2바이트는 클라이언트와 브로커 간의 최대 연결 유지 시간 (초 단위)
  - Keep Alive 필드는 브로커에게 신호를 보낼 최대 시간을 지정 (초 단위)
  - 클라이언트가 브로커와의 연결을 유지하기 위해 주기적으로 PINGREQ 메시지를 전송
  - PINGREQ 메시지가 오지 않으면 브로커는 클라이언트와의 연결을 종료하고, 필요한 경우 Will 메시지를 다른 클라이언트에게 전송

3) 페이로드(Payload)

• 페이로드에 들어가는 내용은 다음과 같음

필드	설명
Client ID	MQTT 클라이언트의 고유 ID (필수)
Will Topic	(옵션) Will 메시지를 보낼 토픽(주제)
Will Message	(옵션) Will 메시지 페이로드(내용)
User Name	(옵션) 사용자 이름
Password	(옵션) 비밀번호

3. MQTT CONNACK 패킷 구조

• 클라이언트가 CONNECT **패킷**을 보낸 후 브로커가 응답으로 보내는 패킷
• 이 패킷은 연결 상태를 나타내며, 클라이언트가 브로커에 성공적으로 연결되었는지 또는 실패했는지를 알려줌

- CONNACK 패킷 구조는 [그림 3.5]와 같음

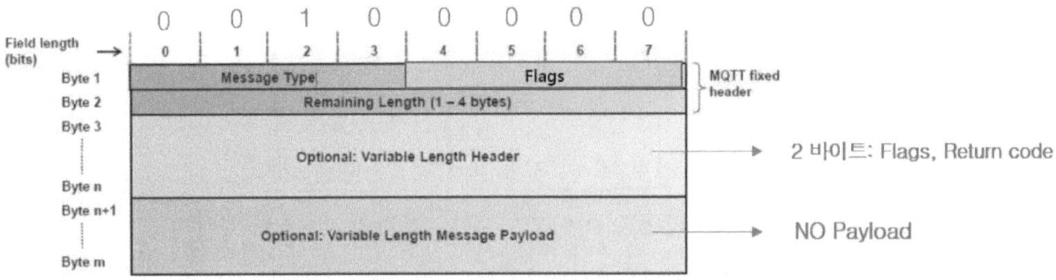

그림 3.5 MQTT CONNACK 패킷 구조

1) 고정 헤더(Fixed header)

- [표 3.1]에서와 같이 첫 바이트인 메시지 타입 값은 0x20
- 두 번째 바이트는 패킷의 나머지 길이

2) 가변 헤더(Variable Header)

<table>
<tr><th>필드</th><th>크기</th><th>설명</th></tr>
<tr><td rowspan="2">Session Present</td><td rowspan="2">1바이트</td><td>세션 존재 여부 알림. 이 플래그는 MQTT 브로커와 지속적인 세션을 유지하려는 클라이언트에게 특히 중요. 이를 통해 연결이 끊어졌다가 다시 연결될 때 상태 정보를 유지할 수 있음</td></tr>
<tr><td>0x00 : 새로운 세션 시작
0x01 : 기존 세션 유지</td></tr>
<tr><td>Connect Return Code</td><td>1바이트</td><td>연결 응답 코드
<table>
<tr><th>코드</th><th>설명</th></tr>
<tr><td>0x00</td><td>연결 성공</td></tr>
<tr><td>0x01</td><td>연결 거부: 프로토콜 버전 불일치</td></tr>
<tr><td>0x02</td><td>연결 거부: 클라이언트 ID 거부</td></tr>
<tr><td>0x03</td><td>연결 거부: 서버 사용 불가</td></tr>
<tr><td>0x04</td><td>연결 거부: 잘못된 사용자 이름 또는 비밀번호</td></tr>
<tr><td>0x05</td><td>연결 거부: 인증 실패</td></tr>
</table>
</td></tr>
</table>

3) 페이로드(Payload)

- 존재하지 않음

4. MQTT SUBSCRIBE 패킷 구조

- SUBSCRIBE 패킷은 클라이언트가 특정 토픽(Topic)을 구독하기 위해 브로커에 보내는 패킷
- 브로커는 이 요청을 받은 후 SUBACK 패킷으로 응답
- SUBSCRIBE 패킷 구조는 [그림 3.6]과 같음

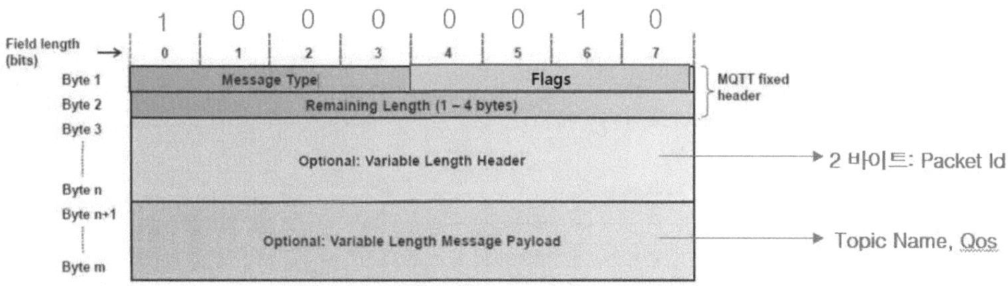

그림 3.6 MQTT SUBSCRIBE 패킷 구조

1) 고정 헤더(Fixed header)

- [표 3.1]에서와 같이 첫 바이트인 메시지 타입 값은 0x82
- 두 번째 바이트는 패킷의 나머지 길이

2) 가변 헤더(Variable Header)

- 가변 헤더에 들어가는 2바이트는 아래와 같이 패킷 식별자(Packet ID)가 들어가는데 브로커는 SUBACK 패킷에서 동일한 패킷 식별자(Packet ID)를 사용하여 응답

필드	크기	설명
Packet Identifier	2바이트	패킷 식별자 (응답 매칭을 위해 사용)

3) 페이로드(Payload)

- 페이로드에 들어가는 내용은 다음과 같음

필드	설명
Topic Filter	클라이언트가 구독하려는 토픽
QoS Level	해당 토픽의 QoS (0, 1, 2 중 선택)

- 하나의 SUBSCRIBE 패킷에서 **여러 개의 토픽**을 구독 가능
- 각 토픽마다 QoS 레벨(0~2) 지정 가능

5. MQTT SUBACK 패킷 구조

- 클라이언트가 SUBSCRIBE 패킷을 보낸 후, 브로커가 구독 요청 결과를 응답할 때 사용하는 패킷
- 이 패킷에는 각 구독 요청에 대한 QoS 승인 또는 오류 코드가 포함
- SUBACK 패킷 구조는 [그림 3.7]과 같음

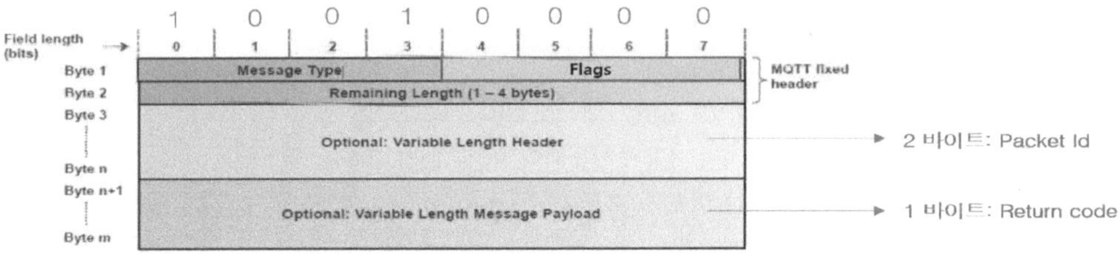

그림 3.7 MQTT SUBACK 패킷 구조

1) 고정 헤더(Fixed header)

- [표 3.1]에서와 같이 첫 바이트인 메시지 타입 값은 0x90
- 두 번째 바이트는 패킷의 나머지 길이

2) 가변 헤더(Variable Header)

- 가변 헤더에 들어가는 내용은 다음과 같음

필드	크기	설명
Packet Identifier	2바이트	요청을 보낸 SUBSCRIBE 패킷의 식별자

- SUBSCRIBE 패킷과 동일한 패킷 식별자(Packet Id)를 사용하여 응답을 매칭 함

3) 페이로드(Payload)

- 페이로드에 들어가는 내용은 다음과 같음

<table>
<tr><th>필드</th><th>설명</th></tr>
<tr><td rowspan="2">Return Code(s)</td><td>각 구독 요청의 승인 상태 및 QoS</td></tr>
<tr><td><table>
<tr><th>코드</th><th>설명</th></tr>
<tr><td>0x00</td><td>성공: QoS 0</td></tr>
<tr><td>0x01</td><td>성공: QoS 1</td></tr>
<tr><td>0x02</td><td>성공:- QoS 2</td></tr>
<tr><td>0x80</td><td>구독 실패</td></tr>
</table>
· 실패한 경우 해당 토픽은 구독되지 않음</td></tr>
</table>

6. MQTT PUBLISH 패킷 구조

- 클라이언트 또는 브로커가 메시지(토픽+페이로드)를 발행할 때 사용
- 이 패킷을 통해 MQTT 네트워크 내에서 데이터를 송수신할 수 있음
- PUBLISH 패킷 구조는 [그림 3.8]과 같음

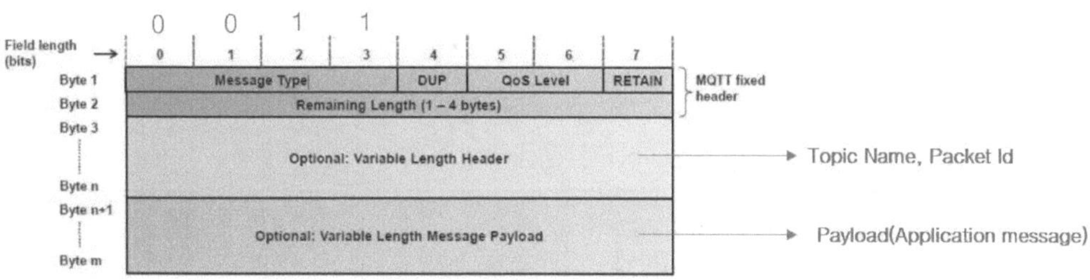

그림 3.8 MQTT PUBLISH 패킷 구조

1) 고정 헤더(Fixed header)

- [표 3.1]에서와 같이 첫 바이트의 상위 4비트 값은 0011(0x3)
- [표 3.1]에서와 같이 첫 바이트의 하위 4비트는 플래그 비트로 내용은 다음과 같음

비트	필드	설명
3	DUP (Duplicate)	메시지가 중복 전송인지 여부를 나타냄 (QoS 1 또는 2일 때만 사용) - 0: 메시지가 처음 전송됨 - 1: 메시지가 중복 전송됨 (재전송)
2~1	QoS Level	메시지 전달 품질 (0, 1, 2)
0	Retain	메시지가 브로커에 의해 저장되어야 하는지 여부 - 0: 브로커가 메시지 저장 않음 - 1: 브로커가 메시지 저장 (브로커는 나지막 저장된 메시지를 신규 구독자에게 전달)

- 두 번째 바이트는 패킷의 나머지 길이

2) 가변 헤더(Variable Header)

- 가변 헤더에 들어가는 내용은 다음과 같음

필드	크기	설명
Topic Name	2바이트 + 문자열	메시지가 게시될 토픽
Packet Identifier	2바이트(QoS 1 또는 2에서만 사용)	메시지 식별자

3) 페이로드(Payload)

- 페이로드에 들어가는 내용은 다음과 같음

필드	설명
Message	전송할 데이터 (바이너리 또는 문자열)

- 페이로드는 MQTT 브로커가 해석하지 않으며, 애플리케이션이 직접 처리해야 함

7. MQTT PUBACK 패킷 구조

- PUBACK 패킷(Publish Acknowledgment)은 QoS 1 메시지의 송신자가 수신자로부터 확인 응답을 받을 때 사용
- 즉, PUBLISH 패킷(QoS 1)을 보낸 후, PUBACK을 받으면 메시지가 성공적으로 도착했음을 의미

- PUBACK 패킷 구조는 [그림 3.9]와 같음

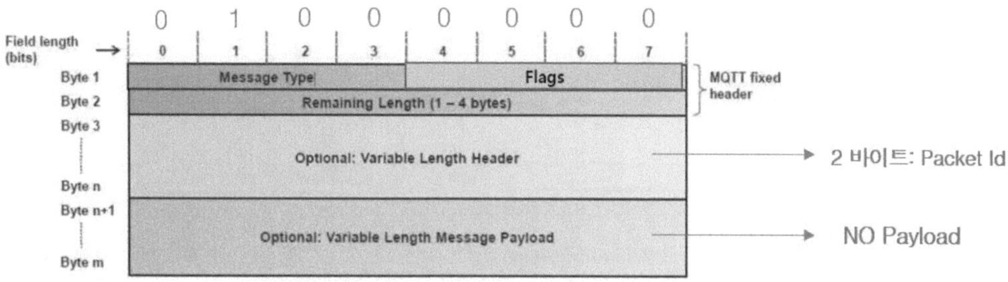

그림 3.9 MQTT PUBACK 패킷 구조

1) 고정 헤더(Fixed header)

- [표 3.1]에서와 같이 첫 바이트인 메시지 타입 값은 0x40
- 두 번째 바이트는 패킷의 나머지 길이

2) 가변 헤더(Variable Header)

- 가변 헤더에 들어가는 내용은 다음과 같음

필드	크기	설명
Packet Identifier	2바이트	원래 PUBLISH 패킷의 식별자

- PUBACK은 PUBLISH(QoS 1) 요청을 보낸 측이 이를 확인하는 용도로 사용 됨
- 패킷 식별자(Packet Identifier)는 PUBLISH 패킷의 패킷 식별자(Packet Identifier)와 동일해야 함

3) 페이로드(Payload)

- 존재하지 않음

8. MQTT PUBREC 패킷 구조

- PUBREC(Publish Received) 패킷은 QoS 2 메시지의 송신자가 수신자로부터 확인 응답을 받을 때 사용

- 즉, PUBLISH 패킷(QoS 2)을 보낸 후 PUBREC를 받으면, 메시지가 도착했으나 아직 완전히 전달되지 않은 상태를 의미
- PUBREC 패킷 구조는 [그림 3.10]과 같음

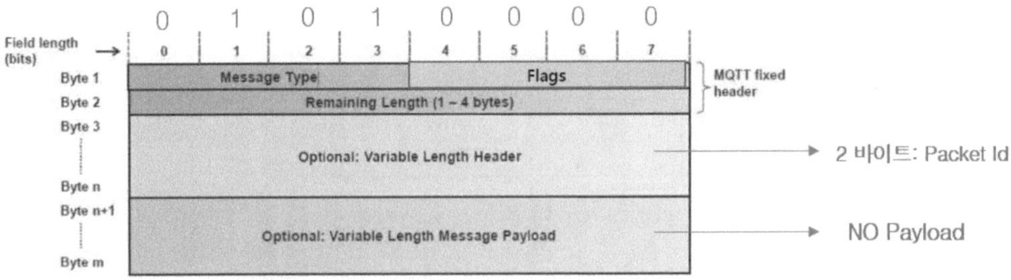

그림 3.10 MQTT PUBREC 패킷 구조

1) 고정 헤더(Fixed header)

- [표 3.1]에서와 같이 첫 바이트인 메시지 타입 값은 0x50
- 두 번째 바이트는 패킷의 나머지 길이

2) 가변 헤더(Variable Header)

- 가변 헤더에 들어가는 내용은 다음과 같음

필드	크기	설명
Packet Identifier	2바이트	원래 PUBLISH 패킷의 식별자

- 패킷 식별자(Packet Identifier)는 PUBLISH 패킷의 패킷 식별자(Packet Identifier)와 동일해야 함
- 이 값을 사용하여 브로커와 클라이언트가 특정 메시지를 추적

3) 페이로드(Payload)

- 존재하지 않음

9. MQTT PUBREL 패킷 구조

- PUBREL (Publish Release) 패킷은 QoS 2 메시지 전달 과정에서 사용
- 이 패킷은 PUBREC(Publish Received) 패킷에 대한 응답으로 전송되며, 메시지가 처리될 준비가 되었음을 나타냄
- PUBREL 패킷 구조는 [그림 3.11]과 같음

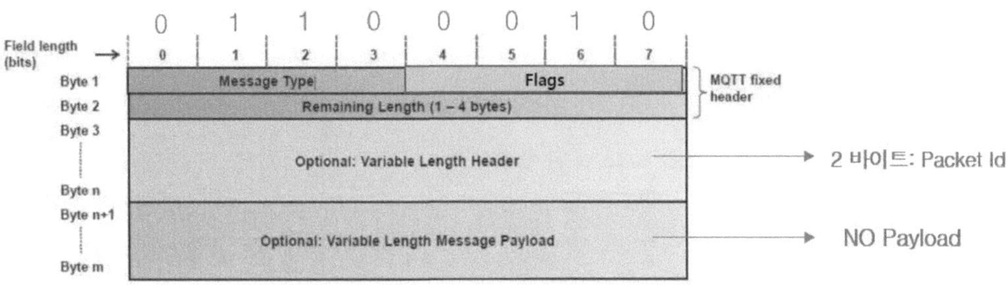

그림 3.11 MQTT PUBREL 패킷 구조

1) 고정 헤더(Fixed header)

- [표 3.1]에서와 같이 첫 바이트인 메시지 타입 값은 0x62
- 두 번째 바이트는 패킷의 나머지 길이

2) 가변 헤더(Variable Header)

- 가변 헤더에 들어가는 내용은 다음과 같음

필드	크기	설명
Packet Identifier	2바이트	원래 PUBLISH 패킷의 식별자

- 패킷 식별자(Packet Identifier)는 PUBREC 패킷의 패킷 식별자(Packet Identifier)와 동일해야 함
- 이 값을 사용하여 송신자와 수신자가 특정 메시지를 추적

3) 페이로드(Payload)

- 존재하지 않음

10. MQTT PUBCOMP 패킷 구조

- PUBCOMP (Publish Complete) 패킷은 QoS 2 메시지 전송에서 마지막 단계로 사용
- 이 패킷은 PUBREL (Publish Release) 패킷에 대한 응답으로 전송되며, 메시지 전송이 완전히 완료됨을 의미
- PUBCOMP 패킷 구조는 [그림 3.12]와 같음

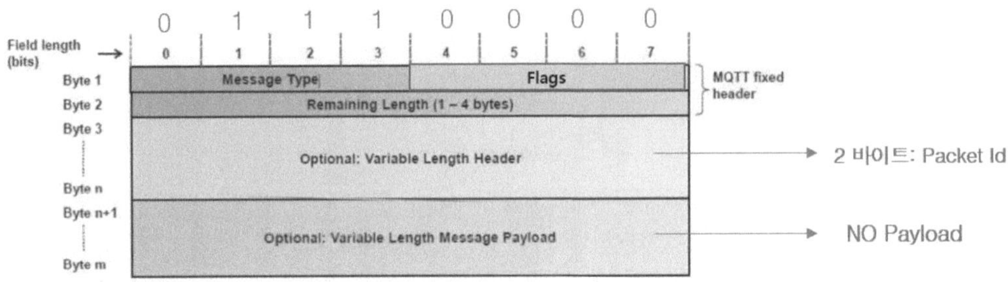

그림 3.12 MQTT PUBCOMP 패킷 구조

1) 고정 헤더(Fixed header)

- [표 3.1]에서와 같이 첫 바이트인 메시지 타입 값은 0x70
- 두 번째 바이트는 패킷의 나머지 길이

2) 가변 헤더(Variable Header)

- 가변 헤더에 들어가는 내용은 다음과 같음

필드	크기	설명
Packet Identifier	2바이트	원래 PUBLISH 패킷의 식별자

- 패킷 식별자(Packet Identifier)는 PUBREL 패킷의 패킷 식별자(Packet Identifier)와 동일해야 함
- 이를 통해 특정 메시지가 완전히 전달되었음을 확인

3) 페이로드(Payload)

- 존재하지 않음

○ MQTT 패킷을 사용한 QoS 해석

- MQTT는 시스템에 참여하는 클라이언트(디바이스)들의 상황에 맞게 시스템이 동작할 수 있도록 3단계 QoS(Quality of Service)를 제공
  1) 레벨 0 (At most once): 동작 과정은 [그림 3.13]과 같으며 메시지 수신 여부 확인 없이 메시지를 한 번만 전송하므로 유실 가능성이 있음

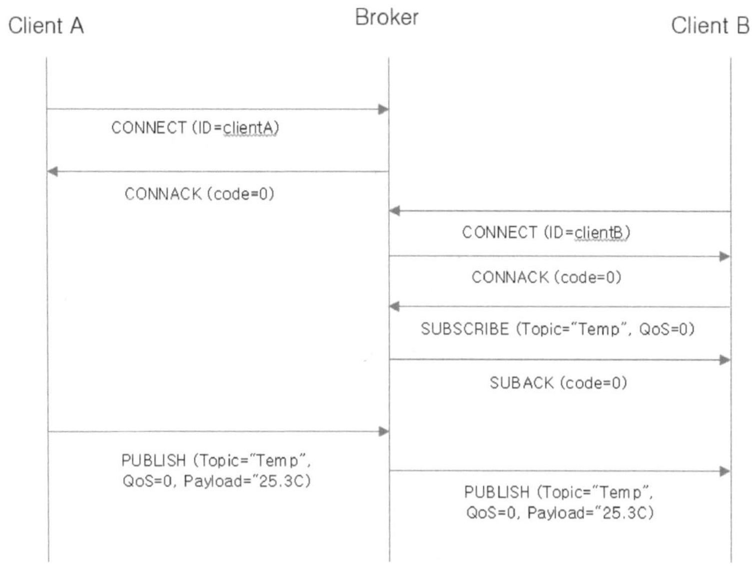

그림 3.13 QoS 레벨 0 동작

  2) 레벨 1 (At least once): 동작 과정은 [그림 3.14]와 같으며 PUBACK 패킷을 받을 때 까지 재전송을 반복. 최소 한번 전달 보장하나 중복 전송될 수도 있음

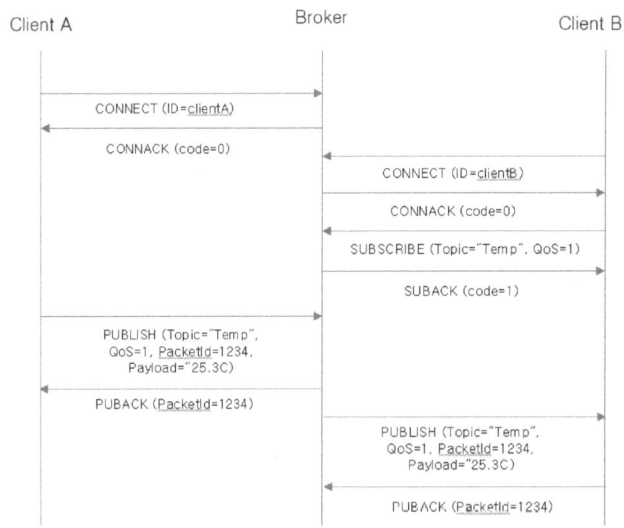

그림 3.14 QoS 레벨 1 동작

3) 레벨 2 (Exactly once) : 동작 과정은 [그림 3.15]와 같으며 메시지는 4단계 확인 프로세서를 통해 중복 없이 정확히 한번 전달 보장

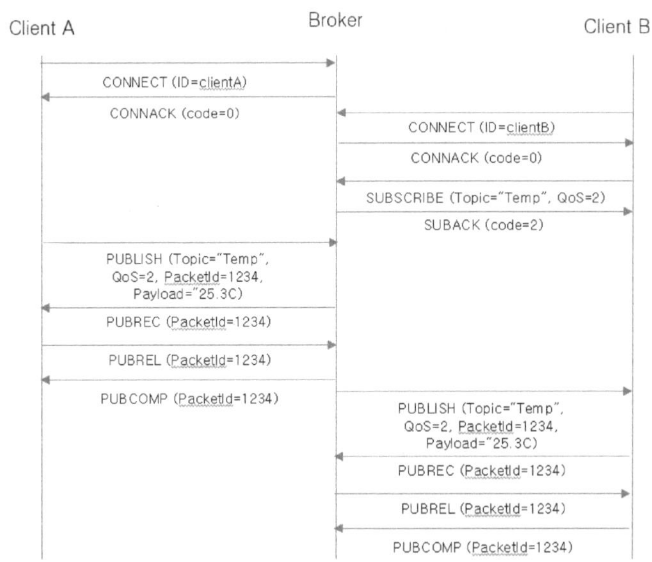

그림 3.15 QoS 레벨 2 동작

3.3 PubSubClient 라이브러리

- PubSubClient 라이브러리는 아두이용 MQTT 클라이언트 라이브러리로 ESP8266/ESP32와 같은 임베디드 시스템에서 MQTT 통신을 쉽게 구현할 수 있도록 도와주는 C++ 라이브러리
- 자체적으로 소켓(TCP/IP)을 열지 않고 외부 네트워트 클라이언트 객체를 받아서 동작

○ 특징

- MQTT 3.1.1 프로토콜 지원
- QoS 0 (At most once) 지원 (QoS 1, 2는 미지원)
- QoS 0 또는 QoS 1에서 구독 지원
- 최대 256바이트 페이로드 크기 (기본값, 변경 가능)
- 네트워트 클라이언트로 WiFiClient (WiFi를 통해 브로커와 연결) 및 EthernetClient (Arduino Ethernet) 지원
- 비동기 콜백 함수로 메시지 수신 처리 가능
- 메모리 사용량이 적어 IoT 및 임베디드 시스템에서 적합

○ PubSubClient 라이브러리 설치

- NodeMCU가 MQTT 브로커와 통신하려면 즉, NodeMCU에 MQTT 기능을 넣기 위해 PubSubClient라이브러리를 설치해야함. (아두이노용으로 많이 사용되고 있는 MQTT 클라이언트 라이브러리)
- [그림 3.16]과 같이 라이브러리 매니저 아이콘을 누른 후 PubSubClient를 검색하고 “PubSubClientby Nick O’Leary” 에 대한 최신 버전을 선택한 후 설치

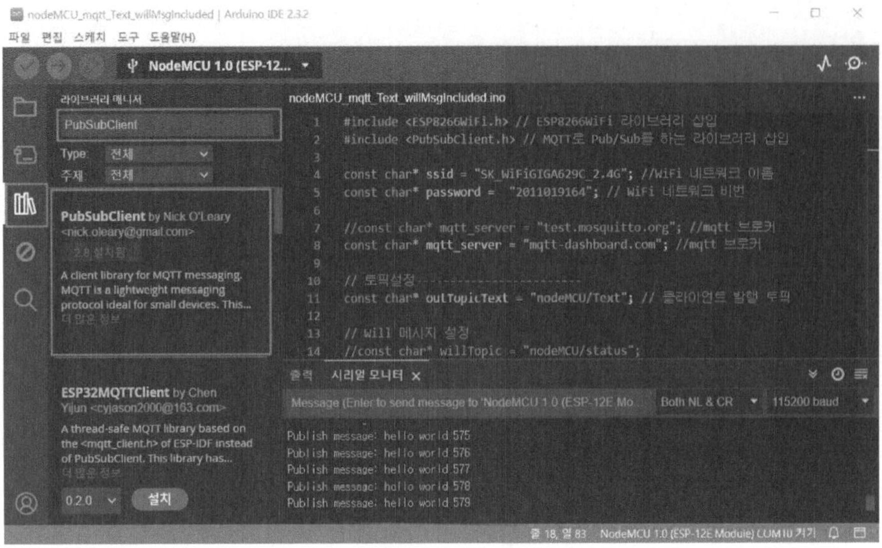

그림 3.16 PubSubClient 라이브러리를 설치

○ PubSubClient.h 라이브러리에서 제공하는 메소드

<table>
<tr><th colspan="3">PubSubClient (client)</th></tr>
<tr><td>기능</td><td colspan="2">MQTT 클라이언트 인스턴스를 생성</td></tr>
<tr><td>매개변수</td><td>client</td><td>사용할 네트워크 클라이언트</td></tr>
<tr><td colspan="3">사용하려면 먼저 외부 네트워크 세부 정보를 구성해야 합니다.
(예) WiFiClient espClient; // 네트워크 클라이언트 WiFiClient 객체를 생성
PubSubClient client(espClient); // 생성된 TCP 클라이언트를 이용하여 MQTT 클라이언트
// 인스턴스를 생성</td></tr>
</table>

<table>
<tr><th colspan="3">boolean client.connect (clientID, [username, password], [willTopic, willQoS, willRetain, willMessage], [cleanSession])</th></tr>
<tr><td>기능</td><td colspan="2">클라이언트가 서버에 연결</td></tr>
<tr><td rowspan="3">매개변수</td><td>clientID</td><td>서버에 연결할 때 사용할 클라이언트 ID</td></tr>
<tr><td>username</td><td>사용할 사용자 이름. NULL인 경우 사용자 이름 또는 암호가 사용되지 않음</td></tr>
<tr><td>password</td><td>사용할 암호. NULL이면 암호가 사용되지 않음</td></tr>
<tr><td>리턴 값</td><td>boolean</td><td>false - 연결 실패
true - 연결 성공</td></tr>
</table>

void *client*.disconnect ()		
기능	클라이언트 연결 끊음	
매개변수	void	
리턴 값	void	

boolean *client*.publish (topic, payload, [length], [retained])		
기능	토픽과 페이로드로 구성된 메시지 발행	
매개변수	topic	발행할 토픽(문자배열)
	payload	발행할 페이로드(문자배열)
	length	페이로드 길이
	retained	메시지 보존 여부 (true : 보존, false:미보존)
리턴 값	boolean	false - 발행 실패 true - 발행 성공

boolean *client*.subscribe (topic, [qos])		
기능	구독할 토픽 지정(문자배열)	
매개변수	topic	구독할 토픽
리턴 값	boolean	false - 구독을 보내는데 실패 true - 구독을 성공적으로 보냄

boolean *client*.loop ()		
기능	클라이언트가 수신 메시지를 처리하고 서버에 연결 유지	
매개변수	void	
리턴 값	boolean	false - 클라이언트가 더 이상 연결되어 있지 않음 true - 클라이언트는 여전히 연결되어 있음

boolean *client*.connected ()		
기능	클라이언트가 서버에 연결되어 있는지 확인	
매개변수	void	
리턴 값	boolean	false - 클라이언트가 연결되어 있지 않음 true - 클라이언트가 연결되어 있음

int *client*.state ()		
기능	클라이언트의 현재 상태를 반환. 연결 시도가 실패하면 이 방법을 사용하여 실패에 대한 자세한 정보를 얻을 수 있음.	
매개변수	void	
리턴 값	-4	MQTT_CONNECTION_TIMEOUT
	-3	MQTT_CONNECTION_LOST
	-2	MQTT_CONNECT_FAILED
	-1	MQTT_DISCONNECTED
	0	MQTT_CONNECTED
	1	MQTT_CONNECT_BAD_PROTOCOL
	2	MQTT_CONNECT_BAD_CLIENT_ID
	3	MQTT_CONNECT_UNAVAILABLE
	4	MQTT_CONNECT_BAD_CREDENTIALS
	5	MQTT_CONNECT_UNAUTHORIZED

PubSubClient* *client*.setCallback (callback)		
기능	구독한 토픽의 새 메시지가 도착하면 호출되는 콜백함수 지정	
매개변수	callback	클라이언트가 구독한 메시지가 도착하면 호출되는 메시지 콜백 함수에 대한 포인터
리턴 값	PubSubClient*	클라이언트 인스턴스, 함수 연결 허용

● 구독 콜백 함수 형식

구독한 토픽의 새 메시지가 클라이언트에 도착하면 호출되는 콜백함수는 다음과 같음

void callback(const char[] topic, byte* payload, unsigned int length)

- topic : const char[] - 도착한 토픽
- payload : byte[] - 메시지 페이로드
- length : unsigned int - 메시지 페이로드 길이

3.4 MQTT 사물인터넷 네트워크 구축

실험에서 사용할 MQTT 사물인터넷 네트워크 구성

- 실험에서 [그림 3.17]과 같은 MQTT 사물인터넷 네트워크 구성을 사용

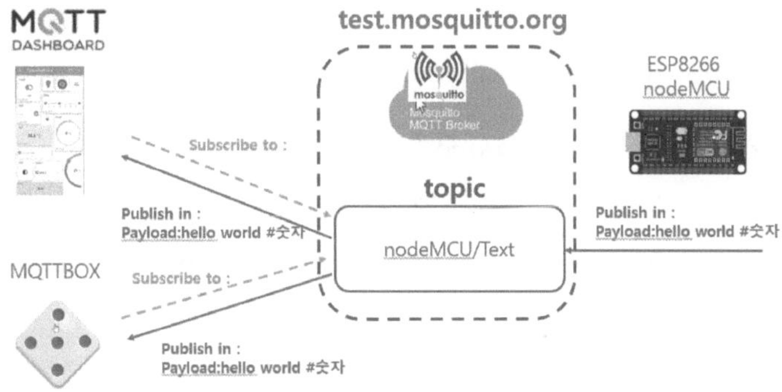

그림 3.17 MQTT 사물인터넷 네트워크

1. MQTT 브로커

- 무료 MQTT 브로커(서버)인 "**test.mosquitto.org**" 또는 "**mqtt-dashboard.com**"을 사용
- Mosquitto 브로커(서버)는 MQTT가 암호화되지 않은 경우 수신포트로 1883 포트를 사용하며 암호화된 경우 8883 포트 사용

2. MQTT 클라이언트

- ESP8266 NodeMCU 디바이스
- PC MQTT 클라이언트 : MQTTBOX 설치
- 스마트폰의 MQTT 클라이언트 : MQTT Dashboard APP 설치

1) PC MQTT 클라이언트

○ MQTTBOX 설치

- PC에서 MQTTBOX를 MQTT 클라이언트로 사용
- MQTTBOX는 MQTT 프로토콜을 사용하여 메시지 송수신, 구독, 발행 등을 테스트 할 수 있는 GUI 기반의 MQTT 클라이언트 툴
- MQTTBOX는 다음의 microsoft Store 사이트에서 다운로드
  https://apps.microsoft.com/detail/9nblggh55jzg?hl=ko-KR&gl=KR

○ MQTT 클라이언트 (MQTTBOX) 구성

- MQTTTBOX에서 MQTT 클라이언트를 생성하는 방법: [그림 3.18]과 같이 MQTT 상자를 열고 파란색 단추를 클릭하여 새 MQTT 클라이언트를 추가

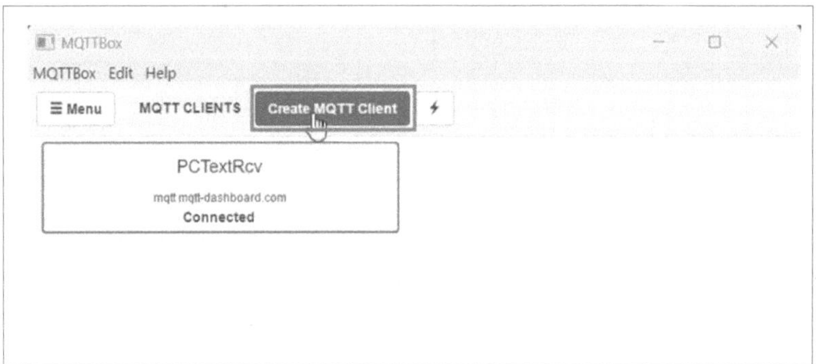

그림 3.18

- [그림 3.19]와 같이 MQTT 클라이언트 설정
  - MQTT 클라이언트 이름 : 원하는 클라이언트 이름 입력
  - 프로토콜 : "mqtt/tcp" 선택
  - 호스트 : 사용할 MQTT 브로커 URL 주소 입력
    (**"test.mosquitto.org" 또는 "mqtt-dashboard.com"**을 사용)
  - 다른 설정은 기본값으로 유지하며 변경 내용을 저장하려면 Save 버튼 클릭

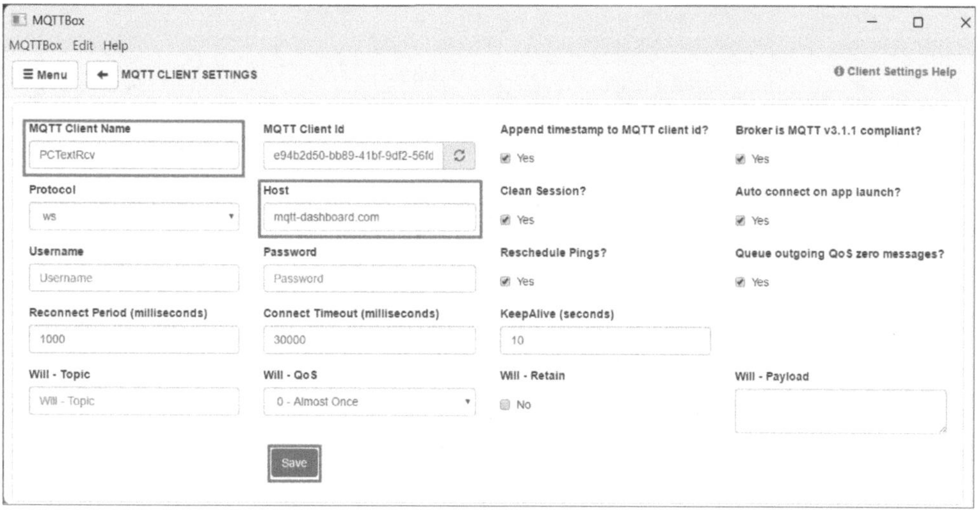

그림 3.19

- 새 페이지로 이동되면 [그림 3.20]과 “NOT CONNECTED”가 “CONNECTED“로 변경되고 MQTT 클라이언트 역할에 맞게 발행과 구독 토픽, QoS를 설정하면 됨.
- 만약 클라이언트가 구독자로 동작을 하도록 설정한다면, [그림 3.20]과 같이 구독 토픽, QoS를 입력하고 구독 버튼을 누르면 설정이 완료되고 구독한 토픽에 대한 메시지를 수신받을 때마다 구독 창에 표시함.

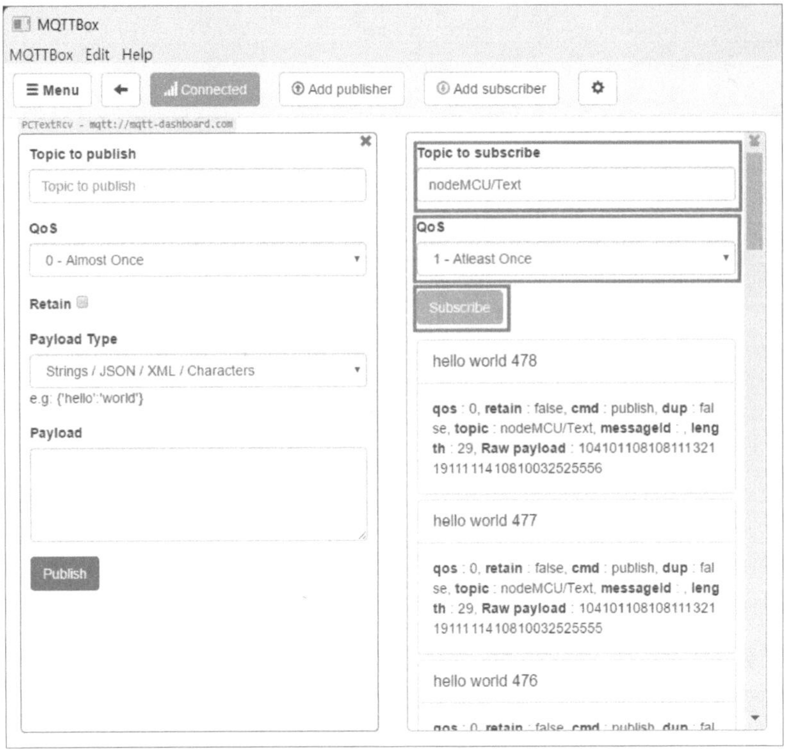

그림 3.20

2) 스마트폰의 MQTT 클라이언트

○ MQTT Dashboard App 설치

- Play 스토아에서 [그림 3.21]과 같이 "mqtt dashboard" 검색 후 설치

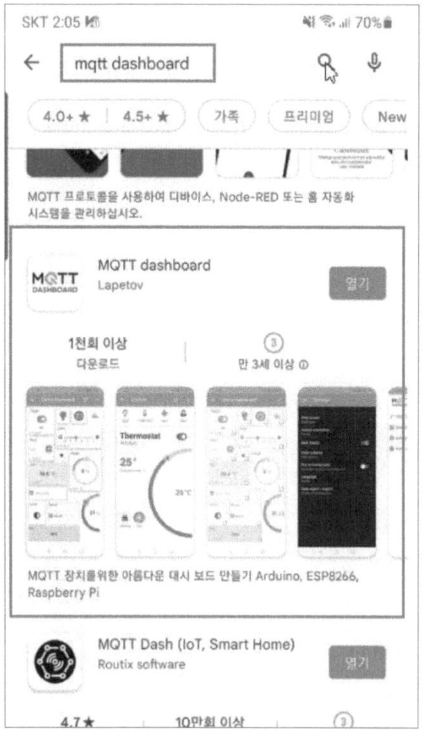

그림 3.21

- 또는 다음의 사이트에서 다운로드 후 설치
  https://mqtt-dashboard.softonic.kr/android

○ MQTT Dashboard App 설정

- 스마트 폰 바탕화면에서 "mqtt dashboard" 앱을 실행하면 [그림 3.22]와 같이 화면이 나타나고 왼쪽 상단에 있는 메뉴 버튼 클릭
- [그림 3.23]과 같이 MQTT Connection을 선택하면 [그림 3.24]와 같은 화면이 나타나고 우측 상단의 + 버튼을 눌러 MQTT 호스트들을 저장하는 과정 수행
- [그림 3.25]와 [그림 3.26]은 MQTT 브로커로 사용할 **"test.mosquitto.org" 또는 "mqtt-dashboard.com"**의 이름, 주소, 포트 번호를 입력하는 과정이고 상단의 체크 버튼을 눌러 저장

- 이제 본격적으로 dashborad 앱을 사용하여 앱을 설계하기 위해서는 프로젝트 별로 방을 만들어 관리하는데 [그림 3.27]과 우측 상단의 + 버튼을 눌러 새로운 창이 나나타면 [그림 3.28]과 같은 방의 이름을 입력하고 우측 상단의 체크를 눌러 완료하면 [그림 3.29]와 같이 방이 만들어 짐
- [그림 3.29]에서 방을 누르면 [그림 3.30]과 빈 창이 나타나는데 우측 상단의 +버튼을 누르면 [그림 3.31]과 같이 사용 가능한 위젯 항목들이 나타남. 앞으로 이러한 위젯들을 사용하여 dashboard 앱을 설계

그림 3.22

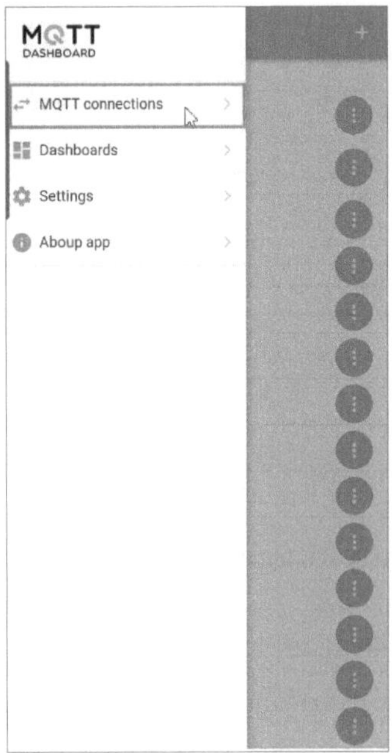

그림 3.23

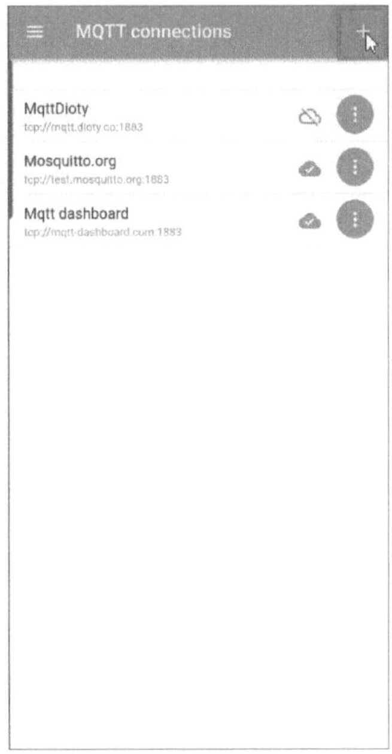

그림 3.24

그림 3.25

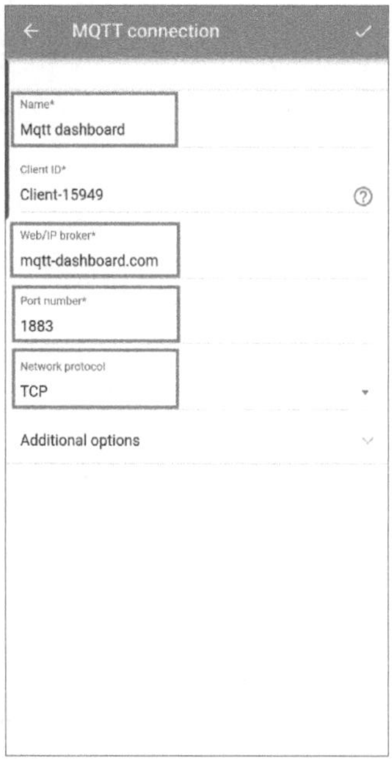

그림 3.26

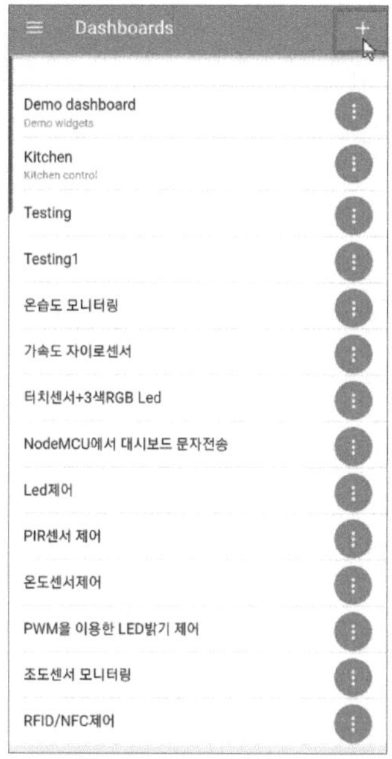

그림 3.27

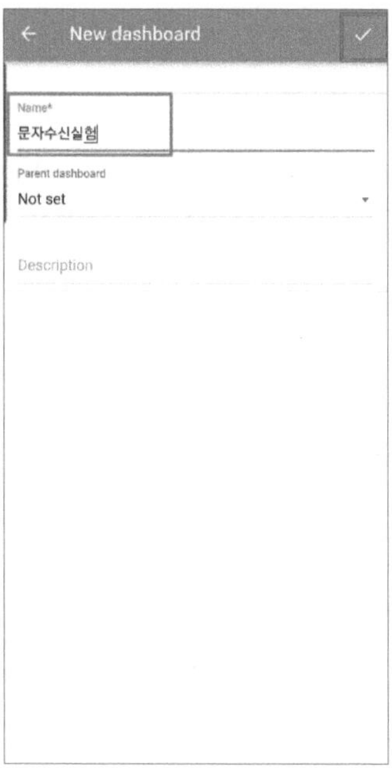

그림 3.28

그림 3.29

그림 3.30

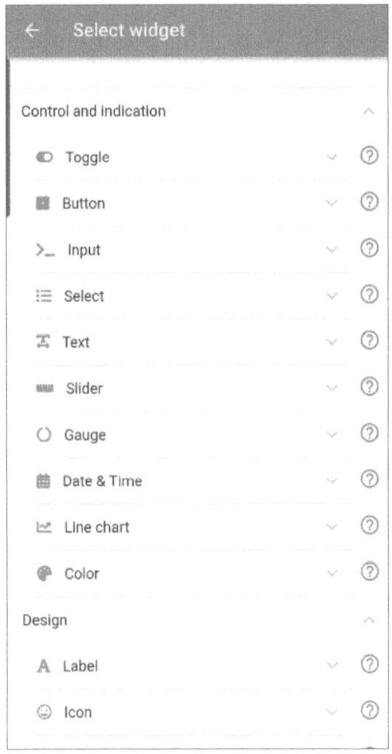

그림 3.31

3.5 MQTT 프로토콜을 사용하여 클라이언트 간 문자 전송 실습

실험 3-1

MQTT 통신을 통해 1개의 발행자 클라이언트(NodeMCU)가 2개의 구독자 클라이언트(대시보드 앱과 MQTTBOX 앱)에게 문자 전송

1. 실습개요

- MQTT 프로토콜을 사용하여 ESP8266 NodeMCU 발행자 클라이언트에서 안드로이드 스마트폰 MQTT 대시보드 앱과 PC의 MQTTBOX 앱으로 즉, 2개의 구독자 클라이언트에게 메시지를 전송하는 방법에 대하여 학습

2. MQTT 네트워크

○ MQTT 브로커

- 무료 MQTT 브로커 "test.mosquitto.org"를 사용 (또는 "mqtt-dashboard.com")

○ MQTT 클라이언트

- NodeMCU 디바이스, 스마트폰 대시보드 앱과 PC의 MQTTBOX 앱을 클라이언트로 사용

3. MQTT 동작

○ MQTT 프로토콜을 이용한 동작 과정

- [그림 3.32]와 같이 MQTT 네트워크를 구성하고 발행 및 구독 토픽 설정
- 1개의 발행자 클라이언트가 2개의 구독자 클라이언트에게 동시에 메시지를 전송하는 상황 즉, NodeMCU는 한 개의 토픽을 발행하고 대시보드와 MQTTBOX는 NodeMCU의 토픽을 구독하여 동시에 메시지를 수신
- NodeMCU 발행 토픽 : NodeMCU 클라이언트는 발행자가 되어 2초마다 토픽 " nodeMCU/Text " 에 페이로드 " hello world #숫자 " 를 MQTT 브로커에게 발행하는데 숫자는 2초마다 1씩 증가
- 대시보드 구독 토픽 : 대시보드와 MQTTBOX 클라이언트는 구독자가 되어 토픽 " nodeMCU/Text " 를 구독하고 메시지를 수신받아 페이로드를 대시보드와 MQTTBOX에 출력

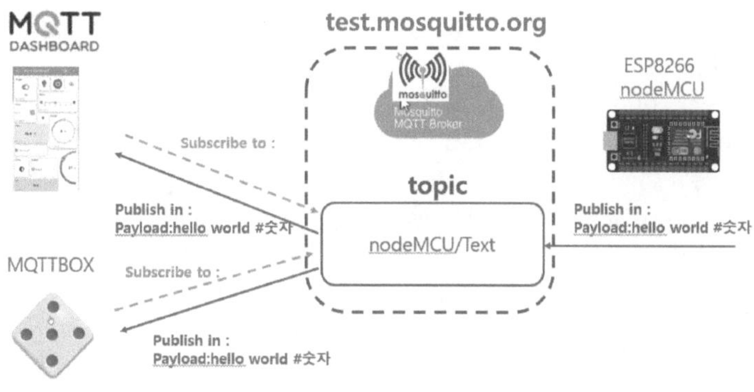

그림 3.32

NodeMCU 디바이스 프로그램

```
#include <ESP8266WiFi.h> // ESP8266WiFi 라이브러리 삽입
#include <PubSubClient.h> // MQTT 클라이언트 라이브러리 삽입

const char* ssid ="**********"; //WiFi 네트워크 이름
const char* password ="**********"; // WiFi 네트워크 비번

const char* mqtt_server = "test.mosquitto.org"; //mqtt 브로커

// 토픽설정-------------------------
const char* outTopicText = "nodeMCU/Text"; // 클라이언트 발행 토픽

WiFiClient espClient; // 네트워크 클라이언트로 WiFiClient 객체를 생성
PubSubClient client(espClient); // 생성된 TCP 클라이언트를 이용하여
                                // MQTT 클라이언트 인스턴스 생성

unsigned long lastTime = 0; // millis() 함수가 리턴 한 이전 시간을 저장하는 변수
char publishPayload[50]; // 발생 메시지 페이로드를 저장하는 변수 (문자배열)
int value = 0; // 2초마다 페이로드 증가 값을 저장하는 변수

void setup() {
  Serial.begin(115200); // 통신속도 설정
  setup_wifi(); // wifi 설정함수 호출
  client.setServer(mqtt_server, 1883); // MQTT 서버 연결 정보 등록
}

void loop() {
  if (!client.connected()) {  // 클라이언트가 서버에 연결되어 있는지 확인
    reconnect(); // 연결되어 있지 않으면 연결 시도
  }
  client.loop(); //클라이언트가 수신 메시지를 처리하고 서버에 연결 유지

  if (millis() - lastTime > 2000) { // 2초가 지났는지 확인
    lastTime = millis(); // 현재시간을 이전시간에 저장
    ++value; // 값 증가
```

```
    String msgString="hello world "+(String)value;
    publishMessage("text",msgString); // 토픽 발행
  }
}

void publishMessage(String topicKind, String message) {
    message.toCharArray(publishPayload,message.length()+1);
    Serial.print("Publish message: ");
    Serial.println(publishPayload);

    if (topicKind== "text" ) {
        client.publish(outTopicText, publishPayload); // 토픽에 대한 메시지 발행
    }
}

void setup_wifi() {
   delay(10); // 10ms 대기
   WiFi.mode(WIFI_STA); // WiFi를 STA 모드로 설정
   WiFi.begin(ssid, password); // WiFi 연결 시도
   Serial.println("");
   Serial.print("Connecting to ");
   Serial.println(ssid); // WiFi 네트워크 이름 출력
   while (WiFi.status() != WL_CONNECTED) { // 접속될 때까지 대기
      delay(500);
      Serial.print(".");
   }
   Serial.println("");
   Serial.print("WiFiconnected to ");
   Serial.println(ssid); // WiFi 네트워크 이름 출력
   Serial.print("IP address: ");
   Serial.println(WiFi.localIP()); //AP에 의해 ESP 모듈에 할당된 IP 출력
}

void reconnect() {
  while (!client.connected()) { // 클라이언트가 서버에 연결되어 있는지 확인
```

```
    Serial.print("Attempting MQTT connection...");
    Serial.println(mqtt_server);

    // 랜덤 클라이언트 ID 생성
    String clientId= "ESP8266Client-"; // 클라이언트 Id
    clientId+= String(random(0xffff), HEX); // 클라이언트 Id에 랜덤숫자 추가

    if (client.connect(clientId.c_str())) { // 클라이언트 연결을 성공하였다면
      Serial.print("connected to");
      Serial.println(mqtt_server);
    }
    else {
      Serial.print("failed, rc=");
      Serial.print(client.state()); // 연결 실패에 대한 클라이언트의 현재 상태를 출력
      Serial.println(" try again in 5 seconds");
      delay(5000); // 재시도하기 전 5초 대기
    }
  }
}
```

○ **MQTT Dashboard 앱 설정**

- Text 위젯을 사용하여 수신 문자열을 표시

○ **Text 위젯**

- 옵션 항목들을 다음 표와 [그림 3.33]과 같이 설정

option			설정
Name			**수신문자열**
MQTT	MQTT enable		**enable**
	MQTT connection		**mosquitto.org**
	Subscribe to topic		**nodeMCU/Text**
Design	Text Value	Font size	**20**
		Color	
		Font style	
	Unit	Show unit	**disable**

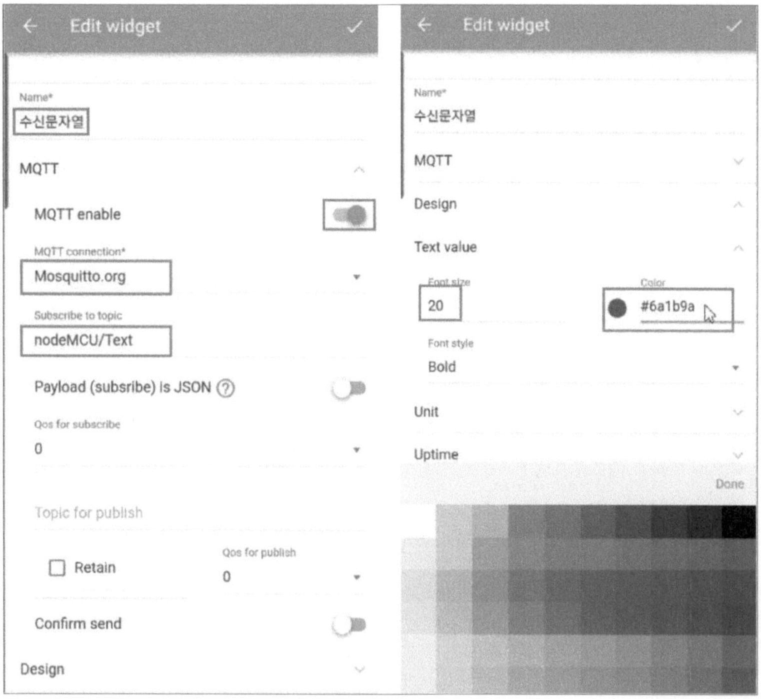

그림 3.33

○ 설계된 Dashboard 앱

그림 3.34

○ MQTTBOX 앱 설정

- [그림 3.19]와 같이 브로커 호스트를 설정
- [그림 3.20]과 같이 구독 토픽을 설정
- [그림 3.35]와 같이 구독한 토픽에 대한 메시지가 구독 창에 나타남

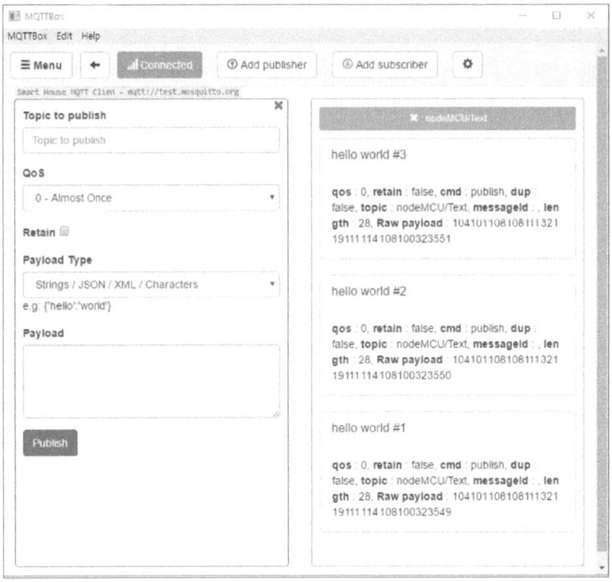

그림 3.35

실험 3-2

MQTT 통신을 통해 NodeMCU 발행자 클라이언트에서 대시보드 앱과 MQTTBOX 앱 구독자 클라이언트에게 문자 전송 (Will 메시지 추가)

1. 실습개요

- [실험 3-1]과 동일하나 이번에는 발행자 클라이언트인 NodeMCU에서 비정상적인 종료가 발생 시 Will 메시지를 전송하는 방법에 대하여 학습

2. MQTT 네트워크

○ MQTT 브로커

- 무료 MQTT 브로커 "test.mosquitto.org"를 사용 (또는 "mqtt-dashboard.com")

○ MQTT 클라이언트

- NodeMCU 디바이스, 스마트폰 대시보드 앱과 PC의 MQTTBOX 앱을 클라이언트로 사용

3. MQTT 동작

○ MQTT 프로토콜을 이용한 동작 과정

- [실험 3-1]과 동일하며 다음의 사항이 추가
- 발행자 클라이언트인 NodeMCU에서 비정상적인 종료(예, 예기치 않게 전원이 꺼짐) 시에 Will 메시지가 가입자에게 전달되도록 브로커와 연결 시(CONNECT) Will 메시지를 브로커에게 전달
- 브로커는 클라이언트의 비정상적인 종료를 감지하고 Will 메시지를 구독 클라이언트에게 발행하여 Will 메시지가 대시보드 클라이언트에 나타남

NodeMCU 디바이스 프로그램

```
#include <ESP8266WiFi.h> // ESP8266WiFi 라이브러리 삽입
#include <PubSubClient.h> // MQTT로 클라이언트 라이브러리 삽입

const char* ssid = "**********"; //WiFi 네트워크 이름
const char* password =  "**********"; // WiFi 네트워크 비번

const char* mqtt_server = "test.mosquitto.org"; //mqtt 브로커

// 토픽설정------------------------
const char* outTopicText = "nodeMCU/Text"; // 클라이언트 발행 토픽

// --------------------------------------------Will 메시지 설정
const char* willTopic= "nodeMCU/Text";
const int willQos= 1;
const booleanwillRetain= true;
const char* willMessage= "Client disconnected abnormally (nodeMCUstatus offline)";

WiFiClient espClient; // 네트워크 클라이언트 WiFiClient 객체를 생성
PubSubClient client(espClient); // 생성된 TCP 클라이언트를 이용하여
                                // MQTT 클라이언트 인스턴스 생성

unsigned long lastTime= 0; // millis() 함수가 리턴한 이전 시간을 저장하는 변수
char publishPayload[50]; // 발생 메시지 페이로드를 저장하는 변수 (문자배열)
int value = 0; // 2초마다 페이로드 증가 값을 저장하는 변수

void setup() {
  Serial.begin(115200); // 통신속도 설정
  setup_wifi(); // wifi 설정함수 호출
  client.setServer(mqtt_server, 1883); // MQTT 서버 연결 정보 등록
  client.setKeepAlive(20);  // Keep-alive 값을 20초로 설정
}

void loop() {
```

```
 if (!client.connected()) {  // 클라이언트가 서버에 연결되어 있는지 확인
  reconnect(); // 연결되어 있지 않으면 연결 시도
 }
 client.loop(); //클라이언트가 수신 메시지를 처리하고 서버에 연결 유지

 if (millis() - lastTime > 2000) { // 2초가 지났는지 확인
  lastTime = millis(); // 현재시간을 이전시간에 저장
  ++value; // 값 증가

  String msgString="hello world "+(String)value;
  publishMessage("text",msgString); // 토픽 발행
 }
}

void publishMessage(String topicKind, String message) {
  message.toCharArray(publishPayload,message.length()+1);
  Serial.print("Publish message: ");
  Serial.println(publishPayload);

  if (topicKind== "text" ) {
     client.publish(outTopicText, publishPayload); // 토픽에 대한 메시지 발행
  }
}

void setup_wifi() {
  delay(10); // 10ms 대기
  WiFi.mode(WIFI_STA); // WiFi를 STA 모드로 설정
  WiFi.begin(ssid, password); // WiFi 연결 시도
  Serial.println("");
  Serial.print("Connecting to ");
  Serial.println(ssid); // WiFi 네트워크 이름 출력
  while (WiFi.status() != WL_CONNECTED) { // 접속될 때까지 대기
    delay(500);
    Serial.print(".");
```

```
  }
  Serial.println("");
  Serial.print("WiFiconnected to ");
  Serial.println(ssid); // WiFi 네트워크 이름 출력
  Serial.print("IP address: ");
  Serial.println(WiFi.localIP()); //AP에 의해 ESP 모듈에 할당된 IP 출력
}

void reconnect() {
 while(!client.connected()) { // 클라이언트가 서버에 연결되어 있는지 확인
   Serial.print("Attempting MQTT connection...");
   Serial.println(mqtt_server);

   // 랜덤 클라이언트 ID 생성
   String clientId= "ESP8266Client-"; // 클라이언트 Id
   clientId+= String(random(0xffff), HEX); // 클라이언트 Id에 랜덤숫자 추가
   Serial.print("ClientID :");
   Serial.println(clientId);

   // 클라이언트 연결을 성공하였다면
   if (client.connect(clientId.c_str(), willTopic,willQos,willRetain,willMessage)) {
     Serial.print("connected to");
     Serial.println(mqtt_server);
    }
    else {
     Serial.print("failed, rc=");
     Serial.print(client.state()); // 연결 실패에 대한 클라이언트의 현재 상태를 출력
     Serial.println(" try again in 5 seconds");
     delay(5000); // 재시도하기 전 5초 대기
   }
 }
}
```

○ **MQTT Dashboard 앱 설정**

- Text 위젯을 사용하여 수신 문자열과 Will 메시지 수신 문자열을 표시
- 이전 실습에서 사용한 대시보드를 그대로 이용
- 발행자 클라이언트인 NodeMCU에서 전원을 끄면(USB 케이블 분리)
- 발행자 클라이언트인 NodeMCU는 Will 메시지를 구독 클라이언트에게 발행하여 [그림 3.36]과 같이 Will 메시지가 대시보드 클라이언트에 나타나 발행자 클라이언트의 상태를 인지할수있음

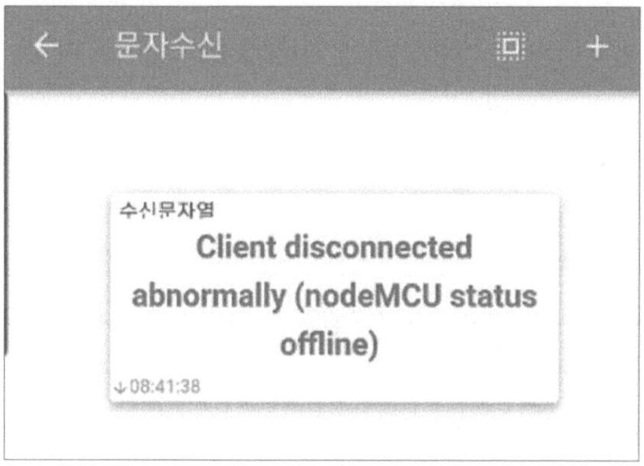

그림 3.36

제4장

ESP8266 NodeMCU 디지털 출력 제어

실험에 필요한 부품

LED	캐소드 공통형 3색 RGB LED	220Ω 저항		
1개	1개	4개		
	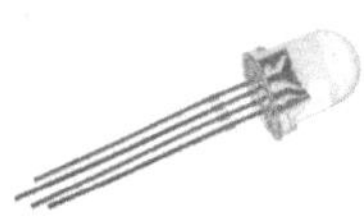			

ESP8266과 같은 마이크로 콘트롤러(MCU)는 많은 수의 핀으로 구성되어 있으며 각 핀은 디지털신호를 입력받거나 출력할 수도 있다. 즉, MCU 핀은 개발자 의도에 따라 입력 또는 출력 (Input/Output, I/O)으로 설정하여 사용할 수 있어 GPIO(General Purpose Input Output: 범용 입출력) 핀이라 한다. 본 장에서는 GPIO 핀을 디지털 출력으로 사용하는 방법에 대하여 학습한다.

4.1 디지털 I/O 함수

디지털 출력 함수

- ESP8266 NodeMCU 보드에서 디지털 출력으로 사용할 수 있는 GPIO 핀은 [그림 4.1]과 같이 총 9개로 핀 번호 D0~D8을 사용

• 이 핀을 디지털 출력으로 사용하기 위해서는 [표 4.1]과 같이

1) pinMode() 함수를 사용하여 핀의 용도를 출력으로 설정

2) digitalWrite() 함수를 사용하여 디지털 데이터를 출력

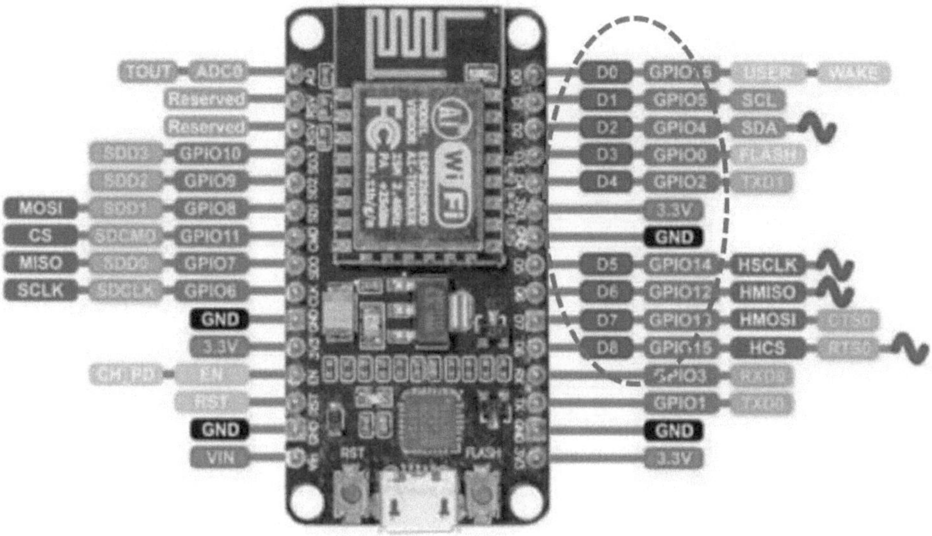

그림 4.1 NodeMCU 보드 디지털 출력

표 4.1 디지털 출력 함수

void pinMode(pinNum, mode)		
기능	해당 핀을 입력으로 사용할지 출력으로 사용할지 설정	
매개변수	pinNum	설정하고 싶은 핀 번호
	mode	입력(INPUT), 출력(OUTPUT) 또는 내부 풀업저항을 사용한 입력 시 내부 풀업입력(INPUT_PULLUP) 설정 → **출력인 경우** OUTPUT
리턴 값	void	없음

void digitalWrite(pinNum, value)		
기능	지정된 핀으로 디지털 값 출력	
매개변수	pinNum	출력할 핀 번호
	value	디지털 값 0(LOW) 또는 3.3V(HIGH)
리턴 값	void	없음

4.2 LED 점등 회로

LED

- LED는 Light Emitted Diode의 약자로 전류가 흐르면 점등되는 소자로 [그림 4.2]와 같이 2개의 단자를 가지며 +와 -의 극성을 갖음
- 극성 구분 방법으로 두 단자 중에서 길이가 더 긴 것이 +(Anode)이고 짧은 것이 -(Cathode)임
- [그림 4.3]에 LED 회로 기호를 나타내었으며 삼각형 모양이 있는 곳이 +임

그림 4.2 LED

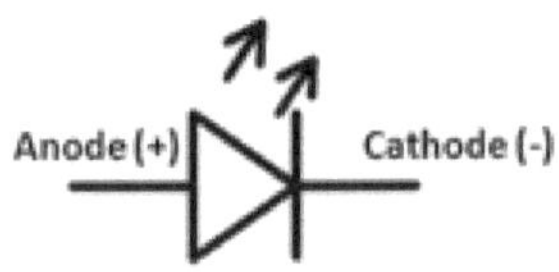

그림 4.3 LED 회로 기호

- 다음으로 LED 점등 회로를 생각해 보자. LED는 전류가 흐르면 점등되는 다이오드로 LED를 구동할 때 두 가지 회로로 구성할 수 있음

부논리 LED 점등

- 첫 번째는 GPIO 핀을 [그림 4.4]와 같이 전류의 싱크(Sink)로 사용하는 것

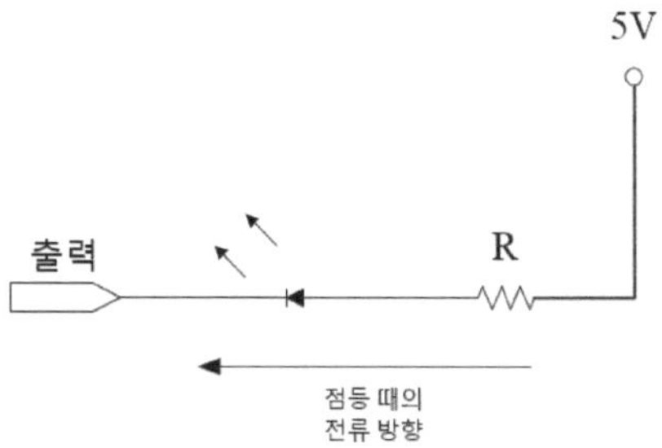

출력	LED
LOW(0V)	켜짐
HIGH(3.3V)	꺼짐

그림 4.4 부논리 LED 점등

- LED가 연결된 GPIO 핀을 pinMode() 함수를 사용하여 다음과 같이 출력으로 설정

pinMode(pin, OUTPUT)

- digitalWrite() 함수를 이용하여 해당 핀에 LOW를 출력하면 즉, **digitalWrite(pin, LOW)**이면 출력 핀의 전압은 0V이고 따라서 다이오드에 순방향 바이어스가 걸려 전류가 흐르게 되어 LED가 켜짐
- digitalWrite() 함수를 이용하여 해당 핀에 HIGH를 출력하면 즉, **digitalWrite(pin, HIGH)**이면 출력 핀의 전압은 3.3V가 되어 전류가 흐르지 않고 LED가 꺼짐
- LOW일 때 켜지고 HIGH일 때 꺼지는 이와 같은 논리를 부논리로 동작한다고 함

정논리 LED 점등

- 두 번째 방법은 [그림 4.5]와 같이 GPIO 핀을 전류의 소스(Source)로 사용하는 것

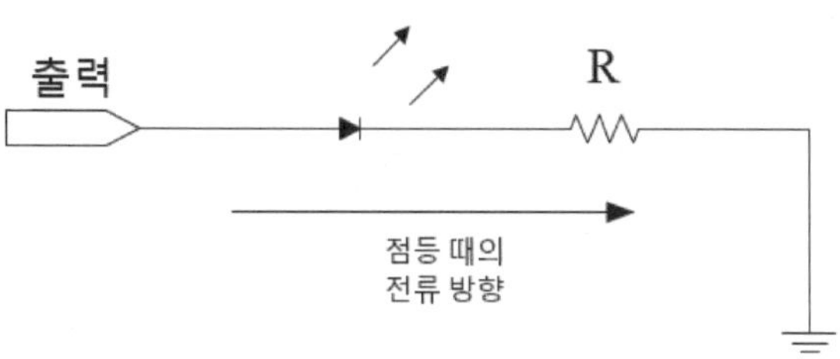

출력	LED
LOW(0V)	꺼짐
HIGH(3.3V)	켜짐

그림 4.5 정논리 LED 점등

- LED가 연결된 GPIO 핀을 pinMode() 함수를 사용하여 다음과 같이 출력으로 설정

pinMode(pin, OUTPUT)

- digitalWrite() 함수를 이용하여 해당 핀에 LOW를 출력하면 즉, **digitalWrite(pin, LOW)**이면 출력 핀의 전압은 0V이고 전류가 흐르게 않아 LED가 꺼짐
- digitalWrite() 함수를 이용하여 해당 핀에 HIGH를 출력하면 즉, **digitalWrite(pin, HIGH)**이면 출력 핀의 전압은 3.3V가 되고 다이오드에 순방향 바이어스가 걸려 전류가 흘러 LED가 켜짐
- HIGH일 때 켜지고 LOW일 때 꺼지는 이와 같은 논리를 정논리로 동작한다고 함

LED 밝기

- LED의 밝기는 LED에 흐르는 전류에 비례하는데 [그림 4.5]에서 흐르는 전류 i는 LED의 전압 강하(약 1.5V)를 고려했을 때

$$i = \frac{3.3-1.5}{R}$$

이므로 저항이 작을수록 전류가 많이 흘러 LED는 더 밝아짐

4.3 3색 RGB LED

- 3색 RGB LED는 다양한 색의 빛을 한 개의 LED로 표현할 수 있으며 빨간색(Red), 초록색(Green), 파란색(Blue)의 밝기를 변경하여 색을 조합
- RGB LED는 [그림 4.6]과 같이 단자가 4개이며 3개의 단지는 RGB 색상에 연결되고 나머지 하나는 공통단자

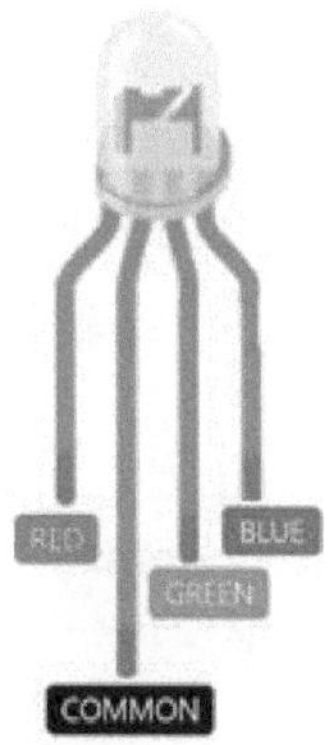

그림 4.6 3색 RGB LED의 핀 구성

- 3색 RGB LED의 공통단자를 어디에 연결하느냐에 따라 두 가지 형태의 3색 RGB LED가 존재

캐소드 공통형 3색 RGB LED

- [그림 4.7]과 같이 공통단자를 GND에 연결하는 것이 캐소드 공통형(Common Cathode)이며 정논리로 동작

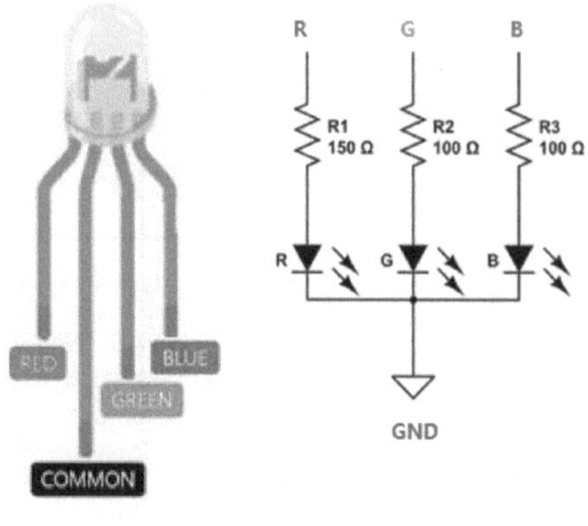

그림 4.7 캐소드 공통형 3색 RGB LED

- 3색 RGB LED의 R, G, B 단자를 NodeMCU GPIO 핀의 디지털 단자에 연결하고 각 GPIO 핀을 pinMode() 함수를 사용하여 출력(OUTPUT)으로 설정하고 digitalWrite() 함수를 이용하여 R 핀에 HIGH, G 핀에 HIGH 그리고 B 핀에 LOW를 출력하면 [그림 4.8]의 색 조합에 의해 빨간색 LED와 초록색 LED가 동시에 켜져 노란색 불빛이 나타나게 됨

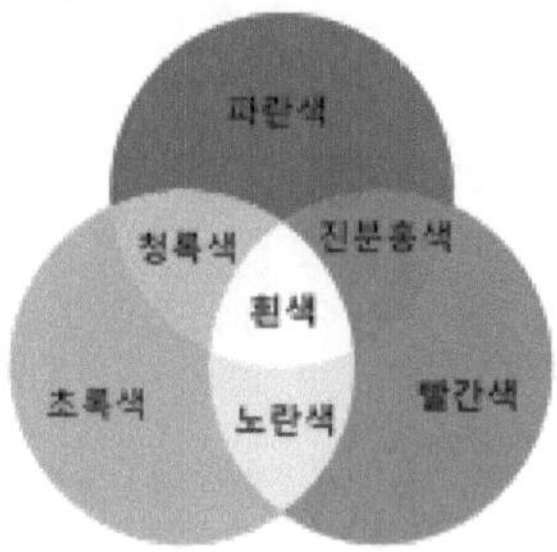

그림 4.8 색 조합

애노드 공통형 3색 RGB LED

- [그림 4.9]와 같이 공통단자를 Vcc(3.3V)에 연결하는 것이 애노드 공통형(Common Anode)이며 부논리로 동작

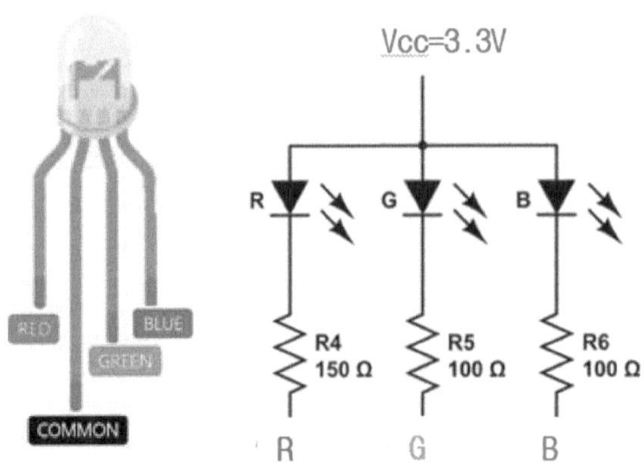

그림 4.9 애노드 공통형 3색 RGB LED

- 3색 RGB LED의 R, G, B 단자를 NodeMCU GPIO 핀의 디지털 단자에 연결하고 각 GPIO 핀을 pinMode() 함수를 사용하여 출력(OUTPUT)으로 설정하고 digitalWrite() 함수를 이용하여 R 핀에 LOW, G 핀에 LOW 그리고 B 핀에 HIGH를 출력하면 [그림 4.8]의 색 조합에 의해 빨간색 LED와 초록색 LED가 동시에 켜져 노란색 불빛이 나타나게 됨

4.4 NodeMCU를 사용한 LED 제어 실습

실험 4-1

delay() 함수를 사용하여 LED 깜박임 제어

- ESP8266 NodeMCU 디바이스에 연결된 2개의 LED를 제어
- 하나의 LED는 D4(GPIO2)에 연결된 온 보드 LED로 부논리로 동작 (**LED_BUILTIN 상수를 사용하여 액세스**)
- 다른 하나의 LED는 오프 보드 LED로 D5(GPIO14)에 정논리로 동작하도록 외부에서 LED 연결
- delay() 함수를 사용하여 2000 밀리 초(2초) 마다 LED를 깜박임(On-Off)

○ **delay () 함수**

- delay () 함수는 **차단 함수**로 정해진 시간 동안 다른 작업을 수행할 수 없고 정해진 시간 동안 기다려야 함
- 인수는 프로그램이 기다려야 하는 시간으로 단위는 밀리 초 임

delay (time in milliseconds);

- (예) delay (2000)을 호출하면 해당 라인에서 2초 동안 프로그램이 중지됨

• [그림 4.10]과 같이 회로를 연결하고 아래의 프로그램을 업로드

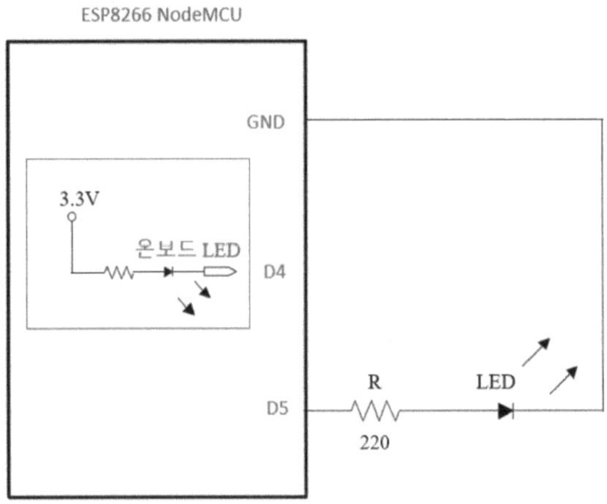

그림 4.10 실험 4-1 회로 연결

NodeMCU 디바이스 프로그램 ESP8266_Delay_LED_On

```
const int ledPin=14; //D5(GPIO14) LED에 연결된 핀 번호 정의

void setup() {
  pinMode(LED_BUILTIN, OUTPUT); // 온보드 LED 핀 출력설정
  pinMode(ledPin, OUTPUT); // 오프보드 LED 핀 출력설정
  Serial.begin(115200); // 통신속도 설정
}

void loop() {
    digitalWrite(LED_BUILTIN, LOW);   // 온보드 LED 켜
    digitalWrite(ledPin, HIGH);   // 오프보드 LED 켜
    Serial.println("온보드LED ON, 오프보드 LED ON");
    delay(2000); // 2초 대기

    digitalWrite(LED_BUILTIN, HIGH); // 온 보드 LED 끔
    digitalWrite(ledPin, LOW); // 오프보드 LED 끔
    Serial.println("온보드LED OFF, 오프보드 LED OFF");
    delay(2000); // 2초 대기
}
```

실험 4-2

delay() 함수를 사용하여 LED 깜박임 제어

• [실험 4-1]과 동일이나 이번에는 millis() 함수를 사용

○ **millis() 함수**

• 동시에 여러 작업을 수행해야 하는 경우 delay() 함수를 사용할 수 없고 대신 millis() 함수와 같은 **타이머**를 사용해야 함

• 타이머인 millis() 함수를 사용하면 millis() 함수를 호출할 때마다 **프로그램이 시작된 이후 경과 한 시간을 밀리 초 단위로 반환**

millis();

(예) **millis() - lastTime> 2000** // 2초가 지났는지 확인 (현재 시간에서 이전에 기록된 이전 시간(lastTime)을 빼 이전시간에서 경과한 시간을 계산)

• [그림 4.10] 회로를 이용하고 아래의 프로그램을 업로드

NodeMCU 디바이스 프로그램 ESP8266_millis_LED_On

```
const int ledPin=14; //D5(GPIO14) LED에 연결된 핀 번호 정의

const long timeInterval= 2000; // 깜박이는 시간 간격 (milliseconds)
unsigned long lastTime= 0; // millis() 함수가 리턴한 이전 시간을 저장하는 변수
boolean ledState= HIGH; // 온보드 LED 끔

void setup() {
  pinMode(LED_BUILTIN, OUTPUT); // 온보드 LED 핀 출력설정
  pinMode(ledPin, OUTPUT); // 오프보드 LED 핀 출력설정
  digitalWrite(LED_BUILTIN, ledState); // 초기상태로 온보드 LED 끔
  digitalWrite(ledPin, !ledState); // 초기상태로 오프보드 LED 끔
  Serial.begin(115200); // 통신속도 설정
}

void loop() {
```

```
  if (millis() - lastTime> timeInterval) { // 2초가 지났는지 확인
    lastTime= millis(); // 현재시간을 이전시간에 저장

    ledState=!ledState;
    digitalWrite(LED_BUILTIN, ledState); // 온보드 LED 출력
    digitalWrite(ledPin, !ledState); // 오프보드 LED 출력

    if (ledState== LOW) {
      Serial.println("온보드 LED ON, 오프보드 LED ON");
    } else {
      Serial.println("온보드 LED OFF, 오프보드 LED OFF");
    }
  }
}
```

실험 4-3

시리얼 모니터를 이용하여 LED 제어

- 시리얼 모니터에서 줄바꿈 옵션을 **"새줄"**로 통신속도를 115200으로 설정
- 시리얼 모니터 텍스트 입력 상자에 "LED ON"을 입력하고 NodeMCU 보드로 전송하면 온 보드 LED와 오프 보드 LED를 켜고, "LED OFF"라고 입력하고 NodeMCU로 전송하면 온 보드 LED와 오프 보드 LED를 끄기
- NodeMCU 보드는 PC 시리얼 모니터로부터 받은 데이터를 수신하는 방법으로 수신 버퍼를 체크하여 데이터가 있으면 데이터를 읽는 폴링방식을 이용
- [그림 4.11]과 같이 회로를 연결하고 아래의 프로그램을 업로드

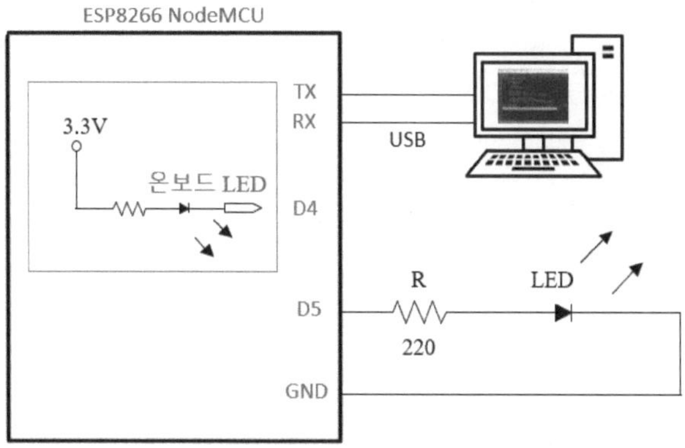

그림 4.11 실험 4-3 회로 연결

NodeMCU 디바이스 프로그램 ESP8266_SerialMonitor_LEDCtrl

```
const int ledPin=14; //D5(GPIO 14) LED에 연결된 핀 번호 정의
String StringPayload=""; // 시리얼 모니터로부터 받은 문자열을 저장하는 변수
boolean catchFrame=false; //문자열 수신 완료 결정 변수, 초기값으로 false 설정

void setup() {
  pinMode(LED_BUILTIN, OUTPUT); // 온보드 LED 핀 출력설정
  pinMode(ledPin, OUTPUT); // 오프보드 LED 핀 출력설정
  digitalWrite(LED_BUILTIN, HIGH); // 초기상태로 온보드 LED 끔
  digitalWrite(ledPin, LOW); // 초기상태로 오프보드 LED 끔
  Serial.begin(115200); // 통신속도 설정
}

void LEDCtrl() {
  if (StringPayload.indexOf("LED ON")>-1) { // 문자열 내에 LED ON이 있다면
    digitalWrite(LED_BUILTIN, LOW); // 온보드 LED 켜기
    digitalWrite(ledPin, HIGH);   // 오프보드 LED 켜기
    Serial.println("온보드 LED ON, 오프보드 LED ON");
  }
  else if (StringPayload.indexOf("LED OFF")>-1) { // 문자열 내에 LED OFF가 있다면
```

```
    digitalWrite(LED_BUILTIN, HIGH); // 온보드 LED 끄기
    digitalWrite(ledPin, LOW);   // 오프보드 LED 끄기
    Serial.println("온보드 LED OFF, 오프보드 LED OFF");
  }
}

void loop() {
  if(Serial.available()) { //수신 버퍼에 수신 데이터가 있는지 확인
    char ch=Serial.read(); //버퍼에서 1바이트 읽음
    if(ch != '\n') { //수신문자가 종료문자인지 확인
      StringPayload+=ch; //수신문자를 문자열에 추가
    }
    else {
      catchFrame=true; //문자열이 정상적으로 수신 완료
    }
  }

  if(catchFrame) { // 문자열이 정상적으로 수신되었는지 확인
    Serial.println(" 입력 명령 :"+StringPayload);
    LEDCtrl(); // 수신문자열 분석
    catchFrame=false; // 전송 문자열 분석을 종료하고 초기화
    StringPayload=""; // 수신문자열 초기화
  }
}
```

실험 4-4

3색 RGB LED 제어

- 3색 RGB LED을 NodeMCU 디지털 단자에 연결하고 꺼짐 → 빨간색 → 초록색 → 파란색 → 백색 → 꺼짐 → 빨간색.... 순서로 1초 간격으로 순차적으로 반복
- 3색 RGB LED로는 캐소드 공통형을 사용
- [그림 4.12]와 같이 회로를 연결하고 아래의 프로그램을 업로드

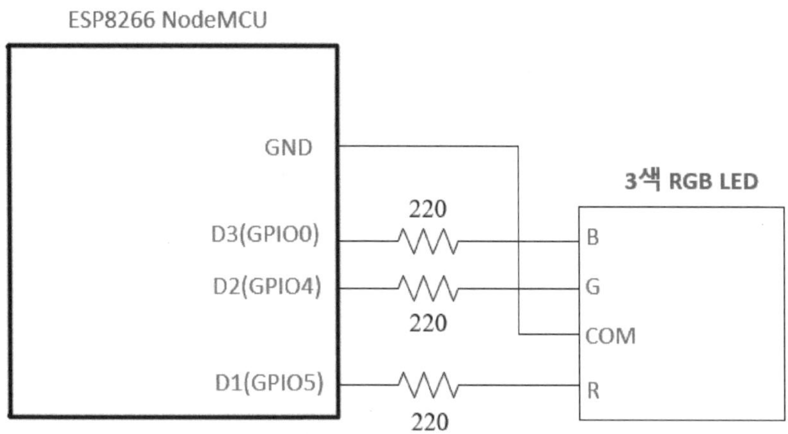

그림 4.12 실험 4-4 회로 연결

NodeMCU 디바이스 프로그램 ESP8266_RGBLED_Ctrl

```
const int rLedPin = 5; // D1 3색 LED 중 빨간색 LED와 연결된 핀 번호 변수 정의
const int gLedPin = 4; // D2 3색 LED 중 초록색 LED와 연결된 핀 번호 변수 정의
const int bLedPin = 0; // D3 3색 LED 중 파란색 LED와 연결된 핀 번호 변수 정의

void RGBLED_Display(int Num){
  switch (Num) {
    case 0 :
       digitalWrite(rLedPin, LOW);  //rLED 끄기
       digitalWrite(gLedPin, LOW);  //gLED 끄기
```

```
      digitalWrite(bLedPin, LOW);  //bLED 끄기
      Serial.println("LED 끄기");
    break;
  case 1 :
      digitalWrite(rLedPin, HIGH);  //rLED 켜기
      digitalWrite(gLedPin, LOW);  //gLED 끄기
      digitalWrite(bLedPin, LOW);  //bLED 끄기
      Serial.println("빨간색 LED ON");
    break;
  case 2 :
      digitalWrite(rLedPin, LOW);  //rLED 끄기
      digitalWrite(gLedPin, HIGH);  //gLED 켜기
      digitalWrite(bLedPin, LOW);  //bLED 끄기
      Serial.println("초록색 LED ON");
    break;
  case 3 :
      digitalWrite(rLedPin, LOW);  //rLED 끄기
      digitalWrite(gLedPin, LOW);  //gLED 끄기
      digitalWrite(bLedPin, HIGH);  //bLED 켜기
      Serial.println("파란색 LED ON");
    break;
  case 4 :
      digitalWrite(rLedPin, HIGH);  //rLED 켜기
      digitalWrite(gLedPin, HIGH);  //gLED 켜기
      digitalWrite(bLedPin, HIGH);  //bLED 켜기
      Serial.println("백색 LED ON");
    break;
 }
}

void setup() {
 pinMode(rLedPin, OUTPUT); // rLED를 출력 설정
 pinMode(gLedPin, OUTPUT); // gLED를 출력 설정
 pinMode(bLedPin, OUTPUT); // bLED를 출력 설정
```

```
  digitalWrite(rLedPin, LOW);  //rLED에 LOW 출력(rLED 끄기)
  digitalWrite(gLedPin, LOW);  //gLED에 LOW 출력(gLED 끄기)
  digitalWrite(bLedPin, LOW);  //bLED에 LOW 출력(bLED 끄기)
  Serial.begin(115200); // 통신속도 설정
}

void loop() {
  for(int i=0;i<5;i++) { //for 문을 이용하여 3색 LED 순차 제어
    RGBLED_Display(i); //RGB LED색 출력(0: 꺼짐, 1:빨간색, 2:초록색, 3:파란색, 4:백색)
    delay(1000); //1000ms=1초 지연
  }
}
```

실험 4-5

시리얼 모니터를 이용하여 RGB LED 제어

- 시리얼 모니터에서 줄바꿈 옵션을 **"새줄"**로 통신속도를 115200으로 설정
- 시리얼 모니터 텍스트 입력 상자에 0을 입력하고 NodeMCU 보드로 전송하면 RGB LED 끄기, 1을 전송하면 빨간색 LED 켜기, 2를 전송하면 초록색 LED 켜기, 3을 전송하면 파란색 LED 켜기, 4를 전송하면 백색 LED 켜고 0~4 이외의 숫자를 전송하면 색 변화 없음
- 폴링방식으로 수신 버퍼를 체크하여 수신 데이터 존재 시 읽기
- [그림 4.12] 회로를 이용하고 아래의 프로그램을 업로드

```
const int rLedPin = 5; // D1 3색 LED 중 빨간색 LED와 연결된 핀 번호 변수 정의
const int gLedPin = 4; // D2 3색 LED 중 초록색 LED와 연결된 핀 번호 변수 정의
const int bLedPin = 0; // D3 3색 LED 중 파란색 LED와 연결된 핀 번호 변수 정의

String StringPayload=""; // 시리얼 모니터로부터 받은 문자열을 저장하는 변수
boolean catchFrame=false; //문자열 수신 완료 결정 변수, 초기값으로 false 설정

void RGBLED_Display(int Num){
 switch (Num) {
  case 0 :
    digitalWrite(rLedPin, LOW); //rLED 끄기
    digitalWrite(gLedPin, LOW); //gLED 끄기
    digitalWrite(bLedPin, LOW); //bLED 끄기
    Serial.println("LED 끄기");
   break;
  case 1 :
    digitalWrite(rLedPin, HIGH); //rLED 켜기
    digitalWrite(gLedPin, LOW); //gLED 끄기
    digitalWrite(bLedPin, LOW); //bLED 끄기
    Serial.println("빨간색 LED ON");
   break;
  case 2 :
    digitalWrite(rLedPin, LOW); //rLED 끄기
    digitalWrite(gLedPin, HIGH); //gLED 켜기
    digitalWrite(bLedPin, LOW); //bLED 끄기
    Serial.println("초록색 LED ON");
   break;
  case 3 :
    digitalWrite(rLedPin, LOW); //rLED 끄기
    digitalWrite(gLedPin, LOW); //gLED 끄기
    digitalWrite(bLedPin, HIGH); //bLED 켜기
    Serial.println("파란색 LED ON");
   break;
  case 4 :
    digitalWrite(rLedPin, HIGH); //rLED 켜기
    digitalWrite(gLedPin, HIGH); //gLED 켜기
```

```
      digitalWrite(bLedPin, HIGH);  //bLED 켜기
      Serial.println("백색 LED ON");
    break;
  }
}

void setup() {
  pinMode(rLedPin, OUTPUT); // rLED를 출력 설정
  pinMode(gLedPin, OUTPUT); // gLED를 출력 설정
  pinMode(bLedPin, OUTPUT); // bLED를 출력 설정

  digitalWrite(rLedPin, LOW);  //rLED에 LOW 출력(rLED 끄기)
  digitalWrite(gLedPin, LOW);  //gLED에 LOW 출력(gLED 끄기)
  digitalWrite(bLedPin, LOW);  //bLED에 LOW 출력(bLED 끄기)
  Serial.begin(115200); // 통신속도 설정
}

void loop() {
  if(Serial.available()) { //수신 버퍼에 수신 데이터가 있는지 확인
    char ch=Serial.read(); //버퍼에서 1바이트 읽음
    if(ch != '\n') { //수신문자가 종료문자인지 확인
      StringPayload+=ch; //수신문자를 문자열에 추가
    }
    else {
      catchFrame=true; //문자열이 정상적으로 수신 완료
    }
  }

  if(catchFrame) { // 문자열이 정상적으로 수신되었는지 확인
    Serial.println(" 입력 명령 :"+StringPayload);
    int color=StringPayload.toInt(); // 문자열을 숫자로 변환
    RGBLED_Display(color); //RGB LED색 출력(0: 꺼짐, 1:빨간색, 2:초록색, 3:파란색, 4:백색)
    catchFrame=false; // 전송 문자열 분석을 종료하고 초기화
    StringPayload=""; // 수신문자열 초기화
  }
}
```

4.5 MQTT 프로토콜을 사용하여 NodeMCU에 연결된 LED 제어 실습

실험 4-6

MQTT 통신을 통한 단색 LED 제어

1. 실습개요

- MQTT 프로토콜을 사용하여 ESP8266 NodeMCU 디바이스에 연결된 2개의 LED를 제어하는 방법에 대해 학습
- [그림 4.10]의 하드웨어 구성을 이용 즉, 하나의 LED는 D4(GPIO2)에 연결된 온 보드 LED로 부논리로 동작(LED_BUILTIN 상수를 사용하여 액세스)하고 다른 하나의 LED는 D5 (GPIO14) 외부에 연결한 오프 보드 LED로 정논리로 동작

2. MQTT 네트워크

○ **MQTT 브로커**

- 무료 MQTT 브로커 "test.mosquitto.org"를 사용 (또는 "mqtt-dashboard.com")

○ **MQTT 클라이언트**

- NodeMCU 디바이스와 대시보드 앱을 클라이언트로 사용

3. MQTT 동작

○ **MQTT 프로토콜을 이용한 동작 과정**

- [그림 4.13]과 같이 MQTT 네트워크를 구성하고 발행 및 구독 토픽 설정
- 대시보드 앱 발행 토픽 : 대시보드 클라이언트는 발행자가 되어 NodeMCU 클라이언트에 연결된 LED를 제어하기 위해 대시보드를 이용하여 토픽 "nodeMCU/LED"에 페이로드 "1" 또는 "0"을 발행
- NodeMCU 구독 토픽 : NodeMCU 클라이언트는 구독자가 되어 토픽 "nodeMCU/LED"을 구독하고 구독한 페이로드가 "1"이면 온 보드와 오프 보드 LED를 켜고 페이로드가 "0"이면 온 보드와 오프 보드 LED를 끄는 기능을 수행

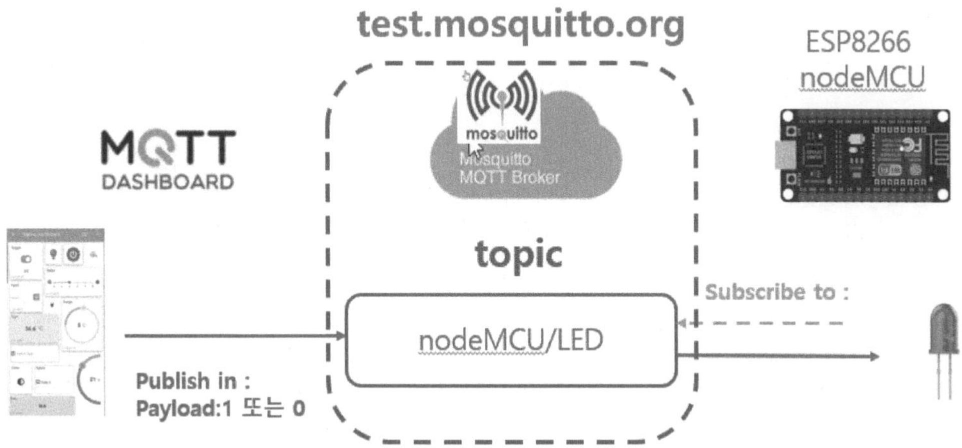

그림 4.13

○ 하드웨어 구성

- [그림 4.10] 회로를 이용

NodeMCU 디바이스 프로그램

```
#include <ESP8266WiFi.h> // ESP8266WiFi 라이브러리 삽입
#include <PubSubClient.h> // MQTT 클라이언트 라이브러리 삽입

const int ledPin=14; //D5 LED에 연결된 핀 번호 정의

const char* ssid= "************"; //WiFi 네트워크 이름 넣기
const char* password = "************"; // WiFi 네트워크 비번 넣기

const char* mqtt_server= "test.mosquitto.org"; //mqtt 브로커

// 토픽설정-------------------------
const char* inTopic= "nodeMCU/LED"; // 클라이언트 구독 토픽

WiFiClient espClient; // 네트워크 클라이언트로 WiFiClient 객체를 생성
```

```
  PubSubClient client(espClient); // 생성된 TCP 클라이언트를 이용하여
                                  // MQTT 클라이언트 인스턴스 생성

void setup() {
  pinMode(BUILTIN_LED, OUTPUT); // 온보드 LED 핀 출력설정
  pinMode(ledPin, OUTPUT); // 오프보드 LED 핀 출력설정
  digitalWrite(LED_BUILTIN, HIGH); // 초기상태로 온보드 LED 끔
  digitalWrite(ledPin, LOW); // 초기상태로 오프보드 LED 끔

  Serial.begin(115200); // 통신속도 설정
  setup_wifi(); // wifi 설정함수 호출
  client.setServer(mqtt_server, 1883); // MQTT 서버 연결 정보 등록
  client.setCallback(callback); //구독 토픽에 대한 메시지를 받았을 때 호출될 함수 지정
}

void loop() {
  if (!client.connected()) { // 클라이언트가 서버에 연결되어 있는지 확인
    reconnect(); // 연결되어 있지 않으면 연결 시도
  }
  client.loop(); //클라이언트가 수신 메시지를 처리하고 서버에 연결 유지
}

void setup_wifi() {
  delay(10); // 10ms 대기
  WiFi.mode(WIFI_STA); // WiFi를 STA 모드로 설정
  WiFi.begin(ssid, password); // WiFi 연결 시도
  Serial.println("");
  Serial.print("Connecting to ");
  Serial.println(ssid); // WiFi 네트워크 이름 출력
  while (WiFi.status() != WL_CONNECTED) { // 접속될 때까지 대기
    delay(500);
    Serial.print(".");
  }
  Serial.println("");
```

```
  Serial.print("WiFiconnected to ");
  Serial.println(ssid); // WiFi 네트워크 이름 출력
  Serial.print("IP address: ");
  Serial.println(WiFi.localIP()); //AP에 의해 ESP 모듈에 할당된 IP 출력
}

void callback(char* topic, byte* payload, unsigned int length) {
  Serial.print("Message arrived [");
  Serial.print(topic);
  Serial.print("] ");

  for (int i= 0; i< length; i++) { // 구독 메시지 페이로드 출력
    Serial.print((char)payload[i]);
  }
  Serial.println();

  if((String)topic == inTopic) { // 구독 토픽 확인
    if ((char)payload[0] == '1') { // 페이로드 1이면
      Serial.println("온보드LED ON, 오프보드 LED ON");
      digitalWrite(BUILTIN_LED, LOW);   // 온보드 LED 켬
      digitalWrite(ledPin, HIGH);  // 오프보드 LED 켬
    }
    else { // 페이로드 0이면
      Serial.println("온보드LED OFF, 오프보드 LED OFF");
      digitalWrite(BUILTIN_LED, HIGH);  // 온보드 LED 끔
      digitalWrite(ledPin, LOW);  // 오프보드 LED 끔
    }
  }
}

void reconnect() {
  while (!client.connected()) { // 클라이언트가 서버에 연결되어 있는지 확인
    Serial.print("Attempting MQTT connection...");
    Serial.println(mqtt_server);
```

```
      String clientId= "ESP8266Client-"; // 클라이언트 Id
      clientId+= String(random(0xffff), HEX); // 클라이언트 Id에 랜덤 숫자 추가

      if (client.connect(clientId.c_str())) { // 클라이언트 연결을 성공하였다면
        Serial.print("connected to");
        Serial.println(mqtt_server);
        client.subscribe(inTopic); // 구독할 토픽 지정
      }
      else {
        Serial.print("failed, rc=");
        Serial.print(client.state()); // 연결 실패에 대한 클라이언트의 현재 상태를 출력
        Serial.println(" try again in 5 seconds");
        delay(5000); // 재시도하기 전 5초 대기
      }
    }
  }
```

○ **MQTT Dashboard 앱 설정**

- 대시보드 Toggle 위젯을 이용하여 토픽 "nodeMCU/LED"에 페이로드 "1" 또는 "0"을 발행

○ **Toggle 위젯**

- 옵션 항목들을 다음과 같이 설정

option				설정
Name				**LED 제어**
MQTT	MQTT enable			**enable**
	MQTT connection			**mosquitto.org**
	Topic for publish			**nodeMCU/LED**
Design	State(ON)	Payload		**1**
		Text		**enable**
			Text	**ON**
		Icon		**〈빨간색 전구〉**
	State(OFF)	Payload		**0**
		Text		**enable**
			Text	**OFF**
		Icon		**〈검은색전구〉**

○ **설계된 Dashboard 앱**

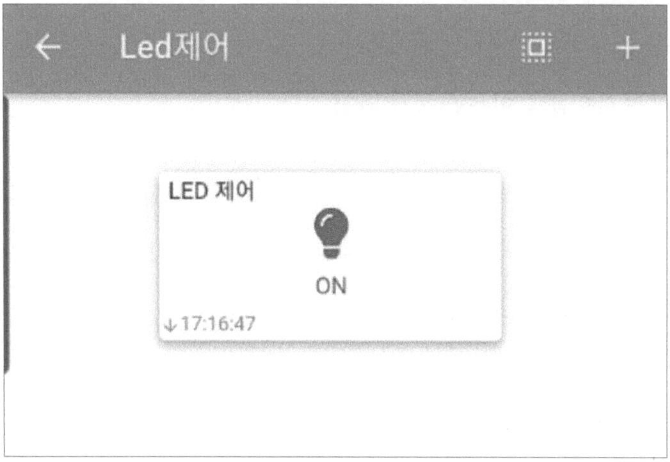

그림 4.14

실험 4-7

MQTT 통신을 통한 RGB LED 제어

1. 실습개요

- [실험 4-6]에서 수행한 MQTT 통신을 통한 단색 LED 제어에 다음의 사항을 추가하여 실습
- 대시보드의 Slide 위젯을 사용하여 빨간색, 초록색, 파란색에 대한 ON/OFF를 MQTT 프로토콜을 통해 발행하여 NodeMCU 디바이스에 연결된 3색 RGB LED를 제어하는 방법에 대하여 학습

2. MQTT 네트워크

○ **MQTT 브로커**

- 무료 MQTT 브로커 "test.mosquitto.org"를 사용 (또는 "mqtt-dashboard.com")

○ **MQTT 클라이언트**

- NodeMCU 디바이스와 대시보드 앱을 클라이언트로 사용

3. MQTT 동작

○ **MQTT 프로토콜을 이용한 동작 과정**

- [그림 4.15]와 같이 MQTT 네트워크를 구성하고 발행 및 구독 토픽 설정
- **대시보드 앱 발행 토픽**: 대시보드 클라이언트는 발행자가 되어 NodeMCU 클라이언트에 연결된 3색 RGB LED를 제어하기 위해 대시보드 Slide 위젯 3개를 이용하여 토픽 "nodeMCU/Red", "nodeMCU/Green", "nodeMCU/Blue" 에 페이로드로 ON/OFF를 위해 "1" 또는 "0"을 발행
- **NodeMCU 구독 토픽**: NodeMCU 클라이언트는 구독자가 되어 토픽 "nodeMCU/Red", "nodeMCU/Green", "nodeMCU/Blue"를 구독하고 구독한 페이로드 값에 따라 빨간색, 초록색, 파란색 LED를 ON/OFF하여 3색 RGB LED를 제어

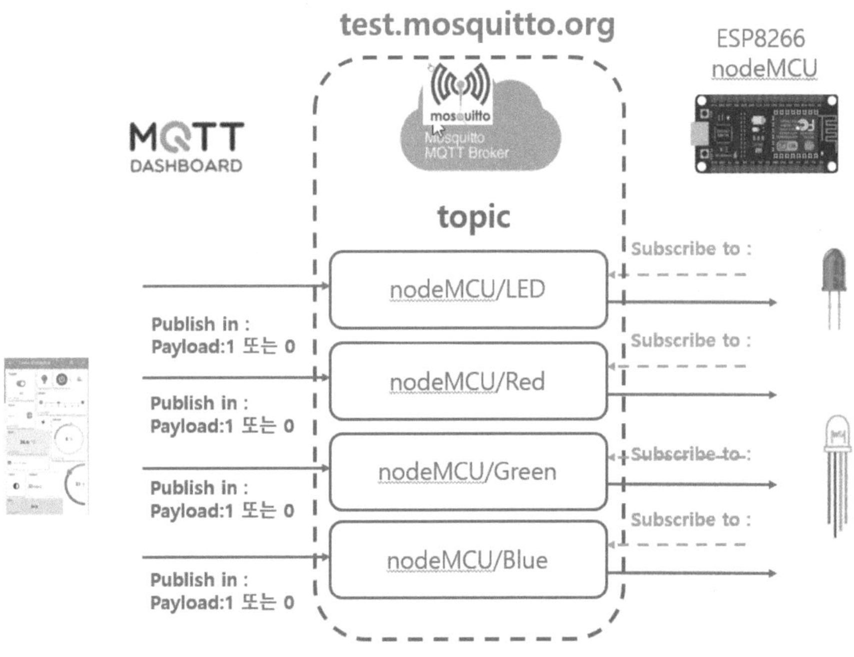

그림 4.15

○ 하드웨어 구성

- [그림 4.16]과 같이 LED와 3색 RGB LED를 연결

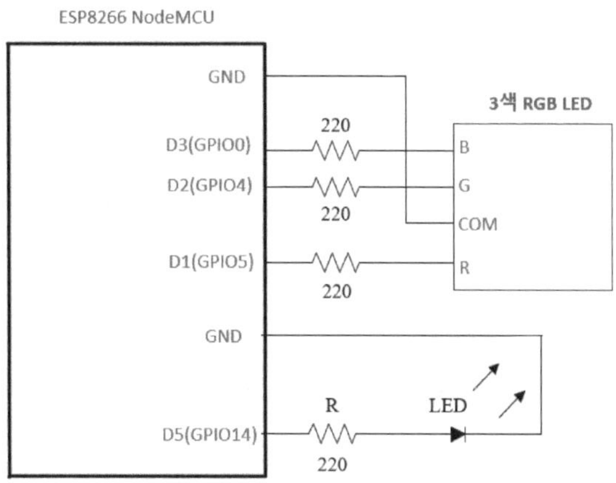

그림 4.16

NodeMCU 디바이스 프로그램

```
#include <ESP8266WiFi.h> // ESP8266WiFi 라이브러리 삽입
#include <PubSubClient.h> // MQTT 클라이언트 라이브러리 삽입

const char* ssid= "************"; //WiFi 네트워크 이름 넣기
const char* password = "************"; // WiFi 네트워크 비번 넣기

const char* mqtt_server= "test.mosquitto.org"; //mqtt 브로커

// 토픽설정------------------------
const char* inTopic= "nodeMCU/LED"; // 클라이언트 구독 토픽
const char* colorRedTopic= "nodeMCU/Red"; // Red Led 구독 토픽
const char* colorGreenTopic= "nodeMCU/Green"; // Green Led 구독 토픽
const char* colorBlueTopic= "nodeMCU/Blue"; // Red Led 구독 토픽

WiFiClient espClient; // 네트워크 클라이언트로 WiFiClient 객체 생성
```

```
PubSubClient client(espClient); // 생성된 TCP 클라이언트를 이용하여
                                 // MQTT 클라이언트 인스턴스 생성

const int ledPin=14; //D5 LED에 연결된 핀 번호 정의
const int rLedPin= 5; // D1 3색 LED 중 빨간색 LED와 연결된 핀 번호 변수 정의
const int gLedPin= 4; // D2 3색 LED 중 초록색 LED와 연결된 핀 번호 변수 정의
const int bLedPin= 0; // D3 3색 LED 중 파란색LED와 연결된 핀 번호 변수 정의

void setup() {
  pinMode(BUILTIN_LED, OUTPUT); // 온보드 LED  핀 출력설정
  pinMode(ledPin, OUTPUT); // 오프보드 LED 핀 출력설정
  digitalWrite(LED_BUILTIN, HIGH); // 초기상태로 온보드 LED 끔
  digitalWrite(ledPin, LOW); // 초기상태로 오프보드 LED 끔

  pinMode(rLedPin, OUTPUT); // rLED를 출력 설정
  pinMode(gLedPin, OUTPUT); // gLED를 출력 설정
  pinMode(bLedPin, OUTPUT); // bLED를 출력 설정
  digitalWrite(rLedPin, LOW);  //rLED에 LOW 출력(rLED끄기)
  digitalWrite(gLedPin, LOW);  //gLED에 LOW 출력(gLED끄기)
  digitalWrite(bLedPin, LOW);  //bLED에 LOW 출력(bLED끄기)

  Serial.begin(115200); // 통신속도 설정
  setup_wifi(); //wifi 네트워크 접속
  client.setServer(mqtt_server, 1883); // MQTT 서버 연결 정보 등록
  client.setCallback(callback); //구독 토픽에 대한 메시지를 받았을 때 호출될 함수 지정
}

void loop() {
  if (!client.connected()) {  // 클라이언트가 서버에 연결되어 있는지 확인
    reconnect(); // 연결되어 있지 않으면 연결 시도
  }
  client.loop(); //클라이언트가 수신 메시지를 처리하고 서버에 연결 유지
}
```

```
void setup_wifi() {
  delay(10); // 10ms 대기
  WiFi.mode(WIFI_STA); // WiFi를 STA 모드로 설정
  WiFi.begin(ssid, password); // WiFi 연결 시도
  Serial.println("");
  Serial.print("Connecting to ");
  Serial.println(ssid); // WiFi 네트워크 이름 출력
  while (WiFi.status() != WL_CONNECTED) { // 접속될 때까지 대기
    delay(500);
    Serial.print(".");
  }
  Serial.println("");
  Serial.print("WiFiconnected to ");
  Serial.println(ssid); // WiFi 네트워크 이름 출력
  Serial.print("IP address: ");
  Serial.println(WiFi.localIP()); //AP에 의해 ESP 모듈에 할당된 IP 출력
}

void reconnect() {
  while (!client.connected()) { // 클라이언트가 서버에 연결되어 있는지 확인
    Serial.print("Attempting MQTT connection...");
    Serial.println(mqtt_server);

    // 랜덤 클라이언트 ID 생성
    String clientId= "ESP8266Client-"; // 클라이언트 Id
    clientId+= String(random(0xffff), HEX); // 클라이언트 Id에 랜덤숫자 추가

    if (client.connect(clientId.c_str())) { // 클라이언트 연결을 성공하였다면
      Serial.print("connected to");
      Serial.println(mqtt_server);

      client.subscribe(inTopic); // 구독할 토픽 지정
      client.subscribe(colorRedTopic); // 구독할 토픽 지정
      client.subscribe(colorGreenTopic); // 구독할 토픽 지정
```

```
      client.subscribe(colorBlueTopic); // 구독할 토픽 지정
    }
    else {
      Serial.print("failed, rc=");
      Serial.print(client.state()); // 연결 실패에 대한 클라이언트의 현재 상태를 출력
      Serial.println(" try again in 5 seconds");
      delay(5000); // 재시도하기 전 5초 대기
    }
  }
}

void callback(char* topic, byte* payload, unsigned int length) {
  Serial.print("Message arrived [");
  Serial.print(topic);
  Serial.print("] ");
  for (int i= 0; i< length; i++) { // 구독메시지 페이로드 출력
    Serial.print((char)payload[i]);
  }
  Serial.println();

  if((String)topic == inTopic) { // 구독 토픽 확인
      if ((char)payload[0] == '1') { // 페이로드 1이면
        Serial.println("온보드 LED ON, 오프보드 LED ON");
        digitalWrite(BUILTIN_LED, LOW);   // 온보드 LED 켬
        digitalWrite(ledPin, HIGH);  // 오프보드 LED 켬

      } else { // 페이로드 0이면
        Serial.println("온보드 LED OFF, 오프보드 LED OFF");
        digitalWrite(BUILTIN_LED, HIGH);  // 온보드 LED 끔
        digitalWrite(ledPin, LOW);  // 오프보드 LED 끔
      }
  }
  else if((String)topic == colorRedTopic) {
    if ((char)payload[0] == '1') { // 페이로드 1이면
```

```
      digitalWrite(rLedPin, HIGH);   // Red LED 켬
    } else { // 페이로드 0이면
      digitalWrite(rLedPin, LOW);  // Red LED 끔
    }
  }
  else if((String)topic == colorGreenTopic) {
    if ((char)payload[0] == '1') { // 페이로드 1이면
      digitalWrite(gLedPin, HIGH);   // Green LED 켬
    } else { // 페이로드 0이면
      digitalWrite(gLedPin, LOW);  // Green LED 끔
    }
  }
  else if((String)topic == colorBlueTopic) {
    if ((char)payload[0] == '1') { // 페이로드 1이면
      digitalWrite(bLedPin, HIGH);   // Blue LED 켬
    } else { // 페이로드 0이면
      digitalWrite(bLedPin, LOW);  // Blue LED 끔
    }
  }
}
```

○ **MQTT Dashboard 앱 설정**

- 대시보드 Slide 위젯 3개 이용
  - 토픽 "nodeMCU/Red"에 빨간색 LED ON/OFF를 위해 페이로드로 "0","1" 선택
  - 토픽 "nodeMCU/Green"에 초록색 LED ON/OFF를 위해 페이로드로 "0","1" 선택
  - 토픽 "nodeMCU/Blue"에 파란색 LED ON/OFF를 위해 페이로드로 "0","1" 선택

○ Slide 위젯 (빨간색)

- 옵션 항목들을 다음과 같이 설정

<table>
<tr><th colspan="3">option</th><th>설정</th></tr>
<tr><td>Name</td><td colspan="2"></td><td>Red Led</td></tr>
<tr><td>Min Value</td><td colspan="2"></td><td>0</td></tr>
<tr><td>Max Value</td><td colspan="2"></td><td>1</td></tr>
<tr><td>Min Step</td><td colspan="2"></td><td>1</td></tr>
<tr><td>Default value</td><td colspan="2"></td><td>0</td></tr>
<tr><td rowspan="3">MQTT</td><td colspan="2">MQTT enable</td><td>Enable</td></tr>
<tr><td colspan="2">MQTT connection</td><td>mosquitto.org</td></tr>
<tr><td colspan="2">Publish to topic</td><td>nodeMCU/Red</td></tr>
<tr><td rowspan="4">Design</td><td>Orientation</td><td></td><td>Horozontally</td></tr>
<tr><td>Show icons</td><td></td><td>enable</td></tr>
<tr><td>Show scale</td><td></td><td>enable</td></tr>
<tr><td></td><td>Number of major divisions</td><td>0</td></tr>
</table>

○ Slide 위젯 (초록색)

- 옵션 항목들을 다음과 같이 설정

<table>
<tr><th colspan="3">option</th><th>설정</th></tr>
<tr><td>Name</td><td colspan="2"></td><td>Green Led</td></tr>
<tr><td>Min Value</td><td colspan="2"></td><td>0</td></tr>
<tr><td>Max Value</td><td colspan="2"></td><td>1</td></tr>
<tr><td>Min Step</td><td colspan="2"></td><td>1</td></tr>
<tr><td>Default value</td><td colspan="2"></td><td>0</td></tr>
<tr><td rowspan="3">MQTT</td><td colspan="2">MQTT enable</td><td>Enable</td></tr>
<tr><td colspan="2">MQTT connection</td><td>mosquitto.org</td></tr>
<tr><td colspan="2">Publish to topic</td><td>nodeMCU/Green</td></tr>
<tr><td rowspan="4">Design</td><td>Orientation</td><td></td><td>Horozontally</td></tr>
<tr><td>Show icons</td><td></td><td>enable</td></tr>
<tr><td>Show scale</td><td></td><td>enable</td></tr>
<tr><td></td><td>Number of major divisions</td><td>0</td></tr>
</table>

○ **Slide 위젯 (파란색)**

- 옵션 항목들을 다음과 같이 설정

option			설정
Name			Blue Led
Min Value			0
Max Value			1
Min Step			1
Default value			0
MQTT	MQTT enable		Enable
	MQTT connection		mosquitto.org
	Publish to topic		nodeMCU/Blue
Design	Orientation		Horozontally
	Show icons		enable
	Show scale		enable
		Number of major divisions	0

○ **설계된 Dashboard 앱**

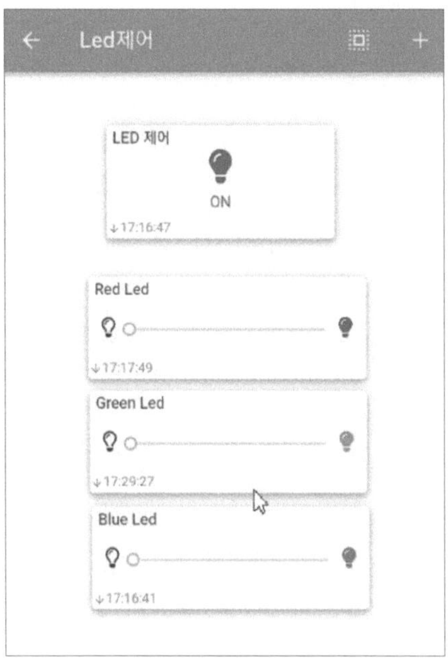

그림 4.17

제5장

ESP8266 NodeMCU 디지털 입력 제어

실험에 필요한 부품

자석스위치	터치스위치 IM120710023	SEN0171 PIR 동작감지 센서	캐소드 공통형 3색 RGB LED	LED
1개	1개	1개	1개	1개
			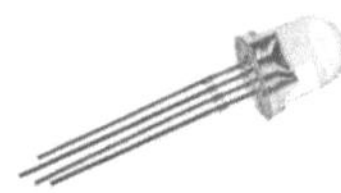	
220Ω 저항				
5개				

본 장에서는 ESP8266 NodeMCU GPIO 핀을 디지털 입력으로 사용하여 자석스위치, 터치스위치, PIR 동작감지 센서로부터 디지털 데이터를 입력받아 처리하는 방법에 대하여 학습한다.

디지털 입력 함수

- ESP8266 NodeMCU 보드에서 디지털 입력으로 사용할 수 있는 GPIO 핀은 [그림 5.1]과 같이 총 9개로 핀 번호 D0~D8을 사용
- 이 핀을 디지털 입력으로 사용하기 위해서는 [표 5.1]과 같이
  1) pinMode() 함수를 사용하여 핀의 용도를 입력으로 설정
  2) digitalRead() 함수를 사용하여 디지털 데이터를 입력

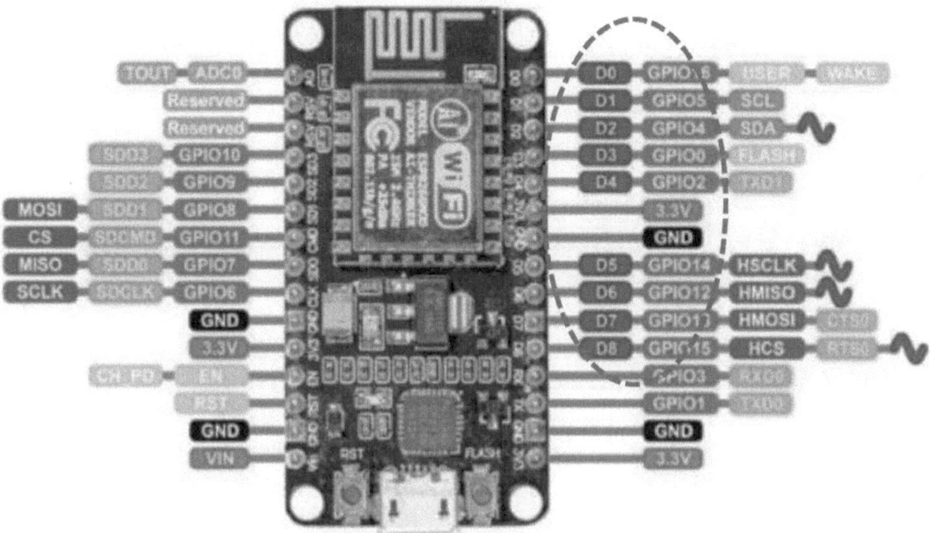

그림 5.1 NodeMCU 보드 디지털 입력

표 5.1 디지털 입력 함수

void pinMode(pinNum, mode)		
기능	해당 핀을 입력으로 사용할지 출력으로 사용할지 설정	
매개변수	pinNum	설정하고 싶은 핀 번호
	mode	입력(INPUT), 출력(OUTPUT) 또는 내부 풀업저항을 사용한 입력 시 내부 풀업입력(INPUT_PULLUP) 설정 → **입력인 경우** INPUT **또는** INPUT_PULLUP
리턴 값	void	없음

int digitalRead(pinNum)		
기능	지정된 핀에서 디지털 값 읽어 오기	
매개변수	pinNum	값을 읽을 핀 번호
리턴 값	value	디지털 값 0(LOW) 또는 3.3V(HIGH)

5.1 자석스위치

○ 자석스위치

- [그림 5.2]와 같은 DC용 자석스위치는 주로 문이나 창문 등에 설치되어 개폐 여부를 확인하는데 이용

그림 5.2 자석스위치

• 2가지 형태의 자석스위치 : [그림 5.3]에 나타낸 것과 같이 자석스위치가 붙어 있으면 자석스위치 내부적으로 스위치가 떨어져(OFF) 있고 자석스위치가 떨어져 있으면 자석스위치 내부적으로 스위치가 붙어(ON) 있는 형태와 그 반대로 자석스위치가 붙어 있으면 자석스위치 내부적으로 스위치가 붙어(ON) 있고 자석스위치가 떨어져 있으면 자석스위치 내부적으로 스위치가 떨어져(OFF) 있는 형태

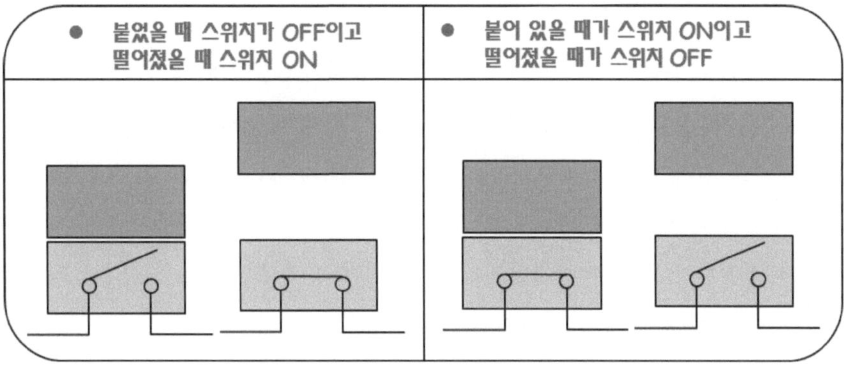

그림 5.3 두 가지 형태의 자석스위치

• 실험에서는 [그림 5.4]와 같이 자석스위치가 붙어 있으면 내부적으로 스위치가 ON이 되어 두 개의 연결 단자가 연결되고 자석스위치가 떨어져 있으면 내부적으로 스위치가 OFF가 되어 두 개의 연결 단자가 분리되는 자석스위치를 이용

붙으면 ON (두 개의 연결 단자가 연결)	떨어지면 OFF (두 개의 연결 단자가 분리)

그림 5.4 자석스위치

자석스위치 회로 구성 1 : 외부 풀업 저항을 사용하는 경우

- [그림 5.5]와 같이 자석스위치를 NodeMCU D4(GPIO2) 핀에 연결하고 풀업 저항을 연결하여 사용하는 경우 pinMode() 함수를 사용하여 다음과 같이 디지털 입력으로 설정

```
pinMode(2, INPUT)
```

- 자석스위치가 붙어 있으면 내부적으로 스위치가 ON이 되어 두 개의 연결 단자가 연결되어 NodeMCU 디지털 입력 핀으로 LOW 값이 입력
- 자석스위치가 떨어져 있으면 내부적으로 스위치가 OFF되고 외부 풀업 저항에 의해 디지털 입력 핀으로 HIGH 값이 입력
- 자석스위치가 연결된 디지털 D4(GPIO2)번 핀에서 자석스위치의 상태를 나타내는 디지털 값을 읽어 들이기 위해 digitalRead() 함수를 이용

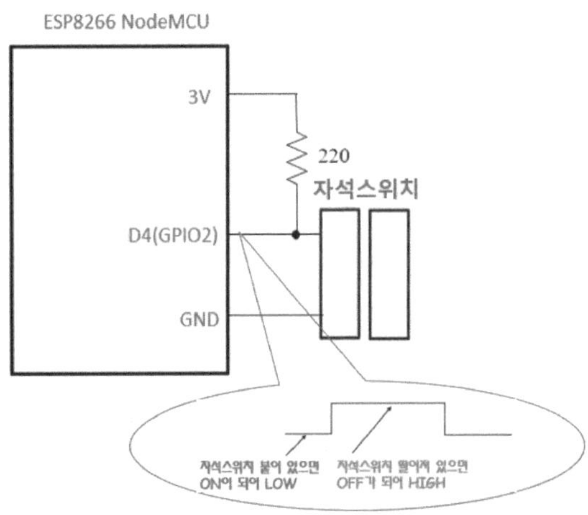

그림 5.5 외부 풀업 저항을 사용하는 자석스위치 회로

자석스위치 회로 구성 2 : 내부 풀업 저항을 사용하는 경우

- [그림 5.6]과 같이 자석스위치를 디지털 D4(GPIO2)번에 연결하고 외부 풀업 저항 대신에 내부 풀업 저항을 사용할 수도 있으며 이 경우 pinMode() 함수를 사용하여 다음과 같이 디지털 입력으로 설정

pinMode(2, INPUT_PULLUP)

- 자석스위치가 연결된 D4(GPIO2) 핀에서 자석스위치의 상태를 나타내는 디지털 값을 읽어 들이기 위해 digitalRead() 함수를 이용

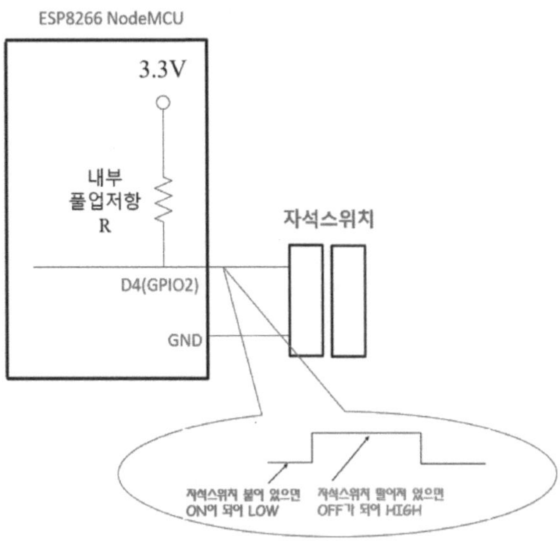

그림 5.6 내부 풀업 저항을 사용하는 자석스위치 회로

5.2 터치센서

터치센서(또는 터치스위치)

- 터치를 감지하는 센서로 터치가 없을 때는 HIGH를 출력하고 터치가 있으면 LOW를 출력하는 센서
- [그림 5.7]은 실험에 사용할 터치센서(IM120710023)

		S : 디지털 출력 V : 3.3V G : GND

그림 5.7 터치센서

- 실험에서는 [그림 5.8]과 같이 터치센서를 D4(GPIO2) 핀에 연결하여 사용하는 경우 pinMode() 함수를 사용하여 다음과 같이 디지털 입력으로 설정

```
pinMode(2, INPUT)
```

- 터치센서가 연결된 D4(GPIO2) 핀에서 터치스위치의 상태를 나타내는 디지털 값을 읽어 들이기 위해 digitalRead() 함수를 이용. 터치가 없을 때는 NodeMCU 디지털 입력 핀으로 HIGH 값이 입력되고 터치가 있으면 NodeMCU 디지털 입력 핀으로 LOW 값이 입력

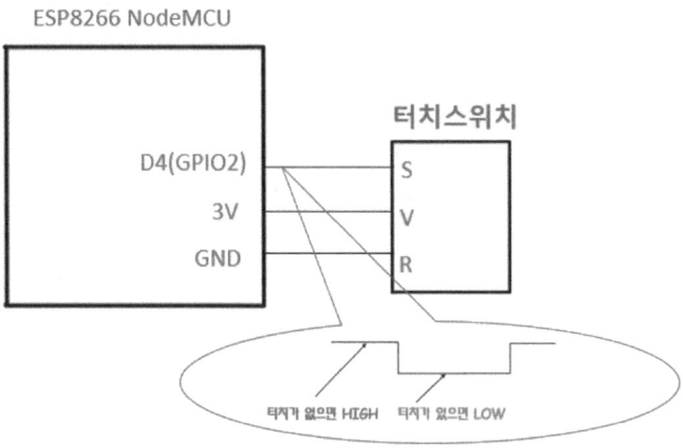

그림 5.8 터치센서

5.3 PIR 동작감지 센서

PIR 동작감지 센서

- PIR(Pyroelectric infrared Sensor) 센서는 적외선 동작감지 센서로 사람이나 동물 혹은 사물의 움직임을 감지할 수 있는 센서
- 적외선을 이용하여 범위 안의 움직임을 감지한 후 디지털 신호를 출력
- 건물의 복도, 현관문, 엘리베이터나 화장실 등의 천장에 있는 조명 등에 설치되어 사람의 움직임이 감지되면 자동으로 조명을 켜는데 이용되는 센서로 자동 감지 시스템, 보안 시스템 등에 사용
- 일정한 양의 적외선을 방출하는 물체가 움직이면 감지하기 때문에 움직임이 없을 경우 감지하지 못함
- 실험에 사용할 PIR 센서는 DFRobot사의 PIR Motion Sensor V1.0 SEN0171을 사용하며 센서의 핀 기능과 주요 특징을 [그림 5.9]와 [표 5.2]에 나타냄

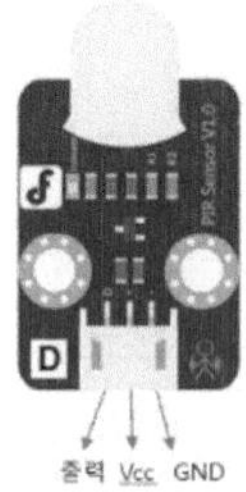

- 출력 : 디지털 출력
- Vcc: 3.3V
- GND : 접지

그림 5.9 PIR 동작감지 센서

표 5.2 PIR 동작감지 센서 주요 특징

• 입력 전압 : 3.3 ~ 5V, 최대 6V • 출력 전압 : **인체 또는 적외선의 변화를 감지하면** HIGH **신호 출력**(High 3.3V, low 0V) • 출력 시간 (High Level) : 약 2.3 ~ 3 초 • 동작 방식 : **무한 반복 트리거** • 감지 각도 : 100° • 감지 거리 : 7 미터 • 출력 표시기 LED : HIGH 출력 시 ON

PIR 동작감지 센서 무한 반복 트리거 동작

- [그림 5.10] (a)와 같이 적외선 동작감지 센서가 감지 범위 내에서 움직임을 감지하면 출력 핀에 HIGH(3.3V)을 출력하고 출력 핀은 2.3 ~ 3초 후에 LOW(0V) 출력
- [그림 5.10] (b)와 같이 HIGH 신호가 출력되는 시간 내에 인체 또는 적외선 변화가 다시 감지되면, 출력 시간이 초기화되며 출력신호 유지 상태에서 다시 카운트 시작
- 인체 또는 적외선 변화가 감지되지 않은 시점에서 2.3 ~ 3초 후 출력신호는 LOW 가 됨.

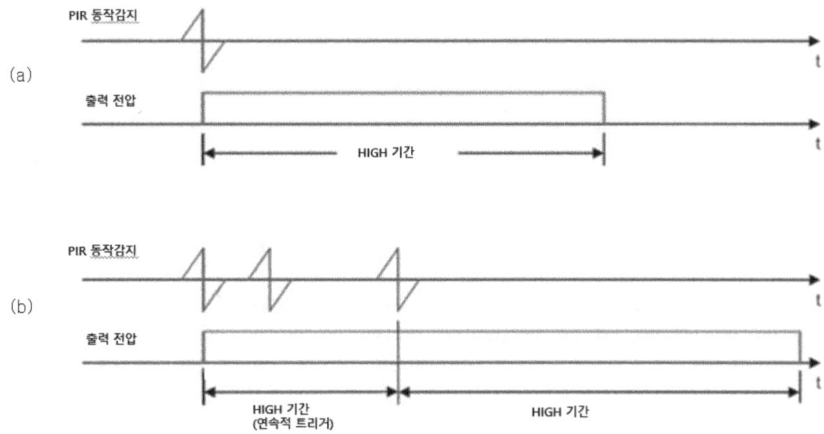

그림 5.10 PIR 동작감지 센서 동작

5.4 NodeMCU를 사용한 디지털 입력 제어 실습

실험 5-1

자석스위치를 이용하여 LED 점멸하기 (millis() 함수 사용)

- [그림 5.4]와 [그림 5.11]과 같이 자석스위치가 붙어 있으면 내부적으로 스위치가 ON이 되어 LOW가 출력되며 떨어져 있으면 내부적으로 스위치가 OFF가 되어 HIGH가 출력되는 자석스위치를 이용
- 자석스위치가 붙어 있으면 LED를 끄고 떨어져 있으면 LED를 0.5초 간격으로 점멸
- millis() 함수를 사용하여 LED를 0.5초 간격으로 점멸하기
- [그림 5.11]과 같이 회로를 연결하고 아래의 프로그램을 업로드

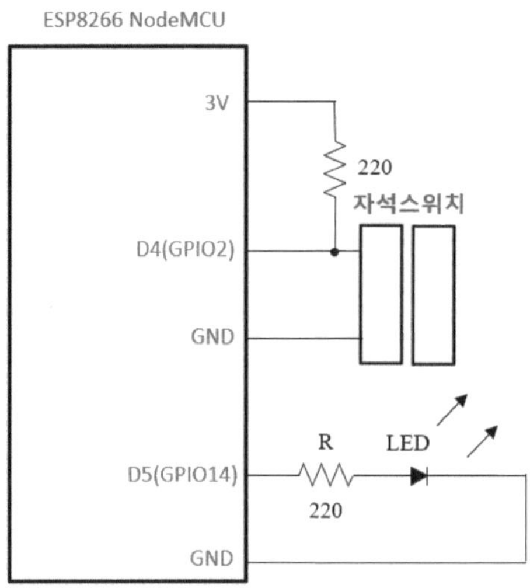

그림 5.11 실험 5-1 회로 연결

NodeMCU 디바이스 프로그램 ESP8266_MagneticSensor_LedOnOff

```
const int doorPin=2; // 자석스위치에 연결된 핀 번호 변수 정의
const int ledPin=14; // LED에 연결된 핀 번호 변수 정의

boolean ledBlinking; //LED 점멸 여부를 결정하는 변수
boolean ledValue=LOW; //LED 점멸 시 값을 저장하는 변수, 초기값 LOW
unsigned long time; //millis() 함수가 리턴한 이전 시간을 저장하는 변수

void setup() {
  pinMode(doorPin,INPUT); // 자석스위치를 입력으로 설정
  pinMode(ledPin,OUTPUT); // LED를 출력으로 설정
  Serial.begin(115200); // 시리얼 개방, 통신속도 설정
}

void loop() {
  boolean doorStatus=digitalRead(doorPin); //자석스위치 상태를 읽음
  if(doorStatus) { // 자석스위치가 떨어져 있으면
    Serial.println("Door is open !!!");
```

```
    ledBlinking = true; //LED 점멸 허용
  }
  else { // 자석스위치가 붙어 있으면
    digitalWrite(ledPin,LOW); // LED 핀에 LOW 출력(LED 끄기)
    Serial.println("Door is closed !!!");
    ledBlinking = false; //LED 점멸 불허
  }

  if(ledBlinking) { //LED 점멸이 허용되었다면
   if(millis()-time>=500) { // 0.5초가 지났는지 확인
      time=millis(); // 현재시간을 이전시간에 저장
      ledValue=!ledValue; // LED 값을 반전
      digitalWrite(ledPin,ledValue); // LED(14번)에 값을 출력
   }
  }
}
```

실험 5-2

터치스위치를 이용하여 3색 RGB LED를 순차적으로 켜기

- 캐소드 공통형 3색 RGB LED를 연결하고 터치스위치 입력이 발생할 때 마다 끄기→빨간색→초록색→파란색→끄기→빨간색.... 순서로 순차적으로 반복
- 터치스위치 입력은 HIGH에서 LOW로 변할 때 즉 터치센서를 누를 때 발생한 것으로 간주. HIGH에서 LOW로 변하는 순간을 감지하기 위해 읽어들인 이전 값과 현재 값이 필요

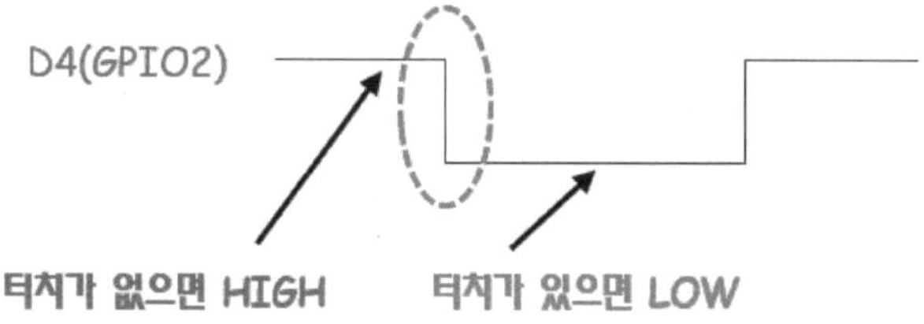

- [그림 5.12]와 같이 회로를 연결하고 아래의 프로그램을 업로드

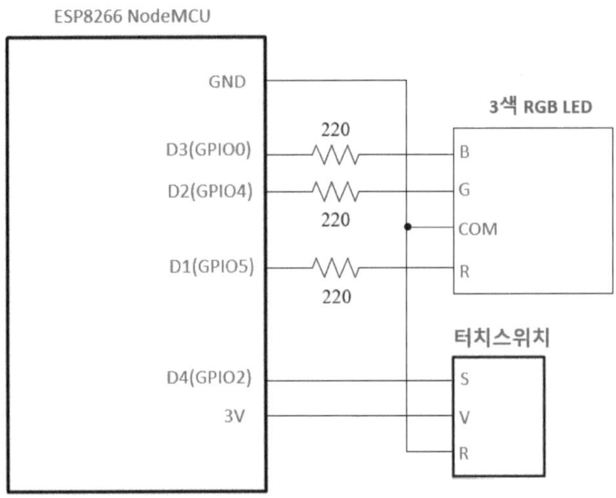

그림 5.12 실험 5-2 회로 연결

NodeMCU 디바이스 프로그램 ESP8266_RGBLED_TouchSensor

```
const int touchSensorPin=2; // D4 터치센서에 연결된 핀 번호 변수 정의
const int rLedPin= 5; // D1 3색 LED 중 빨간색 LED와 연결된 핀 번호 변수 정의
const int gLedPin= 4; // D2 3색 LED 중 초록색 LED와 연결된 핀 번호 변수 정의
const int bLedPin= 0; // D3 3색 LED 중 파란색 LED와 연결된 핀 번호 변수 정의

boolean lastTouch=LOW; //이전 터치스위치 상태
boolean currentTouch=LOW; //현재 터치스위치 상태
int touchInputNum=0; //터치센서 입력 횟수를 저장하는 변수 선언

void setup() {
  pinMode(touchSensorPin, INPUT); // 터치센서를 입력으로 설정
  pinMode(rLedPin, OUTPUT); // rLED를 출력으로 설정
  pinMode(gLedPin, OUTPUT); // gLED를 출력으로 설정
  pinMode(bLedPin, OUTPUT); // bLED를 출력으로 설정

  digitalWrite(rLedPin, LOW);  //rLED에 LOW 출력(rLED끄기)
  digitalWrite(gLedPin, LOW);  //gLED에 LOW 출력(gLED끄기)
  digitalWrite(bLedPin, LOW);  //bLED에 LOW 출력(bLED끄기)
```

```
}

void loop() {
  currentTouch=digitalRead(touchSensorPin); //현재 터치스위치 상태 읽음

  if(lastTouch==HIGH && currentTouch==LOW) { //터치스위치가 눌러졌음
    touchInputNum++; // 터치입력 증가
    if(touchInputNum== 4) touchInputNum=0; // 터치입력이 4의 배수이면 초기화
  }
  RGBLED_Display(touchInputNum); //RGB LED에 색 출력
                                        //(0: 꺼짐, 1:빨간색, 2:초록색, 3:파란색)
  lastTouch=currentTouch; //이전 터치스위치 상태를 현재 터치스위치 상태로 변경
}

void RGBLED_Display(int Num) {
  switch (Num) {
    case 0 :
       digitalWrite(rLedPin, LOW); //rLED끄기
       digitalWrite(gLedPin, LOW); //gLED끄기
       digitalWrite(bLedPin, LOW); //bLED끄기
      break;
    case 1 :
       digitalWrite(rLedPin, HIGH); //rLED켜기
       digitalWrite(gLedPin, LOW); //gLED끄기
       digitalWrite(bLedPin, LOW); //bLED끄기
      break;
    case 2 :
       digitalWrite(rLedPin, LOW); //rLED끄기
       digitalWrite(gLedPin, HIGH); //gLED켜기
       digitalWrite(bLedPin, LOW); //bLED끄기
      break;
    case 3 :
       digitalWrite(rLedPin, LOW); //rLED끄기
       digitalWrite(gLedPin, LOW); //gLED끄기
       digitalWrite(bLedPin, HIGH); //bLED켜기
      break;
  }
}
```

실험 5-3

터치스위치를 이용하여 3색 RGB LED를 순차적으로 켜기 (터치스위치 입력 시점을 시리얼 모니터부터 입력)

- [실험 5-2]와 동일하게 캐소드 공통형 3색 RGB LED를 연결하고 터치스위치 입력이 발생할 때 마다 끄기→빨간색→초록색→파란색→끄기→빨간색.... 순서로 순차적으로 반복
- 이번에는 터치스위치 입력 시점을 시리얼 모니터 텍스트 입력 상자로부터 입력받아 색을 변화시키는 입력 시점을 변경
- 시리얼 모니터 텍스트 입력 상자에 1을 입력하고 NodeMCU 보드로 전송하면 하강 에지(즉, HIGH에서 LOW로 변할 때) 색을 변화, 2를 전송하면 상승 에지(즉, LOW에서 HIGH로 변할 때) 색 변화, 3을 전송하면 상승 에지와 하강 에지 모두에서 색 변화

값	동작 설명
1	하강 에지 즉, HIGH에서 LOW로 변할 때 색 변화
2	상승 에지 즉, LOW에서 HIGH로 변할 때 색 변화
3	상승 에지와 하강 에지 모두에서 색 변화

- 시리얼 모니터에서 줄바꿈 옵션을 **"No line ending (line ending 없음)"**으로 통신속도를 115200으로 설정
- [그림 5.12]의 회로를 이용하고 아래의 프로그램을 업로드

NodeMCU 디바이스 프로그램 ESP8266_SerialMonitorInput_RGBLED_TouchSensor

```
const int touchSensorPin=2; // D4 터치센서에 연결된 핀 번호 변수 정의
const int rLedPin = 5; // D1 3색 LED 중 빨간색 LED와 연결된 핀 번호 변수 정의
const int gLedPin = 4; // D2 3색 LED 중 초록색 LED와 연결된 핀 번호 변수 정의
const int bLedPin = 0; // D3 3색 LED 중 파란색 LED와 연결된 핀 번호 변수 정의

boolean lastTouch=LOW; //이전 터치스위치 상태
boolean currentTouch=LOW; //현재 터치스위치 상태
```

```
int touchInputNum=0; //터치센서 입력 횟수를 저장하는 변수 선언
char choice='1'; // 디폴트 값(하강에지에서 색변화)

void setup() {
  pinMode(touchSensorPin, INPUT); // 터치센서를 입력으로 설정
  pinMode(rLedPin, OUTPUT); // rLED를 출력으로 설정
  pinMode(gLedPin, OUTPUT); // gLED를 출력으로 설정
  pinMode(bLedPin, OUTPUT); // bLED를 출력으로 설정

  digitalWrite(rLedPin, LOW);  //rLED에 LOW 출력 (rLED 끄기)
  digitalWrite(gLedPin, LOW);  //gLED에 LOW 출력 (gLED 끄기)
  digitalWrite(bLedPin, LOW);  //bLED에 LOW 출력 (bLED 끄기)
  Serial.begin(115200); // 시리얼모니터와 통신속도 설정
  Serial.println("================================================"); // 문자열 출력
  Serial.println("1. 하강에지 (falling edge), 디폴트 "); // 문자열 출력
  Serial.println("2. 상승에지 (Rising edge)"); // 문자열 출력
  Serial.println("3. 상승과 하강에지 (change) "); // 문자열 출력
  Serial.println("==> 수행하고자 하는 기능을 시리얼 모니터에 입력(1~3)"); // 문자열 출력
  Serial.println("================================================"); // 문자열 출력
}

void RGBLED_Display(int Num){
  switch (Num) {
    case 0 :
       digitalWrite(rLedPin, LOW);  //rLED 끄기
       digitalWrite(gLedPin, LOW);  //gLED 끄기
       digitalWrite(bLedPin, LOW);  //bLED 끄기
      break;
    case 1 :
       digitalWrite(rLedPin, HIGH);  //rLED 켜기
       digitalWrite(gLedPin, LOW);  //gLED 끄기
       digitalWrite(bLedPin, LOW);  //bLED 끄기
      break;
    case 2 :
```

```
        digitalWrite(rLedPin, LOW);  //rLED 끄기
        digitalWrite(gLedPin, HIGH);  //gLED 켜기
        digitalWrite(bLedPin, LOW);  //bLED 끄기
      break;
    case 3 :
        digitalWrite(rLedPin, LOW);  //rLED 끄기
        digitalWrite(gLedPin, LOW);  //gLED 끄기
        digitalWrite(bLedPin, HIGH);  //bLED 켜기
      break;
  }
}

void loop() {
  if(Serial.available()) { //수신 버퍼에 수신 데이터가 있는지 확인
    choice = Serial.read(); //수신 버퍼에서 1바이트 읽어오기
  }

  currentTouch=digitalRead(touchSensorPin); //현재 터치스위치 상태 읽음
  if (currentTouch != lastTouch) { // 현재 상태가 이전 상태와 다르면
    switch (choice) {
      case '1' : if (!currentTouch) touchInputNum++;
                 break;
      case '2' : if (currentTouch) touchInputNum++;
                 break;
      case '3' : touchInputNum++;
                 break;
    }
    if(touchInputNum == 4) touchInputNum=0; // 터치입력이 4의 배수이면 초기화
    RGBLED_Display(touchInputNum); //RGB LED에 순차적으로 HIGH 출력
                                    //(0:끄기, 1:빨간색, 2:초록색, 3:파란색)
  }
  lastTouch=currentTouch; //이전 터치스위치 상태를 현재 터치스위치 상태로 변경
}
```

실험 5-4

PIR 센서의 움직임이 감지되면 움직임이 감지되었다고 문자 출력 및 PIR 센서 출력이 HIGH인 동안 LED 켜기

- PIR 센서는 움직임이 감지되면 출력 핀이 LOW에서 HIGH로 변화
- 출력 핀을 읽어 이전 값이 LOW이고 현재 값이 HIGH인 순간을 감지하고 문자 출력 및 LED 켜기
- 출력 지연 시간 후 출력 핀은 HIGH에서 LOW로 변화
- 출력 핀을 읽어 이전 값이 HIGH이고 현재 값이 LOW인 순간을 감지하고 LED 끄기

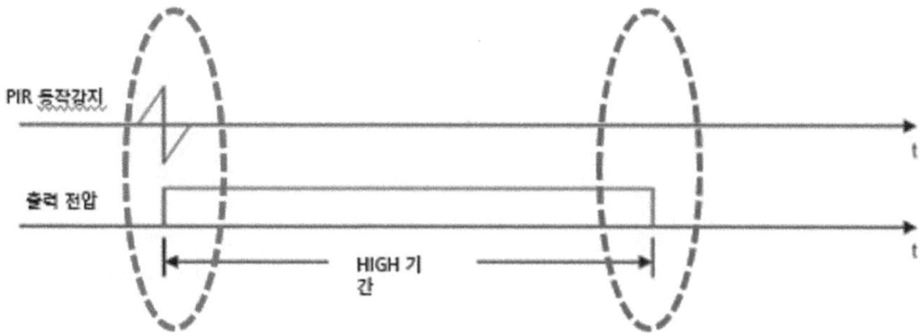

- [그림 5.13]과 같이 회로를 연결하고 아래의 프로그램을 업로드

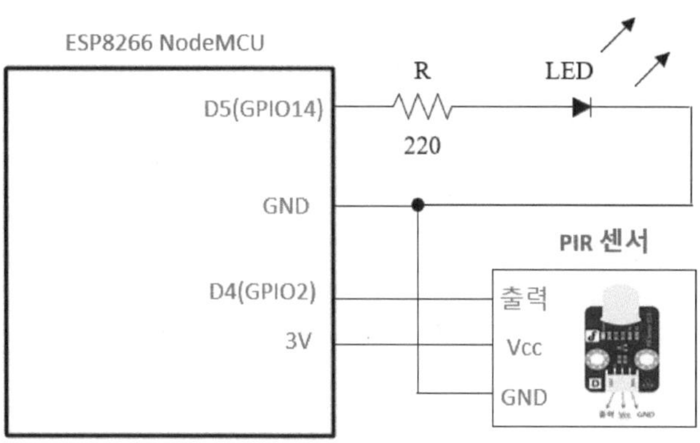

그림 5.13 실험 5-4 회로 연결

NodeMCU 디바이스 프로그램 MagneticSensor

```
const int ledPin= 14; // D5 LED에 연결된 핀 번호 정의
const int motionSensorPin= 2; // D4 PIR 센서가 연결된 핀 번호 정의

booleanlastPirStatus=LOW; //이전 PIR 상태
booleancurrentPirStatus=LOW; //현재 PIR 상태

void setup() {
 pinMode(motionSensorPin, INPUT); // PIR 센서를 입력으로 설정
 pinMode(ledPin, OUTPUT); // LED 핀 출력 설정
 digitalWrite(ledPin, LOW); // LED 끄기
 Serial.begin(115200); // 통신속도 설정
}

void loop() {
 currentPirStatus=digitalRead(motionSensorPin); //PIR 센서 현재 상태 읽음

 if(lastPirStatus==LOW && currentPirStatus==HIGH) { //움직임 감지 (LOW to HIGH)
  Serial.println("움직임 감지!!!");
  digitalWrite(ledPin, HIGH);   // LED 켜기
 }
 if(lastPirStatus==HIGH && currentPirStatus==LOW) { //출력시간종료 (HIGH to LOW)
  Serial.println("출력시간 종료!!!");
  Serial.println("=====================");
  digitalWrite(ledPin, LOW);   // LED 끄기
 }
 lastPirStatus=currentPirStatus; //이전 PIR 상태를 현재 PIR 상태로 변경
}
```

5.5 MQTT 프로토콜을 사용하여 NodeMCU 디지털 입력 제어 실습

실험 5-4

MQTT 통신을 통한 NodeMCU 터치센서 상태 모니터링

1. 실습개요

- ESP8266 NodeMCU 디바이스에 연결된 터치센서 입력 횟수(0~3)및 RGB LED 상태(끄기, 빨간색, 초록색, 파란색)을 MQTT 프로토콜을 사용하여 대시보드에서 모니터링하는 방법에 대하여 학습

2. MQTT 네트워크

○ **MQTT 브로커**

- 무료 MQTT 브로커 "test.mosquitto.org"을 사용 (또는 "mqtt-dashboard.com")

○ **MQTT 클라이언트**

NodeMCU 디바이스와 대시보드 앱을 클라이언트로 사용

3. MQTT 동작

○ **MQTT 프로토콜을 이용한 동작 과정**

- [그림 5.14]와 같이 MQTT 네트워크를 구성하고 발행 및 구독 토픽 설정
- NodeMCU는 토픽을 발행하고 대시보드는 NodeMCU의 토픽을 구독
- **NodeMCU 발행 토픽** : NodeMCU 클라이언트는 터치센서의 터치입력(터치스위치가 HIGH에서 LOW로 변할 때)이 발생할 때마다 토픽 "nodeMCU/touchNum"에 페이로드로 터치입력 횟수(0~3, mod 4)뿐만 아니라 토픽 "nodeMCU/ledColor"에 페이로드로 3색 RGB LED의 색(끄기→빨간색→초록색→파란색)을 발행
- **대시보드 앱 구독 토픽** : 대시보드 클라이언트는 토픽 "nodeMCU/touchNum"와 "nodeMCU/ledColor"를 구독하고 구독한 페이로드 값에 해당하는 터치 회수와 LED 색을 시각적으로 표시하여 터치 센서와 3색 RGB LED 상태를 모니터링

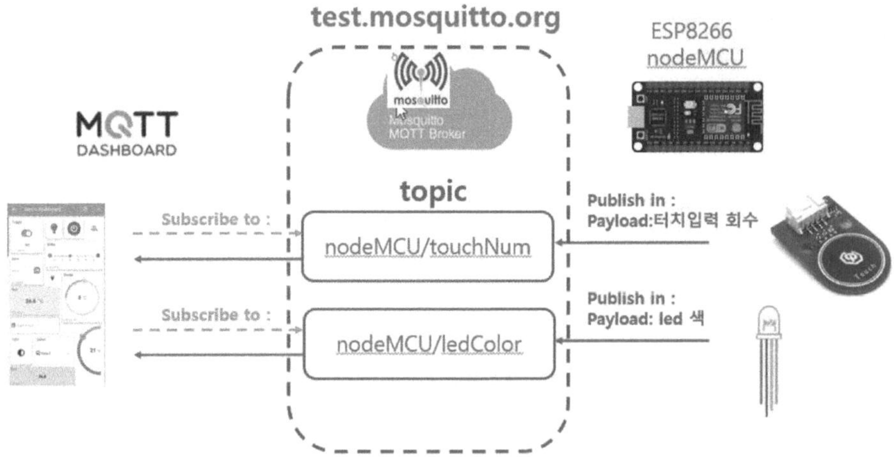

그림 5.14

○ 하드웨어 구성

- [그림 5.12] 회로를 이용

NodeMCU 디바이스 프로그램

```
#include <ESP8266WiFi.h> // ESP8266WiFi 라이브러리 삽입
#include <PubSubClient.h> // MQTT 클라이언트 라이브러리 삽입

const char* ssid= "**************"; //WiFi 네트워크 이름
const char* password =  "***************"; // WiFi 네트워크 비번

const char* mqtt_server= "test.mosquitto.org"; //mqtt 브로커

// 토픽설정-------------------------
char* outTopicTouchNum= "nodeMCU/touchNum"; // 클라이언트 발행 토픽
char* outTopicLedColor= "nodeMCU/ledColor"; // 클라이언트 발행 토픽

WiFiClient espClient; // 네트워크 클라이언트로 WiFiClient 객체 생성
PubSubClient client(espClient); // 생성된 TCP 클라이언트를 이용하여
                                // MQTT 클라이언트 인스턴스 생성
```

```
char publishPayload[50]; // 발생 메시지 페이로드를 저장하는 변수

const int touchSensorPin=2; // D4 터치센서에 연결된 핀 번호 변수 정의
const int rLedPin= 5; // D1 3색 LED 중 빨간색 LED와 연결된 핀 번호 변수 정의
const int gLedPin= 4; // D2 3색 LED 중 초록색 LED와 연결된 핀 번호 변수 정의
const int bLedPin= 0; // D3 3색 LED 중 파란색 LED와 연결된 핀 번호 변수 정의

boolean lastTouch=LOW; //이전 터치스위치 상태
boolean currentTouch=LOW; //현재 터치스위치 상태
int touchInputNum=0; //터치센서 입력 횟수를 저장하는 변수 선언
String color[]={"LED 꺼짐","빨간색","초록색","파란색"};

void setup() {
  Serial.begin(115200); // 통신속도 설정
  setup_wifi(); // wifi 설정함수 호출
  client.setServer(mqtt_server, 1883); // MQTT 서버 연결 정보 등록

  pinMode(touchSensorPin, INPUT); // 터치센서를 입력으로 설정
  pinMode(rLedPin, OUTPUT); // rLED를 출력으로 설정
  pinMode(gLedPin, OUTPUT); // gLED를 출력으로 설정
  pinMode(bLedPin, OUTPUT); // bLED를 출력으로 설정

  digitalWrite(rLedPin, LOW);  //rLED에 LOW 출력(rLED 끄기)
  digitalWrite(gLedPin, LOW);  //gLED에 LOW 출력(gLED 끄기)
  digitalWrite(bLedPin, LOW);  //bLED에 LOW 출력(bLED 끄기)
}

void setup_wifi() {
  delay(10);
  WiFi.mode(WIFI_STA); // WiFi를 STA 모드로 설정
  WiFi.begin(ssid, password); // WiFi 연결 시도
  Serial.println("");
  Serial.print("Connecting to ");
  Serial.println(ssid); // WiFi 네트워크 이름 출력
```

```
  while (WiFi.status() != WL_CONNECTED) { // 접속될 때까지 대기
    delay(500);
    Serial.print(".");
  }
  Serial.println("");
  Serial.print("WiFiconnected to ");
  Serial.println(ssid); // WiFi 네트워크 이름 출력
  Serial.print("IP address: ");
  Serial.println(WiFi.localIP()); //AP에 의해 ESP 모듈에 할당된 IP 출력
}

void loop() {
  if (!client.connected()) {  // 클라이언트가 서비에 연결되어 있는지 확인
    reconnect(); // 연결되어 있지 않으면 연결 시도
  }
  client.loop(); //클라이언트가 수신 메시지를 처리하고 서버에 연결 유지

 currentTouch=digitalRead(touchSensorPin); //현재 터치스위치 상태 읽음
 if(lastTouch==HIGH && currentTouch==LOW) { //터치스위치가 눌러졌음
    touchInputNum++;  // 터치입력 증가
    if(touchInputNum== 4) touchInputNum=0; // 터치입력이 4의 배수이면 초기화
    publishMessage(outTopicTouchNum,String(touchInputNum)); // 터치입력 횟수발행
    publishMessage(outTopicLedColor,color[touchInputNum]); // RGB LED색 발행
    RGBLED_Display(touchInputNum); // RGB LED에 색 출력
                                   //(0: 꺼짐, 1:빨간색, 2:초록색, 3:파란색)
  }
 lastTouch=currentTouch; //이전 터치스위치 상태를 현재 터치스위치 상태로 변경
}

void reconnect() {
  while (!client.connected()) { // 클라이언트가 서버에 연결되어 있는지 확인
    Serial.print("Attempting MQTT connection...");
    Serial.println(mqtt_server);

    // 랜덤 클라이언트 ID 생성
```

```
    String clientId= "ESP8266Client-"; // 클라이언트 Id
    clientId+= String(random(0xffff), HEX); // 클라이언트 Id에 랜덤숫자 추가

   if (client.connect(clientId.c_str())) { // 클라이언트 연결을 성공하였다면
      Serial.print("connected to");
      Serial.println(mqtt_server);
    }
    else {
      Serial.print("failed, rc=");
      Serial.print(client.state()); // 연결 실패에 대한 클라이언트의 현재 상태를 출력
      Serial.println(" try again in 5 seconds");
      delay(5000); // 재시도하기 전 5초 대기
    }
  }
}

voidpublishMessage(char *topic, String message) {
    message.toCharArray(publishPayload,message.length()+1);
    Serial.print("Publish message: ");
    Serial.println(publishPayload);
    client.publish(topic, publishPayload); // 토픽에 대한 메시지 발행
}

void RGBLED_Display(int Num) {
  switch (Num) {
    case 0 :
        digitalWrite(rLedPin, LOW);  //rLED끄기
        digitalWrite(gLedPin, LOW);  //gLED끄기
        digitalWrite(bLedPin, LOW);  //bLED끄기
        Serial.println("RGB LED 끄기");
      break;
    case 1 :
        digitalWrite(rLedPin, HIGH);  //rLED켜기
        digitalWrite(gLedPin, LOW);  //gLED끄기
```

```
      digitalWrite(bLedPin, LOW); //bLED끄기
      Serial.println("빨간색 LED 켜기");
    break;
  case 2 :
      digitalWrite(rLedPin, LOW); //rLED끄기
      digitalWrite(gLedPin, HIGH); //gLED켜기
      digitalWrite(bLedPin, LOW); //bLED끄기
      Serial.println("초록색 LED 켜기");
    break;
  case 3 :
      digitalWrite(rLedPin, LOW); //rLED끄기
      digitalWrite(gLedPin, LOW); //gLED끄기
      digitalWrite(bLedPin, HIGH); //bLED켜기
      Serial.println("파란색 LED 켜기");
    break;
  }
}
```

○ **MQTT Dashboard 앱 설정**

- text 위젯을 이용하여 현재 RGB LED 색을 문자열로 표시
- slider 위젯을 이용하여 터치센서 입력 횟수(mod 4(0~3))를 시각적으로 표시

○ **Text 위젯**

option			설정
Name			3색 RGB 색
MQTT	MQTT enable		Enable
	MQTT connection		mosquitto.org
	Subscribe to topic		nodeMCU/ledColor
Design	Text Value	Font size	20
		Color	
		Font style	
	Unit	Show unit	disable

○ Slider 위젯

option			설정
Name			**터치 회수**
Min Value			0
Max Value			3
Min Step			1
Defaultvalue			1
MQTT	MQTT enable		enable
	MQTT connection		mosquitto.org
	Publish to topic		nodeMCU/touchNum
Design	Orientation		Horozontally
	Show icons		enable
	Show scale		enable
		Number of major divisions	3

○ 설계된 Dashboard 앱

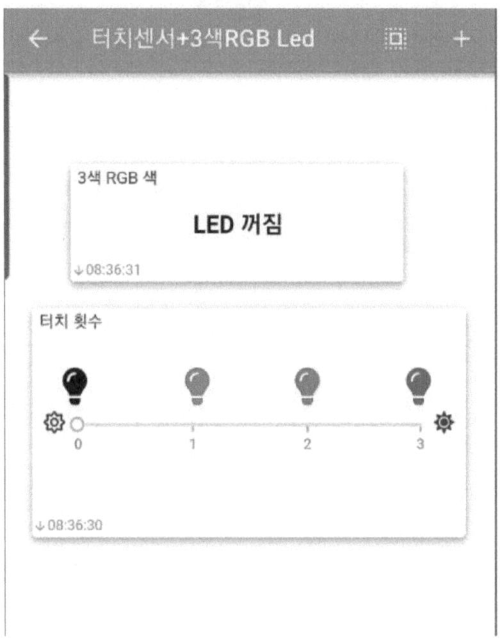

그림 5.15

제6장

ESP8266 NodeMCU 아날로그 입력제어

실험에 필요한 부품

온도센서 TMP36	온습도센서 DHT22	10KΩ 가변저항	캐소드 공통형 3색 RGB LED	220KΩ 저항
1개	1개	1개	1개	1개
			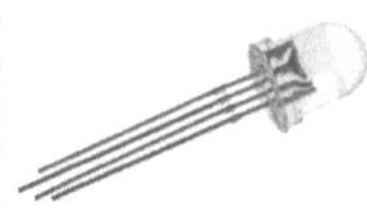	

6.1 아날로그 입력 함수

아날로그 입력 함수

- ESP8266 NodeMCU 보드는 디지털 신호 뿐만 아니라 아날로그 신호도 입력받을 수 있으며 NodeMCU 보드는 아날로그 입력 핀으로 [그림 6.1]과 같이 A0 핀 1개가 지정
- 이 A0 핀을 이용하여 아날로그 신호를 입력받기 위해서는 [표 6.1]과 같이 analogRead() 함수를 사용

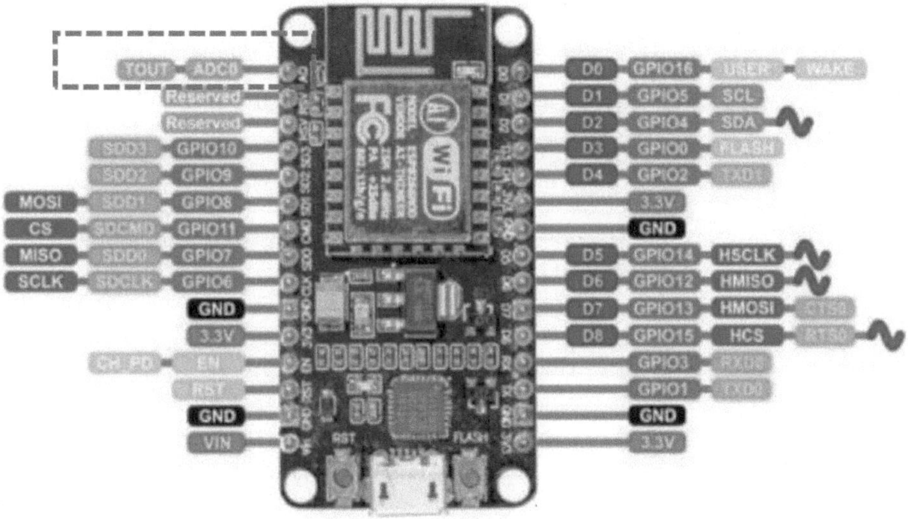

그림 6.1 NodeMCU 보드 아날로그 입력

표 6.1 아날로그 입력 함수

int analogRead(pinNum)		
기능	지정된 핀으로 입력된 아날로그 값 읽기	
매개변수	pinNum	값을 읽을 핀 번호(A0)
리턴 값	value	0~1023 범위 값 : 10비트 ADC 범위

6.2 아날로그 입력

아날로그-디지털 변환기(ADC : Analog-Digital Converter)

- 온도센서 출력의 온도 값, 조도센서 출력의 조도 값, 거리센서 출력의 거리 값 등은 최소 값에서 최대 값 사이에 어떠한 값도 가질 수 있는 연속적인 아날로그 신호
- NodeMCU와 같은 마이크로 컨트롤러는 불연속적인 디지털 신호만을 처리할 수 있는 장치

- [그림 6.2]와 같이 아날로그-디지털 변환기(ADC : Analog-Digital Converter)는 이름 그대로 아날로그 전압 신호를 받아 마이크로 컨트롤러가 인지할 수 있는 디지털 값으로 변환하는 장치이며, 줄여서 영문 약자로 ADC라고 표기
- NodeMCU에는 아날로그 값을 디지털 값으로 변환해 주는 ADC를 내장

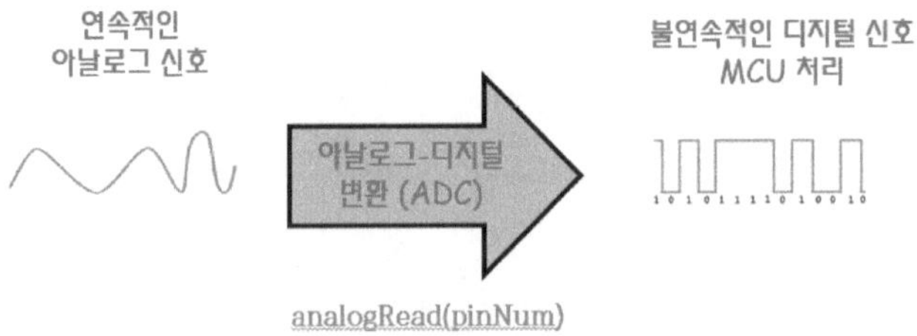

그림 6.2 아날로그-디지털 변환

2비트 해상도(분해능)을 갖는 2비트 아날로그-디지털 변환기(ADC : Analog-Digital Converter) 동작

- 연속적인 아날로그 값을 2비트 아날로그-디지털 변환하는 과정을 [그림 6.3]에 나타냄

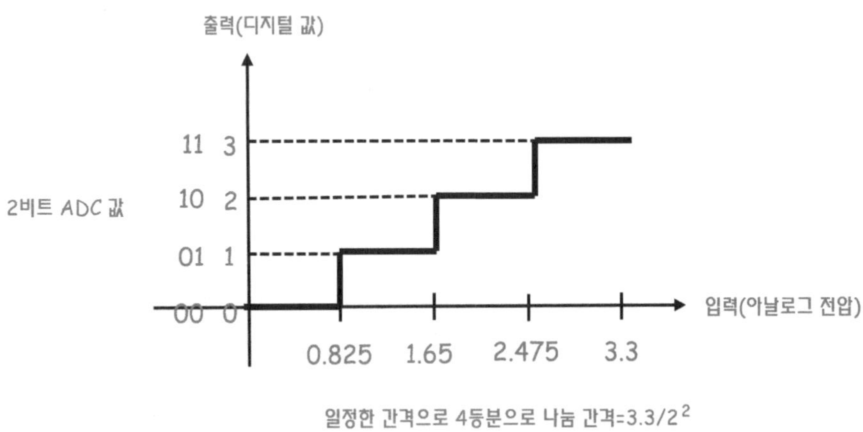

그림 6.3 2비트 아날로그-디지털 변환기

- 아날로그 신호는 시간과 진폭이 모두 연속적인 신호이며 아날로그 신호의 최소 값을 0V, 최대 값을 3.3V라 하고 이 최소 값과 최대 값 사이를 2비트로 나타내기 위하여 일정한 간격으로 4등분으로 나누면 간격은 $3.3/2^2 = 0.825$[v] 가 됨
- 아날로그 신호를 표본화한 값이 0과 0.825[V] 사이이면 0값 즉, 2비트 00으로 매핑하고 표본화된 아날로그 값이 0.825[V]에서 1.65[V] 사이이면 1값 즉, 2비트 01로 매핑
- 또한, 아날로그 신호를 표본화한 값이 1.65[V]에서 2.475[V] 사이이면 2값 즉, 2비트 10으로 매핑하고 표본화된 아날로그 값이 2.475[V]에서 3.3[V] 사이이면 3값 즉, 2비트 11로 매핑
- 이러한 과정을 걸쳐 아날로그 신호는 2비트 ADC 변환이 수행됨
- 이 과정을 v비트 ADC로 일반화시키면, 표본화 과정을 거쳐 표본화된 샘플은 진폭 축에서 연속이므로 연속적인 진폭을 불연속인 진폭으로 변환해 주기 위해 진폭을 2^v로 균일하게 나누게 되고 ADC 변환된 값은 0 ~ (2^v-1) 임
- ADC 변환된 값은 0 ~ (2^v-1)의 값을 가지므로 디지털로 표현하면 v비트로 변환되고 이러한 과정을 v비트 ADC 또는 v비트 해상도를 갖는 ADC라 부름. 즉, 각 샘플을 v비트로 변환하기 위해서는 2^v개의 ADC 레벨이 필요하다는 것을 알 수 있으며 v가 클수록 ADC 레벨 수가 많아지므로 정밀도가 높아지게 됨

ESP8266 NodeMCU ADC 사양

- 단지 1개의 아날로그 입력 핀 A0를 가짐
- ADC 핀의 분해능(해상도)은 10비트 즉, 10비트 해상도를 갖는 10비트 ADC를 내장
- 10비트 ADC를 수행하므로 ADC 변환된 값은 0 ~ 1023($=2^{10}-1$) 사이의 값을 얻을 수 있음을 의미
- ESP8266 NodeMCU 입력 전압 범위는 0 ~ 3.3V 임
- [그림 6.4]는 10비트 ADC가 아날로그 전압을 디지털 값으로 변환하는 방법을 보여주는데 기준 전압을 1024 등분하여 계단 형태로 아날로그 전압을 0(0000000000)~1023(1111111111)의 디지털 값으로 변환. 우리는 기준 전압으

로 3.3V를 사용하므로 3.3V 신호는 1023으로 변환되고 0V 신호는 0 값으로 1.65V 신호는 512로 변환 됨

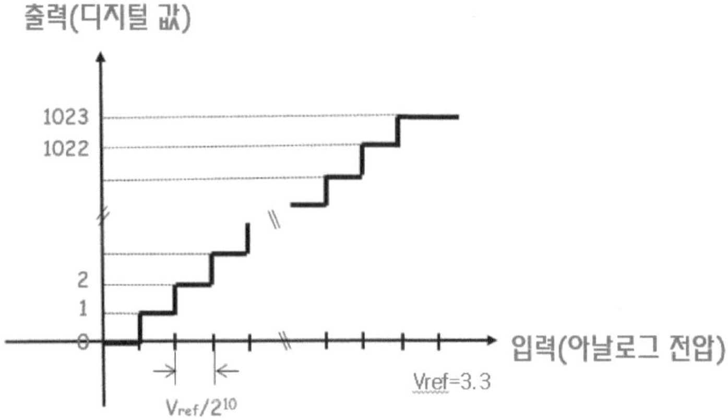

그림 6.4 10비트 ADC

6.3 온도센서

온도센서

- 온도 값을 측정하는 센서로 저전압 정밀 온도센서인 TMP36을 사용
- [그림 6.5]는 온도센서 TMP36의 외관과 핀 구성 및 주요 특징을 나타냄

<table>
<tr>
<td>
</td>
<td>• 1. 전원 (3.3V)
• 2. 출력
• 3. GND</td>
<td>• 저전압 2.7V~5.5V에서 동작
• 섭씨 온도 측정
• +10mV/°C의 선형특성
• 25°C에서 ±1°C의 정확도
• -40°C~125°C의 측정범위
• 원격응용에 적합
• 50uA보다 적은 소모 전류</td>
</tr>
</table>

그림 6.5 TMP36의 외관, 핀 구성 및 주요특징

TMP36 온도센서를 사용하여 온도 값 계산 절차

① 온도센서의 출력 핀이 NodeMCU A0 핀에 연결한 경우, anlogRead() 함수를 이용하여 AD 값을 읽어와 변수 getTempC에 저장

② getTempC에는 0~1023의 ADC한 값이 들어 있을 것임. 이 값에 대한 실제 전압 값을 다음과 같이 계산

3.3 [V] : 1023 = Voltage [V] : getTempC

➡ voltage [V] = getTempC*3.3/1023

③ TMP36의 전압과 온도의 관계 그래프는 [그림 6.6]과 같으며 1°C당 10mV의 선형 특성을 가지므로 ② 에서 계산한 전압 값에 대한 온도 값은 다음 식으로 구해진다.

temp [C°] = 100*voltage [V] * 100 - 50

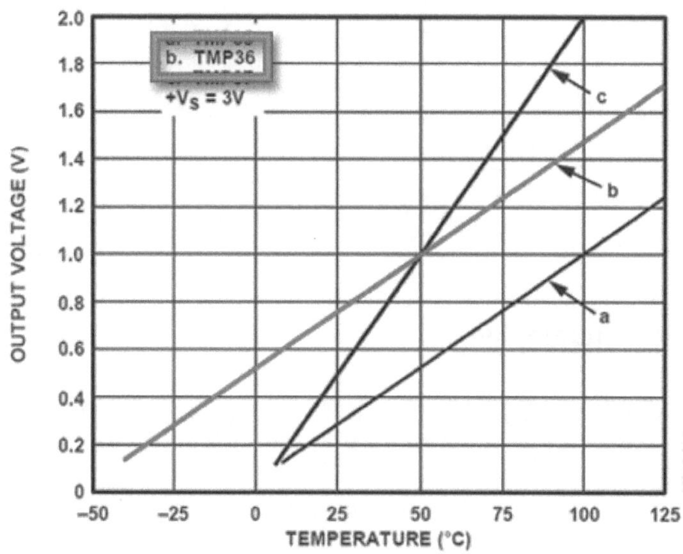

그림 6.6

DHT22 온습도 센서

- DHT11 및 DHT22 센서는 온도 및 상대 습도를 측정하는 센서
- 아날로그를 디지털로 변환하고 온도와 습도를 디지털 신호로 내보내는 칩이 포함(디지털 출력)되어 마이크로 컨트롤러로 제어하기 용이 즉, TMP36 온도센서를 사용한 경우와 같이 온도 값 계산 절차가 불필요하며 온도와 습도에 대한 디지털 값이 출력
- DHT22 센서는 DHT11 센서 보다 해상도가 높아 더 넓은 온도 및 습도 측정 범위를 제공
- [그림 6.7]은 DHT 온습도 센서의 외관과 핀 구성을 나타냄

1 : 전원 (3.3V)
2 : 출력
3 : 연결 없음
4 : GND

그림 6.7 DHT 온습도 센서

DHT 센서 라이브러리 설치

- DHT 센서에서 온습도 값을 읽기 위해서는 Adafruit의 DHT 라이브러리를 사용하여야 하며 라이브러리를 설치
- [그림 6.8]과 같이 라이브러리 매니저 아이콘을 누른 후 DHT를 검색하고 DHT 센서 라이브러리의 최신 버전을 선택한 후 설치

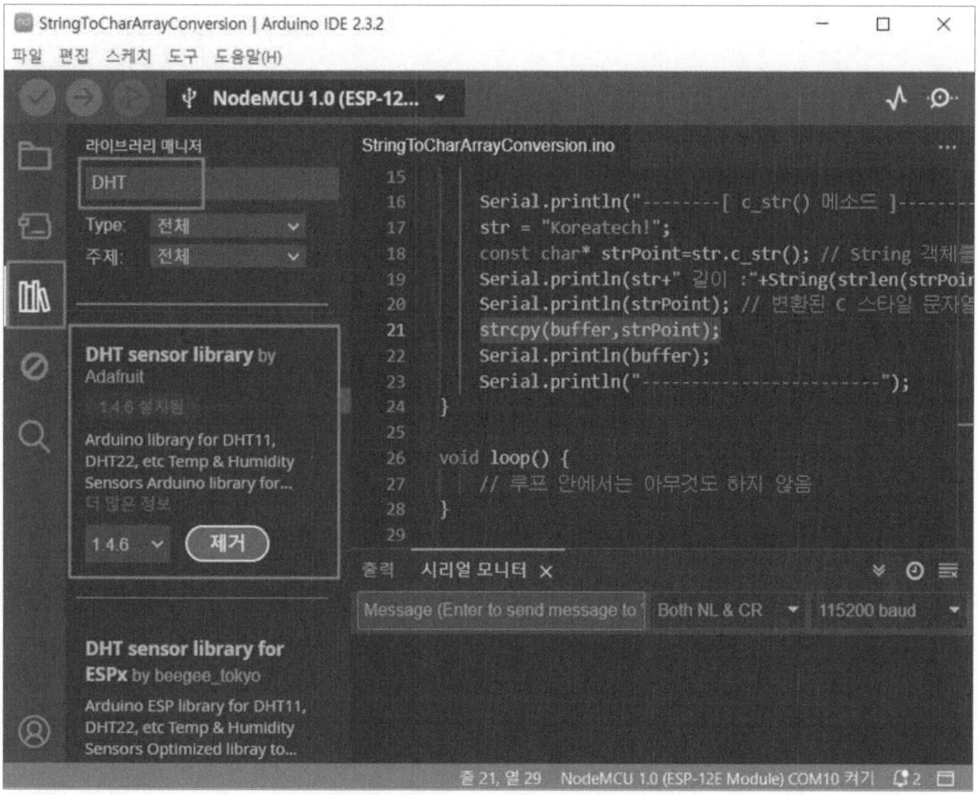

그림 6.8 DHT 센서 라이브러리 설치

DHT 센서 라이브러리 사용법

- **라이브러리 포함**: DHT 라이브러리를 포함

  #include "DHT.h"// DHT 라이브러리 삽입

- **DHT 객체 인스턴스 화**: DHT가 연결된 핀(DHTPin)과 DHT 타입(DHTType) 정의

  DHT 객체 생성 : DHT dht(DHTPin, DHTType);

- 온습도 값을 읽기위해 다음의 메소드 이용

  dht.readHumidity();// 습도 읽기

  dht.readTemperature();// 온도 읽기

6.4 가변저항(Potentiometer, Variable Resistor)

가변저항

- 저항이란 전류의 흐름을 방해(제한)하는 부품이며 그 결과로 저항을 통과하면 전압이 떨어지는 결과를 가져옴
- 가변저항이란 저항 값을 변화시킬 수 있는 부품으로 회로도를 보면 [그림 6.9]와 같이 화살표가 그려져 있는 저항

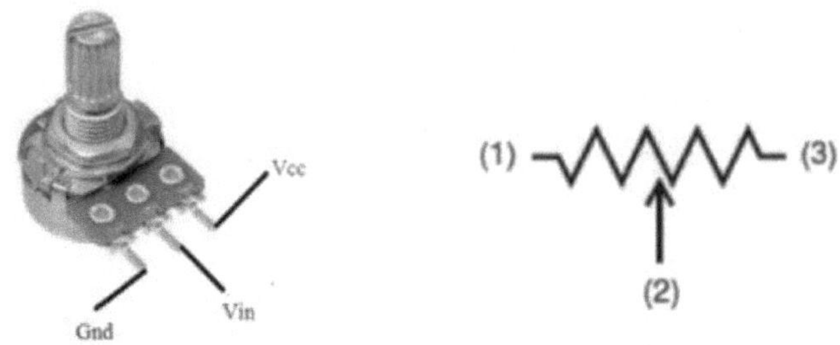

그림 6.9 가변저항

- [그림 6.9]와 같이 3개의 단자를 가지며 1번과 3번 핀 사이는 고정 저항이고 2번 핀의 위치를 조절하면서 원하는 저항 값을 얻음
- [그림 6.10]과 같이 10kΩ 가변저항이면 1번과 3번 핀에서는 10kΩ이 측정되고 1번과 2번 사이가 4kΩ이면 2번과 3번 사이는 6kΩ 임. 3.3V의 전압을 걸었다면 흐르는 전류는 옴의 법칙에 의해 전류는 0.33mA이고 3.3V의 전압은 1.32V와 1.98V로 분배

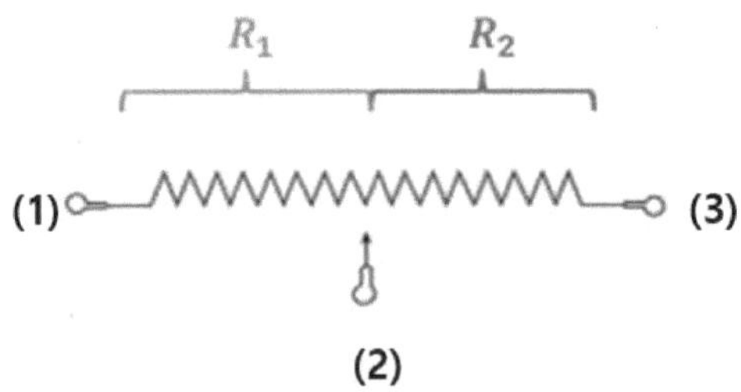

그림 6.10 10kΩ 가변저항

◦ 가변저항을 사용하여 전압값 계산

① Vcc에 3.3V를 공급하고 Vin을 NodeMCU A0 핀에 연결한 경우, anlogRead() 함수를 이용하여 AD 값을 읽어와 변수 getVarR에 저장

② getVarR에는 0~1023의 ADC한 값이 들어 있을 것임. 이 값에 대한 실제 전압 값을 다음과 같이 계산

3.3 [V] : 1023 = Voltage [V] : getVarR

➡ voltage [V] = getVarR*3.3/1023

6.5 NodeMCU를 사용한 아날로그 입력 제어 실습

실험 6-1

TMP36 온도센서 온도 값 출력

- TMP36 온도센서를 아날로그 입력단자 A0에 연결
- 2초마다 온도센서의 온도 값을 읽어 시리얼 모니터에 출력
- [그림 6.11]과 같이 회로를 연결하고 아래의 프로그램을 업로드

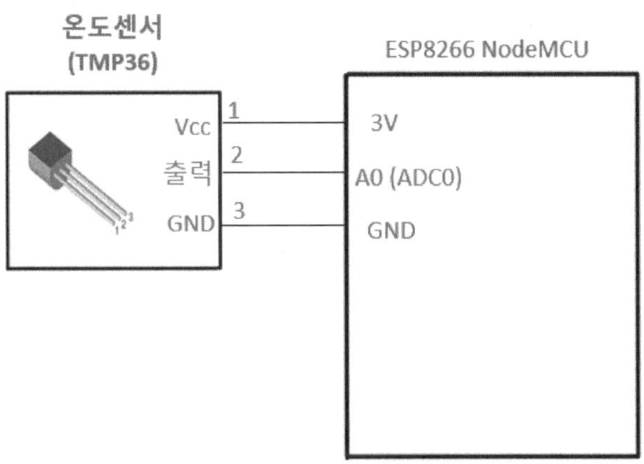

그림 6.11 실험 6-1 회로 연결

NodeMCU 디바이스 프로그램 ESP8266_TMP36

```
const int tmp36TempPin = 0; // 온도센서와 연결된 핀 번호 변수 정의

void setup() {
  Serial.begin(115200); //통신속도 설정
}

void loop() {
  int getTempC= analogRead(tmp36TempPin); //아날로그 입력핀에서 AD값 읽음
  float voltage = getTempC*3.3/1023.0; // V 단위로 전압값 환산
  float tempC= voltage *100 - 50; // 온도로 환산

  Serial.println(" Temperature : "+String(tempC)+" C"); //온도 출력
  delay(2000);
}
```

실험 6-2

DHT22 온습도 센서의 온습도 값을 시리얼 모니터에 출력

- 2초마다 DHT22 온습도 센서의 온도 값과 습도 값을 읽어 시리얼 모니터에 출력
- [그림 6.12]와 같이 회로를 연결하고 아래의 프로그램을 업로드

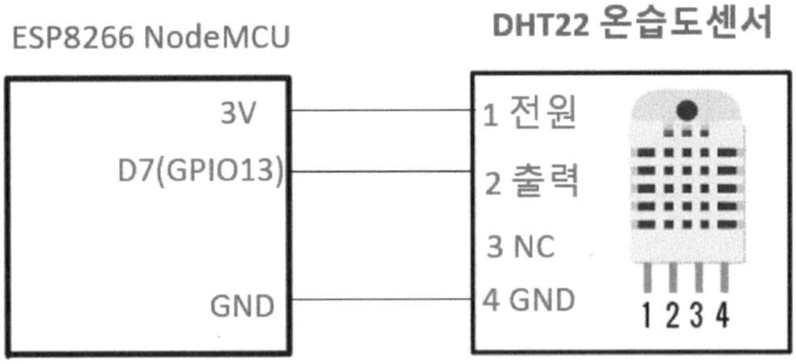

그림 6.12 실험 6-2 회로 연결

NodeMCU 디바이스 프로그램 ESP8266_DHT22

```
#include "DHT.h" // DHT 라이브러리 삽입

const int DHTPin=13; // D7 DHT 센서에 연결된 핀 번호 변수 정의
#define DHTType DHT22   // DHT 타입 결정 DHT22
DHT dht(DHTPin, DHTType); // DHT 객체 생성
unsigned long lastTime=0; // millis() 함수가 리턴한 이전 시간을 저장하는 변수

void setup() {
  pinMode(DHTPin, INPUT); // DHT 센서가 연결된 핀을 입력 설정
  Serial.begin(115200); // 통신속도 설정
  Serial.println("DHT22 test!");

  dht.begin(); //DHT 센서 초기화
}

void loop() {
  if(millis()-lastTime >=2000) { //2초가 지났는지 확인
    lastTime=millis(); // 현재시간을 이전시간에 저장

    float h = dht.readHumidity(); // 습도 읽기
    float t = dht.readTemperature(); // 온도 읽기
    // 읽은 값이 NaN(Not a Number)인지 확인
    if (isnan(h) || isnan(t)) {
      Serial.println("DHT 센서 읽기 실패 !");
      return;
    }

    Serial.print("Humidity: "+(String)h+" %"+"   "); // 습도 출력
    Serial.println("Temperature: "+(String)t+" *C "); // 온도 출력
  }
}
```

실험 6-3

시리얼 모니터로부터 값을 입력을 받아 DHT22 온습도 센서의 온습도 값을 시리얼 모니터에 출력

- 시리얼 모니터에서 줄바꿈 옵션을 **"No line ending (line ending 없음)"**으로 통신속도를 115200으로 설정
- 텍스트 입력 상자에 숫자 값을 입력(1~3)하고 NodeMCU로 전송
- 수신받은 값이 1이면 온도 값만 시리얼 모니터에 출력하고 2이면 습도 값을 출력하며 3이면 온도와 습도 값을 모두 출력
- [그림 6.12]의 회로를 이용하고 아래의 프로그램을 업로드

NodeMCU 디바이스 프로그램 ESP8266_DHT22_SerialMonitor

```
#include "DHT.h" // DHT 라이브러리 삽입

const int DHTPin=13; // D7 DHT 센서에 연결된 핀 번호 변수 정의
#define DHTType DHT22   // // DHT 타입 결정 DHT22
DHT dht(DHTPin, DHTType); // DHT 객체 생성
char choice; // 수행하고자하는 기능 입력 값(1~3)
boolean readDone=false; // 수신버퍼에서 읽고 한번만 출력

void setup() {
  pinMode(DHTPin, INPUT);
  Serial.begin(115200);
  Serial.println("DHT22 test!");

  dht.begin(); //DHT 센서 초기화
  Serial.println("==================================================");
  Serial.println("1. 현재 온도"); // 문자열 출력
  Serial.println("2. 현재 습도"); // 문자열 출력
  Serial.println("3. 현재 온도 및 습도"); // 문자열 출력
  Serial.println(""); // 문자열 출력
```

```
  Serial.println("==> 수행하고자 하는 기능을 시리얼 모니터에 입력(1~3)"); // 문자열 출력
  Serial.println("================================================");
}

void loop() {
  if(Serial.available()) { //수신 버퍼에 수신 데이터가 있는지 확인
    choice = Serial.read(); //수신버퍼에서 1바이트 읽어오기
    readDone=true;
  }

  if (readDone) {
    float h = dht.readHumidity(); // 습도 읽기
    float t = dht.readTemperature(); // 온도 읽기

    // 읽은 값이 NaN(Not a Number)인지 확인
    if (isnan(h) || isnan(t)) {
      Serial.println("DHT 센서 읽기 실패 !");
      return;
    }
    Serial.println("----------------------------------------");
    switch(choice) {
      case '1' : Serial.println("Temperature: "+(String)t+" *C "); break;
      case '2' : Serial.println("Humidity: "+(String)h+" %"); break;
      case '3' : Serial.println("Temperature: "+(String)t+" *C ");
                 Serial.println("Humidity: "+(String)h+" %");
                 break;
    }
    Serial.println("----------------------------------------");
    readDone=false;
  }
}
```

실험 6-4

가변저항을 연결하고 10비트 ADC한 값과 전압 값을 시리얼 모니터에 출력

- 10KΩ 가변저항을 아날로그 입력단자 A0에 연결
- 1초 간격으로 ADC한 값과 전압 값(mV)을 시리얼 모니터에 출력
- [그림 6.13]과 같이 회로를 연결하고 아래의 프로그램을 업로드

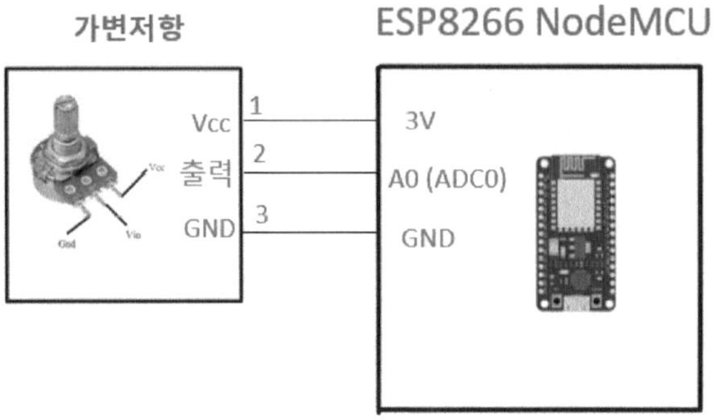

그림 6.13 실험 6-4 회로 연결

NodeMCU 디바이스 프로그램 ESP8266_VarR

```
const int varRPin= 0; // 가변저항과 연결된 핀 번호 변수 정의

void setup() {
  Serial.begin(115200); //통신속도 설정
}

void loop() {
  int getVarR= analogRead(varRPin); //아날로그 입력핀에서 AD값 읽음
  int voltage_mV= getVarR*3300/1023; // mV 단위로 전압값 환산

  Serial.print("ADC 값 : "+(String)getVarR+"  ===> ");
  Serial.println("input voltage : "+(String)voltage_mV+" mV");

  delay(1000); // 1초 지연
}
```

실험 6-5

가변저항기 10비트 ADC 값에 따른 3색 RGB LED 색 변화

- 10KΩ 가변저항을 아날로그 입력단자 A0에 연결
- 0.5초 간격으로 가변저항 값을 읽음
- ADC 값에 따라 RGB LED 색을 표시

ADC 값	RGB LED 색
0~204	LED 끄기
205~409	빨간색
410~614	초록색
615~819	파란색
820~1023	백색

- [그림 6.14]와 같이 회로를 연결하고 아래의 프로그램을 업로드

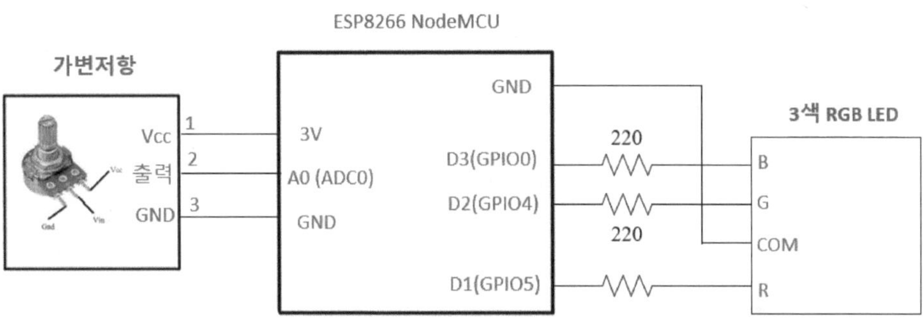

그림 6.14 실험 6-5 회로 연결

NodeMCU 디바이스 프로그램 VarR_Read_RGBLcd

```
const int varR=0; // 가변저항과 연결된 핀 번호 변수 정의
const int rLedPin = 5; // D1 3색 LED 중 빨간색 LED와 연결된 핀 번호 변수 정의
const int gLedPin = 4; // D2 3색 LED 중 초록색 LED와 연결된 핀 번호 변수 정의
const int bLedPin = 0; // D3 3색 LED 중 파란색 LED와 연결된 핀 번호 변수 정의
int colorSelect=0; // 색 값을 저장하는 변수 선언
```

```
void setup() {
  pinMode(rLedPin, OUTPUT); // rLED를 출력 설정
  pinMode(gLedPin, OUTPUT); // gLED를 출력 설정
  pinMode(bLedPin, OUTPUT); // bLED를 출력 설정

  digitalWrite(rLedPin, LOW);  //rLED에 LOW 출력 (rLED 끄기)
  digitalWrite(gLedPin, LOW);  //gLED에 LOW 출력 (gLED 끄기)
  digitalWrite(bLedPin, LOW);  //bLED에 LOW 출력 (bLED 끄기)
  Serial.begin(115200); // 시리얼 개방, 통신속도 설정
}

void loop() {
  int getVarR=analogRead(varR); //아날로그 입력 핀에서 AD값 읽음
  Serial.print((String)getVarR+"==>");

  if (getVarR <= 204) colorSelect = 0;
  else if (getVarR <= 409) colorSelect = 1;
  else if (getVarR <= 614) colorSelect = 2;
  else if (getVarR <= 819) colorSelect = 3;
  else if (getVarR <= 1023) colorSelect = 4;
  RGBLED_Display(colorSelect); //RGB LED색 출력
                              //(0: 꺼짐, 1:빨간색, 2:초록색, 3:파란색, 4:백색)
  delay(500); // 500ms 지연
}

void RGBLED_Display(int Num) {
  switch (Num) {
   case 0 :
      digitalWrite(rLedPin, LOW);  //rLED 끄기
      digitalWrite(gLedPin, LOW);  //gLED 끄기
      digitalWrite(bLedPin, LOW);  //bLED 끄기
      Serial.println("LED 끄기");
      break;
   case 1 :
```

```
      digitalWrite(rLedPin, HIGH); //rLED 켜기
      digitalWrite(gLedPin, LOW); //gLED 끄기
      digitalWrite(bLedPin, LOW); //bLED 끄기
      Serial.println("빨강색 LED ON");
      break;
    case 2 :
      digitalWrite(rLedPin, LOW); //rLED 끄기
      digitalWrite(gLedPin, HIGH); //gLED 켜기
      digitalWrite(bLedPin, LOW); //bLED 끄기
      Serial.println("초녹색 LED ON");
      break;
    case 3 :
      digitalWrite(rLedPin, LOW); //rLED 끄기
      digitalWrite(gLedPin, LOW); //gLED 끄기
      digitalWrite(bLedPin, HIGH); //bLED 켜기
      Serial.println("파랑색 LED ON");
      break;
    case 4 :
      digitalWrite(rLedPin, HIGH); //rLED 켜기
      digitalWrite(gLedPin, HIGH); //gLED 켜기
      digitalWrite(bLedPin, HIGH); //bLED 켜기
      Serial.println("백색 LED ON");
      break;
  }
}
```

6.6 MQTT 프로토콜을 사용하여 NodeMCU 아날로그 입력 제어 실습

실험 6-6

MQTT 통신을 통한 NodeMCU 온도센서 온도 모니터링

1. 실습개요

- [실험 6-1]과 동일하게 ESP8266 NodeMCU 디바이스에 연결된 온도센서의 온도 값을 2초마다 읽어 시리얼 모니터에 출력하고 MQTT 프로토콜을 사용하여 대시보드에 온도 값을 표시하여 온도를 모니터링

2. MQTT 네트워크

○ **MQTT 브로커**

- 무료 MQTT 브로커 "test.mosquitto.org"을 사용 (또는 "mqtt-dashboard.com")

○ **MQTT 클라이언트**

- NodeMCU 디바이스와 대시보드 앱을 클라이언트로 사용

3. MQTT 동작

○ **MQTT 프로토콜을 이용한 동작 과정**

- [그림 6.15]와 같이 MQTT 네트워크를 구성하고 발행 및 구독 토픽 설정
- NodeMCU는 토픽을 발행하고 대시보드는 NodeMCU의 토픽을 구독
- **NodeMCU 발행 토픽** : NodeMCU 클라이언트는 2초마다 TMP36 온도센서의 온도 값을 시리얼 모니터에 출력하고 토픽 "nodeMCU/tmp36/Temp"에 페이로드로 "온도 값"을 발행
- **대시보드 구독 토픽** : 대시보드 클라이언트는 토픽 "nodeMCU/tmp36/Temp"을 구독하고 구독한 페이로드 값에 해당하는 온도 값을 대시보드에 시각적으로 표시하여 온도를 모니터링

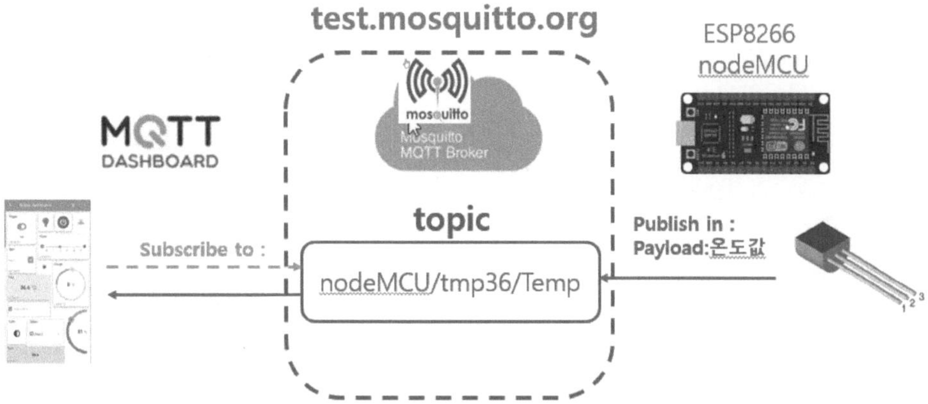

그림 6.15

○ 하드웨어 구성

- [그림 6.11] 회로를 이용

NodeMCU 디바이스 프로그램

```
#include <ESP8266WiFi.h> // ESP8266WiFi 라이브러리 삽입
#include <PubSubClient.h> // MQTT 클라이언트 라이브러리 삽입

const int tmp36TempPin = 0; // 온도센서와 연결된 핀번호 변수 정의

const char* ssid= "**********"; //WiFi 네트워크 이름
const char* password =  "**********"; // WiFi 네트워크 비번

const char* mqtt_server= "test.mosquitto.org"; //mqtt 브로커

// 토픽설정------------------------
const char* outTopicTemp= "nodeMCU/tmp36/Temp"; // 클라이언트 발행 토픽

WiFiClient espClient; // 네트워크 클라이언트로 WiFiClient 객체 생성
PubSubClient client(espClient); // 생성된 TCP 클라이언트를 이용하여
                                // MQTT 클라이언트 인스턴스 생성

unsigned long lastTime= 0; // millis() 함수가 리턴한 이전 시간을 저장하는 변수
char publishPayload[50]; // 발생 메시지 페이로드를 저장하는 변수 (문자배열)
```

```
void setup() {
  Serial.begin(115200); // 통신속도 설정
  setup_wifi(); // wifi 설정함수 호출
  client.setServer(mqtt_server, 1883); // MQTT 서버 연결 정보 등록
}

void loop() {
  if (!client.connected()) {  // 클라이언트가 서버에 연결되어 있는지 확인
    reconnect(); // 연결되어 있지 않으면 연결 시도
  }
  client.loop(); //클라이언트가 수신 메시지를 처리하고 서버에 연결 유지

  if (millis() - lastTime> 2000) { // 2초가 지났는지 확인
    lastTime= millis(); // 현재시간을 이전시간에 저장

    int getTempC= analogRead(tmp36TempPin); //아날로그 입력핀에서 AD값 읽음
    float voltage = getTempC*3.3/1023.0; // V 단위로 전압값 환산
    float tempC= voltage *100 - 50; // 온도로 환산
    Serial.println(" Temperature : "+String(tempC)+" C"); //온도 출력

    String tempCString=String(tempC); // 온도값을 문자열로 변환
    publishMessage("tmp36Temp",tempCString); // 토픽 발행
  }
}

void publishMessage(String topicKind, String message) {
    message.toCharArray(publishPayload,message.length()+1);
    Serial.print("Publish message: ");
    Serial.println(publishPayload);

    if (topicKind== "tmp36Temp" ) {
      client.publish(outTopicTemp, publishPayload); // 토픽에 대한 메시지 발행
    }
}

void setup_wifi() {
   delay(10); // 10ms 대기
```

```
  WiFi.mode(WIFI_STA); // WiFi를 STA 모드로 설정
  WiFi.begin(ssid, password); // WiFi 연결 시도
  Serial.println("");
  Serial.print("Connecting to ");
  Serial.println(ssid); // WiFi 네트워크 이름 출력
  while (WiFi.status() != WL_CONNECTED) { // 접속될 때까지 대기
    delay(500);
    Serial.print(".");
  }
  Serial.println("");
  Serial.print("WiFiconnected to ");
  Serial.println(ssid); // WiFi 네트워크 이름 출력
  Serial.print("IP address: ");
  Serial.println(WiFi.localIP()); //AP에 의해 ESP 모듈에 할당된 IP 출력
}

void reconnect() {
  while (!client.connected()) { // 클라이언트가 서버에 연결되어 있는지 확인
    Serial.print("Attempting MQTT connection...");
    Serial.println(mqtt_server);

    // 랜덤 클라이언트 ID 생성
    String clientId= "ESP8266Client-"; // 클라이언트 Id
    clientId+= String(random(0xffff), HEX); // 클라이언트 Id에 랜덤숫자 추가

    if (client.connect(clientId.c_str())) { // 클라이언트 연결을 성공하였다면
      Serial.print("connected to");
      Serial.println(mqtt_server);
    }
    else {
      Serial.print("failed, rc=");
      Serial.print(client.state()); // 연결 실패에 대한 클라이언트의 현재 상태를 출력
      Serial.println(" try again in 5 seconds");
      delay(5000); // 재시도하기 전 5초 대기
    }
  }
}
```

○ MQTT Dashboard 앱 설정

- 온도 값을 시각적으로 표시하기 위하여 gauge 위젯과 Slider 위젯을 이용하여 온도를 모니터링

○ Gauge 위젯

- 옵션 항목들을 다음과 같이 설정

option			설정
Name			온도값
Min Value			0
Max Value			50
Min Step			1
MQTT	MQTT enable		enable
	MQTT connection		mosquitto.org
	Subscribe to topic		nodeMCU/tmp36/Temp
Design	Gauge	Type	Top left quarter
		Fill color	<붉은색 선택>
	Text Value	Font size	20
		Color	
		Font style	
	Unit	Show unit	enable

○ Slider 위젯

- 옵션 항목들을 다음과 같이 설정

option			설정
Name			온도값
Min Value			0
Max Value			50
Min Step			1
MQTT	MQTT enable		enable
	MQTT connection		mosquitto.org
	Subscribe to topic		nodeMCU/tmp36/Temp
Design	Orientation		Vertically
	Show icons		enable
	Show scale		enable
		Number of major divisions	10

○ 설계된 Dashboard 앱

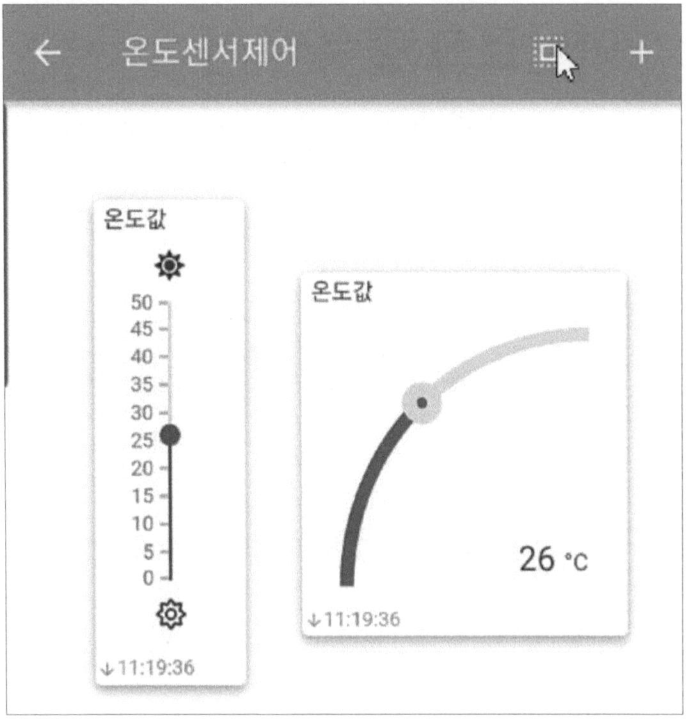

그림 6.16

제7장

ESP8266 NodeMCU 아날로그 출력 제어

실험에 필요한 부품

서보모터 (SG90)	10KΩ 가변저항	LED	220Ω 저항	
1개	1개	1개	1개	
			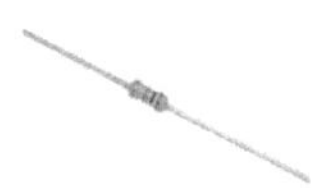	

아날로그 출력 함수

- ESP8266 NodeMCU 보드는 HIGH와 LOW의 디지털 신호를 출력할 수 있을 뿐만 아니라 아날로그 신호도 출력할 수 있는데 ESP8266 NodeMCU 보드는 [그림 7.1]과 같이 아날로그 출력 핀으로 D0~D8까지 총 9개가 지정 즉, 디지털 입출력 핀으로 아날로그 출력
- 이들 핀을 이용하여 아날로그 신호를 출력하기 위해서는 [표 7.1]과 같이 analogWrite() 함수를 사용

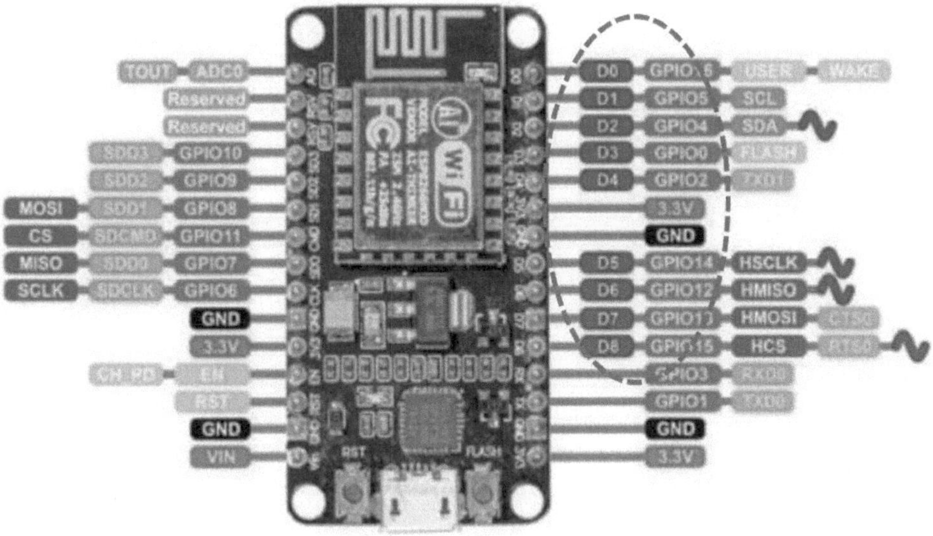

그림 7.1 NodeMCU 보드 아날로그 출력

표 7.1 아날로그 출력 함수

void analogWrite(pinNum, value)		
기능	지정된 핀에 지정된 듀티비의 사각파 즉, PWM 신호를 발생시켜 아날로그 값 출력	
매개변수	pinNum	출력할 핀 번호(D0~D8)
	value	0~1023 값 : PWM으로 생성할 수 있는 파형 듀티비
리턴 값	void	없음

7.1 아날로그 출력

디지털-아날로그 변환기(Digital to Analog Converter : DAC)

- 디지털 출력에서는 HIGH 또는 LOW 상태에 따라 3.3V 또는 0V 전압 한 가지만 출력
- LED 밝기를 조절한다거나 모터 속도를 조절하고 싶다면 HIGH(3.3V) 또는 LOW(0V)

전압 외에 다른 아날로그 출력 전압을 사용하여야 하는데 이를 위해 [그림 7.2]와 같이 디지털-아날로그 변환기(Digital to Analog Converter : DAC) 필요

- 그러나, 대부분의 개발 보드에는 DAC가 내장되어 있지 않음

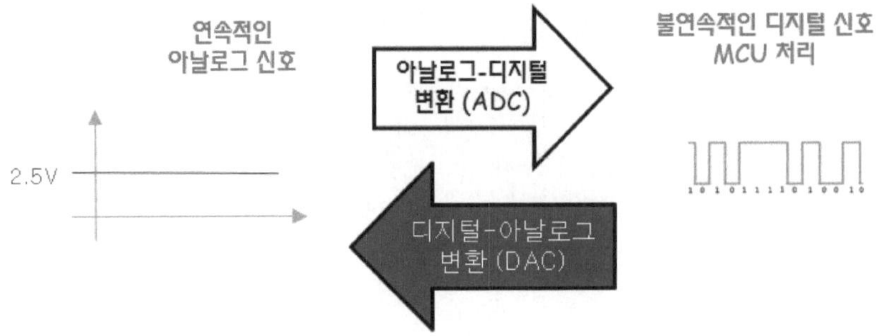

그림 7.2 디지털-아날로그 변환기

PWM(Pulse Width Modulation)

- NodeMCU 보드 외부에 DAC 하드웨어 칩을 사용하는 대신에 디지털 신호 값으로 아날로그 값과 유사한 효과를 만들어내는 기술로 PWM 방식을 사용
- PWM은 Pulse Width Modulation의 약자로 펄스 폭 변조라고 부름
- PWM에서는 펄스열을 출력하는데 반복되는 펄스의 1주기 내에서 3.3V(HIGH) 전압의 시간 폭과 0V(LOW) 전압의 시간 폭 비율을 변경하면서 **평균 직류 전압**의 크기를 변화시키는 방법으로 아날로그 출력 전압을 만드는 효과를 이용
- [그림 7.3]과 같이 반복되는 펄스의 1주기 시간 T 중에 HIGH 전압의 시간 T_{on} 의 비를 듀티비(duty cycle)이라 하며 단위는 %를 사용

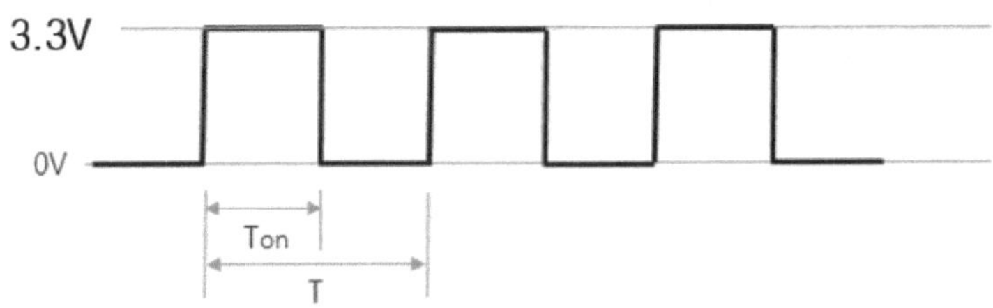

그림 7.3 듀티비

$$듀티비(\%) = \frac{T_{on}}{T} \times 100\ [\%]$$

- 반복되는 펄스의 1주기 시간 (T)의 역수는 주파수 임

ESP8266 NodeMCU PWM 사양

- NodeMCU GPIO 핀을 아날로그 출력으로 사용하기 위해서는 analogWrite() 함수를 사용하여 아날로그값을 출력
- NodeMCU GPIO 핀인 D0~D8까지의 모든 I/O핀에서 PWM 허용
- 아날로그 출력 값은 PWM 듀티비에 의해 결정
- PWM 듀티비는 10비트 값 즉, 0~1023에 의해 결정되며 1023이 100% 듀티비에 해당
- 기본적으로 ESP8266 PWM 주파수는 1kHz로 주기가 1ms인 펄스 파형이 만들어 짐

void analogWrite(pinNum, value)		
기능	지정된 핀에 지정된 듀티비의 사각파(PWM 신호)를 발생시켜 아날로그 값 출력	
매개변수	pinNum	출력할 핀 번호 (D0~D8)
	value	0~1023 값 : PWM으로 생성할 수 있는 파형 듀티비 0이 0%의 듀티비에 해당, 1023이 100% 듀티비에 해당
리턴 값	void	없음

- PWM 듀티비는 10비트 값 인 0~1023에 의해 결정
  - 10비트 값이 0이면 0% 듀티비에 해당하여 출력 전압은 0V
  - 10비트 값이 1023이면 100% 듀티비에 해당하여 출력 전압은 3.3V
  - [그림 7.4]와 같이 10비트 값이 0~1023 사이의 값이면 0~3.3V 사이의 다양한 직류 전압값이 비례 변환

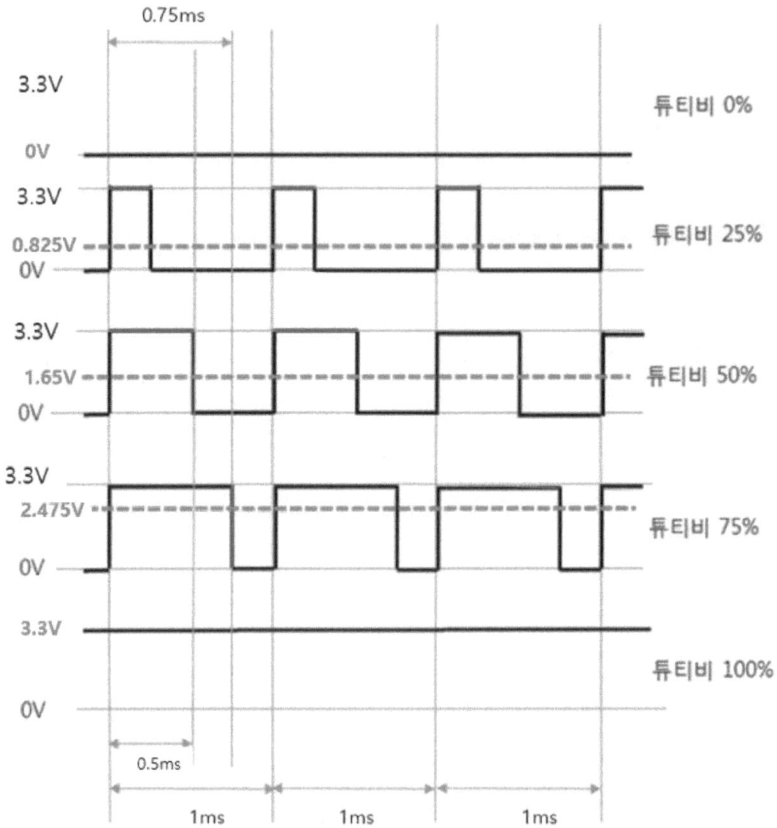

그림 7.4 PWM 신호

- PWM 출력 주파수는 다음의 함수를 사용하여 설정 가능

void analogWriteFreq(frequency)		
기능	출력되는 **PWM**의 주파수를 조절	
매개변수	frequency	PWM 주파수 (1Hz ~ 40kHz)
리턴 값	void	없음

- PWM 해상도 변경 함수
  - NodeMCU의 기본 해상도는 10비트로 PWM 값의 범위는 0~1023
  - 이 범위를 변경해 주는 함수가 analogWrite( ) 함수 임

void analogWriteRange(range)		
기능	**PWM 값 범위 조절**	
매개변수	range	PWM 출력 최대값 설정 - **기본값은 1023** (10비트, 0~1023) - **255** (8비트, 0~255로 설정하고 싶은 경우)
리턴 값	void	없음

PWM을 이용한 LED 밝기 제어

- PWM 듀티비를 이용하여 LED 밝기 제어
- 듀티비가 0이면 0V가 출력되어 LED가 꺼지고 듀티비가 100% 이면 3.3V가 출력되어 LED가 최대로 켜짐을 의미하며 듀티비가 50%이면 출력 전압이 1.65V가 되어 LED 밝기가 최대 밝기의 50%임. 즉, [그림 7.5]와 같이 듀티비를 변경하여 다양한 밝기를 구현 가능

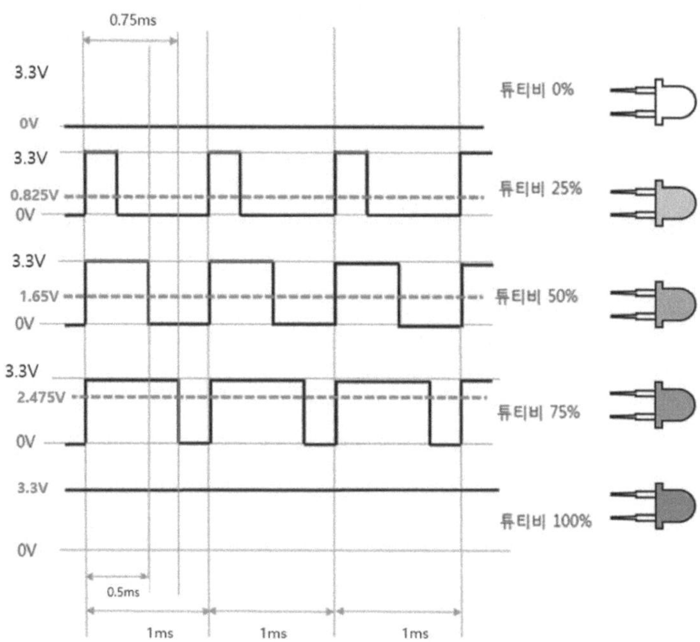

그림 7.5 PWM을 이용한 LED 밝기 제어

7.2 서보 모터

서보(Servo) 모터

- 일정 속도로 연속 회전하는 일반 모터와 달리 원하는 각도(위치)만큼 회전하게 하는 모터
- 즉, 원하는 위치로 이동하고 새로운 값을 받기 전에 그 위치에 머무르는 모터
- 위치는 신호선에 가해지는 PWM 신호의 펄스 폭에 의해 결정
- [그림 7.6]은 실험에 사용할 서보 모터 SG90의 외관과 핀 구성 및 주요 특징

<table>
<tr><td>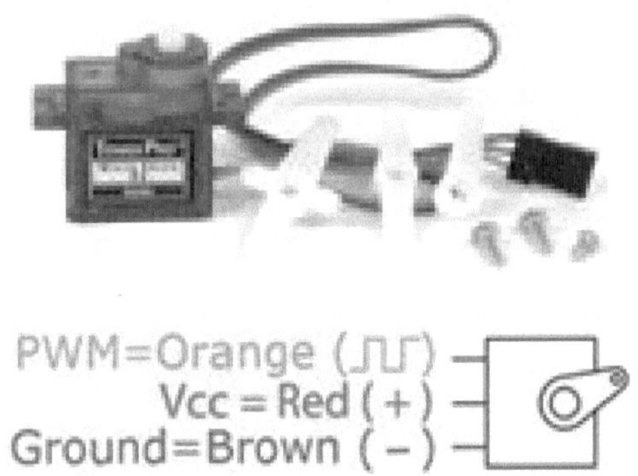
</td><td>• 브라운색 : 접지
• 빨간색: 전원 (3.3V)
• 오렌지색: 서보위치를 제어하는 제어선 (PWM 신호선)</td></tr>
<tr><td colspan="2">• 회전각을 0~180도까지 제어 가능
• 20ms의 주기를 갖는 PWM 신호의 펄스폭을 조절하여 각도를 제어
• 로봇, 가전제품, 장난감 등에서 폭 넓게 사용</td></tr>
</table>

그림 7.6 SG90 서보 모터

SG90 서보 모터 제어

- 20ms의 반송주기를 갖는 PWM 신호의 HIGH 펄스폭을 조절하여 [그림 7.7]과 같이 서보위치를 제어

- HIGH 시간이 0.5ms 이고 LOW 시간이 19.5ms일 때 서보 모터는 0도에 위치
- HIGH 시간이 1.45ms 이고 LOW 시간이 18.55ms일 때 서보 모터는 90도로 이동
- HIGH 시간이 2.4ms 이고 LOW 시간이 17.6ms일 때 서보 모터는 180도로 이동 즉, 서보의 위치는 펄스의 HIGH 시간에 비례

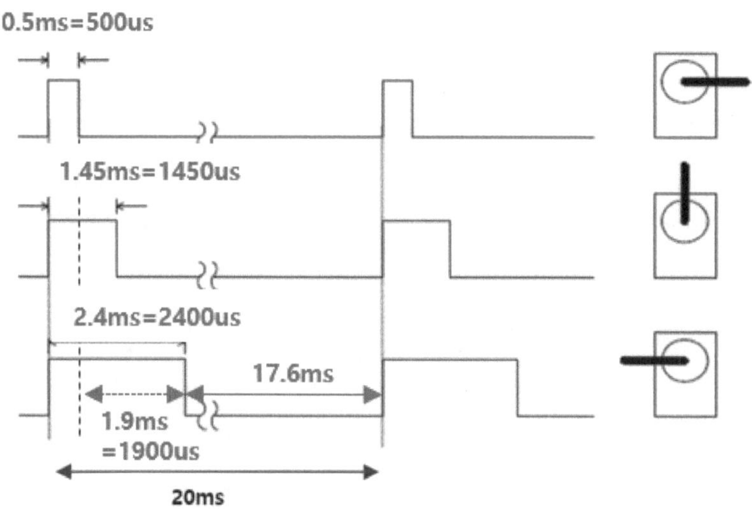

그림 7.7 서보 모터 제어

서보 모터 라이브러리

- 아두이노 IDE는 서보 모터를 편리하게 제어하기 위한 함수로 Servo 라이브러리를 내장하고 있으므로 프로그램 맨 윗부분에 Servo.h를 추가하고 다음과 같은 함수를 사용

  #include⟨Servo.h⟩ // 서보라이브러리 삽입

```
Servo 객체명  // Servo 인스턴스 생성
(예) myServo 객체 생성
  Servo myServo; // myServo 객체 생성
```

mySservo.attach(servoPin, min, max)		
기능	servoPin에 연결된 서보 모터를 초기화	
변수	*mySservo*	Servo 클래스 객체명
매개변수	servoPin	서보 모터 연결 핀 번호
	min, max (선택)	0º와 180º 에 대응하는 microsecond 단위의 펄스 폭 (디폴트 값 : min=544, max=2400)
리턴 값	void	없음

mySservo.write(angle)		
기능	지정된 위치로 서보 이동	
변수	*mySservo*	Servo 클래스 객체명
매개변수	angle	0º ~ 180º 범위 내 값
리턴 값	void	없음

mySservo.writeMicroseconds(us)		
기능	PWM 펄스 폭을 μs 단위로 설정 (500~2500μs)	
변수	*mySservo*	Servo 클래스 객체명
매개변수	us	μs 단위로 설정 (500~2500μs)
리턴 값	void	없음

유용한 함수 : map 함수

- 한 범위의 수를 다른 범위의 수로 매핑할 때 사용하는 함수

Int map(value, fromLow, fromHigh, toLow, toHigh)		
기능	한 범위의 수를 다른 범위의 수로 매핑 해주는 함수 fromLow와 fromHigh 사이의 값은 toLow와 toHigh 사이 값으로 매핑 (선형으로 매핑되며 입력 값을 제한하지 않음)	
매개변수	value	매핑할 값
	fromLow,fromHIGH	입력 값의 범위(하한 값 상한 값)
	toLow, toHigh	매핑 값의 범위(하한 값, 상한 값)
리턴 값	int	**매핑된 값**

- (예) analogRead() 함수로 읽은 adcRValue값을 0~1023 범위의 값에서 0~255 범위의 값으로 매핑해 주는 경우

adcRValue=analogRead(varR); // 아날로그 입력 핀으로 읽어 들인 값

pwmValue=map(adcRValue, 0, 1023, 0, 255); // 읽어 들인 값을 0~255 사이로 매핑

7.3 NodeMCU 아날로그 출력을 사용한 센서 제어 실습

실험 7-1

ESP8266 NodeMCU 디바이스에서 듀티비를 조절하며 LED 밝기 제어

- 듀티비를 조절하며 LED 밝기 제어
- 듀티비를 0부터 1023까지 증가시키고 다시 1023부터 0까지 감소시키는 과정을 반복하여 LED가 밝아졌다가 어두워지는 과정을 반복하며 LED 밝기 제어
- LED는 D5(GPIO14)에 연결하며 정 논리로 동작
- [그림 7.8]과 같이 회로를 연결하고 아래의 프로그램을 업로드

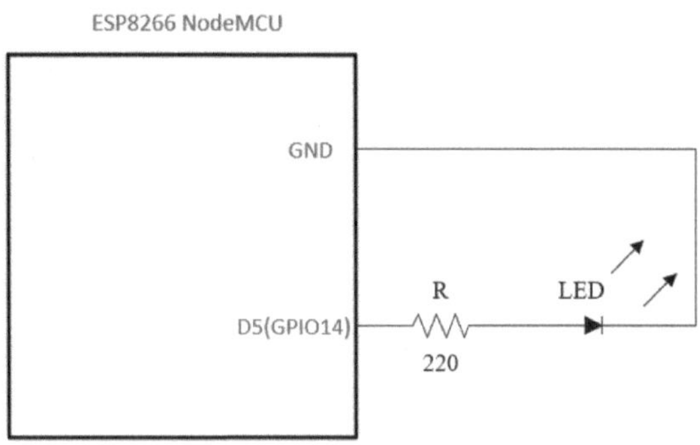

그림 7.8 실험 7-1 회로 연결

NodeMCU 디바이스 프로그램 ESP8266_PWM_LEDCtrl

```
const int ledPin= 14; // D5 LED가 연결된 핀번호 변수 정의

void setup() {
   analogWriteRange(1023); //또는 analogWriteResolution(10) 10비트 해상도
}

void loop() {
  // LED 밝기를 증가
  for(int dutyCycle= 0; dutyCycle< 1024; dutyCycle++){ // 듀티비를 증가
    analogWrite(ledPin, dutyCycle); // PWM으로 LED 밝기를 변경
    delay(1); // 1ms 대기
  }
  delay(1000); // 1000ms 대기

  // LED 밝기를 감소
  for(int dutyCycle= 1023; dutyCycle>= 0; dutyCycle--){ // 듀티비 감소
    analogWrite(ledPin, dutyCycle); // PWM으로 LED 밝기를 변경
    delay(1); // 1ms 대기
  }
  delay(1000); // 1000ms 대기
}
```

실험 7-2

NodeMCU 디바이스에서 가변저항 값에 따라 듀티비를 조절하며 LED 밝기 제어

- 가변저항 값에 따라 듀티비를 조절하며 LED 밝기 제어
- 10kΩ 가변저항을 아날로그 입력단자 A0에 연결
- 0.1초 간격으로 가변저항을 ADC한 값(0~1023)에 따라 PWM 듀티비(0~1023)를 조절하여 LED 밝기를 제어

- LED는 D5(GPIO14)에 연결하며 정 논리로 동작
- [그림 7.9]와 같이 회로를 연결하고 아래의 프로그램을 업로드

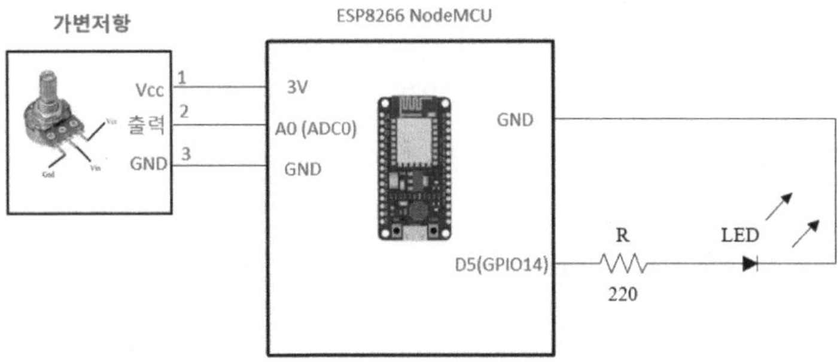

그림 7.9 실험 7-2 회로 연결

NodeMCU 디바이스 프로그램 ESP8266_SerialMonitor_LEDCtrl

```
const int varRPin = 0; // 가변저항과 연결된 핀 번호 변수 정의
const int ledPin = 14; // D5 LED가 연결된 핀 번호 변수 정의

void setup() {
  analogWriteRange(1023); //또는 analogWriteResolution(10) 10비트 해상도
  Serial.begin(115200); //통신속도 설정
}

void loop() {
  int getVarR = analogRead(varRPin); //아날로그 입력핀에서 AD값 읽음
  analogWrite(ledPin, getVarR); // PWM으로 LED 밝기를 변경
  Serial.println("AD값, PWM 파형듀티비 값 = "+(String)getVarR);
  delay(100); //0.1초
}
```

실험 7-3

가변저항을 이용하여 서보 모터 위치제어 (서보 라이브러리 미사용)

- 10kΩ 가변저항을 아날로그 입력단자 A0에 연결
- 가변저항을 ADC한 값(0~1023)에 따라 서보 모터 위치(0~180도) 제어
- 서보 위치는 서보 라이브러리를 이용하지 않고 디지털 출력 핀을 사용하여 HIGH와 LOW 시간을 가지고 제어
- delayMicroseconds() 함수 사용 시 파라미터의 최대 값 : delayMicroseconds(16383)
- [그림 7.10]과 같이 회로를 연결하고 아래의 프로그램을 업로드

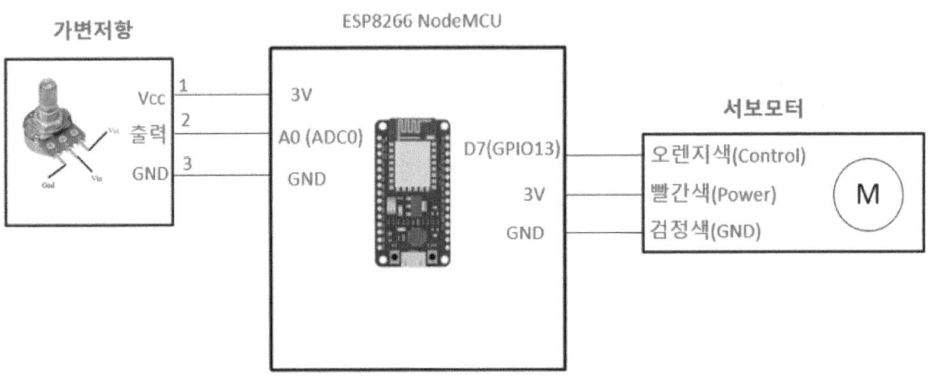

그림 7.10 실험 7-3 회로 연결

NodeMCU 디바이스 프로그램 ESP8266_Servo_Ctrl_NoLibrary

```
const int servoPin=13; // D7 서보에 연결된 핀 번호 변수 정의
const int varRPin =0; // 가변저항과 연결된 핀 번호 변수 정의

void setup() {
  pinMode(servoPin, OUTPUT); // servo 핀을 출력으로 설정
  Serial.begin(115200); // 통신속도 설정
}

void loop() {

  int adcRValue=analogRead(varRPin); //아날로그 입력 0번 핀의 가변저항 값 읽음
  adcRValue=constrain(adcRValue,0,1023); // 값을 0~1023으로 제한
  Serial.println("ADC 값 : "+(String)adcRValue);

  // 디지털 출력 신호로 서보 제어
  int highValue=map(adcRValue,0,1023,0,1900); //읽어 들인 값을 0~1900사이로 매핑(us)
  digitalWrite(servoPin, HIGH); // HIGH 출력
  delayMicroseconds(500); //0.5ms=500us
  delayMicroseconds(highValue); //0~1.9ms(0~1900us)
  digitalWrite(servoPin, LOW); // LOW 출력
  delayMicroseconds(1900-highValue); //1.9ms~0(1900us~0)
  delayMicroseconds(600); //0.6ms=600us
  delay(17); //17ms
}
```

실험 7-4

가변저항을 이용하여 서보 모터 위치제어 (서보 라이브러리 사용)

- [실험 7-3]과 동일
- 서보 위치는 서보 라이브러리를 이용하여 제어
- [그림 7.10] 회로를 이용하고 아래의 프로그램을 업로드

NodeMCU 디바이스 프로그램 ESP8266_Servo_Ctrl_WithLibrary

```
#include <Servo.h> //서보 라이브러리 삽입

Servo myServo; // myServo 객체 생성
const int servoPin=13; // D7 서보에 연결된 핀 번호 변수 정의
const int varRPin =0; // 가변저항과 연결된 핀 번호 변수 정의

void setup() {
  pinMode(servoPin, OUTPUT); // servo 핀을 출력으로 설정
  myServo.attach(servoPin,500,2400); // servoPin에 연결된 서보모터를 초기화
  Serial.begin(115200); // 통신속도 설정
}

void loop() {
  int adcRValue=analogRead(varRPin); //아날로그 입력 0번 핀의 가변저항 값 읽음
  adcRValue=constrain(adcRValue,0,1023); // 값을 0~1023으로 제한
  Serial.println("ADC 값 : "+(String)adcRValue);

  // 서보 라이브러리를 이용하여 서보 제어
  int pos=map(adcRValue,0,1023,0,180); //읽어들인 값을 0~180 사이로 매핑
  myServo.write(pos); // 지정된 위치로 서보 이동
  delay(20); // 서보모터가 동작할 시간여유
```

7.4 MQTT 통신을 사용하여 NodeMCU 아날로그 출력 제어 실습

실험 7-5

MQTT 통신과 NodeMCU PWM을 이용한 LED 밝기 제어

1. 실습개요

- ESP8266 NodeMCU 디바이스에 연결된 LED의 밝기를 MQTT 프로토콜을 사용하여 대시보드에서 제어하는 방법에 대하여 학습

2. MQTT 네트워크

○ **MQTT 브로커**

- 무료 MQTT 브로커 "test.mosquitto.org"을 사용 (또는 "mqtt-dashboard.com")

○ **MQTT 클라이언트**

- NodeMCU 디바이스와 대시보드 앱을 클라이언트로 사용

3. MQTT 동작

○ **MQTT 프로토콜을 이용한 동작 과정**

- [그림 7.11]과 같이 MQTT 네트워크을 구성하고 발행 및 구독 토픽 설정
- 대시보드 발행 토픽 : MQTT 프로토콜을 통하여 NodeMCU에 연결된 LED 밝기를 제어하기 위하여 대시보드 클라이언트는 발행자가 되어 PWM 듀티비 값을 대시보드의 슬라이더 위젯을 사용하여 발생하고 듀티비 값을 페이로드로 하는 토픽 "nodeMCU/pwmLED"를 발행
- NodeMCU 구독 토픽 : NodeMCU 클라이언트는 토픽 "nodeMCU/pwmLED"를 구독하고 구독한 페이로드 값에 해당하는 PWM 듀티비를 가지고 LED 밝기 제어 수행

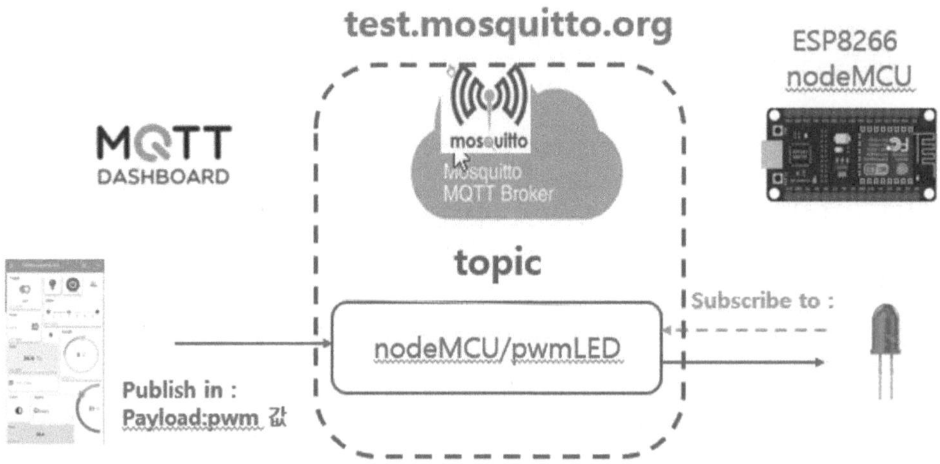

그림 7.11

○ 하드웨어 구성

- [그림 7.8]의 하드웨어 구성을 이용

NodeMCU 디바이스 프로그램

```
#include <ESP8266WiFi.h> // ESP8266WiFi 라이브러리 삽입
#include <PubSubClient.h> // MQTT 클라이언트 라이브러리 삽입

const int ledPin= 14; // D5 LED가 연결된 핀번호 변수 정의

const char* ssid= "**********"; //WiFi 네트워크 이름
const char* password =  "**********"; // WiFi 네트워크 비번

const char* mqtt_server= "test.mosquitto.org"; //mqtt브로커

// 토픽설정------------------------
const char* inTopic= "nodeMCU/pwmLED"; // 클라이언트 구독 토픽

WiFiClient espClient; // 네트워크 클라이언트로 WiFiClient 객체 생성
```

```
PubSubClient client(espClient); // 생성된 TCP 클라이언트를 이용하여
                                // MQTT 클라이언트 인스턴스 생성

void setup() {
  pinMode(ledPin, OUTPUT); // ledPin을 출력으로 설정
  digitalWrite(ledPin,LOW); // led 끄기
  analogWriteRange(1023); //또는 ,analogWriteResolution(10) 10비트 해상도

  Serial.begin(115200); // 통신속도 설정
  setup_wifi(); // wifi 설정함수 호출
  client.setServer(mqtt_server, 1883); // MQTT 서버 연결 정보 등록
  client.setCallback(callback); // 구독 토픽에 대한 메시지를 받았을 때 호출될 함수 지정
}

void loop() {
  if (!client.connected()) {  // 클라이언트가 서버에 연결되어 있는지 확인
    reconnect(); // 연결되어 있지 않으면 연결 시도
  }
  client.loop(); //클라이언트가 수신 메시지를 처리하고 서버에 연결 유지
}

void setup_wifi() {
   delay(10); // 10ms 대기
   WiFi.mode(WIFI_STA); // WiFi를 STA 모드로 설정
   WiFi.begin(ssid, password); // WiFi 연결 시도
   Serial.println("");
   Serial.print("Connecting to ");
   Serial.println(ssid); // WiFi 네트워크 이름 출력
   while (WiFi.status() != WL_CONNECTED) { // 접속될 때까지 대기
      delay(500);
      Serial.print(".");
   }
   Serial.println("");
   Serial.print("WiFiconnected to ");
```

```
    Serial.println(ssid); // WiFi 네트워크 이름 출력
    Serial.print("IP address: ");
    Serial.println(WiFi.localIP()); //AP에 의해 ESP 모듈에 할당된 IP 출력
}

void callback(char* topic, byte* payload, unsigned int length) {
  Serial.print("Message arrived [");
  Serial.print(topic);
  Serial.print("] ");
  for (int i= 0; i< length; i++) { // 구독 메시지 페이로드 출력
    Serial.print((char)payload[i]);
  }
  Serial.println();
  if((String)topic == inTopic) { // 구독 토픽 확인
    String stringPayload="";
    for (int i= 0; i< length; i++) { // 구독 메시지 페이로드를 String으로 변환
      stringPayload+= (char)payload[i];
    }
    int value= stringPayload.toInt(); // PWM 값을 정수로 변환
    analogWrite(ledPin, value); // PWM 값을 출력하여 LED 밝기 제어
    Serial.println("value : "+(String)value);
  }
}

void reconnect() {
  while (!client.connected()) { // 클라이언트가 서버에 연결되어 있는지 확인
    Serial.print("Attempting MQTT connection...");
    Serial.println(mqtt_server);

    // 랜덤 클라이언트 ID 생성
    String clientId= "ESP8266Client-"; // 클라이언트 Id
    clientId+= String(random(0xffff), HEX); // 클라이언트 Id에 랜덤숫자 추가

    if (client.connect(clientId.c_str())) { // 클라이언트 연결을 성공하였다면
```

```
      Serial.print("connected to");
      Serial.println(mqtt_server);

      client.subscribe(inTopic); // 구독할 토픽 지정
    }
    else {
      Serial.print("failed, rc=");
      Serial.print(client.state()); // 연결 실패에 대한 클라이언트의 현재 상태를 출력
      Serial.println(" try again in 5 seconds");
      delay(5000); // 재시도하기 전 5초 대기
    }
  }
}
```

○ MQTT Dashboard 앱 설정

- PWM 듀티비 값을 대시보드 Slider 위젯을 이용하여 발생

○ Slider 위젯

- 옵션 항목들을 다음과 같이 설정

option			설정
Name			**pwm 10비트값**
Min Value			**0**
Max Value			**1023**
Min Step			**1**
MQTT	MQTT enable		**enable**
	MQTT connection		**mosquitto.org**
	Publish to topic		**nodeMCU/pwmLED**
Design	Orientation		**Horozontally**
	Show icons		**enable**
	Show scale		**enable**
		Number of major divisions	**5**

○ **설계된 Dashboard 앱**

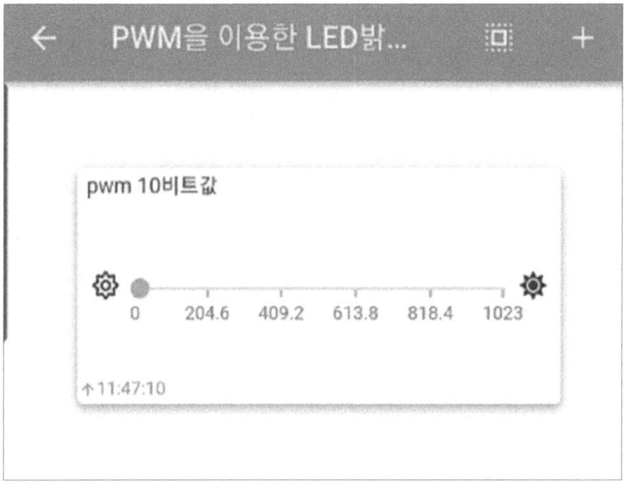

그림 7.12

제8장

ESP8266 NodeMCU 하드웨어 인터럽트를 활용한 센서 제어

실험에 필요한 부품

SEN0171 PIR 동작감지 센서	터치스위치 IM120710023	캐소드 공통형 3색 RGB LED	LED	220Ω 저항
1개	1개	1개	1개	4개
		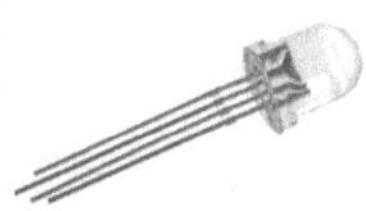		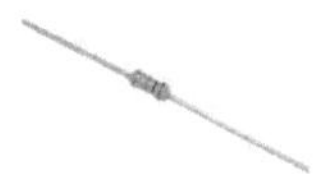

하드웨어 인터럽트(또는 외부 인터럽트)

- ESP8266 NodeMCU 보드는 MCU 핀으로 입력되는 **외부** 신호에 의한 하드웨어 인터럽트를 지원하며 인터럽트 발생 핀으로 [그림 8.1]과 같이 D1~D8까지 **8개**가 지정

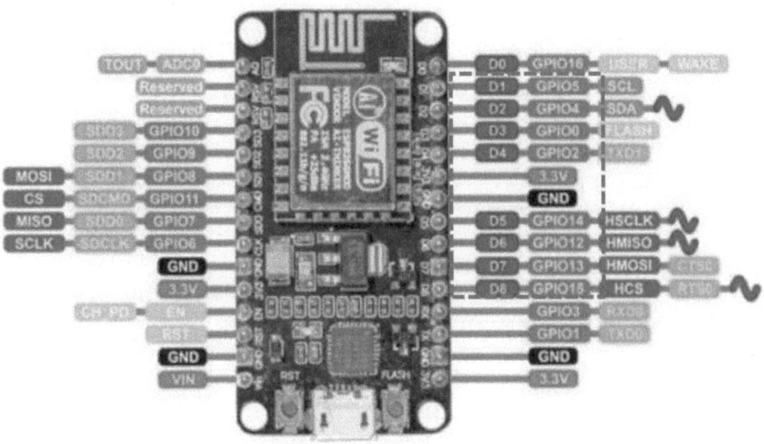

그림 8.1 ESP8266 NodeMCU 보드 하드웨어 인터럽트 핀

8.1 인터럽트

- 외부 입력 변화를 인지하고 그 처리를 수행하는 프로그램을 작성할 때 폴링(polling) 방식 또는 인터럽트(interrupt) 방식으로 작성

폴링 방식

- 다음의 예를 생각해 보자. TV를 시청하고 있는 음식점 주인이 손님이 들어오는 것(외부 입력 변화)을 알아내는 방법으로 다음의 두 가지를 쓸 수 있음. 하나는 TV를 시청하면서 수시로 문 쪽을 보면서 손님이 들어오는지를 점검하는 것이고, 다른 방법은 문에 종을 달아 종이 울리면 문을 점검하는 방법으로 종이 울리기 전까지는 TV를 계속해서 시청할 수 있음. 전자의 방법을 폴링 방식이라 하고 후자의 방법을 인터럽트 방식이라 함
- 지금까지 외부 입력 신호를 감지하는 방법으로 [그림 8.2]와 같이 폴링 방식을 이용하여 digitalRead() 함수로 디지털 값을 정기적으로 읽어와 변화를 감지하고 처리를 수행

```
void loop() {

   boolean doorStatus=digitalRead(doorPin); // 자석스위치 상태를 읽음 (폴링방식)

   if(doorStatus) { // 자석스위치가 떨어져 있으면
        digitalWrite(ledPin,HIGH); // LED(3번)에 HIGH 출력(LED 켜기)
        Serial.println("Door is open !!!");
   }
   else // 자석스위치가 붙어 있으면
   {
        digitalWrite(ledPin,LOW); // LED(3번)에 LOW 출력(LED 끄기)
        Serial.println("Door is closed !!!");
   }
}
```

그림 8.2 폴링 방식

인터럽트 방식

- 인터럽트란 마이크로 프로세서(MCU)가 프로그램을 실행하고 있을 때, 내·외부의 어떤 변화에 의한 예외 상황이 발생하여 처리가 필요한 경우에 마이크로 프로세서에게 알려 프로그램의 실행을 일시 정지하고 변화에 대응하는 다른 프로그램을 처리할 수 있도록 하는 것
- 외부 입력 변화를 감지하는 방법으로 [그림 8.2]의 폴링 방식을 인터럽트 방식으로 대체한다면 [그림 8.3]과 같이 마이크로 프로세서(MCU)가 핀 값을 지속적으로 확인할 필요가 없이 센서에 연결된 핀에 상태 변화가 생기면(예로, 자석스위치가 떨어지면) 외부에서 들어온 신호에 의해 자동적으로 인터럽트가 발생되어 현재 프로그램의 실행을 정지하고 변화에 대응하는 다른 프로그램(인터럽트 서비스 루틴)을 처리할 수 있도록 할 수 있음

[인터럽트 서비스 루틴(ISR)]
상태 변화가 발생되면 ISR으로 분기하여 처리

```
void doorChange(void){
  .........
}

void loop() {
  boolean doorStatus=digitalRead(doorPin); //자석스위치 상태를 읽음

  if(doorStatus) { // 자석스위치가 떨어져 있으면
      digitalWrite(ledPin,HIGH); // LED(3번)에 HIGH 출력(LED 켜기)
      Serial.println("Door is open !!!");
  }
  else // 자석스위치가 붙어 있으면
  {
      digitalWrite(ledPin,LOW); // LED(3번)에 LOW 출력(LED 끄기)
      Serial.println("Door is closed !!!");
  }
}
```

읽어올 필요가 없음 (boolean doorStatus=digitalRead(doorPin); 줄은 취소선 처리됨)

그림 8.3 인터럽트 방식

인터럽트 처리 과정

- [그림 8.4]와 같이 프로그램이 수행 도중에 비동기적으로 인터럽트가 발생하면 미리 지정된 위치로 분기하여 인터럽트 처리
- 인터럽트를 처리하는 코드를 **인터럽트 서비스루틴**(ISR: Interrupt Service Routine)이라 하고 처리가 끝나면 인터럽트 서비스루틴으로 분기하기 전의 위치로 복귀하여 작업을 계속적으로 수행
- 즉, 프로그램이 실행 도중 인터럽트가 발생하면 **인터럽트 서비스루틴(ISR)으로 분기하여 인터럽트를 처리**

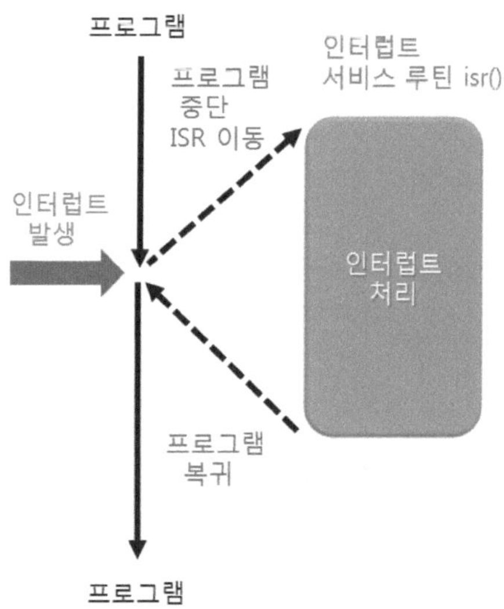

그림 8.4 인터럽트 처리 과정

인터럽트의 종류

- MCU들은 여러 종류의 인터럽트를 지원
- 본 교재에서는 하드웨어 인터럽트(또는 외부 인터럽트), 타이머 인터럽트, UART 인

터럽트를 다루며 이 장에서는 하드웨어 인터럽트(또는 외부 인터럽트)를 다음 장에는 타이머 인터럽트에 대하여 학습

- **하드웨어 인터럽트(또는 외부 인터럽트)** : MCU 핀으로 입력되는 **외부** 신호에 의해 인터럽트가 발생
- **타이머 인터럽트** : MCU **내부**에 시간을 설정하여 정해진 시간에 주기적으로 인터럽트 발생
- **UART 인터럽트** : 데이터가 UART 수신 버퍼에 채워지면 인터럽트 발생

8.2 하드웨어 인터럽트(또는 외부 인터럽트)

- 하드웨어 인터럽트는 특정 입출력(I/O) 핀에 입력 상태 변화가 있을 때 이를 감지하고 인터럽트를 발생시키는 것으로 외부 입력신호에 의해 인터럽트가 발생 되는 것. 그래서 하드웨어 인터럽트를 외부 인터럽트라고도 함
- 개발 보드에 따라 이용 가능한 외부 인터럽트 수는 상이하며 NodeMCU 보드에는 [표 8.1]과 같이 D1~D8까지 8개의 외부 하드웨어 인터럽트 지원

표 8.1 ESP8266 NodeMCU 하드웨어 인터럽트

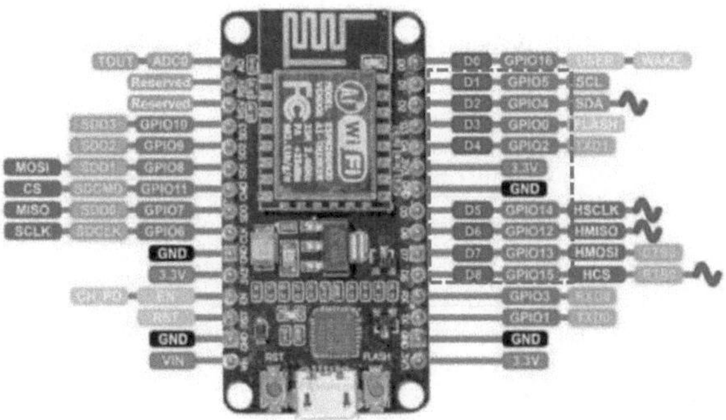

보드 라벨	GPIO	입력(Input)
D0	**GPIO16**	**인터럽트 불가**
D1	GPIO5	
D2	GPIO4	
D3	GPIO0	
D4	GPIO2	
D5	GPIO14	
D6	GPIO12	
D7	GPIO13	
D8	GPIO15	

- 인터럽트가 발생 되면 **인터럽트 서비스 루틴(ISR)**으로 분기되는데 인터럽트 서비스 루틴에서는 delay() 함수가 작동하지 않기 때문에 주의하여야 하며 인터럽트 서비스 루틴(ISR)은 대부분 다른 기능이 없고 제한된 기능을 가지는 특별한 종류이므로 매개변수를 가질 수 없고 반환되는 것도 없음
- 일반적으로 인터럽트 서비스 루틴은 가능한 짧고 빠르게 처리해야 함
- 또한 인터럽트 서비스 루틴에서 값이 변경되는 변수가 있는 경우 컴파일러에게 이를 알려주기 위해 변수는 volatile 형식으로 선언

하드웨어 인터럽트 처리 함수들

attachInterrupt() 함수

- 인터럽트가 발생할 때 호출할 인터럽트 서비스 루틴(ISR)을 지정
- 3개의 인자를 가지며 첫 번째 인자는 사용할 GPIO 핀 번호이고 두 번째 인자는 분기될 인터럽트 서비스 루틴(ISR)이며 세 번째 인자는 인터럽트 발생 모드(mode)
- 아래의 표는 attachInterrupt() 함수 사용 방법

void attachinterrupt(digitalPinToInterrupt(pin), ISR, mode)		
기능	하드웨어 인터럽트 설정 함수	
매개변수	pin	사용할 GPIO 핀 번호
	ISR	인터럽트 발생 시 호출되는 ISR 함수
	mode	인터럽트 발생 모드 정의 - **LOW** : 해당 핀이 Low level - **CHANGE** : 값이 변할 때(LOW to HIGH, HIGH to LOW) - **RISING** : 상승에지(LOW to HIGH) - **FALLING** : 하강에지(HIGH to LOW)
리턴 값	void	없음

- 호출되는 ISR 형태
  - IRAM_ATTR는 ESP8266에서 인터럽트 핸들러 함수의 실행 속도를 최적화하기 위해 IRAM(Instruction RAM)에 저장하는 속성(Attribute)

- 인터럽트 함수가 플래시 메모리가 아닌 IRAM(고속 실행 메모리)에 저장되어 보다 빠르게 실행될 수 있도록 함

```
void IRAM_ATTR ISR이름 () {

    [인터럽트 처리 프로그램]

}
```

● detachInterrupt() 함수

• 지정된 인터럽트를 해제하는 함수

void detachinterrupt(digitalPinToInterrupt(pin))		
기능	지정된 인터럽트를 해제	
매개변수	pin	사용할 GPIO 핀 번호
리턴 값	void	없음

● interrupts() 함수

void interrupts()		
기능	전체 인터럽트를 활성화시키는 함수 noInterrupt()로 비활성화된 인터럽트를 다시 활성화 시킴	
매개변수	void	없음
리턴 값	void	없음

● noInterrupts() 함수

void noInterrupts()		
기능	전체 인터럽트를 비활성화 시키는 함수	
매개변수	void	없음
리턴 값	void	없음

8.3 NodeMCU 하드웨어 인터럽트를 사용한 제어 실습

실험 8-1

PIR 센서의 움직임이 감지되면 움직임이 감지되었다고 문자 출력 (폴링 방식)

- PIR 센서의 움직임이 감지되면 [그림 8.5]와 같이 출력 핀이 LOW에서 HIGH로 변화

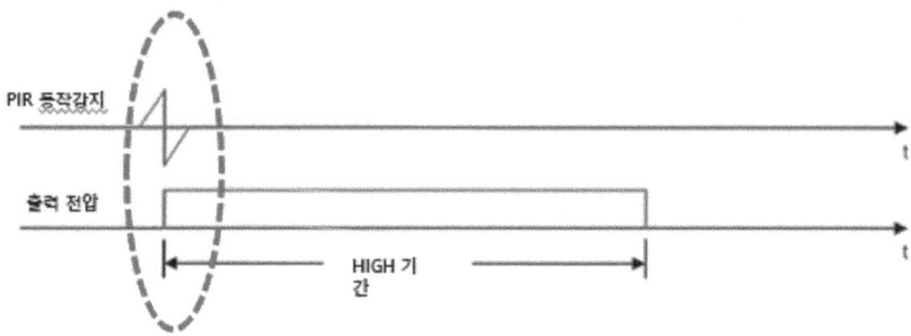

그림 8.5

- 폴링 방식을 이용하여 출력 핀을 읽어 이전 값이 LOW이고 현재 값이 HIGH인 순간을 감지하고 "움직임 감지 !!!"라고 문자열 출력
- [그림 8.6]과 같이 회로를 연결하고 아래의 프로그램을 업로드

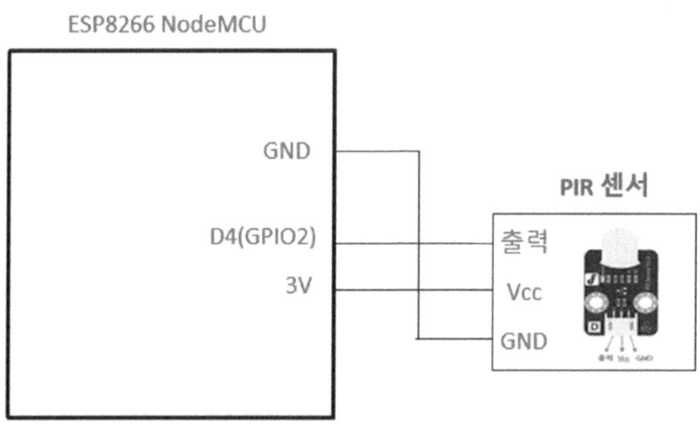

그림 8.6

NodeMCU 디바이스 프로그램 ESP8266_PIR_Polling

```
const int motionSensorPin= 2; // D4 PIR 센서가 연결된 핀 번호 정의
boolean lastPirStatus=LOW; //이전 PIR 상태
boolean currentPirStatus=LOW; //현재 PIR 상태

void setup() {
  pinMode(motionSensorPin, INPUT); // PIR 센서를 입력으로 설정
  Serial.begin(115200); // 통신속도 설정
}

void loop() {
  currentPirStatus=digitalRead(motionSensorPin); //현재 PIR 센서 상태 읽음
  if(lastPirStatus==LOW && currentPirStatus==HIGH) { //움직임 감지 (LOW to HIGH)
    Serial.println(" 움직임 감지!!!");
  }
  lastPirStatus=currentPirStatus; //이전 PIR 상태를 현재 PIR 상태로 변경
}
```

실험 8-2

PIR 센서의 움직임이 감지되면 움직임이 감지되었다고 문자 출력 (인터럽트 방식)

- [실험 8-1]과 동일한데 이번 실습에서는 인터럽트 방식을 사용하여 처리
- PIR 센서의 움직임이 감지되면 [그림 8.5]와 같이 출력 핀이 LOW에서 HIGH로 변화
- 하드웨어 인터럽트 모드는 RISING(핀이 LOW에서 HIGH로 이동)에서 발생하도록 설정
- [그림 8.6]의 회로를 사용하고 아래의 프로그램을 업로드

NodeMCU 디바이스 프로그램 ESP8266_PIR_ExtINT

```
const int motionSensorPin= 2; // D4 PIR 센서가 연결된 핀 번호 정의

// 하드웨어 ISR (움직임 감지)
void IRAM_ATTR detectsMovement() {
  Serial.println(" 움직임 감지!!!");
}

void setup() {
  pinMode(motionSensorPin, INPUT); // PIR 센서를 입력으로 설정

  // 하드웨어 ISR (RISING 모드)
  attachInterrupt(digitalPinToInterrupt(motionSensorPin), detectsMovement, RISING);
  Serial.begin(115200); // 통신속도 설정
}

void loop() {

}
```

실험 8-3

PIR 센서의 움직임이 감지되면 움직임이 감지되었다고 문자 출력 및 PIR 센서 출력이 HIGH인 동안 LED 켜기 (인터럽트 방식 이용)

- PIR 센서는 [그림 8.7]과 같이 움직임이 감지되면 출력 핀이 LOW에서 HIGH로 변화하고 출력 지연 시간 후 출력 핀은 HIGH에서 LOW로 변화

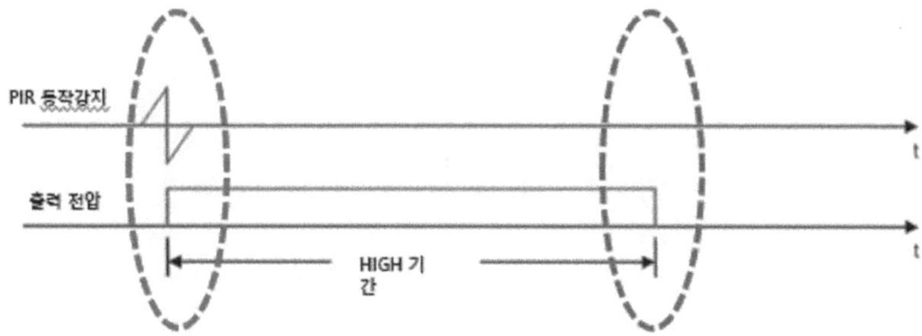

그림 8.7

- 움직임이 감지되면 출력 핀이 LOW에서 HIGH로 변화 → 문자열 출력("움직임 감지!!!") 및 LED 켜기
- 출력 지연 시간 후 출력 핀은 HIGH에서 LOW로 변화 → 문자열 출력("출력시간 종료!!!") 및 LED 끄기
- 인터럽트 방식으로 처리하기 위해서는 RISING (LOW에서 HIGH)에서도 FALLING (HIGH에서 LOW)에서도 발생하여야 하므로 하드웨어 인터럽트 모드는 CHANGE(핀이 HIGH에서 LOW로 또는 LOW에서 HIGH)에서 발생하도록 설정
- 인터럽트가 RISING (LOW에서 HIGH)에서 발생하였는지 FALLING (HIGH에서 LOW)에서 발생하였는지 알기 위해 인터럽트 발생 후 D4(GPIO2) 핀값을 읽음
- 핀값이 HIGH이면 RISING (LOW에서 HIGH)에서 발생한 것이고 핀값이 LOW이면 FALLING (HIGH에서 LOW)에서 발생한 것
- [그림 8.8]과 같이 회로를 연결하고 아래의 프로그램을 업로드 **(5장의 [실험 5-4]는 폴링 방식을 사용한 것이니 비교해 보세요.)**

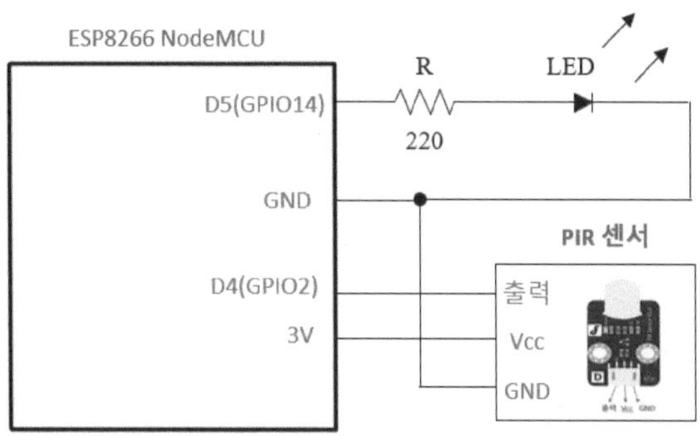

그림 8.8 실험 8-3 회로 연결

NodeMCU 디바이스 프로그램

```
const int ledPin= 14; // D5 LED에 연결된 핀 번호 정의
const int motionSensorPin= 2; // D4 PIR 센서가 연결된 핀 번호 정의

// 하드웨어 ISR (움직임 감지)
void IRAM_ATTR detectsMovement() {
  if (digitalRead(motionSensorPin) == HIGH) { // RISING에서 인터럽트 발생
    Serial.println("움직임 감지!!!");
    digitalWrite(ledPin, HIGH);
  }
  else { // FALLING에서 인터럽트 발생
    Serial.println("출력시간 종료!!!");
    digitalWrite(ledPin, LOW);
  }
}

void setup() {
  pinMode(motionSensorPin, INPUT); // PIR 센서를 입력으로 설정

  // 하드웨어 ISR (CHANGE 모드)
  attachInterrupt(digitalPinToInterrupt(motionSensorPin), detectsMovement, CHANGE);
  pinMode(ledPin, OUTPUT); // LED 핀 출력 설정
  digitalWrite(ledPin, LOW); // LED 끄기
  Serial.begin(115200); // 통신속도 설정
}

void loop() {

}
```

실험 8-4

터치스위치를 이용하여 3색 RGB LED를 순차적으로 켜기 (하드웨어 인터럽트 이용)

- 캐소드 공통형 3색 RGB LED를 연결하고 터치스위치 입력이 발생할 때 마다 끄기→빨간색→초록색→파란색→끄기→빨간색→.... 순서로 순차적으로 반복
- 터치스위치 입력이 발생하면 즉 터치센서를 누르면 [그림 8.9]와 같이 터치스위치는 HIGH에서 LOW로 변화

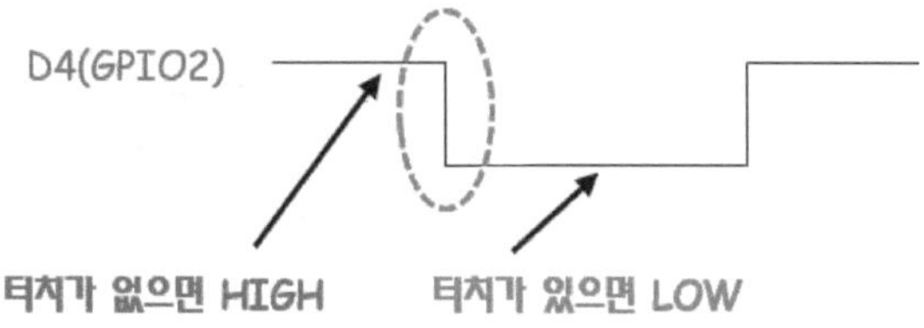

그림 8.9

- **[실험 5-2]에서는 폴링 방식으로 프로그램**하였고 이번에는 인터럽트 방식으로 프로그램
- 인터럽트 방식으로 처리하기 위해서는 터치 입력이 발생하면 터치센서 출력 신호가 [그림 8.9]와 같이 HIGH에서 LOW로 떨어지므로 인터럽트 발생 모드를 **"FALLING"**에서 발생하도록 설정
- [그림 8.10]과 같이 회로를 연결하고 아래의 프로그램을 업로드

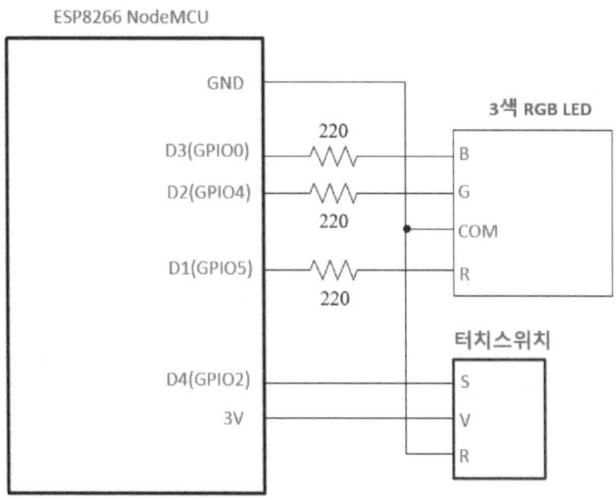

그림 8.10 실험 8-4 회로 연결

NodeMCU 디바이스 프로그램

```
const int touchSensorPin=2; // D4 터치센서에 연결된 핀 번호 변수 정의
const int rLedPin= 5; // D1 3색 LED 중 빨간색 LED와 연결된 핀 번호 변수 정의
const int gLedPin= 4; // D2 3색 LED 중 초록색 LED와 연결된 핀 번호 변수 정의
const int bLedPin= 0; // D3 3색 LED 중 파란색 LED와 연결된 핀 번호 변수 정의

volatile int touchInputNum=0; //터치센서 입력 횟수를 저장하는 변수 선언

void setup() {
  pinMode(rLedPin, OUTPUT); // rLED를 출력으로 설정
  pinMode(gLedPin, OUTPUT); // gLED를 출력으로 설정
  pinMode(bLedPin, OUTPUT); // bLED를 출력으로 설정

  digitalWrite(rLedPin, LOW);  //rLED에 LOW 출력 (rLED 끄기)
  digitalWrite(gLedPin, LOW);  //gLED에 LOW 출력 (gLED 끄기)
  digitalWrite(bLedPin, LOW);  //bLED에 LOW 출력 (bLED 끄기)

  pinMode(touchSensorPin, INPUT); // 터치센서를 입력으로 설정
  // D4 핀 사용, ISR 지정, 하강에지에서 인터럽트 발생
  attachInterrupt(digitalPinToInterrupt(touchSensorPin), touchOccur, FALLING);
}

void IRAM_ATTR touchOccur(void) { // 인터럽트 서비스 루틴
  touchInputNum++; // 회수 증가
  if(touchInputNum == 4) touchInputNum=0; // 터치 입력이 4의 배수이면 초기화
}

void RGBLED_Display(int Num) {
  switch (Num) {
    case 0 :
       digitalWrite(rLedPin, LOW);  //rLED 끄기
       digitalWrite(gLedPin, LOW);  //gLED 끄기
       digitalWrite(bLedPin, LOW);  //bLED 끄기
     break;
```

```
  case 1 :
    digitalWrite(rLedPin, HIGH);  //rLED 켜기
    digitalWrite(gLedPin, LOW);  //gLED 끄기
    digitalWrite(bLedPin, LOW);  //bLED 끄기
   break;
  case 2 :
    digitalWrite(rLedPin, LOW);  //rLED 끄기
    digitalWrite(gLedPin, HIGH);  //gLED 켜기
    digitalWrite(bLedPin, LOW);  //bLED 끄기
   break;
  case 3 :
    digitalWrite(rLedPin, LOW);  //rLED 끄기
    digitalWrite(gLedPin, LOW);  //gLED 끄기
    digitalWrite(bLedPin, HIGH);  //bLED 켜기
   break;
 }
}

void loop() {

 RGBLED_Display(touchInputNum); //RGB LED 색 출력
                                //(0:끄기, 1:빨간색, 2:초록색, 3:파란색)
}
```

8.4 MQTT 프로토콜을 사용하여 NodeMCU 하드웨어 인터럽트 제어 실습

실험 8-5

MQTT 통신을 통한 NodeMCU PIR 동작감지 센서 모니터링 (NodeMCU 하드웨어 인터럽트를 이용)

1. 실습개요

- ESP8266 NodeMCU 디바이스에 연결된 PIR 움직임 감지 센서의 출력을 하드웨어 인터럽트 방식을 사용하여 움직임 감지
- MQTT 프로토콜을 사용하여 PIR 센서의 상태 및 LED 상태를 대시보드에서 모니터링하는 방법에 대하여 학습

2. MQTT 네트워크

○ **MQTT 브로커**

- 무료 MQTT 브로커 "test.mosquitto.org"을 사용 (또는 "mqtt-dashboard.com")

○ **MQTT 클라이언트**

- NodeMCU 디바이스와 대시보드 앱을 클라이언트로 사용

3. MQTT 동작

○ **MQTT 프로토콜을 이용한 동작 과정**

- [그림 8.11]과 같이 MQTT 네트워크를 구성하고 발행 및 구독 토픽 설정
- NodeMCU는 두 개의 토픽을 발행하고 대시보드는 NodeMCU의 두 개의 토픽을 구독
- **NodeMCU 발행 토픽** : NodeMCU 클라이언트는 하드웨어 인터럽트 방식으로 PIR 센서에서 움직임을 감지하면 "움직임 감지!!!" 메시지를 시리얼 모니터에 출력하고 NodeMCU에 연결된 LED를 켬. 또한, 토픽 "nodeMCU/pirState"에 페이로드로 "움직임이 감지되었습니다."를 발행할 뿐만 아니라 토픽 "nodeMCU/ledState"에 페이로드 "1"을 발행. PIR 센서의 HIGH 지속시간이 끝나면 하드웨어

인터럽트 방식으로 이를 감지하고 토픽 "nodeMCU/pirState"에 페이로드로 "PIR HIGH 기간이 종료되었습니다." 발행하고 토픽 "nodeMCU/ledState"에 페이로드 "0"을 발행.

- **대시보드 구독 토픽** : 대시보드 클라이언트는 토픽 "nodeMCU/pirState"을 구독하고 페이로드를 대시보드에 문자 출력. 토픽 "nodeMCU/ledState"을 구독하고 구독한 페이로드 값에 해당하는 LED 상태를 대시보드에 시각적으로 표시하여 PIR 센서 상태와 LED 상태를 모니터링

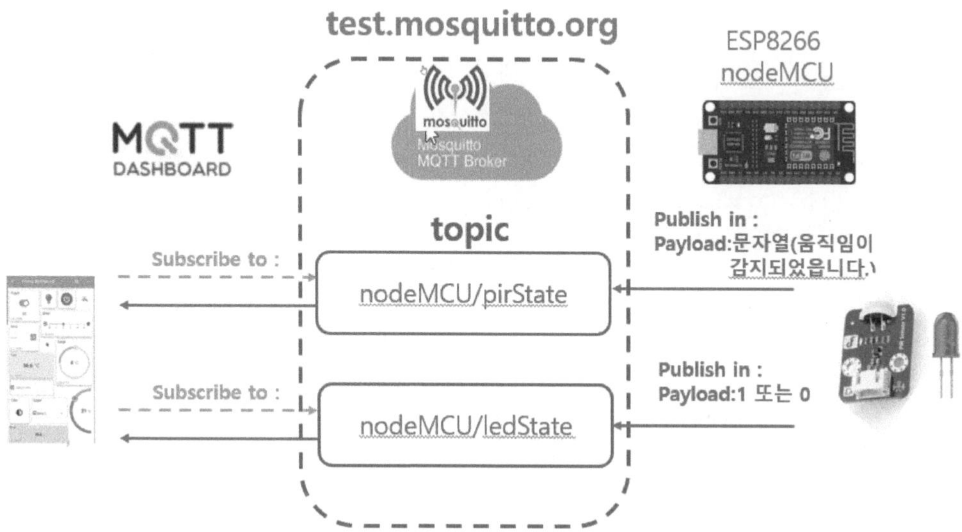

그림 8.11

○ 하드웨어 구성

- [그림 8.8]의 하드웨어 구성을 이용

NodeMCU 디바이스 프로그램

```
#include <ESP8266WiFi.h> // ESP8266WiFi 라이브러리 삽입
#include <PubSubClient.h> // MQTT 클라이언트 라이브러리 삽입

const int ledPin= 14; // D5 LED에 연결된 핀 번호 정의
const int motionSensorPin= 2; // D4 PIR 센서가 연결된 핀 번호 정의

const char* ssid= "************"; //WiFi 네트워크 이름 넣기
const char* password = "************"; // WiFi 네트워크 비번 넣기

const char* mqtt_server= "test.mosquitto.org"; //mqtt 브로커

// 토픽설정-------------------------
const char* outTopicPirState= "nodeMCU/pirState"; // 클라이언트 발행 토픽
const char* outTopicLedState= "nodeMCU/ledState"; // 클라이언트 발행 토픽

WiFiClient espClient; // 네트워크 클라이언트로 WiFiClient 객체 생성
PubSubClient client(espClient); // 생성된 TCP 클라이언트를 이용하여
                                // MQTT 클라이언트 인스턴스 생성

char publishPayload[50]; // 발생 메시지 페이로드를 저장하는 변수
volatile boolean motionDetection=false; // 움직임 감지 플래그
volatile boolean pirDurationEnd=false; // pir HIGH duration 플래그

// 하드웨어 ISR (움직임 감지)
void IRAM_ATTR detectsMovement() {
  if (digitalRead(motionSensorPin) == HIGH) { // RISING에서 인터럽트 발생
    motionDetection=true;
  }
  else { // FALLING에서 인터럽트 발생
    pirDurationEnd=true;
  }
}

void setup() {
```

```
  pinMode(motionSensorPin, INPUT); // PIR 센서를 입력으로 설정

  // 하드웨어 ISR (CHANGE 모드)
  attachInterrupt(digitalPinToInterrupt(motionSensorPin), detectsMovement, CHANGE);

  pinMode(ledPin, OUTPUT); // LED 핀 출력 설정
  digitalWrite(ledPin, LOW); // LED 끄기
  Serial.begin(115200); // 통신속도 설정
  setup_wifi(); // wifi 설정함수 호출
  client.setServer(mqtt_server, 1883); // MQTT 서버 연결 정보 등록
}

void setup_wifi() {
  delay(10);//10ms대기
  WiFi.mode(WIFI_STA); // WiFi를 STA 모드로 설정
  WiFi.begin(ssid, password); // WiFi 연결 시도
  Serial.println("");
  Serial.print("Connecting to ");
  Serial.println(ssid); // WiFi 네트워크 이름 출력
  while (WiFi.status() != WL_CONNECTED) { // 접속될 때까지 대기
    delay(500);
    Serial.print(".");
  }
  Serial.println("");
  Serial.print("WiFiconnected to ");
  Serial.println(ssid); // WiFi 네트워크 이름 출력
  Serial.print("IP address: ");
  Serial.println(WiFi.localIP()); //AP에 의해 ESP 모듈에 할당된 IP 출력
}

void loop() {
  if (!client.connected()) {  // 클라이언트가 서버에 연결되어 있는지 확인
    reconnect(); // 연결되어 있지 않으면 연결 시도
  }
  client.loop(); //클라이언트가 수신 메시지를 처리하고 서버에 연결 유지
```

```
  if(motionDetection) { // 움직임이 감지된 경우
    Serial.println("MOTION DETECTED!!!"); // 문자열 출력
    digitalWrite(ledPin, HIGH); // LED 켜기
    publishMessage("pirState","움직임이 감지되었습니다."); // PIR 센서 상태 발행
    publishMessage("ledState","1"); // LED 상태 발행
    motionDetection=false;
  }
  if(pirDurationEnd) { // pir duration 끝이 감지된 경우
    Serial.println("End Duration!!!"); // 문자열 출력
    digitalWrite(ledPin, LOW); // LED 끄기
    publishMessage("pirState","PIR 하이 기간이 종료되었습니다."); // PIR 센서 상태 발행
    publishMessage("ledState","0"); // LED 상태 발행
    pirDurationEnd=false;
  }
}

void reconnect() {
  while (!client.connected()) { // 클라이언트가 서버에 연결되어 있는지 확인
    Serial.print("Attempting MQTT connection...");
    Serial.println(mqtt_server);

    // 랜덤 클라이언트 ID 생성
    String clientId= "ESP8266Client-"; // 클라이언트 Id
    clientId+= String(random(0xffff), HEX); // 클라이언트 Id에 랜덤숫자 추가

    if (client.connect(clientId.c_str())) { // 클라이언트 연결을 성공하였다면
      Serial.print("connected to");
      Serial.println(mqtt_server);
    }
    else {
      Serial.print("failed, rc=");
      Serial.print(client.state()); // 연결 실패에 대한 클라이언트의 현재 상태를 출력
      Serial.println(" try again in 5 seconds");
      delay(5000); // 재시도하기 전 5초 대기
    }
```

```
  }
}

void publishMessage(String state, String message) {
  message.toCharArray(publishPayload,message.length()+1); // String을 문자배열로 변환
  Serial.print("Publish message: ");
  Serial.println(publishPayload);

  if(state=="pirState" ) {
    client.publish(outTopicPirState, publishPayload); // 토픽에 대한 메시지 발행
  }
  else if (state == "ledState" ){
    client.publish(outTopicLedState, publishPayload); // 토픽에 대한 메시지 발행
  }
}
```

○ **MQTT Dashboard 앱 설정**

- text 위젯을 이용하여 PIR 센서의 상태를 문자열로 표시
- gauge 위젯을 이용하여 LED 상태를 표시

○ **Text 위젯**

- 옵션 항목들을 다음과 같이 설정

option			설정
Name			**PIR상태**
MQTT	MQTT enable		**enable**
	MQTT connection		**mosquitto.org**
	Subscribe to topic		**nodeMCU/pirState**
Design	Text Value	Font size	**20**
		Color	
		Font style	
	Unit	Show unit	**disable**

○ Gauge 위젯

- 옵션 항목들을 다음과 같이 설정

option			설정
Name			LED상태
Min Value			0
Max Value			1
Min Step			1
MQTT	MQTT enable		enable
	MQTT connection		mosquitto.org
	Subscribe to topic		nodeMCU/ledState
Design	Gauge	Type	Half top
		Fill color	〈붉은색 선택〉
	Text Value	Font size	20
		Color	
		Font style	
	Unit	Show unit	disable

○ 설계된 Dashboard 앱

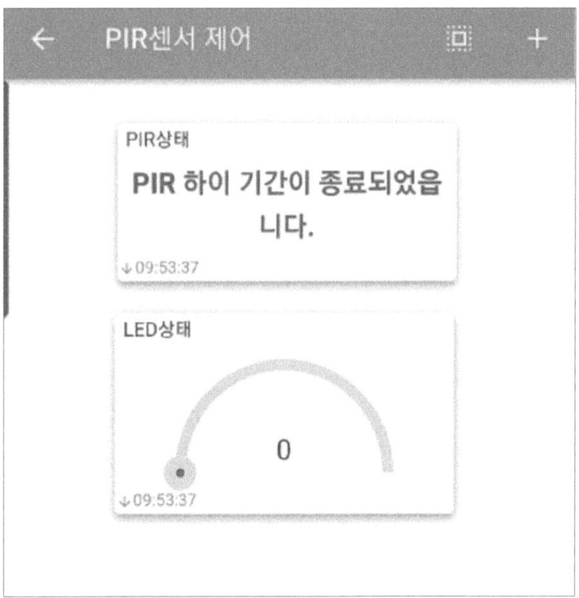

그림 8.12

제9장

ESP8266 NodeMCU 타이머 인터럽트를 활용한 센서 제어

【 ESP8266 NodeMCU와 MQTT 통신으로 만드는 사물인터넷 세상 】

실험에 필요한 부품

SEN0171 PIR 동작감지 센서	캐소드 공통형 3색 RGB LED	LED	220Ω 저항	
1개	1개	1개	4개	
	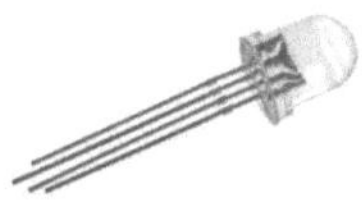		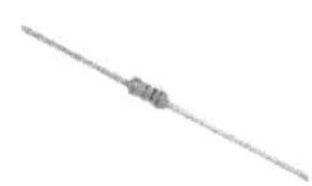	

9.1 인터럽트

- 8장에서 학습한 인터럽트에 대하여 간단히 요약을 하면 다음과 같음

인터럽트

- 외부 장치(하드웨어 인터럽트)나 내부의 어떤 변화(타이머 인터럽트)에 의해 예외 상황이 발생되면 프로그램의 실행을 정지하고 변화에 대응하는 다른 프로그램을 처리할 수 있도록 하는 것

인터럽트 처리 과정

- [그림 9.1]과 같이 프로그램이 수행 도중에 인터럽트가 발생하면 미리 지정된 위치로 분기하여 인터럽트 처리
- 인터럽트를 처리하는 코드를 **"인터럽트 서비스루틴(ISR)"**이라 하고 처리가 끝나면 인터럽트 서비스루틴으로 분기하기 전의 위치로 복귀하여 작업을 계속적으로 수행

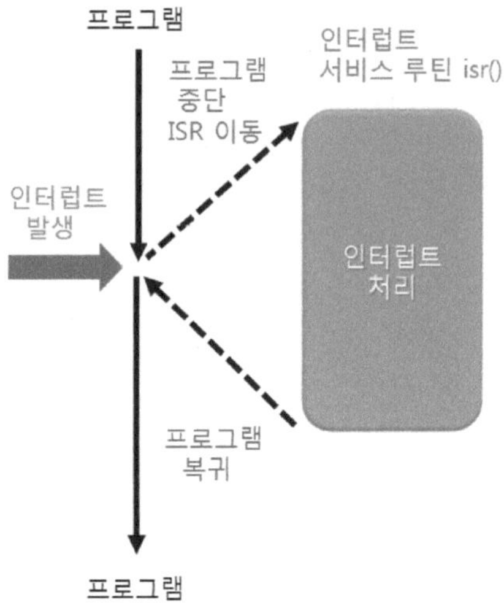

그림 9.1 인터럽트 처리 과정

9.2 타이머 인터럽트

타이머

- 타이머(timer) : 일종의 시계로 시간을 측정하여 원하는 시간에 원하는 동작을 할 수 있게 해줌

- 모든 MCU에는 시간을 재기 위해 타이머/카운터라는 하드웨어가 내장되어 있음
- 정확한 시간을 측정하는 주요 소자는 수정발진기(크리스탈)
- 수정발진기는 일정한 주기의 클럭을 발생시켜 MCU에 공급
- MCU는 이 클럭을 카운트해서 시간을 측정하여 타이머/카운터라 부름
- (예) 10Hz 크리스탈은 1초에 10번 클럭을 발생시키므로 10번을 카운트해서 1초를 측정

ESP8266 NodeMCU 보드

- NodeMCU 보드에는 80MHz 크리스탈이 장착
- 한 클럭 당 시간 : 1/80000000 = 0.0000000125초
- 이 클럭을 카운트해서 시간 측정

- 타이머(timer)를 사용하는 이유 : [그림 9.2] (a)와 같이 delay() 함수를 사용하면 delay() 함수에서 정의한 시간 동안 프로그램 동작이 멈추게 됨. 반면 [그림 9.2] (b)와 같이 millis() 타이머 함수를 사용하면 타이머가 호출될 때 마다 프로그램이 시작한 이후 지나간 시간을 ms 단위로 알려 줌. 즉, 따로 타이머/카운터 로직이 동작하여 프로그램에 영향을 주지 않고도 원하는 시간에 원하는 동작을 할 수 있게 해줌

```
void loop() {
    digitalWrite(ledPin, HIGH);
    delay(1000); .
}
```

(a)

```
void loop() {   ← 타이머/카운터 이용
    if(millis()-time>2000) { //millis()함수가 리턴한 시간과
                                이전시간의 차가 2초이상이면

    time=millis(); // 현재시간을 이전시간에 저장
    ........
}
```

(b)

그림 9.2 타이머 사용 이유

타이머 인터럽트

- 타이머를 사용하여 인터럽트를 발생시키는 것
- ESP8266 NodeMCU에서는 하드웨어 인터럽트 외에도 80MHz의 클럭을 사용한 타이머를 동작시켜 원하는 시간에 인터럽트를 발생시켜 인터럽트 서비스루틴(ISR)으로 분기하도록 하는 타이머 인터럽트도 호출할 수 있음
- ESP8266에는 두 개의 하드웨어 타이머 Timer0와 Timer1이 있으나 Timer0는 WiFi 기능에 사용되고 있고 작동하는 타이머는 Timer1 하나뿐 임
- 충돌 문제를 방지하려면 하드웨어 타이머 대신 3rd party 라이브러리인 Ticker 라이브러리를 사용하는 것이 좋으며 Ticker는 타이머와 동일한 기능을 수행

Ticker 라이브러리를 사용한 타이머

1) Ticker 타이머 라이브러리 설치

- [그림 9.3]과 같이 라이브러리 매니저 아이콘을 누른 후 Ticker를 검색하고 최신 버전을 선택한 후 설치

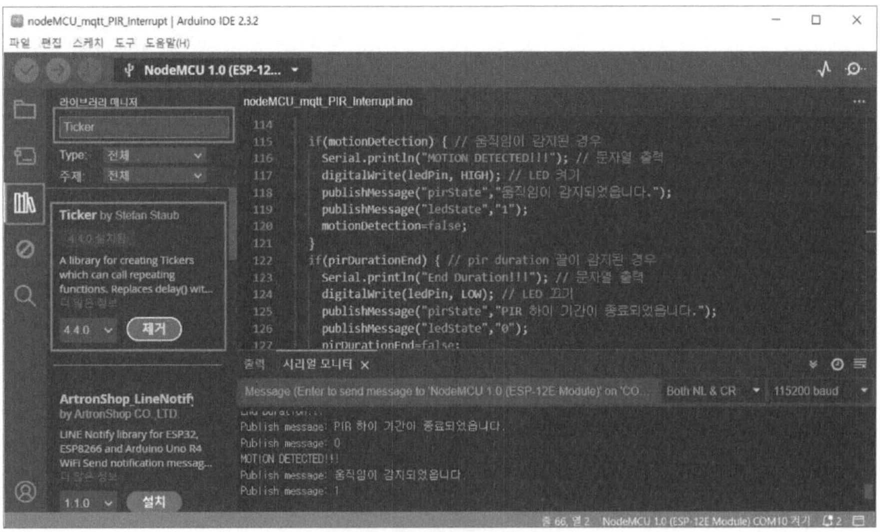

그림 9.3

2) Ticker 타이머 라이브러리 제공 함수

- Ticker 객체를 선언하고 다음의 메소드들을 이용하여 프로그램

  (예) Ticker timer; // Ticker 객체 생성

void timer.attach(long period, ISR);		
기능	**초 단위로 지정된 시간마다 타이머 인터럽트 서비스루틴(ISR)을 호출 및 타이머 시작**	
매개변수	period	초 단위 타이머 주기 값
	ISR	인터럽트 서비스루틴(ISR)
리턴 값	void	없음

- 호출되는 ISR 형태
  - IRAM_ATTR는 ESP8266에서 인터럽트 핸들러 함수의 실행 속도를 최적화하기 위해 IRAM(Instruction RAM)에 저장하는 속성
  - 인터럽트 함수가 플래시 메모리가 아닌 IRAM(고속 실행 메모리)에 저장되어 보다 빠르게 실행될 수 있도록 함

```
void IRAM_ATTR ISR이름 () {

    [인터럽트 처리 프로그램]

}
```

void *timer*.attach_ms(long period, ISR);		
기능	**ms 단위로 지정된 시간마다 타이머 인터럽트 서비스 루틴(ISR)을 호출 및 타이머 시작**	
매개변수	period	ms 단위 타이머 주기 값
	ISR	인터럽트 서비스루틴(ISR)
리턴 값	void	없음

void *timer*.detach(void)		
기능	**타이머 종료**	
매개변수	void	없음
리턴 값	void	없음

하드웨어 타이머

- 하드웨어 타이머 Timer0은 WiFi 기능에서 사용되며 Timer1만 사용 가능
- Ticker 대신 하드웨어 타이머 Timer1을 사용하면 정확한 타이밍을 얻을 수 있으며 마이크로 초(us) 단위로 타이머 인터럽트를 얻을 수 있음
- 다음의 함수들을 이용하여 프로그램

void timer1_attachInterrupt(ISR)		
기능	지정된 시간마다 인터럽트 서비스루틴(ISR)을 호출	
매개변수	ISR	인터럽트 서비스루틴(ISR)
리턴 값	void	없음

- 호출되는 ISR 형태

```
void IRAM_ATTR ISR이름 () {

    [인터럽트 처리 프로그램]

}
```

void timer1_enable(uint8_t divider, uint8_t int_type, uint8_t reload);		
기능	timer1을 초기화	
매개변수	분주기(divider)	- TIM_DIV1 = 0, //80MHz **(1 tick=1/80 us)** - TIM_DIV16 = 1, //5MHz (1 tick=1/5 us) - TIM_DIV256 = 3 //312.5Khz **(1 tick = 3.2us)**
	int_type	- TIM_EDGE = 0 - TIM_LEVEL = 1
	reload	- TIM_SINGLE = 0 // 한 번만 실행 후 정지 - TIM_LOOP = 1 // 타이머가 자동으로 다시 시작
리턴 값	void	없음

분주기를 사용하여 80MHz 클럭 속도를 늦출수 있음. 16분주를 하면 5MHz로 낮출수 있고 5000000개를 카운트 하면 1초가 됨

void timer1_disable(void)		
기능	타이머 해제	
매개변수	void	없음
리턴 값	void	없음

9.3 NodeMCU 타이머 인터럽트를 사용한 제어 실습

실험 9-1

Ticker 타이머를 이용한 LED 깜박임 제어

- LED를 D5(GPIO14)에 정논리로 동작하도록 연결
- Ticker 타이머 인터럽트를 이용하여 2초 마다 LED를 깜박임(On-Off)
- [그림 9.4]와 같이 회로를 연결하고 아래의 프로그램을 업로드

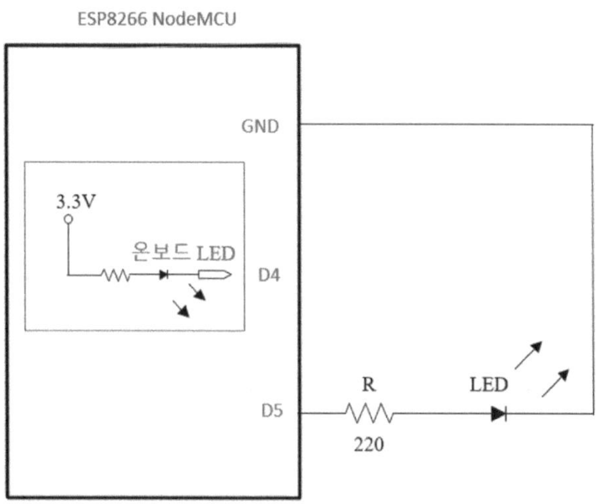

그림 9.4 실험 9-1 회로 연결

NodeMCU 디바이스 프로그램

```
#include <Ticker.h> // Ticker 라이브러리 삽입

const int ledPin= 14; // D5 LED에 연결된 핀 번호 정의
Ticker blinker; // Ticker 객체 생성

// Ticker 타이머 ISR
```

```
void IRAM_ATTR changeState() {
  digitalWrite(ledPin, !(digitalRead(ledPin))); // ledPin 값을 반전
}

void setup(){
  Serial.begin(115200); // 통신속도 설정
  pinMode(ledPin,OUTPUT); // LED 핀 출력 설정
  blinker.attach(2, changeState); //2초 마다 ISR 호출 및 타이머 시작
}

void loop(){

}
```

실험 9-2

PIR 센서가 하드웨어 인터럽트 방식으로 움직임을 감지하고 Ticker 타이머를 이용한 타이머 인터럽트를 활용하여 LED를 10초 동안 켜기

- ESP8266 NodeMCU 디바이스는 연결된 PIR 센서를 이용하여 하드웨어 인터럽트 방식으로 움직임을 감지
- PIR 센서는 움직임을 감지하면 [그림 9.5]와 같이 출력 핀이 LOW에서 HIGH로 변화하므로 하드웨어 인터럽트 모드를 RISING(핀이 LOW에서 HIGH로 이동)에서 발생하도록 설정

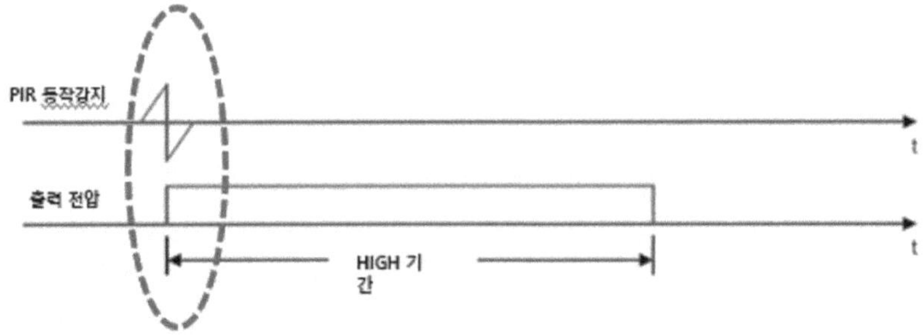

그림 9.5

- Ticker 타이머는 1초마다 인터럽트 발생하도록 설정
- 움직임을 감지한 후 Ticker 타이머 인터럽트를 이용하여 10초 동안 LED를 켬
- LED를 D5(GPIO14)에 정논리로 동작하도록 연결
- [그림 9.6]과 같이 회로를 연결하고 아래의 프로그램을 업로드

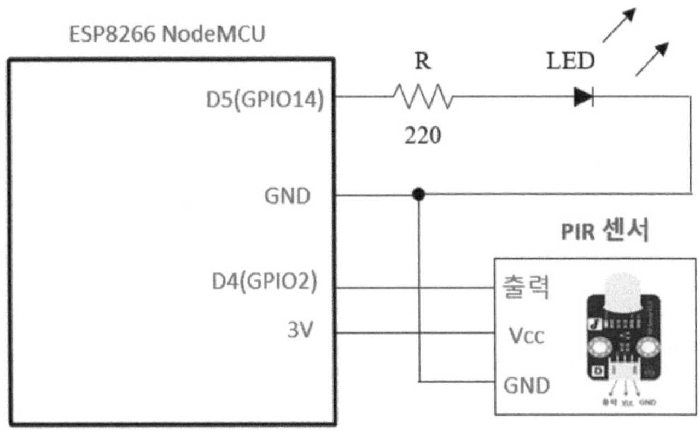

그림 9.6 실험 9-2 회로 연결

NodeMCU 디바이스 프로그램

```
#include "Ticker.h" // Ticker 라이브러리 삽입

const int ledPin= 14; // D5 LED에 연결된 핀 번호 정의
const int motionSensorPin= 2; // PIR 센서에 연결된 핀 번호 변수 정의

#define timeSeconds 10 // 10초 설정
Ticker timer2; // Ticker 객체 생성
volatile int count = 0;  // 10초를 카운트하기 위한 변수
volatile boolean motionDetect=false; // 움직임 감지를 저장하는 변수

// 움직임이 감지되면 호출되는 인터럽트 서비스루틴(ISR), 타이머 시작
void IRAM_ATTR detectsMovement() {
  Serial.println(" 움직임 감지!!!");
  motionDetect=true;
```

```
  // 1초 타이머 시작
  timer2.attach(1, printCounter); // 1초 타이머 시작
  count=0; // 타이머 카운터 초기화
}

// 타이머 인터럽트 서비스루틴(ISR), 10초 체크
void IRAM_ATTR printCounter() {
  count++; // 타이버 카운터 증가
  Serial.print("Counter : ");
  Serial.println(count);
  if(count==timeSeconds) { //설정시간에 도달
    timer2.detach(); // 타이머 종료
    motionDetect=false; // 움직임 감지 종료
  }
}

void setup() {
  pinMode(motionSensorPin, INPUT); //PIR 센서를 입력으로 설정

  // 하드웨어 인터럽트 사용, ISR 지정, 상승에지에서 인터럽트 발생
  attachInterrupt(digitalPinToInterrupt(motionSensorPin), detectsMovement, RISING);

  pinMode(ledPin, OUTPUT); // LED를 출력으로 설정
  digitalWrite(ledPin, LOW); // LED 끄기
  Serial.begin(115200); // 통신속도 설정
}

void loop() {
  if(motionDetect) {
    digitalWrite(ledPin, HIGH); // LED 켜기
  }
  else {
    digitalWrite(ledPin, LOW); // LED 끄기
  }
}
```

실험 9-3

PIR 센서가 하드웨어 인터럽트 방식으로 움직임을 감지하고 하드웨어 타이머를 이용한 타이머 인터럽트를 활용하여 LED를 10초 동안 켜기

- [실험 9-2]와 동일하나 이번에는 Ticker 타이머 대신에 하드웨어 타이머를 이용
- 즉, ESP8266 NodeMCU 디바이스는 연결된 PIR 센서를 이용하여 하드웨어 인터럽트 방식으로 움직임을 감지하고 움직임을 감지한 후 하드웨어 타이머 인터럽트를 이용하여 10초 동안 LED를 켬
- [그림 9.6]의 회로를 이용하고 아래의 프로그램을 업로드

NodeMCU 디바이스 프로그램

```
const int ledPin= 14; // D5 LED에 연결된 핀 번호 정의
const int motionSensorPin= 2; // PIR 센서에 연결된 핀 번호 변수 정의

#define timeSeconds10 // 10초 설정
volatile int count = 0;  // 10초를 카운트하기 위한 변수
volatile boolean motionDetect=false; // 움직임 감지를 저장하는 변수

// 움직임이 감지되면 호출되는 인터럽트 서비스루틴(ISR), 타이머 시작
void IRAM_ATTR detectsMovement() {
  Serial.println("MOTION DETECTED!!!");
  motionDetect=true; // 움직임 감지

  timer1_enable(TIM_DIV16, TIM_EDGE, TIM_LOOP); // 16분주, 타이머 반복
  timer1_write(5000000); // 타이머1을 1초로 설정 및 타이머 시작
  count=0; // 타이머 카운터 초기화
}

// 타이머 인터럽트 서비스루틴(ISR), 10초 체크
void IRAM_ATTR printCounter() {
```

```
  count++; // 타이머 카운터 증가
  Serial.print("Counter : ");
  Serial.println(count);
  if(count==timeSeconds) { // 설정시간에 도달
    timer1_disable(); // 타이머 해제
    motionDetect=false; // 움직임 감지 종료
  }
}

void setup() {
  pinMode(motionSensorPin, INPUT); //PIR 센서를 입력으로 설정

  // 하드웨어 인터럽트 사용, ISR 지정, 상승에지에서 인터럽트 발생
  attachInterrupt(digitalPinToInterrupt(motionSensorPin), detectsMovement, RISING);

  pinMode(ledPin, OUTPUT); // LED를 출력으로 설정
  digitalWrite(ledPin, LOW); // LED 끄기
  Serial.begin(115200); // 통신속도 설정
  timer1_attachInterrupt(printCounter); // 타이머 ISR 지정
}

void loop() {
  if(motionDetect) {
    digitalWrite(ledPin, HIGH); // LED 켜기
  }
  else {
    digitalWrite(ledPin, LOW); // LED 끄기
  }
}
```

실험 9-4

3색 RGB LED 제어 (타이머 인터럽트 이용)

- 3색 RGB LED로 캐소드 공통형을 사용하며 꺼짐→빨간색→초록색→파란색→꺼짐→빨간색→.... 순서로 1초 간격으로 순차적으로 반복
- 타이머 인터럽트를 사용하여 인터럽트 방식으로 프로그램
- Ticker 타이머를 사용하며 타이머의 발생 주기를 1초로 설정
- [그림 9.7]과 같이 회로를 연결하고 아래의 프로그램을 업로드

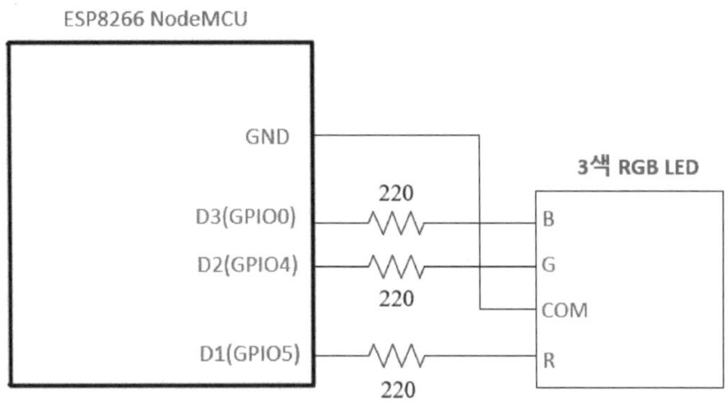

그림 9.7 실험 9-4 회로 연결

NodeMCU 디바이스 프로그램 ESP8266_Ticker_RGBLEDCtrl_IsecTimer

```
#include "Ticker.h" // Ticker 라이브러리 삽입

const int rLedPin = 5; // D1 3색 LED 중 빨간색 LED와 연결된 핀 번호 변수 정의
const int gLedPin = 4; // D2 3색 LED 중 초록색 LED와 연결된 핀 번호 변수 정의
const int bLedPin = 0; // D3 3색 LED 중 파란색 LED와 연결된 핀 번호 변수 정의

Ticker timer2; // Ticker 객체 생성
volatile int colorSelect=0; //색 선택을 저장하는 변수 선언

void IRAM_ATTR colorChange() { // 인터럽트 서비스 루틴
```

```
  colorSelect++;
  if(colorSelect == 4) colorSelect=0; // 4의 배수이면 초기화
}

void RGBLED_Display(int Num) {
  switch (Num) {
    case 0 :
        digitalWrite(rLedPin, LOW);  //rLED 끄기
        digitalWrite(gLedPin, LOW);  //gLED 끄기
        digitalWrite(bLedPin, LOW);  //bLED 끄기
      break;
    case 1 :
        digitalWrite(rLedPin, HIGH);  //rLED 켜기
        digitalWrite(gLedPin, LOW);  //gLED 끄기
        digitalWrite(bLedPin, LOW);  //bLED 끄기
      break;
    case 2 :
        digitalWrite(rLedPin, LOW);  //rLED 끄기
        digitalWrite(gLedPin, HIGH);  //gLED 켜기
        digitalWrite(bLedPin, LOW);  //bLED 끄기
      break;
    case 3 :
        digitalWrite(rLedPin, LOW);  //rLED 끄기
        digitalWrite(gLedPin, LOW);  //gLED 끄기
        digitalWrite(bLedPin, HIGH);  //bLED 켜기
      break;
  }
}

void setup() {
  pinMode(rLedPin, OUTPUT); // rLED를 출력으로 설정
  pinMode(gLedPin, OUTPUT); // gLED를 출력으로 설정
  pinMode(bLedPin, OUTPUT); // bLED를 출력으로 설정
```

```
  digitalWrite(rLedPin, LOW); //rLED에 LOW 출력(rLED 끄기)
  digitalWrite(gLedPin, LOW); //gLED에 LOW 출력(gLED 끄기)
  digitalWrite(bLedPin, LOW); //bLED에 LOW 출력(bLED 끄기)

  // 1초 타이머 시작
  timer2.attach_ms(1000, colorChange); // 1초 타이머 시작
}

void loop() {
  RGBLED_Display(colorSelect); // RGB LED 색 표시
                               // (0:끄기, 1:빨간색, 2:초록색, 3:파란색)
}
```

실험 9-5

3색 RGB LED 제어하기 (타이머 인터럽트 이용)

- [실험 9-4]와 동일하나 이번에는 타이머의 **발생 주기를 0.1초로 설정**
- 3색 RGB LED에 연결하고 꺼짐→빨간색→초록색→파란색→꺼짐→빨간색→.... 순서로 1초 간격으로 순차적으로 반복
- [그림 9.7] 회로를 사용하며 아래의 스케치 프로그램을 업로드

NodeMCU 디바이스 프로그램 ESP8266_Ticker_RGBLEDCtrl_100msTimer

```
#include "Ticker.h" // Ticker 라이브러리 삽입

const int rLedPin = 5; // D1 3색 LED 중 빨간색 LED와 연결된 핀 번호 변수 정의
const int gLedPin = 4; // D2 3색 LED 중 초록색 LED와 연결된 핀 번호 변수 정의
const int bLedPin = 0; // D3 3색 LED 중 파란색 LED와 연결된 핀 번호 변수 정의
```

```
Ticker timer2; // Ticker 객체 생성
volatile int colorSelect=0; //색 선택을 저장하는 변수 선언
volatile int intCount=0; //인터럽트 발생 횟수를 저장하는 변수

void IRAM_ATTR colorChange() { // 인터럽트 서비스 루틴
  intCount++; // 0.1초 마다 인터럽트 횟수 증가
  if(intCount == 10) { //1초에 도달했는지 확인
    colorSelect++;  // 색 선택 값 증가
    if(colorSelect == 4) colorSelect=0; // 4의 배수이면 초기화
    intCount=0; //인터럽트 횟수를 초기화
  }
}

void RGBLED_Display(int Num) {
  switch (Num) {
    case 0 :
       digitalWrite(rLedPin, LOW);  //rLED 끄기
       digitalWrite(gLedPin, LOW);  //gLED 끄기
       digitalWrite(bLedPin, LOW);  //bLED 끄기
     break;
    case 1 :
       digitalWrite(rLedPin, HIGH);  //rLED 켜기
       digitalWrite(gLedPin, LOW);  //gLED 끄기
       digitalWrite(bLedPin, LOW);  //bLED 끄기
     break;
    case 2 :
       digitalWrite(rLedPin, LOW);  //rLED 끄기
       digitalWrite(gLedPin, HIGH);  //gLED 켜기
       digitalWrite(bLedPin, LOW);  //bLED 끄기
     break;
    case 3 :
       digitalWrite(rLedPin, LOW);  //rLED 끄기
       digitalWrite(gLedPin, LOW);  //gLED 끄기
       digitalWrite(bLedPin, HIGH);  //bLED 켜기
     break;
```

```
  }
}

void setup() {
  pinMode(rLedPin, OUTPUT); // rLED를 출력으로 설정
  pinMode(gLedPin, OUTPUT); // gLED를 출력으로 설정
  pinMode(bLedPin, OUTPUT); // bLED를 출력으로 설정

  digitalWrite(rLedPin, LOW);  //rLED에 LOW 출력(rLED 끄기)
  digitalWrite(gLedPin, LOW);  //gLED에 LOW 출력(gLED 끄기)
  digitalWrite(bLedPin, LOW);  //bLED에 LOW 출력(bLED 끄기)

  timer2.attach_ms(100, colorChange); // 타이머를 0.1초로 설정, 타이머 시작
}

void loop() {
   RGBLED_Display(colorSelect); // RGB LED  색 표시
                                    // (0:끄기, 1:빨간색, 2:초록색, 3:파란색)
}
```

실험 9-6

스톱워치 만들기 (하드웨어 타이머 이용)

- 하드웨어 타이머를 이용하여 스톱워치 구현
- 스톱워치 시간(분 값)을 시리얼 모니터로부터 입력
- 시리얼 모니터에서 줄바꿈 옵션을 **"새줄"**로 통신속도를 115200으로 설정
- 폴링방식으로 수신 버퍼를 체크하고 수신 데이터를 읽어 그 시간까지 스톱워치 동작
- 하드웨어 타이머의 인터럽트 주기를 0.01초(10ms)로 설정
- 시리얼 모니터에 스톱워치 시간 표시 형식 : (분:초.100분의1 => 00:00.00)
- 아래의 스케치 프로그램을 업로드

NodeMCU 디바이스 프로그램 ESP8266_StopWatch_HWTimer_10msTimer

```
unsigned long inputMinute=0; // 입력 분값을 저장하는 변수

volatile unsigned long countMS=0; // 10ms(0.01초)마다 증가
volatile boolean timerFlag=false;

void IRAM_ATTR timerISR() {
  countMS++;  // 10ms마다 증가
  timerFlag=true;
}

void setup() {
    Serial.begin(115200);// 통신속도 설정

    timer1_attachInterrupt(timerISR); // 타이머 ISR
    timer1_enable(TIM_DIV16, TIM_EDGE, TIM_LOOP); // 16분주, 타이머 반복
    timer1_write(50000); //10ms 설정(5MHz 클럭을 50000개 카운트)
    timer1_disable(); // 타이머 정지
}

void loop(){
  if(Serial.available()) { //수신 버퍼에 수신 데이터가 있는지 확인
    String StringPayload = Serial.readStringUntil('\n'); // 수신버퍼에서 커맨드 종료
                                                          // 문자까지 읽어 종료문자 앞까지 반환
    Serial.println(" 수신 문자열 :"+StringPayload); // 수신 문자열 출력
    inputMinute = StringPayload.toInt(); // 입력 분 값
    timer1_enable(TIM_DIV16, TIM_EDGE, TIM_LOOP); // 16분주, 타이머 반복
    countMS=0;
  }

  if(timerFlag) {
    unsigned long milliSeconds=countMS%100;
    unsigned long secondsTmp=countMS/100;
    unsigned long seconds=secondsTmp%60;
```

```
    unsigned long minutes=secondsTmp/60;

    Serial.print(countMS);
    Serial.print("==> ");

    if(minutes<10) Serial.print("0");
    Serial.print(minutes);
    Serial.print(":");

    if(seconds<10) Serial.print("0");
    Serial.print(seconds);
    Serial.print(".");

    if(milliSeconds<10) Serial.print("0");
    Serial.println(milliSeconds);

    if(minutes == inputMinute) {
      timer1_disable(); // 타이머 정지
    }
    timerFlag=false;
  }
}
```

9.4 MQTT 프로토콜을 사용하여 NodeMCU 타이머 인터럽트 제어 실습

실험 9-7

MQTT 통신을 통한 NodeMCU PIR 동작감지 센서 모니터링 (NodeMCU 타이머 인터럽트를 이용)

1. 실습개요

- ESP8266 NodeMCU 디바이스에 연결된 PIR 움직임 감지 센서의 출력을 하드웨어 인터럽트 방식을 사용하여 움직임을 감지
- MQTT 프로토콜을 사용하여 PIR 센서의 상태 (움직임 감지) 및 LED 상태 (Ticker 타이머를 이용하여 1초 간격으로 10초 동안 LED 켬)를 대시보드에서 모니터링하는 방법에 대하여 학습

2. MQTT 네트워크

○ **MQTT 브로커**

- 무료 MQTT 브로커 "test.mosquitto.org"을 사용 (또는 "mqtt-dashboard.com")

○ **MQTT 클라이언트**

- NodeMCU 디바이스와 대시보드 앱을 클라이언트로 사용

3. MQTT 동작

○ **MQTT 프로토콜을 이용한 동작 과정**

- [그림 9.8]과 같이 MQTT 네트워크를 구성하고 발행 및 구독 토픽 설정
- NodeMCU는 두 개의 토픽을 발행하고 대시보드는 NodeMCU의 두 개의 토픽을 구독
- NodeMCU 발행 토픽 : NodeMCU 클라이언트는 하드웨어 인터럽트 방식으로 PIR 센서에서 움직임을 감지하면 Ticker 타이머가 1초마다 인터럽트를 발생하도록 설정. 움직임이 감지되었다는 메시지를 시리얼 모니터에 출력하고 또한, 토픽 "nodeMCU/pirState"에 페이로드로 "움직임이 감지되었습니다."를 발행. Ticker

타이머 인터럽트를 이용하여 LED를 1초 간격으로 10초 동안 켜고, 또한 토픽 "nodeMCU/ledState"에 페이로드로 1초에서 10초 값을 발행. 10초에 도달하면 토픽 "nodeMCU/pirState"에 페이로드로 "10초가 지나 LED를 끕니다!!!"와 토픽 "nodeMCU/ledState"에 페이로드로 0 값을 발행

- 대시보드 구독 토픽 : 대시보드 클라이언트는 토픽 "nodeMCU/pirState" 를 구독하고 페이로드를 대시보드에 문자 출력. 토픽 "nodeMCU/ledState"을 구독하고 구독한 페이로드 값에 해당하는 LED 상태를 대시보드에 시각적으로 표시하여 PIR 센서 상태와 LED 상태를 모니터링

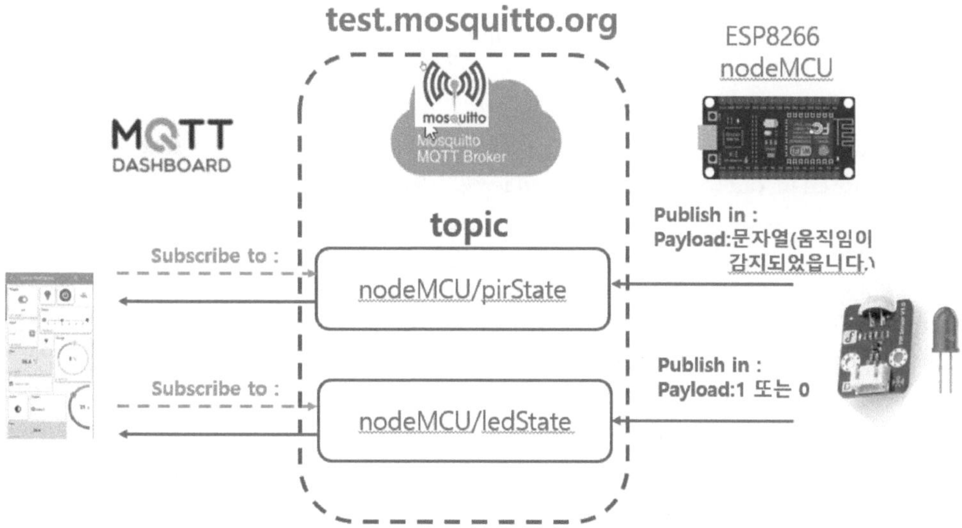

그림 9.8

○ 하드웨어 구성

- [그림 9.6]의 하드웨어 구성 이용

NodeMCU 디바이스 프로그램

```
#include <ESP8266WiFi.h> // ESP8266WiFi 라이브러리 삽입
#include <PubSubClient.h> // MQTT 클라이언트 라이브러리 삽입
#include <Ticker.h>  // Ticker 라이브러리 삽입

const int ledPin= 14; // D5 LED에 연결된 핀 번호 정의
const int motionSensorPin= 2; // D4 PIR 센서가 연결된 핀 번호 정의

const char* ssid= "************"; //WiFi 네트워크 이름 넣기
const char* password = "************"; // WiFi 네트워크 비번 넣기

const char* mqtt_server= "test.mosquitto.org"; //mqtt 브로커

// 토픽설정------------------------
const char* outTopicPirState= "nodeMCU/pirState"; // 클라이언트 발행 토픽
const char* outTopicLedState= "nodeMCU/ledState"; // 클라이언트 발행 토픽

WiFiClient espClient; // 네트워크 클라이언트로 WiFiClient 객체 생성
PubSubClient client(espClient); // 생성된 TCP 클라이언트를 이용하여
                                // MQTT 클라이언트 인스턴스 생성

char publishPayload[50]; // 발생 메시지 페이로드를 저장하는 변수
volatile boolean motionDetection=false; // 움직임 감지 플래그
volatile boolean timerEnd=false; // 10초 감지 플래그
volatile boolean timerProgress=false; // 시간 경과 표시

#define timeSeconds10 // 10초 설정
Ticker timer2; // Ticker 객체 생성
volatile int count = 0;  // 10초를 카운트하기 위한 변수

void setup() {
  pinMode(motionSensorPin, INPUT); // PIR 센서를 입력으로 설정

  // 하드웨어 인터럽트 사용, ISR 지정, 상승에지에서 인터럽트 발생
  attachInterrupt(digitalPinToInterrupt(motionSensorPin), detectsMovement, RISING);
```

```
  pinMode(ledPin, OUTPUT); // LED 핀 출력 설정
  digitalWrite(ledPin, LOW); // LED off
  Serial.begin(115200); // 통신속도 설정
  setup_wifi(); // wifi 설정함수 호출
  client.setServer(mqtt_server, 1883); // MQTT 서버 연결 정보 등록
}

void setup_wifi() {
  delay(10); // 10ms 대기
  WiFi.mode(WIFI_STA); // WiFi를 STA 모드로 설정
  WiFi.begin(ssid, password); // WiFi 연결 시도
  Serial.println("");
  Serial.print("Connecting to ");
  Serial.println(ssid); // WiFi 네트워크 이름 출력
  while (WiFi.status() != WL_CONNECTED) { // 접속될 때까지 대기
    delay(500);
    Serial.print(".");
  }
  Serial.println("");
  Serial.print("WiFiconnected to ");
  Serial.println(ssid); // WiFi 네트워크 이름 출력
  Serial.print("IP address: ");
  Serial.println(WiFi.localIP()); //AP에 의해 ESP 모듈에 할당된 IP 출력
}

// 움직임이 감지되면 호출되는 하드웨어 인터럽트 서비스루틴(ISR), 타이머 시작
void IRAM_ATTR detectsMovement() {
  motionDetection=true;// 움직임 감지
  timer2.attach(1, printCounter); // 1초 타이머 시작
  count=0;// 타이머 카운터 초기화
}

//타이머 인터럽트 서비스루틴(ISR), 10초 체크
void IRAM_ATTR printCounter() {
  count++;// 타이머 카운터 증가
```

```
  if(count==timeSeconds) {//설정시간에 도달
    timer2.detach();// 타이머 종료
    timerEnd=true;// 타이머 10초 도달
  }
  timerProgress=true;// 타이머 경과시간 표시
}

void loop() {
  if (!client.connected()) {  // 클라이언트가 서버에 연결되어 있는지 확인
    reconnect(); // 연결되어 있지 않으면 연결 시도
  }
  client.loop(); //클라이언트가 수신 메시지를 처리하고 서버에 연결 유지

  if(motionDetection) { // 움직임이 감지된 경우
    Serial.println("MOTION DETECTED!!!"); // 문자열 출력
    digitalWrite(ledPin, HIGH); // LED 켜기
    publishMessage("pirState","움직임이 감지되었습니다.");// 토픽에 대한 메시지 발행
    publishMessage("ledState","1"); // 토픽에 대한 메시지 발행
    motionDetection=false; // 움직임 감지 플래그 초기화
  }
  if(timerProgress) { // 경과 시간 표시
    Serial.print("Counter : ");
    Serial.println(count);
    publishMessage("ledState",String(count)); // 토픽에 대한 메시지 발행
    timerProgress=false; // 시간 경과 표시 플래그 초기화
  }
  if(timerEnd) { // 10초 감지된 경우
    Serial.println("10초가 지나 LED를 끕니다!!!");
    digitalWrite(ledPin, LOW); // LED 끄기
    publishMessage("pirState","10초가 지나 LED를 끕니다.");// 토픽에 대한 메시지 발행
    publishMessage("ledState","0"); // 토픽에 대한 메시지 발행
    timerEnd=false; // 10초 감지 플래그 초기화
  }
}
```

```
void reconnect() {
 while (!client.connected()) { // 클라이언트가 서버에 연결되어 있는지 확인
  Serial.print("Attempting MQTT connection...");
  Serial.println(mqtt_server);

  // 랜덤 클라이언트 ID 생성
  String clientId= "ESP8266Client-"; // 클라이언트 Id
  clientId+= String(random(0xffff), HEX); // 클라이언트 Id에 랜덤숫자 추가

  if (client.connect(clientId.c_str())) { // 클라이언트 연결을 성공하였다면
   Serial.print("connected to");
   Serial.println(mqtt_server);
  }
  else {
   Serial.print("failed, rc=");
   Serial.print(client.state()); // 연결 실패에 대한 클라이언트의 현재 상태를 출력
   Serial.println(" try again in 5 seconds");
   delay(5000); // 재시도하기 전 5초 대기
  }
 }
}

void publishMessage(String state, String message) {
 message.toCharArray(publishPayload,message.length()+1); // String을 문자배열로 변환
 Serial.print("Publish message: ");
 Serial.println(publishPayload);

 if(state == "pirState" ) {
  client.publish(outTopicPirState, publishPayload); // 토픽에 대한 메시지 발행
 }
 else if (state == "ledState" ){
  client.publish(outTopicLedState, publishPayload); // 토픽에 대한 메시지 발행
 }
}
```

○ **MQTT Dashboard 앱 설정**

- text 위젯을 이용하여 PIR 센서의 상태를 문자열로 표시
- gauge 위젯을 이용하여 LED 상태를 표시

○ **Text 위젯**

- 옵션 항목들을 다음과 같이 설정

option			설정
Name			**PIR상태**
MQTT	MQTT enable		**enable**
	MQTT connection		**mosquitto.org**
	Subscribe to topic		**nodeMCU/pirState**
Design	Text Value	Font size	**20**
		Color	
		Font style	
	Unit	Show unit	**disable**

○ **Gauge 위젯**

- 옵션 항목들을 다음과 같이 설정

option			설정
Name			**LED상태_10초**
Min Value			**0**
Max Value			**10**
Min Step			**1**
MQTT	MQTT enable		**enable**
	MQTT connection		**mosquitto.org**
	Subscribe to topic		**nodeMCU/ledState**
Design	Gauge	Type	**Half top**
		Fill color	**〈붉은색 선택〉**
	Text Value	Font size	**20**
		Color	
		Font style	
	Unit	Show unit	**disable**

○ **설계된 Dashboard 앱**

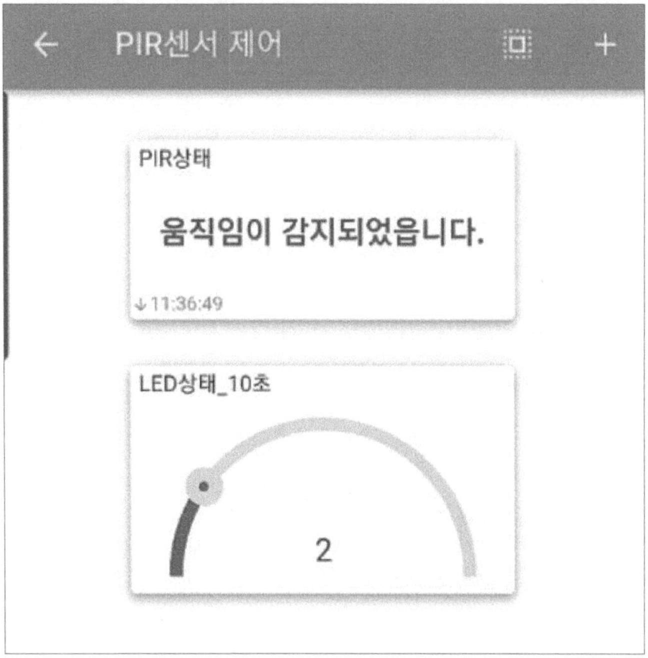

그림 9.9

제10장

ESP8266 NodeMCU I2C 통신을 활용한 센서 제어

실험에 필요한 부품

조도 센서 (BH1750FVI)	I2C 지원 16×2 문자 LCD			
1개	1개			

ESP8266 NodeMCU I2C 통신

- ESP8266 NodeMCU 보드는 [그림 10.1]과 같이 2개의 선을 사용하여 센서들과 I2C 직렬통신 가능
- 2개의 선은 데이터 선과 클럭 선이며 데이터(SDA)는 D2(GPIO4) 핀, 클럭(SCL)은 D1(GPIO5) 핀 사용

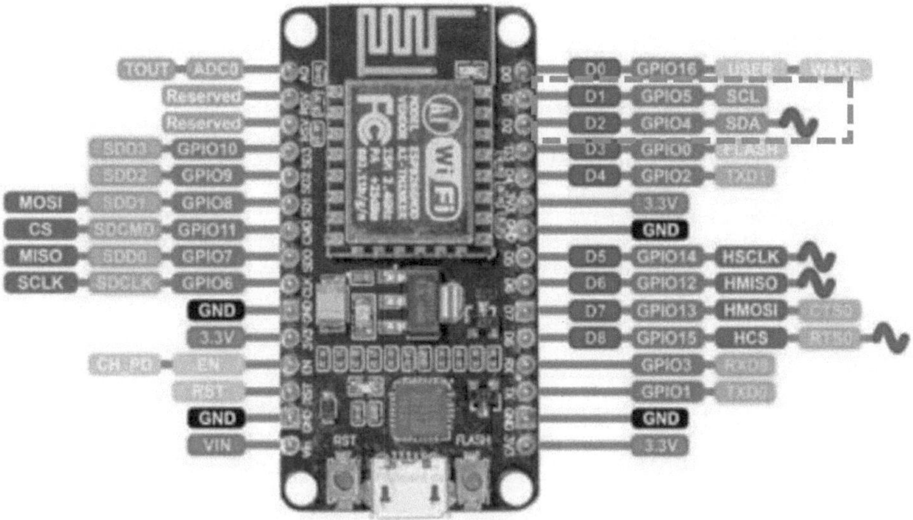

보드라벨	GPIO	비고
D1	GPIO5	SCL (I2C 클럭)
D2	GPIO4	SDA (I2C 데이터)

그림 10.1 ESP8266 NodeMCU 보드 I2C 통신 핀

10.1 I2C 통신 또는 TWI 통신

I2C 통신

- I2C 통신 또는 I2C 인터페이스는 IC(집적 회로) 사이에 데이터 통신을 목적으로 1980년대 초반 필립스에서 개발한 직렬통신 방식
- 2개의 선만을 사용하여 통신이 이루어지기 때문에 TWI(Two Wire Serial Interface)라고도 부름
- I2C 인터페이스에서 사용하는 2개의 선은 데이터 선(**SDA**)과 클럭 선(**SCL**) 선을 사용하여 통신

• 2개의 선을 사용하기 때문에 회로가 간단하고 PCB 등을 제작할 때 비용이 적게 들고, 잡음 등의 문제도 줄어들게 되는 장점
• I2C 인터페이스는 마스터와 슬레이브 환경에서 동작하는데 데이터를 보내는 칩 혹은 마이크로 프로세서를 마스터(Master)라고 하고, 데이터를 받는 칩 혹은 마이크로 프로세서를 슬레이브(Slave)라고 함
• 마스터는 하나만 존재하고 슬레이브는 하나 이상이 될 수 있음
• [그림 10.2]는 I2C 인터페이스 통신 구성 예로, 1개의 마스터와 3개의 슬레이브로 구성
• ESP8266 NodeMCU 보드가 마스터이며 **SDA는** D2(GPIO4) **번 핀**이고 **SCL은** D1(GPIO5) **번** 핀임
• 슬레이브는 제어하고자 하는 센서들로 각 슬레이브는 7비트의 서로 다른 주소를 가져야 하고 **즉, 슬레이브들은 7비트 주소에 의해 구분되며** 두 회선에 풀업저항을 연결해 주어야 함
• I2C 주소 범위 : 1~126(0x01~0x7E)
  - 0(0x00) : 브로드 캐스주소(모든 슬레이브가 데이터 수신)
  - 127(0x7F) : 테스트 목적(주소 할당 불가)

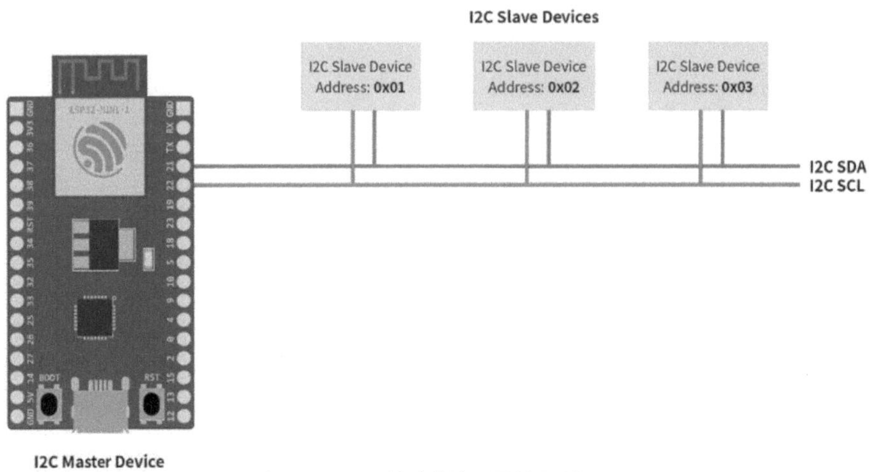

그림 10.2 I2C 인터페이스 통신 구성도

I2C 통신 동작원리

(1) 스타트 조건 및 스톱 조건

- SDA와 SCL 2개의 선을 사용하여 통신이 이루어지기 위해 [그림 10.3]과 같이 스타트 조건(Start Condition)과 스톱 조건(Stop Condition)을 다음과 같이 정의

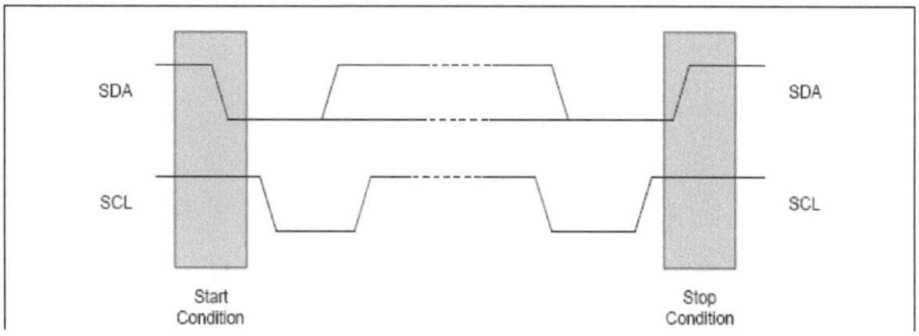

그림 10.3 스타트 조건 및 스톱 조건

▶ 스타트 조건: 마스터가 슬레이브에게 "통신을 시작하겠다"라는 의미로 SCL의 상태가 High일 때, SDA의 상태가 High에서 Low로 바뀜으로써 슬레이브는 통신 시작을 감지

▶ 스톱 조건: 마스터가 슬레이브에게 "통신을 종료하겠다"라는 의미로 SCL의 상태가 High일 때, SDA의 상태가 Low에서 High로 바뀜으로써 슬레이브는 통신 종료를 감지

(2) 데이터 전송 포맷

- SDA와 SCL 2개의 선을 사용하여 마스터가 슬레이브에 데이터를 쓰기 위한 데이터 전송 포맷과 마스터가 슬레이브로부터 데이터를 읽어오기 위한 데이터 전송 포맷을 [그림 10.4]에 나타냄. 데이터 전송 포맷은 칩 제조사마다 약간씩 상이할 수 있으므로 사용하고자 하는 칩의 데이터 시트를 꼭 참조 필요

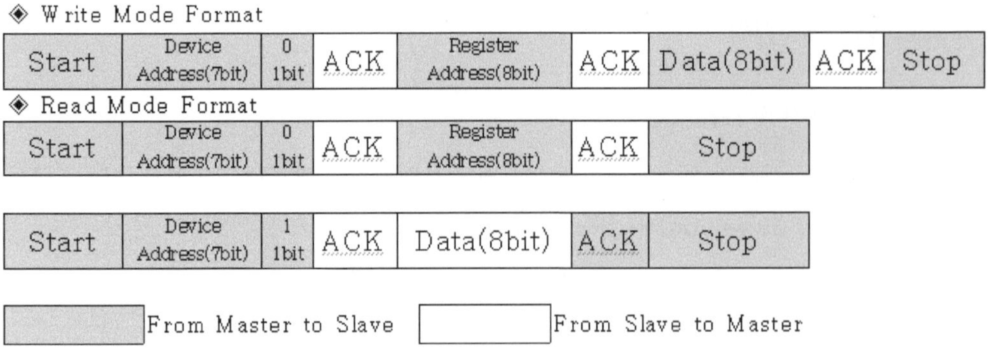

그림 10.4 데이터 전송 포맷

▶ 마스터 프로세서가 슬레이브에 데이터를 쓰기 위한 방법

① 마스터는 시작 조건(Start Condition) 신호를 발생

② 슬레이브의 7비트 주소와 R/W 플래그에 '0'(1bit)을 전송

③ 슬레이브가 신호를 제대로 수신하였다면 슬레이브는 마스터에게 ACK 신호(LOW '0')를 발생

④ ACK 신호를 수신한 마스터는 Register Address(데이터를 쓸 장소)를 슬레이브에게 전송하고 슬레이브로부터 ACK 신호를 수신

⑤ 마스터는 ACK를 확인하고 쓰고자 하는 데이터를 전송

⑥ 마스터는 슬레이브로부터 ACK 신호를 수신하고 스톱 조건(Stop Condition) 신호를 발생

▶ 마스터가 슬레이브로부터 데이터를 읽기 위한 방법

① 마스터는 시작 조건(Start Condition) 신호를 발생

② 슬레이브의 7비트 주소와 R/W 플래그에 '0'(1bit)을 전송

③ 슬레이브가 신호를 제대로 수신하였다면 슬레이브는 마스터에게 ACK 신호(LOW '0')를 발생

④ ACK 신호를 수신한 마스터는 Register Address(데이터를 읽을 장소, 또는 명령어)를 슬레이브에게 전송하고 슬레이브로부터 ACK 신호를 수신

⑤ 마스터는 슬레이브로부터 ACK 신호를 수신하고 스톱 조건(Stop Condition) 신호를 발생

⑥ 마스터는 시작 조건(Start Condition) 신호를 발생

⑦ 슬레이브의 7비트 주소와 R/W 플래그에 '1'(1bit)을 전송

⑧ 슬레이브가 신호를 제대로 수신하였다면 슬레이브는 마스터에게 ACK 신호(LOW '0')를 발생

⑨ 슬레이브는 ACK 신호를 발생하고 이어서 데이터를 전송

⑩ 마스터는 슬레이브가 보낸 데이터를 받고 ACK 신호를 발생

⑪ 마스터는 스톱 조건(Stop Condition) 신호를 발생

10.2 BH1750FVI 조도 센서

- [그림 10.5]는 실험에 사용할 BH1750FVI 조도 센서를 보여주며 [표 10.1]과 [표 10.2]에 주요 특징과 명령어들을 보여줌

- GND : 접지
- ADD : HIGH, LOW에 따라 주소가 다름
- SDA : NodeMCU 보드 SDA(D2, GPIO4)에 연결
- SCL : NodeMCU 보드 SCL(D1, GPIO5)에 연결
- VCC : 3.3V

그림 10.5 BH1750FVI 조더 센서

표 10.1 BH1750FVI 조더 센서 주요 특징

• I2C 인터페이스로 동작 • ADD 핀 값에 따라 2가지 형태의 I2C 슬레이브 주소 - ADD 핀이 HIGH 일 때 7비트 슬레이브 주소 값 : 1011100 (0x5C) - ADD 핀이 LOW 일 때 7비트 슬레이브 주소 값 : 0100011 (0x23) • 높은 resolution(0~65535 lux)의 넓은 범위를 검파 • 16비트(2바이트) 조도 값 출력(초기 값 0x00 0x00) - 읽은 2바이트로부터 조도 계산 : (상위 바이트*256+하위 바이트)/1.2 • 6가지의 모드를 지원. "continously H-resolution mode"의 경우 1 lux의 resolution을 갖음 • "continously H-resolution mode2"의 경우 0.5 lux의 resolution으로 측정하여"continously H-resolution mode"의 1 lux의 resolution 보다 2배 높게 나옴

표 10.2 BH1750FVI 조더 센서 명령어

Instruction	Opecode	Comments
Power Down	0000_0000	No active state.
Power On	0000_0001	Waiting for measurement command.
Reset	0000_0111	Reset Data register value. Reset command is not acceptable in Power Down mode.
Continuously H-Resolution Mode	0001_0000	Start measurement at 1lx resolution. Measurement Time is typically 120ms.
Continuously H-Resolution Mode2	0001_0001	Start measurement at 0.5lx resolution. Measurement Time is typically 120ms.
Continuously L-Resolution Mode	0001_0011	Start measurement at 4lx resolution. Measurement Time is typically 16ms.
One Time H-Resolution Mode	0010_0000	Start measurement at 1lx resolution. Measurement Time is typically 120ms. It is automatically set to Power Down mode after measurement.
One Time H-Resolution Mode2	0010_0001	Start measurement at 0.5lx resolution. Measurement Time is typically 120ms. It is automatically set to Power Down mode after measurement.
One Time L-Resolution Mode	0010_0011	Start measurement at 4lx resolution. Measurement Time is typically 16ms. It is automatically set to Power Down mode after measurement.
Change Measurement time (High bit)	01000_MT[7,6,5]	Change measurement time. ※ Please refer "adjust measurement result for influence of optical window."
Change Masurement time (Low bit)	011_MT[4,3,2,1,0]	Change measurement time. ※ Please refer "adjust measurement result for influence of optical window."

10.3 Wire 라이브러리

Wire 라이브러리

- NodeMCU 보드에서 I2C 통신을 사용하려면 Wire 라이브러리를 사용해야 함
- Wire 라이브러리는 I2C/TWI 디바이스와 통신을 하는데 유용한 함수를 제공

void Wire.begin(address)		
기능	Wire 라이브러리 초기화(I2C 통신을 위한 초기화). 마스터 또는 슬레이브로 I2C 통신에 참여	
매개변수	address	7비트 슬레이브 주소 주소가 없는 경우 마스터로서 I2C 통신에 참여
리턴 값	void	없음

void Wire.beginTransmission(address)		
기능	주어진 주소를 갖는 슬레이브 디바이스에 전송을 시작. write() 함수로 전송한 바이트는 버퍼에 쌓이고 endTransmission() 함수를 호출하면 버퍼에 저장된 바이트를 전송	
매개변수	address	7비트 슬레이브 주소
리턴 값	void	없음

byte Wire.write(value) byte Wire.write(string) byte Wire.write(data, length)		
기능	마스터로에서 슬레이브로 전송할 데이터를 버퍼에 씀(저장)	
매개변수	value	1바이트로 전송할 값
	string	일련의 바이트로 전송할 스트링
	data	바이트들로 전송할 데이터 배열
	length	전송할 바이트 수
리턴 값	byte	쓰여진 바이트 수를 반환

byte Wire.endTransmission() byte Wire.endTransmission(stop)		
기능	beginTransmission() 함수에 의해 시작되고 write() 함수에 의해 버퍼에 저장된 바이트를 전송	
매개변수	stop	true : 데이터 요청 후 stop 메시지를 보내고 I2C 버스를 해제 false : 데이터 요청 후 restart 메시지를 보내고 I2C 버스는 연결된 상태를 유지
리턴 값	byte	0: 성공 1: 송신데이터가 너무 길어 송신 버퍼에 맞지 않음 2: 주소 전송에 대한 NACK 수신 3: 데이터 전송에 대한 NACK 수신 4: 다른 오류

byte Wire.requestFrom(address, quantity) byte Wire.requestFrom(address, quantity, stop)		
기능	마스터가 슬레이브에 바이트 단위의 데이터를 요청하는데 사용. 데이터는 available()과 read() 함수에 의해 읽힘	
매개변수	address	7비트 슬레이브 주소
	quantity	요청된 바이트 수
	stop	true : 데이터 요청 후 stop 메시지를 보내고 I2C 버스를 해제 false : 데이터 요청 후 restart 메시지를 보내고 I2C 버스는 연결된 상태를 유지
리턴 값	byte	슬레이브로부터 반환된 바이트 수

byte Wire.available()		
기능	requestFrom() 함수에 의해 슬레이브로부터 받은 데이터가 마스터 수신 버퍼에 존재하는지 확인	
매개변수	void	없음
리턴 값	byte	읽어 들일 수 있는 바이트 수

byte Wire.read()		
기능	available() 함수에 의해 수신 버퍼에 데이터 존재 시 데이터를 읽음	
매개변수	void	없음
리턴 값	byte	읽어들인 바이트

10.4 문자 LCD

문자 LCD

- LCD는 Liquid Crystal Display의 약자로 모든 아스키 문자를 표현할 수 있어서 마이크로컨트롤러를 사용하는 많은 기기에서 문자 출력에 널리 사용
- LCD 표시 장치는 크게 문자형과 그래픽형 두 가지로 분류
- 문자형은 드라이버 내에 글꼴을 가지고 있어 영문자나 숫자를 쉽게 표시할 수 있고 그래픽 형은 문자형에 폰트가 없는 한글 또는 그래픽을 표시할 수 있으나 문자형보다는 사용하기 어려움
- LCD 모듈은 디스플레이 드라이버와 디스플레이가 합쳐진 것인데 현재 시판되는 문자형 LCD 표시 장치의 드라이버로 Hitachi사의 HD44780가 주로 사용

문자 LCD 인터페이스

- 실습에서는 [그림 10.6]과 같이 16×2(16문자×2줄) 문자형 LCD를 사용

그림 10.6 16×2(16문자×2줄) 문자형 LCD

- 각 문자는 [그림 10.7]과 같이 5×8 픽셀로 구성되며 모든 아스키 문자를 지원하고 부가적으로 8개의 사용자 정의 문자를 만들어 사용 가능

0	0	1	0	0
0	1	1	1	0
1	1	1	1	1
0	0	1	0	0
0	0	1	0	0
0	0	1	0	0
0	0	1	0	0
0	0	1	0	0

그림 10.7 5×8 픽셀로 구성된 문자

- 마이크로 컨트롤러와 LCD 인터페이스는 4비트 인터페이스나 8비트 인터페이스를 사용할 수 있으나 NodeMCU는 사용할 수 있는 핀의 수가 적어 최소한의 핀을 사용하기 위해 I2C 인터페이스를 지원하는 문자 LCD를 사용하여 NodeMCU와 연결

1) I2C 문자 LCD

- I2C 인터페이스를 지원하기 위해 [그림 10.8]과 같은 I2C LCD 인터페이스 어댑터가 LCD 후면에 장착됨
- 7비트 슬레이브주소 값 : 0100111 (0x27)

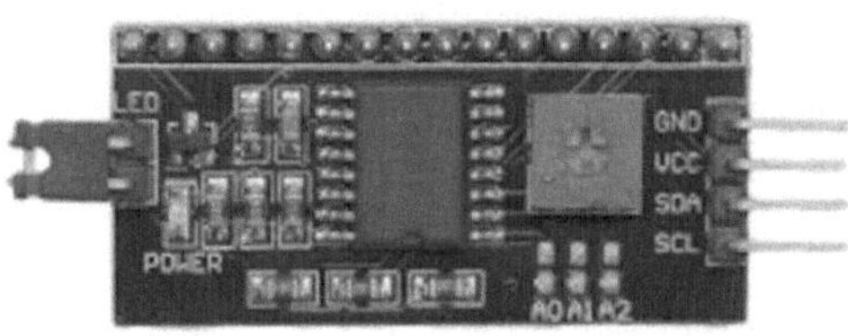

- GND : 접지
- VCC : 3.3V
- SDA : NodeMCU SDA(D2, GPIO4)에 연결
- SCL : NodeMCU SCL(D1, GPIO5)에 연결

그림 10.8 I2C LCD 인터페이스 어댑터

2) LiquidCrystal_I2C 라이브러리 설치

- NodeMCU에서 I2C를 사용하여 LCD 디스플레이를 제어하는 라이브러리 설치 필요
- [그림 10.9]와 같이 라이브러리 매니저 아이콘을 누른 후 LiquidCrystal_I2C를 검색하고 최신 버전을 선택한 후 설치

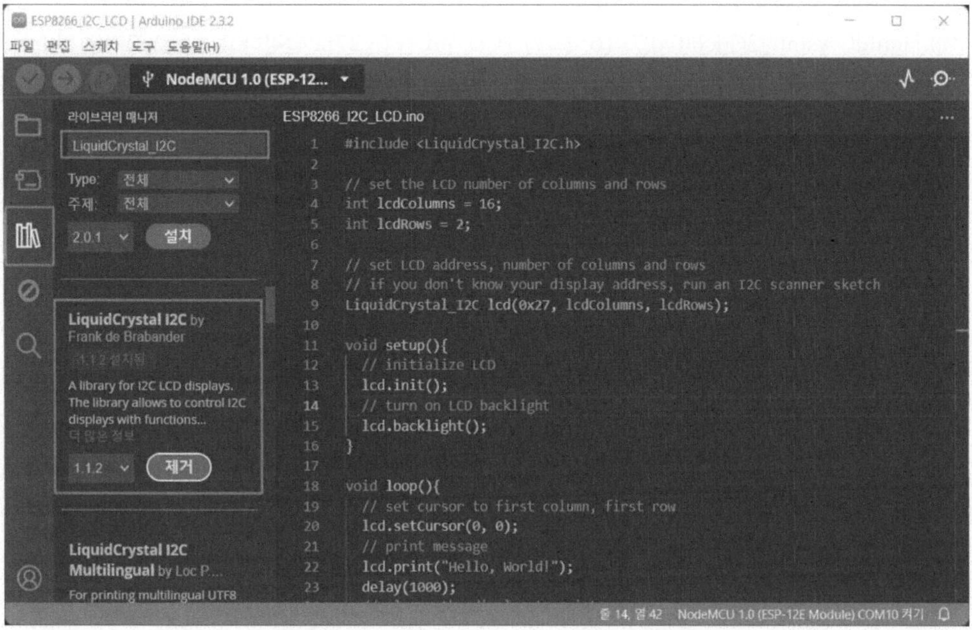

그림 10.9 LiquidCrystal_I2C 라이브러리 설치

3) LiquidCrystal_I2C 라이브러리 제공 함수

- NodeMCU에서 LCD를 편리하게 제어하기 위한 다양한 함수가 LiquidCrystal_I2C 라이브러리에 내장되어 있으므로 프로그램 맨 윗부분에 LiquidCrystal_I2C.h를 추가하고 다양한 함수를 사용

```
#include <LiquidCrystal_I2C.h> //LiquidCrystal_I2C 라이브러리 삽입
```

• 다음과 같은 다양한 함수를 사용

<table>
<tr><th colspan="3">LiquidCrystal_I2C lcd(addr, cols, rows);</th></tr>
<tr><td>기능</td><td colspan="2">LiquidCrysta_I2C 클래스의 인스턴스를 생성</td></tr>
<tr><td rowspan="3">매개변수</td><td>addr</td><td>7비트 주소 값</td></tr>
<tr><td>cols</td><td>LCD 열의 수</td></tr>
<tr><td>rows</td><td>LCD 행의 수</td></tr>
<tr><td>리턴 값</td><td>void</td><td>없음</td></tr>
<tr><td colspan="3">(예) LiquidCrystal_I2C lcd(0x27, 16, 2); // LCD 주소를 0x27로 설정하고, 16x2 크기의 디스플레이를 사용
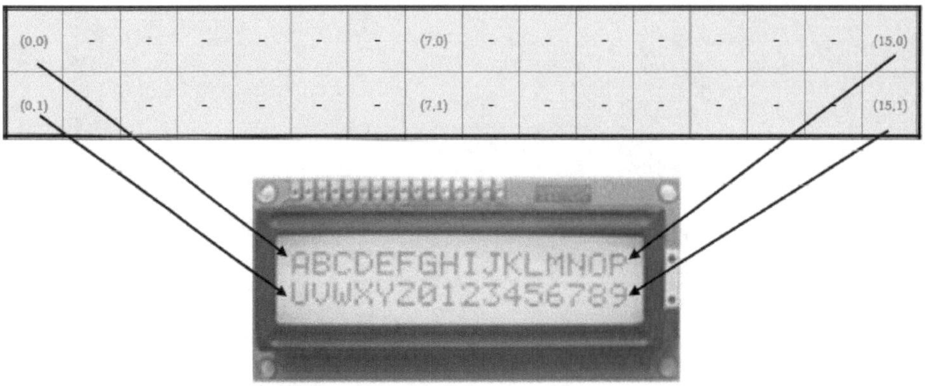
</td></tr>
</table>

<table>
<tr><th colspan="3">void lcd.init(void)</th></tr>
<tr><td>기능</td><td colspan="2">LCD 초기화(LCD 화면을 지우고 커서를 상단 좌측(홈)에 위치)</td></tr>
<tr><td>변수</td><td>lcd</td><td>LiquidCrystal_I2C 타입의 변수</td></tr>
<tr><td>매개변수</td><td>void</td><td>없음</td></tr>
<tr><td>리턴 값</td><td>void</td><td>없음</td></tr>
<tr><td colspan="3">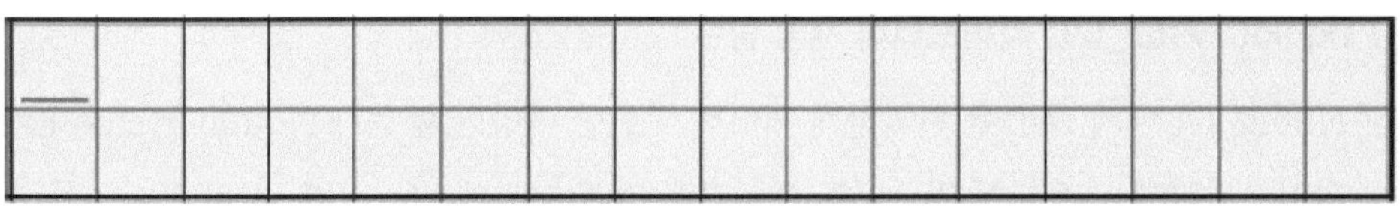</td></tr>
</table>

void *lcd*.clear()		
기능	LCD 화면을 지우고 커서를 상단 좌측(홈)에 위치	
변수	*lcd*	LiquidCrystal_I2C 타입의 변수
매개변수	void	없음
리턴 값	void	없음

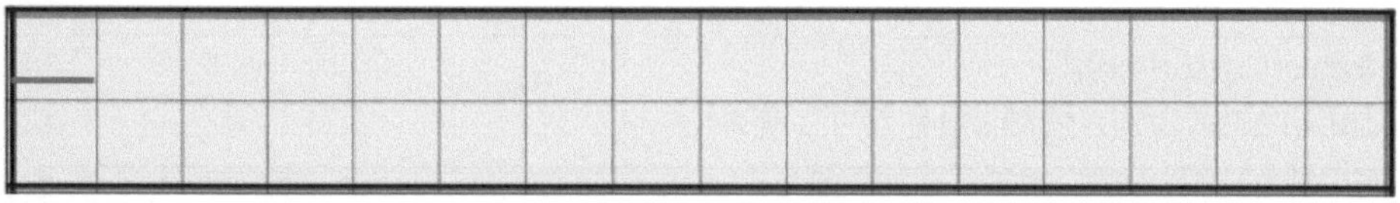

void *lcd*.home()		
기능	커서를 상단 좌측(홈)으로 이동	
변수	*lcd*	LiquidCrystal_I2C 타입의 변수
매개변수	void	없음
리턴 값	void	없음

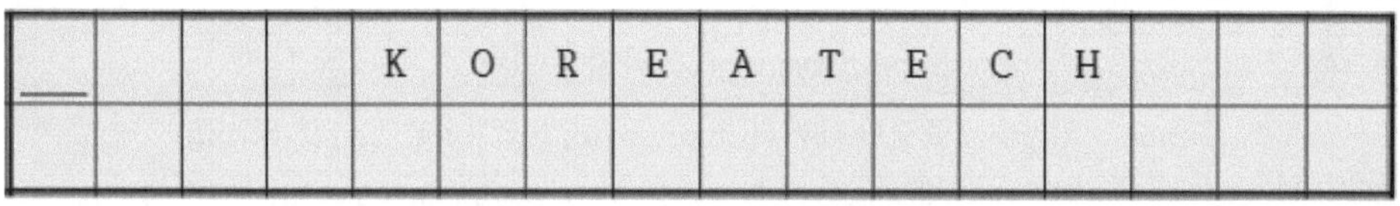

void *lcd*.setCursor(col, row)		
기능	커서를 지정된 열과 행으로 이동. 이동된 자리부터 데이터를 출력	
변수	*lcd*	LiquidCrystal_I2C 타입의 변수
매개변수	col	열(칸) 위치(첫 번째 열은 0, 마지막 열은 15)
	row	행(줄) 위치(첫 번째 행은 0, 두 번째 행은 1)
리턴 값	void	없음

(예) lcd.setCursor(4,0);

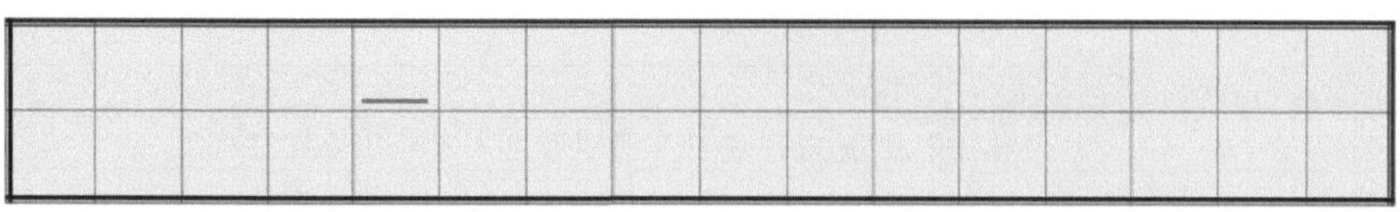

byte *lcd*.write(data)		
기능	LCD에 문자를 출력	
변수	*lcd*	LiquidCrystal_I2C 타입의 변수
매개변수	data	출력할 문자
리턴 값	byte	출력한 바이트 수
(예) lcd.setCursor(4,0); lcd.write(97) // 97에 해당하는 문자 a 출력		

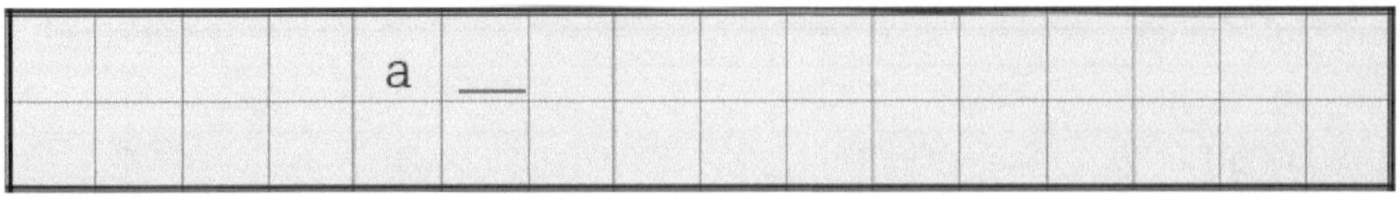

byte *lcd*.print(data) byte *lcd*.print(data, BASE)		
기능	LCD에 텍스트를 출력	
변수	*lcd*	LiquidCrystal_I2C 타입의 변수
매개변수	data	출력할 데이터(char, byte, int, long, string, String)
	BASE	출력할 진수, 2진수(BIN) 10진수(DEC) 8진수(OCT) 16진수(HEX)
리턴 값	byte	출력한 바이트 수
(예) lcd.setCursor(4,0); lcd.print(97) // 문자열 97 출력		

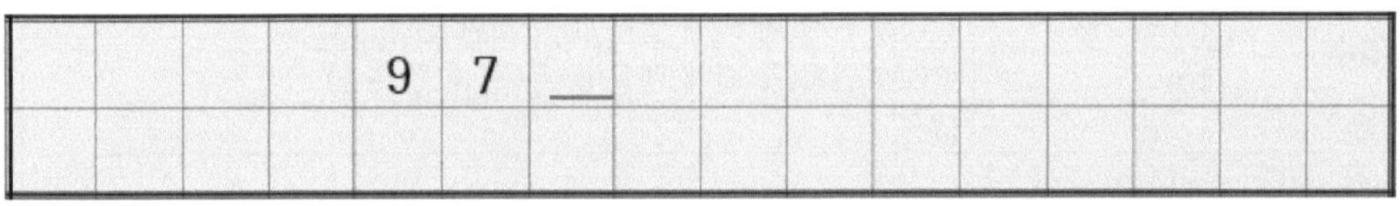

void *lcd*.cursor()		
기능	커서를 표시. 다음 문자가 출력될 위치에서 밑줄로 표시	
변수	*lcd*	LiquidCrystal_I2C 타입의 변수
매개변수	void	없음
리턴 값	void	없음

void *lcd*.noCursor()		
기능	커서를 숨김	
변수	*lcd*	LiquidCrystal_I2C 타입의 변수
매개변수	void	없음
리턴 값	void	없음

byte *lcd*.createChar(num, data)		
기능	사용자 정의문자 생성. 8개까지의 5×8 픽셀 문자를 지원하며 사용자 정의문자 ID에 0~7까지 할당. 사용자 정의 문자 출력은 사용자 정의문자 ID(0~7)를 사용하여 write() 함수로 출력	
변수	*lcd*	LiquidCrystal_I2C 타입의 변수
매개변수	num	사용자 정의문자 ID(0~7)
	data	문자 픽셀 데이터
리턴 값	void	없음

4) 사용자 정의문자

○ 사용자 정의문자

- LCD에는 8자의 새로운 사용자 정의문자(글꼴)을 생성 가능
- 사용자 정의문자는 5×8 픽셀로 구성되며 [그림 10.10]과 같이 8개의 byte형 배열로 표시

UpArrow 문자	2진수로 표현	16진수로 표현
	byte UpArrow[]={	byte UpArrow[]={
0 0 1 0 0	0b00100,	0x04,
0 1 1 1 0	0b01110,	0x0e,
1 1 1 1 1	0b11111,	0x1f,
0 0 1 0 0	0b00100,	0x04,
0 0 1 0 0	0b00100,	0x04,
0 0 1 0 0	0b00100,	0x04,
0 0 1 0 0	0b00100,	0x04,
0 0 1 0 0	0b00100};	0x04};

그림 10.10 사용자 정의문자

- 사용자 정의문자 생성을 위한 유용한 웹 사이트 : **https://omerk.github.io/lcdchargen/**
- setup() 함수에서 createChar() 함수를 호출하여 byte 배열을 0~7까지의 사용자 정의문자 ID에 할당. 위쪽 화살표를 정의문자 ID 0에 할당하는 경우 아래와 같이 표현

  lcd.createChar(0, UpArrow); // 위쪽 화살표를 정의문자 ID 0에 할당하는 경우
- 사용자 정의문자 출력은 사용자 정의문자 ID(0~7)를 사용하여 write() 함수로 출력. 정의문자 ID 0에 할당된 위쪽 화살표를 출력하는 경우 아래와 같이 (byte)를 꼭 붙여야 함

  lcd.write((byte)0); //정의문자 ID 0에 할당된 위쪽 화살표를 출력

10.5 NodeMCU I2C 통신을 사용한 센서 제어 실습

실험 10-1

I2C 통신을 이용하여 BH1750FVI 조도 센서의 주소 값을 찾아 시리얼 모니터에 출력

- BH1750FVI 조도 센서는 ADD에 HIGH를 인가하느냐 LOW를 인가하느냐에 따라 주소 값이 상이
- [그림 10.11]과 같이 ADD를 접지와 연결하여 LOW를 인가한 상태에서 주소 값을 알아보는 실험 수행
- 주소 값을 알아내기 위해 I2C 인터페이스를 통해 쓰기 모드에서 7 비트 주소 값을 1부터 126까지 하나씩 전송하여 응답을 확인
- 응답이 확인된 주소 값을 찾아내 시리얼 모니터에 출력
- [그림 10.11]과 같이 회로를 연결하고 아래의 프로그램을 업로드

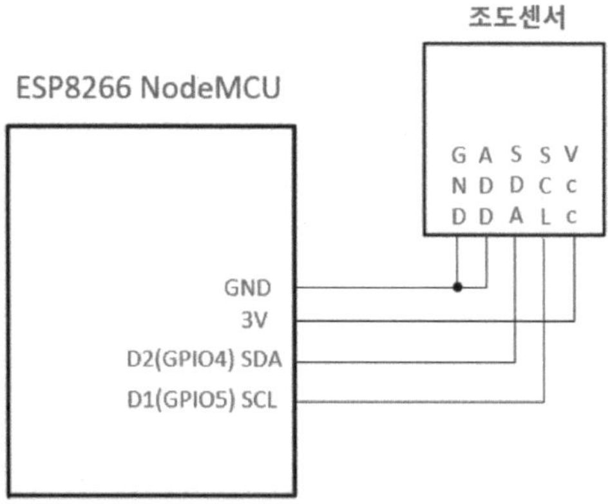

그림 10.11 실험 10-1 회로 연결

NodeMCU 디바이스 프로그램 ESP8266_I2C_Sensor_AddressFinding

```
#include <Wire.h> //I2C 라이브러리 삽입

void setup() {
  Wire.begin(); // I2C 객체 시작
  Serial.begin(115200);  // 시리얼 모니터와 시리얼 개방, 통신속도 설정
  Serial.println("\nI2C Scanner"); // 문자열 출력
}

void loop() {
  Serial.println("\nI2C 장치 스캔 중 ...");

  int deviceCount = 0; // 슬레이브 디바이스 개수를 저장하는 변수
  for (int address = 1; address < 127; address++) {
    Wire.beginTransmission(address);  // 장치와 통신 시작
    if (Wire.endTransmission() == 0) {  // 응답 확인
      Serial.print(" - 장치 발견 : 0x");
      Serial.println(address, HEX);  // 장치 주소 출력
      deviceCount++;
    }
```

```
    delay(5); // 안정성을 위한 짧은 지연
  }

  if (deviceCount == 0) {
    Serial.println(" I2C 장치 없음\n");
  } else {
    Serial.print(" ==> 발견 된 I2C 장치 :");
    Serial.println(deviceCount);
  }
  delay(5000);  // 5초 후 다시 스캔
}
```

○ **결과확인**

- [그림 10.12]와 같이 장치가 발견되었고 7비트 주소 값이 0x23임을 알 수 있음

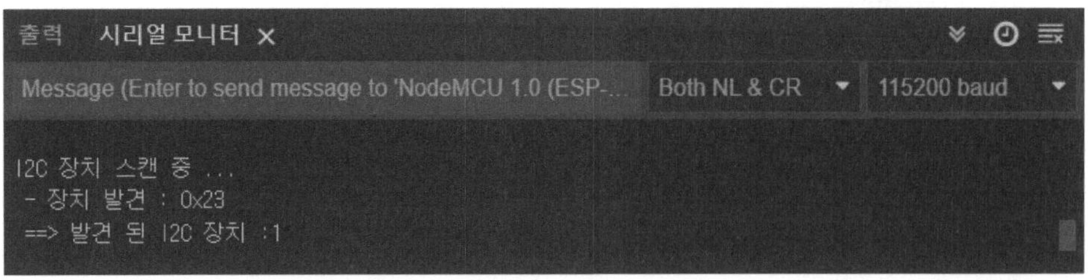

그림 10.12

실험 10-2

BH1750FVI 조도 센서의 조도 값을 읽어 시리얼 모니터에 출력

- I2C 인터페이스를 갖는 BH1750FVI 조도 센서를 사용하여 5초마다 조도 값을 읽어 시리얼 모니터에 출력
- [실험 10-1]을 통해 BH1750FVI 조도 센서의 ADD에 LOW를 인가 한 경우 주소 값이 16진수 0x23("0100011") 임을 확인
- 조도 센서에서 데이터를 가져오기 위해서는 [그림 10.13]과 같은 절차를 수행

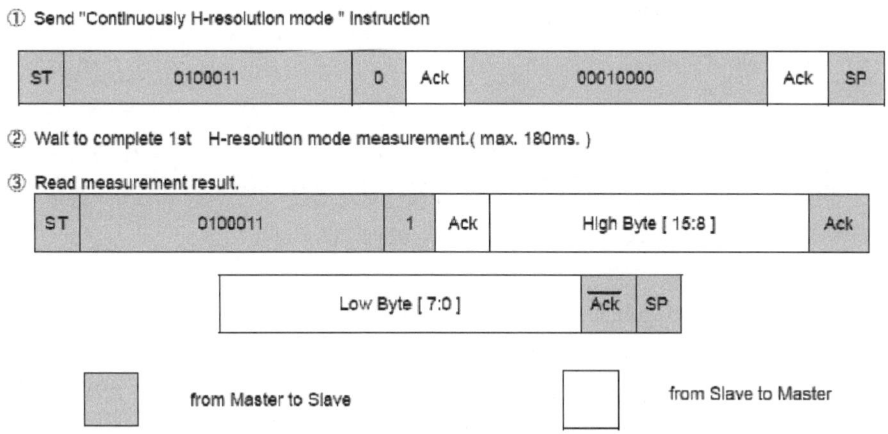

그림 10.13 BH1750FVI 조도 센서에서 데이터를 가져오는 절차

- 쓰기 모드에서 7비트 주소 0x23에 0(쓰기)을 붙인 값을 슬레이브에 보내고 "continuously H-resolution mode"을 나타내는 0x10을 보냄
- 이후 7비트 주소 0x23에 1(읽기)을 붙인 바이트를 슬레이브에 보내고 2바이트의 조도 값을 읽음
- 읽은 2바이트로부터 조도 값은 다음과 같이 계산

  (firstByte(상위 바이트)*256+secondByte(하위 바이트))/1.2

- [그림 10.11]의 회로를 이용하고 아래의 프로그램을 업로드

NodeMCU 디바이스 프로그램 ESP8266_I2C_illumination_Read

```
#include <Wire.h> //I2C 라이브러리 삽입

unsigned long lastTime= 0;      // millis() 함수가 리턴한 이전 시간을 저장하는 변수
byte lightSensorAddress= 0x23;  // 7비트 조도센서 주소(0x00100011)
byte lightSensorCmd= 0x10;      // continuously H-resolution mode 지정
byte numReadByte;               // 조도센서로부터 읽을 바이트 수를 저장하는 변수 선언
byte firstByte, secondByte;     // 조도센서로부터 읽을 2바이트를 저장할 변수 선언

voidsetup() {
  Serial.begin(115200); // 시리얼 모니터와 시리얼 개방, 통신속도 설정
  Wire.begin();         // I2C 객체 시작
}

voidloop() {
  if(millis() - lastTime> 5000) { // 5초가 지났는지 확인
    lastTime= millis();         // 현재시간을 이전시간에 저장

    //조도센서 주소 0x23에 0(쓰기)을 붙인 값을 슬레이브에 전달
    Wire.beginTransmission(lightSensorAddress);
    Wire.write(lightSensorCmd); //"continuously H-resolution mode" 커맨드 전달
    Wire.endTransmission();     //write() 함수에 의해 버퍼에 저장된 바이트를 전송

    numReadByte= 2;             // 슬레이브 장치로부터 읽을 바이트 수 설정
    //마스터가 슬레이브에 바이트수 만큼의 데이터 요청
    Wire.requestFrom(lightSensorAddress, numReadByte);
    while(Wire.available() < 2) ; //2바이트 수신대기

    firstByte= Wire.read();  // 첫 번째 바이트를 읽음
    secondByte= Wire.read(); // 두 번째 바이트를 읽음
    floatlux = (firstByte* 256+ secondByte) / 1.2; // 조도 값 계산
    Serial.println(lux); // 시리얼 모니터에 조도 값 출력
  }
}
```

실험 10-3

LCD에 문자 출력

- I2C 인터페이스를 갖는 LCD에 텍스트 표시 및 1초에 1씩 증가시켜 0~100을 반복 표시
- I2C LCD 7비트 주소는 "0100111"로 16진수 0x27에 해당
- LCD에 다음과 같이 표시

W	e	l	c	o	m	e		I	2	C		L	C	D	
0															

- [그림 10.14]와 같이 회로를 연결하고 아래의 프로그램을 업로드

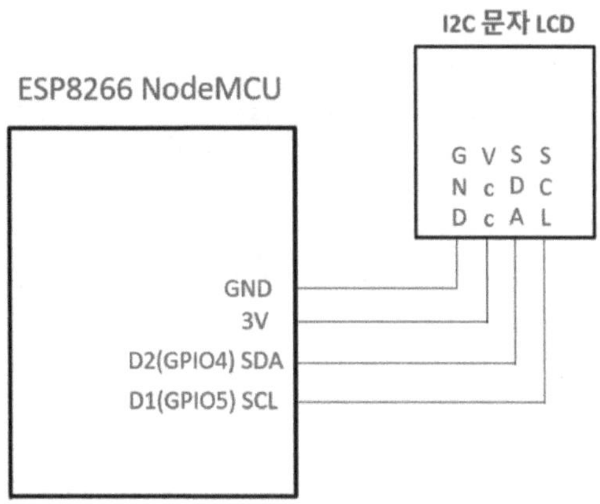

그림 10.14

NodeMCU 디바이스 프로그램

```
#include <LiquidCrystal_I2C.h> //LCD 라이브러리 삽입

#define lcdAddress 0x27 // lcd 주소 값
#define lcdColumns 16   // 열의 수
#define lcdRows 2       // 행의 수
```

```
LiquidCrystal_I2C lcd(lcdAddress, lcdColumns, lcdRows); // 인스턴스 생성
int numValue=0; //시작 숫자를 저장하는 변수 선언
String InitMessage="Welcome I2C LCD"; // 초기메시지

voidsetup() {
  lcd.init(); // lcd 초기화
  lcd.backlight(); // 백라이트 켜기
  lcd.print(InitMessage); //초기메시지 문자열 출력
}

voidloop() {
  lcd.setCursor(0,1);      // 커서를 2행 1열로 이동
  lcd.print(numValue);     //값을 출력
  delay(1000);             // 1초 지연
  if(++numValue== 101) { // 값이 101이 되었는지 확인
    numValue=0;            // 값을 0으로 초기화
    lcd.setCursor(0,1);    // 커서를 2행 1열로 이동
    lcd.print("                "); //2행을 모두 지우기(공백 16개 임)
  }
}
```

실험 10-4

I2C 통신을 이용하여 BH1750FVI 조도 센서의 조도 값을 읽어 I2C LCD에 출력

- I2C 인터페이스를 갖는 BH1750FVI 조도 센서를 사용하여 5초마다 조도 값을 읽어 LCD에 출력
- BH1750FVI 조도 센서 7비트 주소는 ADD에 LOW를 인가 한 경우 16진수 0x23
- BH1750FVI 조도 센서 "continuously H-resolution mode"을 이용
- I2C LCD 7비트 주소는 "0100111"로 16진수 0x27에 해당
- LCD에 다음과 같이 표시

W	e	l	c	o	m	e		I	2	C		L	C	D	
l	u	x		;		5	0	0	.	2	3				

• [그림 10.15]와 같이 회로를 연결하고 아래의 프로그램을 업로드

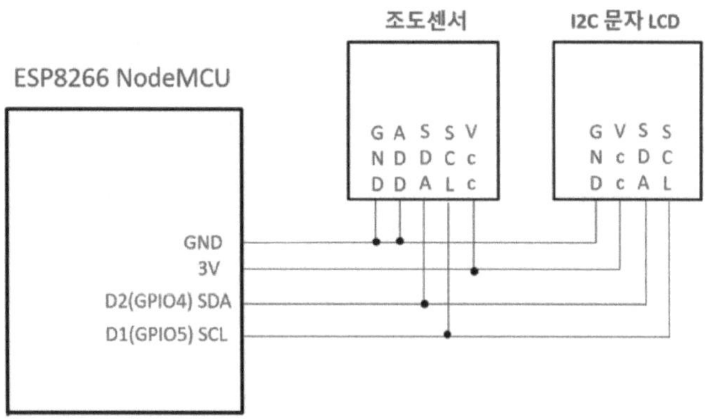

그림 10.15

NodeMCU 디바이스 프로그램 ESP8266_SerialMonitor_LEDCtrl

```
#include <Wire.h> //I2C 라이브러리 삽입
#include <LiquidCrystal_I2C.h> //LCD 라이브러리 삽입

#define lcdAddress 0x27 // lcd 주소 값
#define lcdColumns 16   // 열의 수
#define lcdRows 2       // 행의 수

LiquidCrystal_I2C lcd(lcdAddress, lcdColumns, lcdRows); // 인스턴스 생성
String InitMessage="Welcome I2C LCD"; // 초기메시지

unsigned long lastTime= 0;     // millis() 함수가 리턴한 이전 시간을 저장하는 변수
byte lightSensorAddress= 0x23; // 7비트 조도센서 주소(0x00100011)
byte lightSensorCmd= 0x10;     // continouslyH-resolution mode 지정
byte numReadByte;              // 조도센서로부터 읽을 바이트 수를 저장하는 변수 선언
```

```
byte firstByte, secondByte;     // 조도센서로부터 읽을 2바이트를 저장할 변수 선언

voidsetup() {
  Serial.begin(115200); // 시리얼 모니터와 시리얼 개방, 통신속도 설정
  Wire.begin();         // I2C 객체 시작

  lcd.init();              // lcd 초기화
  lcd.backlight();         // 백라이트 켜기
  lcd.print(InitMessage);  // 초기메시지 문자열 출력
}

voidloop() {
 if(millis() - lastTime> 5000) { // 5초가 지났는지 확인
   lastTime= millis();            // 현재시간을 이전시간에 저장

   //조도센서 주소 0x23에 0(쓰기)을 붙인 값을 슬레이브에전달
   Wire.beginTransmission(lightSensorAddress);
   Wire.write(lightSensorCmd); //"continuously H-resolution mode" 커맨드 전달
   Wire.endTransmission();    //write() 함수에 의해 버퍼에 저장된 바이트를 전송

   numReadByte= 2;           // 슬레이브장치로부터 읽을 바이트 수 설정
   // 마스터가 슬레이브에 바이트 수 만큼 데이터 요청
   Wire.requestFrom(lightSensorAddress, numReadByte);
   while(Wire.available() < 2) ; // 2바이트 수신대기

   firstByte= Wire.read();      // 첫 번째 바이트를 읽음
   secondByte= Wire.read();  // 두 번째 바이트를 읽음
   float lux = (firstByte* 256+ secondByte) / 1.2; // 조도 값 계산
   String luxString="lux : "+(String)lux;
   Serial.println(luxString); // 시리얼 모니터에 조도 값 출력

   lcd.setCursor(0,1);  // 커서를 2행 1열로 이동
   lcd.print(luxString); // lcd에 조도값 출력
 }
}
```

실험 10-5

사용자 정의문자 생성 및 LCD에 출력

- 사용자 정의문자로 8개까지의 5×8 픽셀 문자를 생성할 수 있으므로 위쪽 화살표(↑)와 아래쪽 화살표(↓)를 생성하여 각각 사용자 정의문자 정의문자 ID 0, 1에 할당
- 1초 간격으로 100까지 카운트를 하고 짝수이면 위쪽 화살표(↑), 홀수이면 아래쪽 화살표(↓)를 표시
- I2C LCD 7비트 주소는 "0100111"로 16진수 0x27에 해당
- LCD에 다음과 같이 표시

W	e	l	c	o	M	e		I	2	C		L	C	D	
0	-	-	〉	↑											

- [그림 10.14]의 회로를 사용하고 아래의 프로그램을 업로드

NodeMCU 디바이스 프로그램

```
#include <LiquidCrystal_I2C.h> //LCD 라이브러리 삽입

#define lcdAddress 0x27 // lcd 주소 값
#define lcdColumns 16   // 열의 수
#define lcdRows 2       // 행의 수

LiquidCrystal_I2C lcd(lcdAddress, lcdColumns, lcdRows);  // 인스턴스 생성
int numValue=0; //시작 숫자를 저장하는 변수 선언
String InitMessage="Welcome I2C LCD"; // 초기메시지
String numDisplay=""; //"숫자 -->"를 표시하기 위하여 문자열 변수 선언

byte UpArrow[]={ //8×5 위쪽 화살표 문자 생성
  0b00100,
  0b01110,
  0b11111,
  0b00100,
  0b00100,
  0b00100,
```

```
  0b00100,
  0b00100,
  0b00100};

byte DownArrow[]={ //8×5 아래쪽 화살표 문자 생성
  0b00100,
  0b00100,
  0b00100,
  0b00100,
  0b00100,
  0b11111,
  0b01110,
  0b00100};

void setup() {
  lcd.init(); // lcd 초기화
  lcd.backlight(); // 백라이트 켜기
  lcd.print(InitMessage); //초기메시지 문자열 출력
  lcd.createChar(0, UpArrow); // 위쪽 화살표를 정의문자 ID 0에 할당
  lcd.createChar(1, DownArrow); // 아래쪽 화살표를 정의문자 ID 1에 할당
}

void loop() {
  lcd.setCursor(0,1); // 커서를 2행 1열로 이동
  numDisplay=(String)numValue+"-->"; // LCD에 표시할 문자열 생성
  lcd.print(numDisplay); // "숫자 -->"을 LCD에 표시

  if(numValue%2) lcd.write((byte)1); // 홀수이면 아래쪽 화살표 출력
  else lcd.write((byte)0); // 짝수이면 위쪽 화살표 출력

  delay(1000);// 1초 지연

  if(++numValue== 101) { // 값이 101이 되었는지 확인
    numValue=0; // 값을 0으로 초기화
    lcd.setCursor(0,1); // 커서를 2행 1열로 이동
    lcd.print("                "); //2행을 모두 지우기 (공백 16개)
  }
}
```

실험 10-6

시리얼 모니터 텍스트 입력상자로부터 열, 행, 문자열을 입력받아 LCD에 출력

- 시리얼 모니터에서 줄바꿈 옵션을 **“새줄”**로 통신속도를 115200으로 설정
- 시리얼 모니터 텍스트 입력 상자에 입력 형식 : **열 (SP) 행 (SP) 문자열**
- 폴링방식으로 수신 버퍼를 체크하고 수신 데이터를 읽고 열, 행, 문자열을 분리한 후 LCD의 해당 (열, 행)에 문자열을 표시
- I2C LCD 7비트 주소는 “0100111”로 16진수 0x27에 해당
- [그림 10.14]의 회로를 사용하고 아래의 프로그램을 업로드

NodeMCU 디바이스 프로그램

```
#include <LiquidCrystal_I2C.h> //LCD 라이브러리 삽입

#define lcdAddress 0x27 // lcd 주소 값
#define lcdColumns 16   // 열의 수
#define lcdRows 2       // 행의 수

LiquidCrystal_I2C lcd(lcdAddress, lcdColumns, lcdRows);  // 인스턴스 생성
String InitMessage="Welcome I2C LCD"; // 초기메시지
int col, row; // 시리얼 모니터로 입력받은 열, 행 값을 저장하는 변수
String message; // 시리얼 모니터로 입력받은 문자열을 저장하는 변수
boolean analysisDone=false; // 분석완료 플래그

void setup() {
  lcd.init();  // lcd 초기화
  lcd.backlight(); // 백라이트 켜기
  lcd.print(InitMessage); //초기메시지 문자열 출력
  Serial.begin(115200);
}

void loop() {
```

```
  if(Serial.available()) { //수신 버퍼에 수신 데이이터가 있는지 확인
    String StringPayload = Serial.readStringUntil('\n'); // 수신 버퍼에서 '\n' 문자까지
                              //문자열을 읽어 '\n' 문자전 까지 문자열 변수에 저장
    Serial.println(" 수신 문자열 :"+StringPayload); // 수신 문자열 출력
    int fstBlank = StringPayload.indexOf(' '); // 첫 번째 공백 위치
    int sndBlank = StringPayload.indexOf(' ',fstBlank+1); // 두 번째 공백 위치
    col=(StringPayload.substring(0,fstBlank)).toInt(); // 열값
    row=(StringPayload.substring(fstBlank+1,sndBlank)).toInt(); // 행값
    message=StringPayload.substring(sndBlank+1); // 문자열
    analysisDone=true;
  }

  if(analysisDone) {
    lcd.clear(); // LCD를 지우고 커서를 홈 위치 이동
    lcd.setCursor(col,row); // 커서 이동
    lcd.print(message); // 메시지 출력
    analysisDone=false;
  }
}
```

10.6 MQTT 통신을 사용하여 NodeMCU에 연결된 조도센서 제어 실습

실험 10-6

MQTT 통신을 사용하여 NodeMCU에 연결된 조도센서 제어 실습

1. 실습개요

- ESP8266 NodeMCU 디바이스는 연결된 조도센서의 조도 값을 I2C 통신을 통해 읽은 후 MQTT 프로토콜을 사용하여 브로커에 전송하고 클라이언트인 대시보드에서는 조도를 모니터링하는 방법에 대하여 학습

2. MQTT 네트워크

○ MQTT 브로커

- 무료 MQTT 브로커 "test.mosquitto.org"을 사용 (또는 "mqtt-dashboard.com")

○ MQTT 클라이언트

- NodeMCU 디바이스와 대시보드 앱을 클라이언트로 사용

3. MQTT 동작

○ MQTT 프로토콜을 이용한 동작 과정

- [그림 10.16]과 같이 MQTT 네트워크를 구성하고 발행 및 구독 토픽 설정
- **NodeMCU 발행 토픽** : NodeMCU 클라이언트는 2초마다 조도센서의 조도 값을 I2C 통신을 통해 읽음. 또한, 발행자가 되어 토픽 〃nodeMCU/light〃에 읽은 조도 값을 페이로드로 하는 메시지를 발행
- **대시보드 구독 토픽** : 클라이언트 대시보드는 구독자가 되어 토픽 〃nodeMCU/light〃를 구독하고 구독한 페이로드 값에 해당하는 조도 값을 대시보드에 시각적으로 표시하여 조도 값을 모니터링

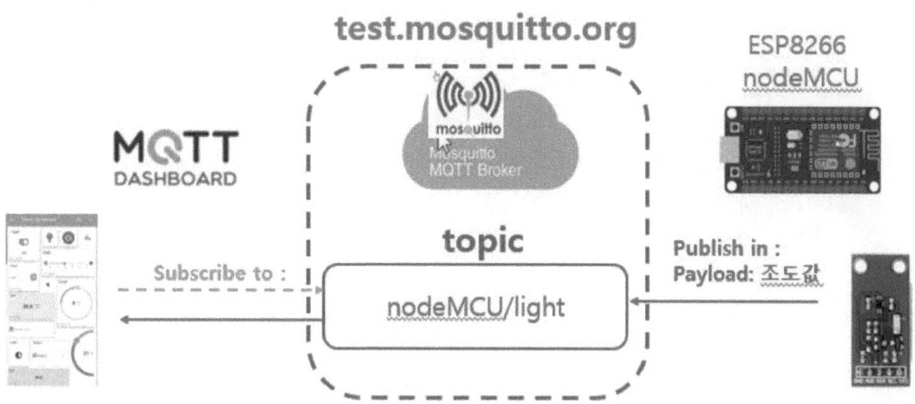

그림 10.16

○ 하드웨어 구성

- [그림 10.11]의 하드웨어 구성을 이용

NodeMCU 디바이스 프로그램

```
#include <ESP8266WiFi.h> // ESP8266WiFi 라이브러리 삽입
#include <PubSubClient.h> // MQTT 클라이언트 라이브러리 삽입
#include <Wire.h> //I2C 라이브러리 삽입

const char* ssid= "**********"; //WiFi 네트워크 이름
const char* password = "**********"; // WiFi 네트워크 비번

const char* mqtt_server= "test.mosquitto.org"; //mqtt 브로커

// 토픽설정------------------------
const char* outTopic= "nodeMCU/light"; // 클라이언트 발행 토픽

WiFiClient espClient; // 네트워크 클라이언트로 WiFiClient 객체 생성
PubSubClient client(espClient); // 생성된 TCP 클라이언트를 이용하여
                                // MQTT 클라이언트 인스턴스 생성

unsigned long lastTime= 0; // millis() 함수가 리턴한 이전 시간을 저장하는 변수
byte lightSensorAddress=0x23; //7비트 조도센서 주소(0x00100011)
byte lightSensorCmd=0x10; //continuouslyH-resolution mode 지정
byte readByte[2];  // 슬레이브 장치로부터 읽을 바이트를 저장할 변수 선언(최대2바이트)
char publishPayload[50]; // 발생 메시지 페이로드를 저장하는 변수 (문자배열)

void setup() {
 Serial.begin(115200); // 통신속도 설정
 setup_wifi(); // wifi 설정함수 호출
 client.setServer(mqtt_server, 1883); // MQTT 서버 연결 정보 등록
 Wire.begin(); //I2C 객체 시작
}

void setup_wifi() {
  delay(10); // 10ms 대기
  WiFi.mode(WIFI_STA); // WiFi를 STA 모드로 설정
  WiFi.begin(ssid, password); // WiFi 연결 시도
  Serial.println("");
  Serial.print("Connecting to ");
```

```
  Serial.println(ssid); // WiFi 네트워크 이름 출력
  while (WiFi.status() != WL_CONNECTED) { // 접속될 때까지 대기
    delay(500);
    Serial.print(".");
  }
  Serial.println("");
  Serial.print("WiFiconnected to ");
  Serial.println(ssid); // WiFi 네트워크 이름 출력
  Serial.print("IP address: ");
  Serial.println(WiFi.localIP()); //AP에 의해 ESP 모듈에 할당된 IP 출력
}

void loop() {
  if (!client.connected()) {  // 클라이언트가 서버에 연결되어 있는지 확인
    reconnect(); // 연결되어 있지 않으면 연결 시도
  }
  client.loop(); //클라이언트가 수신 메시지를 처리하고 서버에 연결 유지

  if (millis() - lastTime> 2000) { // 2초가 지났는지 확인
    lastTime= millis(); // 현재시간을 이전시간에 저장

    byte numReadByte=2; // 슬레이브 장치로부터 읽을 바이트 수 설정
    // 조도센서로부터 조도 값을 읽어오기 위한 함수 호출
    wireSensorCtrl(lightSensorAddress, lightSensorCmd, numReadByte, readByte);

    float lux = (readByte[0]*256 + readByte[1])/1.2; // 조도 값 계산
    Serial.println("illumination value : "+(String)lux); // 시리얼 모니터에 문자열 출력

    String strLux=String(lux);
    strLux.toCharArray(publishPayload, strLux.length()); // String을 문자배열로 변환
    Serial.print("Publish message: ");
    Serial.println(publishPayload);
    client.publish(outTopic, publishPayload); // 토픽에 대한 메시지 발행
  }
}

void reconnect() {
```

```
  while (!client.connected()) { // 클라이언트가 서버에 연결되어 있는지 확인
    Serial.print("Attempting MQTT connection...");
    Serial.println(mqtt_server);

    // 랜덤 클라이언트 ID 생성
    String clientId= "ESP8266Client-"; // 클라이언트 Id
    clientId+= String(random(0xffff), HEX); // 클라이언트 Id에 램덤숫자 추가

    if (client.connect(clientId.c_str())) { // 클라이언트 연결을 성공하였다면
      Serial.print("connected to");
      Serial.println(mqtt_server);
    }
    else {
      Serial.print("failed, rc=");
      Serial.print(client.state()); // 연결 실패에 대한 클라이언트의 현재 상태를 출력
      Serial.println(" try again in 5 seconds");
      delay(5000); // 재시도하기 전 5초 대기
    }
  }
}

// 지정된 슬레이브로부터 바이트 수 만큼 데이터를 읽어오기 위한 함수
void wireSensorCtrl(byte SensorAddress, byte SensorCmd, byte numByte, byte
*dataByte) {
  //슬레이브 7비트 주소에 0(쓰기)을 붙인 값을 슬레이브에 전달
  Wire.beginTransmission(SensorAddress);
  Wire.write(SensorCmd); //커맨드를 슬레이브에 전달하기 위해 버퍼에 쓰기
  Wire.endTransmission(); //write() 함수에 의해 버퍼에 저장된 바이트를 전송

  //마스터가 슬레이브에 numByte수 만큼  데이터 요청
  Wire.requestFrom(SensorAddress, numByte);
  int i=0; // 반복해서 데이터를 저장하기 위한 변수 초기값
  while(Wire.available()) { // 슬레이브로부터 온 데이터가 있는지 확인
    *(dataByte+i)=Wire.read(); // 슬레이브로부터 온 데이터를 읽음
    i++; // 다음 데이터를 저장하기 위해 1증가
  }
}
```

○ **MQTT Dashboard 앱 설정**

- 조도 값을 시각적으로 표시하기 위하여 Gauge 위젯과 Line chart 위젯을 이용하여 조도 값을 모니터링

○ **Gauge 위젯**

- 옵션 항목들을 다음과 같이 설정

<table>
<tr><th colspan="3">option</th><th>설정</th></tr>
<tr><td>Name</td><td colspan="2"></td><td>조도값</td></tr>
<tr><td>Min Value</td><td colspan="2"></td><td>0</td></tr>
<tr><td>Max Value</td><td colspan="2"></td><td>300</td></tr>
<tr><td>Min Step</td><td colspan="2"></td><td>1</td></tr>
<tr><td rowspan="3">MQTT</td><td colspan="2">MQTT enable</td><td>enable</td></tr>
<tr><td colspan="2">MQTT connection</td><td>mosquitto.org</td></tr>
<tr><td colspan="2">Subscribe to topic</td><td>nodeMCU/light</td></tr>
<tr><td rowspan="7">Design</td><td rowspan="2">Gauge</td><td>Type</td><td>Half top</td></tr>
<tr><td>Fill color</td><td>〈붉은색 선택〉</td></tr>
<tr><td rowspan="3">Text Value</td><td>Font size</td><td>20</td></tr>
<tr><td>Color</td><td></td></tr>
<tr><td>Font style</td><td></td></tr>
<tr><td rowspan="2">Unit</td><td>Show unit</td><td>ensble</td></tr>
<tr><td>Unit</td><td>lux</td></tr>
</table>

○ Line chart 위젯

• 옵션 항목들을 다음과 같이 설정

option			설정
Name			**조도값**
MQTT	MQTT enable		**enable**
	MQTT connection		**mosquitto.org**
	Subscribe to topic		**nodeMCU/light**
Design	Chart	Color	
		Points on the chart	**100**
	X axis	Show X axis	**ensble**
		Font size	
		Font color	
	Y axis	Show Y axis	**enble**
		Font size	
		Font color	

○ **설계된 Dashboard 앱**

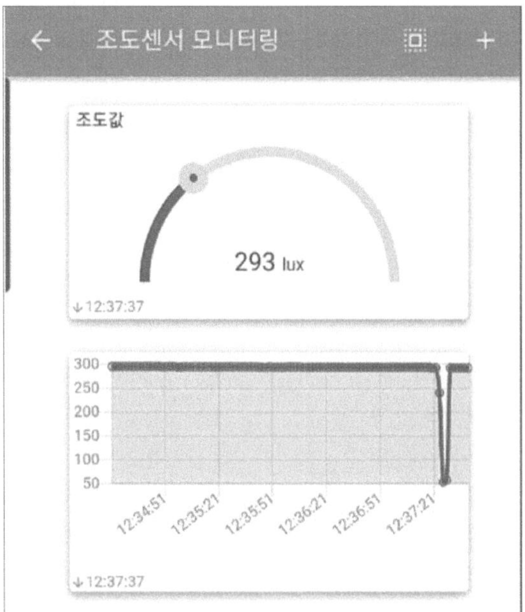

그림 10.17

제11장

ESP8266 NodeMCU SPI 통신을 이용한 RFID/NFC 센서 제어

실험에 필요한 부품

RFID 리더 모듈 (RC522)	RFID 태그 (카드형)	RFID 태그 (열쇠고리형)		
1개	1개	1개		
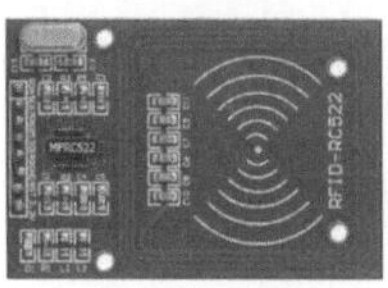				

11.1 RFID/NFC 통신

RFID (Radio Frequency IDentification) 이란?

- 무선 주파수(RF, Radio Frequency)를 이용하여 물건이나 사람 등과 같은 대상을 식별(IDentification)할 수 있도록 해 주는 기술로 전자태그, 스마트태그, 전자라벨, 무선식별 등의 이름으로 불림
- RFID는 안테나와 칩으로 구성된 RFID 태그에 정보를 저장하여 적용 대상에 부착한 후, RFID 리더를 통하여 정보를 인식하는 방법으로 활용
- RFID는 기존의 바코드(barcode)를 읽는 것과 비슷한 방식으로 이용되나, 바코드와 달리 물체에 직접 접촉을 하거나 어떤 조준선을 사용하지 않고도 데이터를 인식하는

것이 가능하다는 장점을 가지기 때문에 바코드를 대체할 기술로 기대되나 RFID는 보안에 취약하고 같은 주파수를 읽는 판독기만 있으면 어디서든지 위치 추적 및 정보 수집이 가능하다는 취약점을 가지고 있음

NFC (Near Field Communication : 근거리 무선통신) 이란?

- RFID 기술 중 하나로 13.56MHz의 주파수 대역을 사용하는 비접촉식 통신 기술
- 통신거리가 짧기 때문에 상대적으로 보안이 우수하고 가격이 저렴해 주목받는 근거리 통신방식
- NFC의 짧은 통신 거리는 단점이지만, 짧은 거리이기 때문에 기존 유통 위주의 RFID 기술보다 보안성이 높고 데이터를 교환하기 위해 통신 대상 기기에 이용자가 직접 터치해야 함

RFID 통신 시스템

- RFID 시스템은 [그림 11.1]과 같이 반도체 칩과 주변에 안테나를 결합한 RFID 태그(Tag), 태그와 통신하기 위한 안테나 및 안테나와 연결된 RFID 리더, 이러한 시스템을 제어하고 수신된 데이터를 처리하는 호스트로 이루어짐
- [표 11.1]에 각 구성 요소의 기능을 나타냄

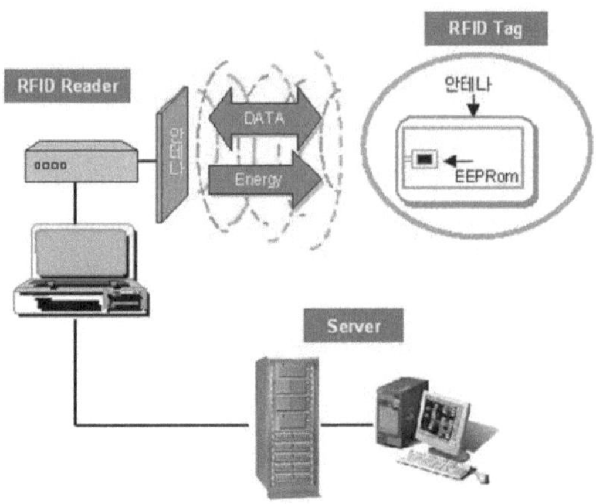

그림 11.1 RFID 시스템

표 11.1 각 구성 요소의 기능

RFID 태그	• 안테나, 칩, 정보로 구성 • 제품이나 대상에 부착 및 삽입 • 종류 : 능동형(내부전원 보유)/수동형(리더의 전원 사용) • 형태 : 라벨형, 카드형, 밴드형, 메탈태그, 원형태그 등
안테나	• 태그로부터 전송된 데이터를 수신하여 리더로 전달 • 태그 크기, 거리, 환경에 따라 다양한 크기
RFID 리더(판독기)	• 태그 정보 송수신 기능 • 형태 : 고정형, 이동형, 휴대형
서버(호스트)	• 리더로부터 수신된 데이터 처리 및 활용

RFID 동작 원리

- [그림 11.2]와 같이 RFID 리더에 연결된 코일이 전자기장(electromagnetic field)을 발생시키면 RFID 태그에 연결된 코일은 전자기장을 수신하고 전류를 발생시킴

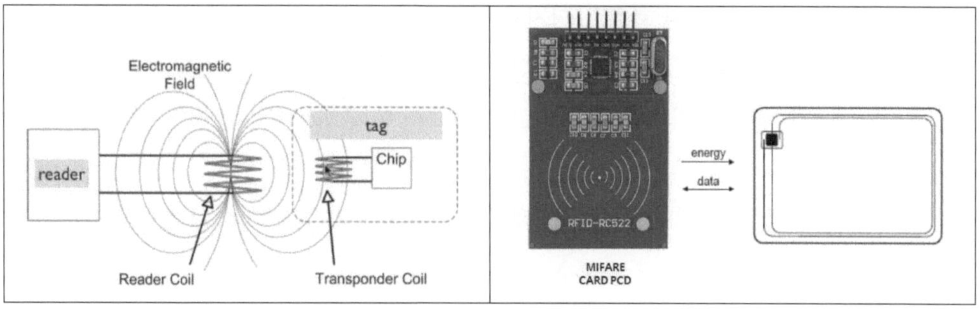

그림 11.2 RFID 동작원리

- 이 전류는 태그에 전원을 공급하는데 사용할 뿐만 아니라 리더 정보를 태그에 전송하는데 사용 됨
- 즉, 이를 위하여 [그림 11.3]과 같이 2가지 회로를 가지고 있음

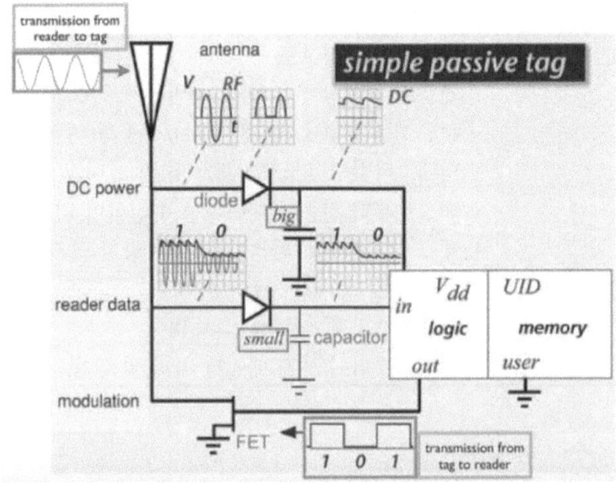

그림 11.3 RFID 태그를 구성하는 회로

- 하나는 들어오는 스트림을 정류하는 정류회로로 DC 전력을 공급하는 역할을 하며 다른 하나는 포락선 검파 회로로 디지털 신호를 검파하여 칩(프로세서)에 전달
- RFID 태그에 있는 IC는 리더에게 디지털 신호를 전송하여야 하는데 변조를 통해 안테나에 연결된 전류가 변화하게 되고 안테나를 통해 전송되는 전자기 신호가 변화하게 됨
- 이 전자기 신호가 RFID 리더에 의해 수신되고 디지털 데이터가 읽혀져 리더에 의해 처리됨

11.2 RFID/NFC 통신 태그와 리더

MIFARE RFID 태그

- 실험에서 사용할 RFID 태그는 [그림 11.4]와 같이 카드형과 열쇠고리형 태그를 사용하며 Mifare 프로토콜을 따르는 태그는 [표 11.2]와 같은 주요 특징을 가짐

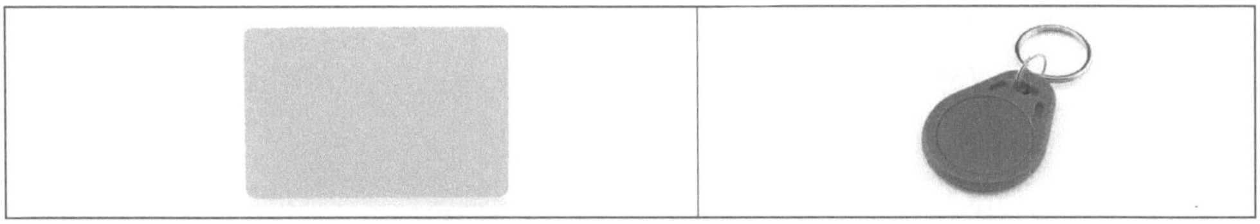

그림 11.4 실험에서 사용할 RFID 태그

표 11.2 실험에서 사용할 RFID 태그의 특징

• Mifare 프로토콜을 따름 • 수동(Passive) 카드로 전원은 RFID 리더로부터 유도 • 1K 바이트 EEPROM을 가지며 암호화 • 처리부(processing unit)를 가지고 있어 산술연산이 가능하며 카드에 저장된 내용을 변경 가능 • 동작 주파수 : 13.56MHz • 동작 거리 : 1~2cm

RFID 태그에 내장된 1K 바이트 EEPROM 메모리 구조

- 1K 바이트 EEPROM 메모리 구조를 [그림 11.5]에 나타냄

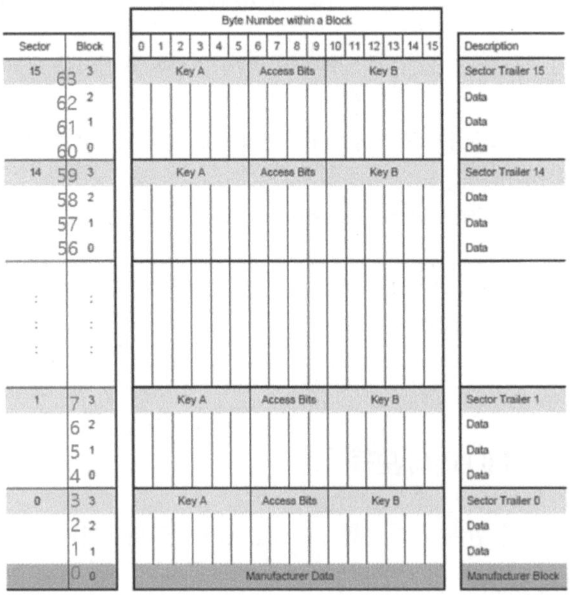

그림 11.5 RFID 태그에 내장된 1K 바이트 EEPROM 메모리 구조

- 16 섹터(sector)로 구성
- 각 섹터는 4개의 블록(block)으로 구성되며 각 블록은 16바이트로 구성
- 블록 번호 0~63의 총 64개의 블록(block)이 존재
- 각 섹터의 4번째 블록을 섹터 트레일러(sector trailer)라 부르며 보안 키(security key)와 접속 비트(access bits)로 구성되는데 저장된 데이터에 접속을 제한하고 인증하는데 사용
- 보안 키는 메모리 접속을 인증하는데 사용됨. 하나의 블록에 섭속될 때 마다 그 섹터에 저장된 키를 통해 인증되어야 함
- 섹터 당 6바이트의 보안 키 A와 보안 키 B는 출시될 때 모두 0xFF로 초기화 됨
- 접속 비트는 어떤 메모리 접속이 허용되는지 정의

RFID 태그 정보

- RFID 태그를 읽으면 [표 11.3] 같은 태그 정보를 포함

표 11.3 RFID 태그 정보

• **Card UID** : 카드 Unique IDentifier의 약어로 카드 고유 식별자를 나타내고 4바이트 UID를 사용 • **SAK** : Select Acknowledge의 약어이며 카드를 구분하기 위해서 사용. SAK = 0x80이면 Mifare 1KB 카드를 의미 • **PICC type** : PICC 는 Proximity Integrated Circuit의 약어로 RFID 태그 또는 카드 타입을 나타냄 • **Mifare 1KB** : [그림 11.5]에서 살펴본 카드 EEPROM에 저장된 16 섹터, 섹터 당 4개의 블록, 한 블록 당 16 바이트의 데이터

RFID-RC522 RFID 리더 모듈

- [그림 11.6]은 실험에서 사용할 RC522 RFID 리더 모듈을 보여주며 [표 11.4]와 같은 주요 특징을 가짐

- RC522 RFID 리더 모듈은 통신 인터페이스로 SPI 통신, I2C 통신, UART 통신을 지원하는데 SPI 통신이 디폴트며 SPI 인터페이스를 이용하여 NodeMCU와 통신

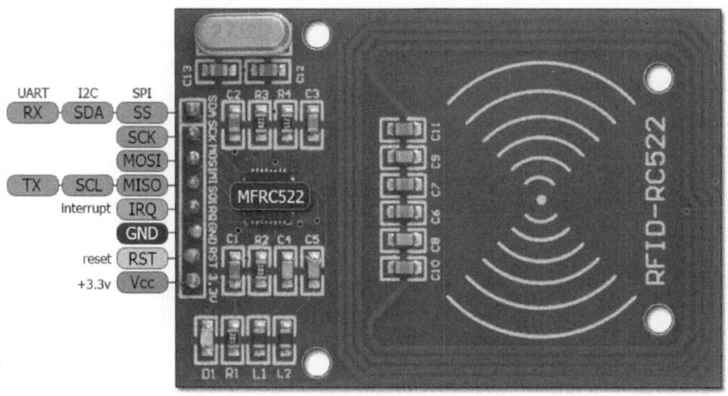

RC522	기능
SDA	SPI CS
SCK	SPI SCK
MOSI	SPI MOSI
MISO	SPI MISO
IRQ	인터럽트 핀
GND	GND
RST	리셋
3.3V	3.3V

그림 11.6 RC522 RFID 리더 모듈

표 11.4 RC522 RFID 리더 모듈의 특징

- 동작 주파수 : 13.56MHz
- 통신 인터페이스 : SPI (기본), I2C, UART
- 전송 속도 : 최대 10Mbits/s
- 구동 전원 : 3.3V

11.3 ESP8266 NodeMCU SPI 통신

SPI(serial Peripheral Interface) 통신

- SPI 통신 또는 인터페이스는 두 개 이상의 주변장치 간에 데이터 통신을 목적으로 모토롤라에서 개발한 직렬통신 방식
- 그중 하나가 마스터(보통 마이크로 프로세서)이고 하나 이상의 슬레이브 장치가 전

이중(Full Duplex) 방식으로 동작하는데, 이는 데이터가 양방향으로 동시에 전달될 수 있음을 의미

- SPI 인터페이스는 [그림 11.7]과 같이 MOSI, SCK, MISO, CS(또는 SS)의 4가지 신호를 사용하여 통신. [표 11.5]와 같이 마스터는 슬레이브에 MOSI, SCK, CS(또는 SS) 신호를 출력하고, 슬레이브로부터 MISO 신호를 받음

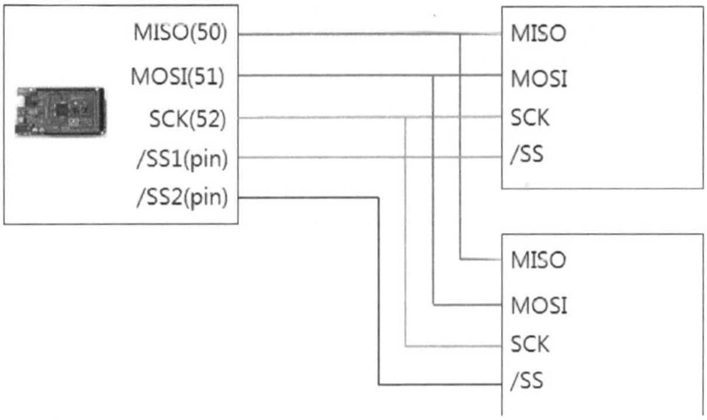

그림 11.7 SPI 인터페이스

표 11.5 SPI 인터페이스 신호

신호 선 이름	설명	마스터	슬레이브
MOSI	Master Out Slave In	출력	입력
MISO	Master In Slave Out	입력	출력
SCK	Serial Clock	출력	입력
CS(또는 SS)	Chip Select(Slave Select)	출력	입력

- SPI 인터페이스와 10장에서 학습한 I2C 인터페이스를 비교한 표를 [표 11.6]에 나타냄

표 11.6 SPI 인터페이스와 I2C 인터페이스 비교

	SPI	I2C
통신속도	고속	저속
통신방식	양방향 직렬통신	단방향 직렬통신
풀업	풀업저항 불필요	풀업저항 필요
통신회선	4선	2선
슬레이브 선택	CS(또는 SS) 신호 선	SDA선으로 전송되는 슬레이브 주소

- [그림 11.7]은 SPI 인터페이스 통신 구성 예를 보여주는데, 1개의 마스터와 2개의 슬레이브로 구성되어 있으며 각 슬레이브는 서로 다른 SS 신호선에 의해 선택

ESP8266 NodeMCU SPI 통신

- ESP8266 NodeMCU 보드는 [그림 11.8]과 같이 4개의 선을 사용하여 센서들과 SPI 직렬통신

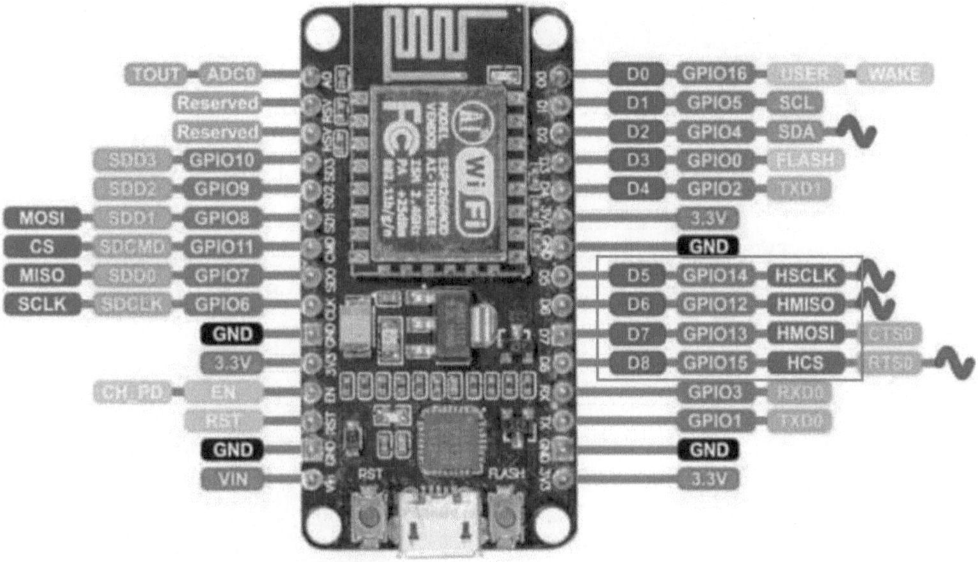

보드라벨	GPIO	비고
D5	GPIO14	SCL (Clock)
D6	GPIO12	MISO (Master In Slave Out)
D7	GPIO13	MOSI (Master Out Slave In)
D8	GPIO15	CS(또는 SS) (Chip Select/Slave Select)

그림 11.8 ESP8266 NodeMCU 보드 SPI 통신 핀

- SPI 통신은 마스터와 슬레이브 구조로 동작하는데 RC522 RFID 리더 모듈이 NodeMCU 보드에 연결되는 경우 NodeMCU 보드는 마스터가 되고 RC522 RFID 리더 모듈이 슬레이브가 됨

- SPI 인터페이스를 위해 RC522 RFID 리더 모듈 핀은 [그림 11.9]와 같이 NodeMCU 보드와 연결

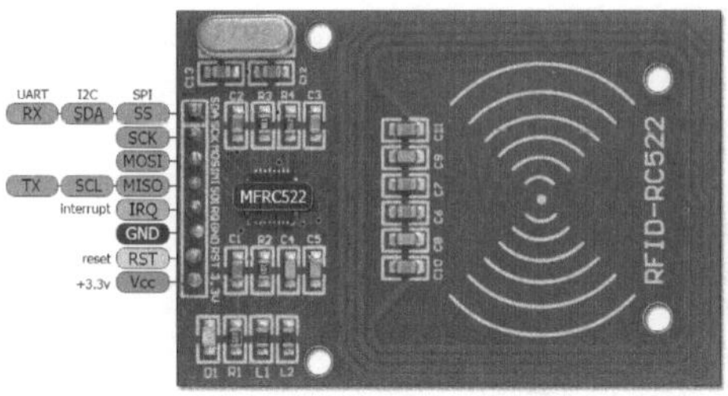

RC522	NodeMCU 보드
SDA	SPI CS (D8,GPIO15) 핀에 연결
SCK	SPI SCK (D5,GPIO14) 핀에 연결
MOSI	SPI MOSI (D7,GPIO13) 핀에 연결
MISO	SPI MISO (D6,GPIO12) 핀에 연결
IRQ	NC
GND	GND
RST	D0,GPIO16번 핀에 연결
3.3V	3.3V에 연결

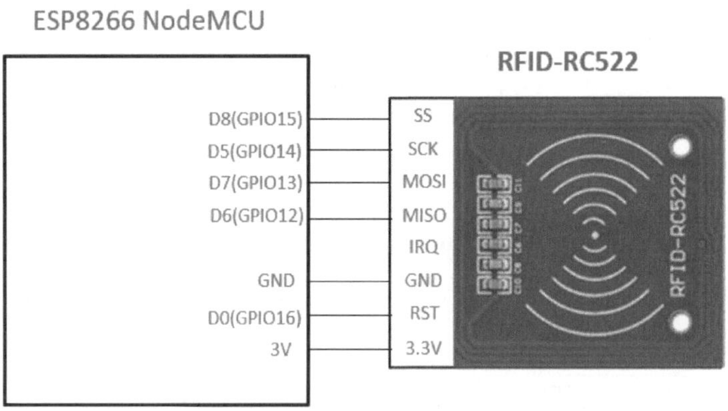

그림 11.9 RC522 RFID 리더 모듈과 NodeMCU 보드 연결

RFID 리더 MFRC522 라이브러리 설치

- NodeMCU에서 SPI를 사용하여 RFID 리더인 MFRC522를 제어하는데 사용되는 라이브러리 필요

- [그림 11.9]와 같이 라이브러리 매니저 아이콘을 누른 후 MFRC522를 검색하고 최신 버전을 선택한 후 설치

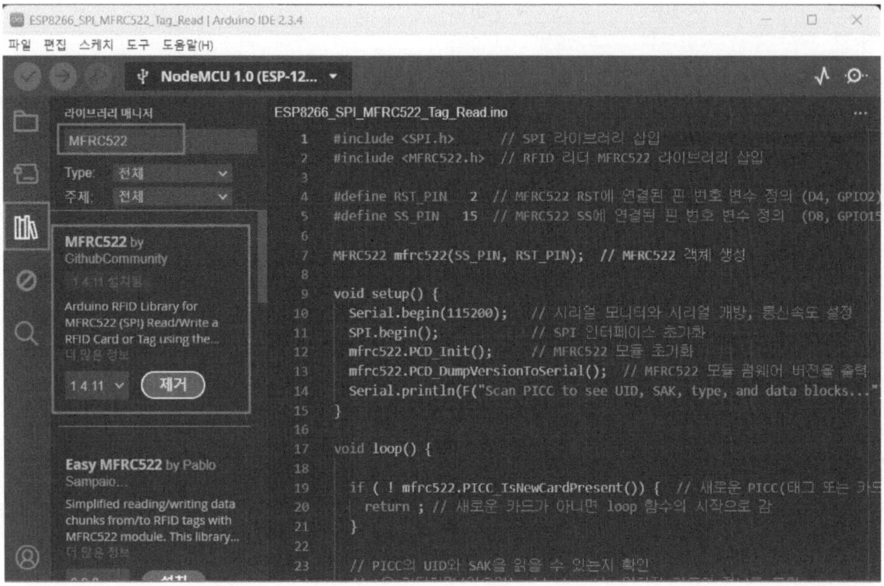

그림 11.9

MFRC522 클래스 라이브러리 제공 메소드들

MFRC522(byte chipSelectPin, byte resetPin)		
기능	RFID 리더 객체 생성	
매개변수	chipSelectPin	SPI 통신 시 RFID 모듈 선택 핀 번호
	resetPin	리셋 핀 번호
리턴 값	-	생성자로 리턴값 없음

void setSPIConfig(void)		
기능	SPI 통신을 설정, SPI 인터페이스를 초기화	
매개변수	void	없음
리턴 값	void	없음

void PCD_Init(void)		
기능	MFRC522 RFID 리더기(PCD, Proximity Coupling Device)를 초기화 SPI 통신을 설정하고, RFID 모듈을 재설정하며, 기본 설정을 적용	
매개변수	void	없음
리턴 값	void	없음

bool PICC_IsNewCardPresent(void)		
기능	새로운 RFID 태그가 리더기에 감지되었는지 확인	
매개변수	void	없음
리턴 값	bool	true : 새로운 RFID 카드 false : 새로운 RFID 카드가 아님

void PICC_DumpToSerial(Uid *uid)		
기능	태그 정보(UID, SAK, 타입, 데이터 블록)를 시리얼 모니터에 출력	
매개변수	uid	RFID 카드의 고유 ID를 저장한 구조체 포인터
리턴 값	void	없음

StatusCode PICC_HaltA(void)		
기능	PICC 읽는 것을 중단	
매개변수	void	없음
리턴 값	StatusCode	- 0 : STATUS_OK // Success - 1 : STATUS_ERROR // Error

bool PICC_ReadCardSerial(void)		

기능	RFID 카드의 UID와 SAK을 읽어 mfrc522.uid 구조체에 저장
	Uid struct:
	typedef struct {
	byte size; // UID의 바이트 수 (4, 7 또는 10)
	byte uidByte[10]; // 10바이트의 user ID
	byte sak; // PICC로부터 온 SAK (Select acknowledge) 바이트
	} Uid;	

매개변수	void	없음
리턴 값	bool	true : UID를 읽음 false : UID를 읽을 수 없음

StatusCode PCD_Authenticate(byte command, byte blockAddr, MIFARE_Key *key, Uid *uid)		
기능	특정 블록에 데이터를 쓰거나 읽기 위해 인증 수행 블록에 대한 키(A 또는 B)를 사용하여 접근 권한을 검증	
매개변수	command	- PICC_CMD_MF_AUTH_KEY_A : Key A을 가지고 인증 수행 - PICC_CMD_MF_AUTH_KEY_B : Key B을 가지고 인증 수행
	blockAddr	인증할 메모리 블록 번호 (0~63, MIFARE 1K 기준)
	key	블록을 인증할 6바이트 키 (보통 0xFFFFFFFFFFFF 기본 키 사용) MIFARE_Key struct의 포인터 MIFARE_Key struct: typedef struct { byte keyByte[MF_KEY_SIZE]; } MIFARE_Key;
	uid	인증할 카드의 UID (보통 mfrc522.uid 사용)
리턴 값	StatusCode	- 0 : STATUS_OK // Success - 1 : STATUS_ERROR // Error

StatusCode MIFARE_Write(byte blockAddr, byte *buffer, byte bufferSize)		
기능	특정 블록 위치에 16바이트 데이터 쓰기 데이터를 쓰기 전에 PCD_Authenticate() 함수로 블록 인증을 먼저 수행	
매개변수	blockAddr	블럭 위치(0~63)
	buffer	블록에 기록할 데이터 (최대 16바이트)
	buffersize	buffer 크기 (항상 16바이트여야 함)
리턴 값	StatusCode	- 0 : STATUS_OK // Success - 1 : STATUS_ERROR // Error

StatusCode MIFARE_Read(byte blockAddr, byte *buffer, byte *bufferSize)		
기능	특정 블록 위치에서 데이터 읽기 읽기 전에 PCD_Authenticate() 함수로 블록 인증을 먼저 수행	
매개변수	blockAddr	블록 위치(0~63)
	buffer	데이터를 저장할 배열 (최소 18바이트 크기)
	buffersize	buffer의 크기를 저장하는 변수 (입력 시 최소 18로 설정해야 함)
리턴 값	StatusCode	- 0 : STATUS_OK // Success - 1 : STATUS_ERROR // Error

11.4 NodeMCU SPI 통신을 사용한 RFID/NFC 제어 실습

실험 11-1

RFID/NFC 태그에서 UID, 타입, 데이터 블록을 읽어 시리얼 모니터에 출력

- [그림 11.10]과 같이 RFID 태그를 리더에 근접시켜 태그 정보를 읽어 들인 후 시리얼 모니터에 출력
- 태그 정보로 UID, SAK, 타입, 데이터 블록을 시리얼 모니터에 출력
- [그림 11.10]과 같이 회로를 연결하고 아래의 프로그램을 업로드

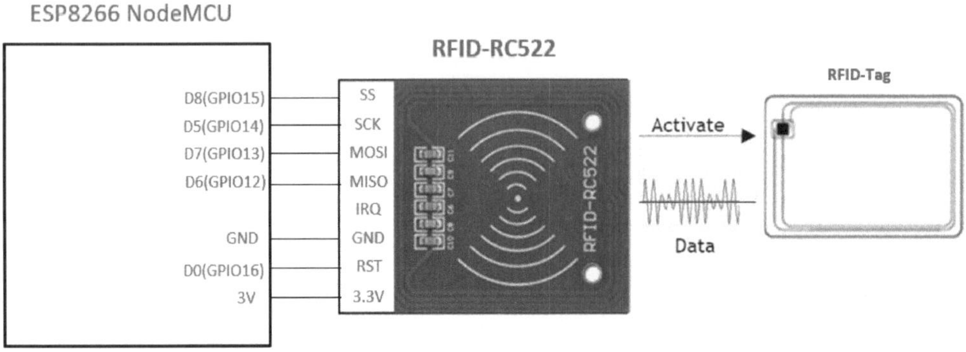

그림 11.10 실험 11-1 회로 연결

NodeMCU 디바이스 프로그램 ESP8266_RC522_rfidTagDataRead

```
#include <SPI.h>        // SPI 라이브러리 삽입
#include <MFRC522.h>  // RFID 리더 MFRC522 라이브러리 삽입

#define RST_PIN  16  // MFRC522 RST에 연결된 핀 번호 변수 정의 (D0, GPIO16)
#define SS_PIN   15  // MFRC522 SS에 연결된 핀 번호 변수 정의  (D8, GPIO15)

MFRC522 mfrc522(SS_PIN, RST_PIN);  // MFRC522 인스턴스 생성
```

```
void setup() {
  Serial.begin(115200);  // 시리얼 모니터와 시리얼 개방, 통신속도 설정
  SPI.begin();           // SPI 인터페이스 초기화
  mfrc522.PCD_Init();    // MFRC522 RFID 리더기 초기화
  mfrc522.PCD_DumpVersionToSerial(); // MFRC522 RFID 리더기 펌웨어 버젼을 출력
  Serial.println(F("Scan PICC to see UID, SAK, type, and data blocks..."));
}

void loop() {
  if ( ! mfrc522.PICC_IsNewCardPresent()) { // 새로운 태그가 감지되었는지 확인
    return ; // 새로운 카드가 아니면 loop 함수의 시작으로 돌아감
  }

  // 태그(PICC)의 UID와 SAK을 읽을 수 있는지 확인
  // 1을 리턴하면 (읽으면) RFID 카드의 UID와 SAK을 읽어 mfrc522.uid 구조체에 저장
  if ( ! mfrc522.PICC_ReadCardSerial()) { // PICC의 UID와 SAK을 읽을 수 있는지 확인
    return ; // 읽을 수 없으면 loop 함수의 시작으로 돌아감
  }

  // 태그 정보(UID, SAK, 타입, 데이터 블록)들을 시리얼 모니터에 출력, PICC를 너무 일찍
  // 제거하면 읽는 것을 중단하는 PICC_HaltA() 함수가 실행되고 Timeout 메시지 출력
  mfrc522.PICC_DumpToSerial(&(mfrc522.uid));
}
```

[결과]

- RFID 태그를 리더에 근접시키면 [그림 11.11]과 같이 태그 정보들이 시리얼 모니터에 출력

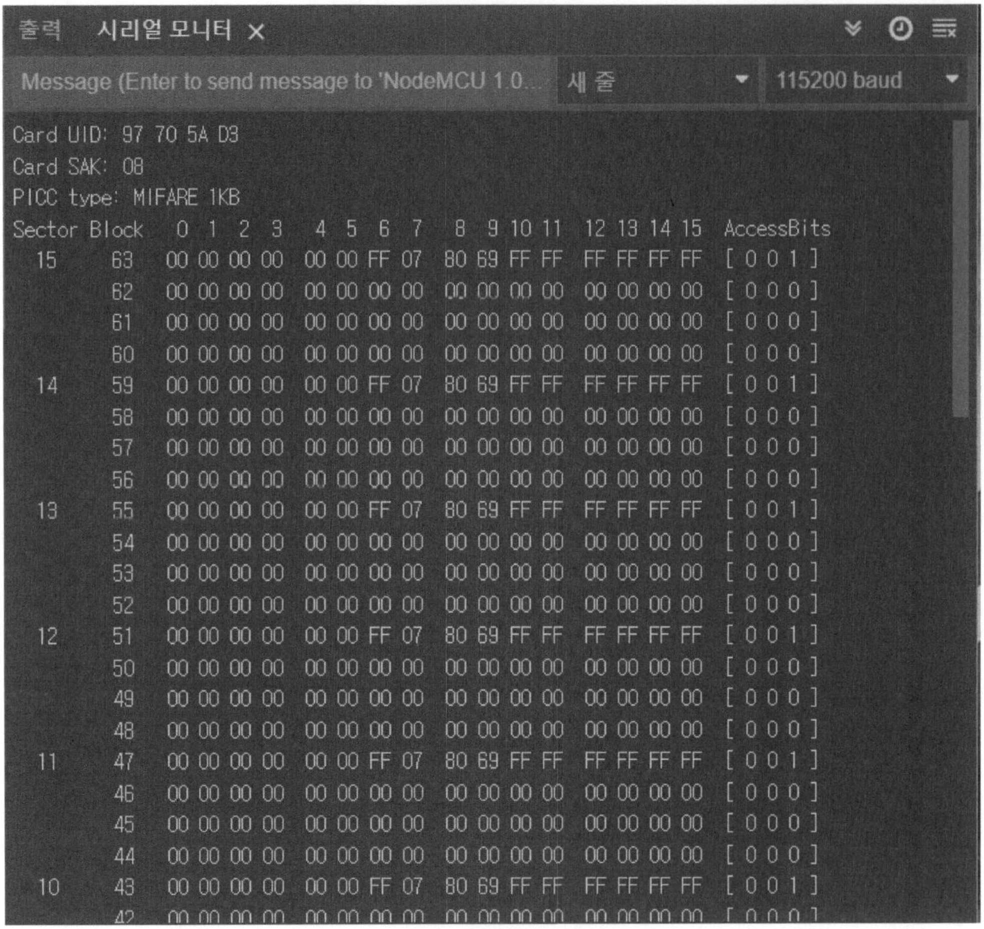

그림 11.11

- **Card UID** : 4바이트의 카드 고유 식별자로 여기서는 97 70 5A D3 값을 가짐
- **SAK** : SAK = 0x80이면 Mifare 1KB 카드를 의미
- **PICC type** : RFID 태그 또는 카드 타입으로 Mifare 1KB 카드를 의미
- **Mifare 1KB** : 카드 EEPROM에 저장된 16 섹터, 섹터 당 4개의 블록, 한 블록당 16 바이트 의 데이터 블록들이 표시됨
- 각 섹터의 4번째 블록이 섹터 트레일러(sector trailer)이며 6바이트의 보안 키 A와

보안 키 B는 출시될 때 모두 0xFF로 초기화됨. 15번째 섹터 트레일러의 보안 키 A는 모두 0x00으로 표시되는데 이는 암호화되어 이렇게 보이는 것이며 보안 키 B는 모두 0xFF 임. 다른 모든 섹터도 동일함

- 태그(PICC)를 리더에서 너무 일찍 제거하면 읽는 것을 중단하는 PICC_HaltA() 함수가 실행되며 [그림 11.12]와 같이 Timeout 메시지가 출력됨

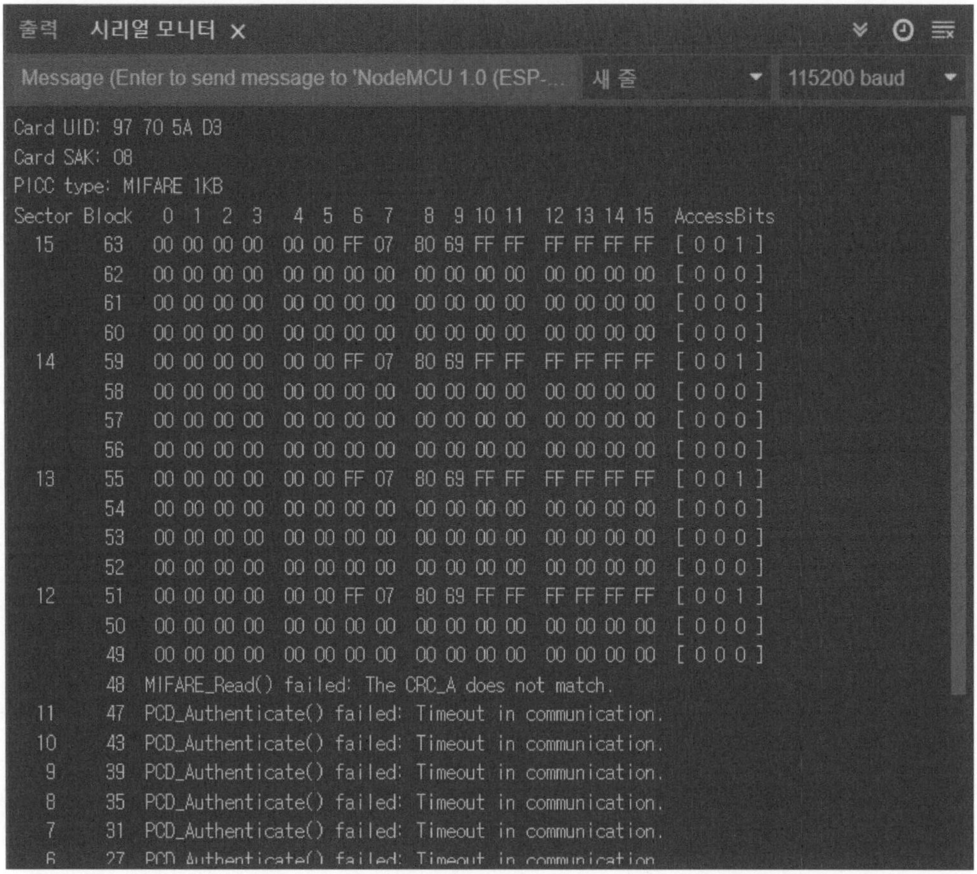

그림 11.12

실험 11-2

RFID/NFC 태그의 UID을 사용하여 접속 제어

- 하나의 RFID 태그의 UID를 마스터 태그로 등록
- 등록된 태그를 리더 주위에 근접시키면 "Access Granted !!!" 라는 메시지를 시리얼 모니터에 출력
- 등록되지 않은 태그를 리더 주위에 가져가면 "Access Denied !!!" 라는 메시지를 시리얼 모니터에 출력
- [그림 11.10]의 회로를 사용하고 아래의 프로그램을 업로드

NodeMCU 디바이스 프로그램 ESP8266_RC522_MyUidReg

```
#include <SPI.h>        // SPI 라이브러리 삽입
#include <MFRC522.h>  // RFID 리더 MFRC522 라이브러리 삽입

#define RST_PIN  16  // MFRC522 RST에 연결된 핀 번호 변수 정의 (D0, GPIO16)
#define SS_PIN   15  // MFRC522 SS에 연결된 핀 번호 변수 정의  (D8, GPIO15)

MFRC522 mfrc522(SS_PIN, RST_PIN);  // MFRC522 객체 생성
String myTag=""; // 등록할 UID를 저장하는 변수
boolean successReg = false; // 등록 성공 여부를 저장하는 변수

void setup() {
  Serial.begin(115200);   // 시리얼 모니터와 시리얼 개방, 통신속도 설정
  SPI.begin();            // SPI 인터페이스 초기화
  mfrc522.PCD_Init();   // MFRC522 RFID 리더기 초기화

  Serial.println();
  Serial.println("Tag Registration is necessary !!!"); //문자열 출력

  while(!successReg) {  // 등록 성공 여부 확인
    successReg=myTagRegister(); // UID 등록 함수 호출
  }
```

```
  successReg = false; // 등록 성공 여부 초기화
  Serial.println("registered Tag : "+myTag); //문자열 출력
}

boolean myTagRegister(void ) {
  if ( ! mfrc522.PICC_IsNewCardPresent()) {  // 새로운 태그가 감지되었는지 확인
    return 0; // 새로운 카드가 아니면 loop 함수의 시작으로 감
  }

  // 태그(PICC)의 UID와 SAK을 읽을 수 있는지 확인
  // 1을 리턴하면 (읽으면) RFID 카드의 UID와 SAK을 읽어 mfrc522.uid 구조체에 저장
  if ( ! mfrc522.PICC_ReadCardSerial()) { // PICC의 UID와 SAK을 읽을 수 있는지 확인
    return ; // 읽을 수 없으면 loop 함수의 시작으로 감
  }

  for(int i=0; i<4 ; i++) { // 4바이트의 UID를 등록
    myTag.concat(String(mfrc522.uid.uidByte[i], HEX)); //16진수로 변환하여 문자열에 추가
  }
  myTag.toUpperCase(); // 대문자로 변환
  mfrc522.PICC_HaltA(); // 읽기 중단
  return 1;
}

void loop() {
  if ( ! mfrc522.PICC_IsNewCardPresent()) {  // 새로운 태그가 감지되었는지 확인
    return ;
  }

  // 태그(PICC)의 UID와 SAK을 읽을 수 있는지 확인
  // 1을 리턴하면 (읽으면) RFID 카드의 UID와 SAK을 읽어 mfrc522.uid 구조체에 저장
  if ( ! mfrc522.PICC_ReadCardSerial()) { // PICC의 UID와 SAK을 읽을 수 있는지 확인
    return ; // 읽을 수 없으면 loop 함수의 시작으로 돌아감
  }

  String tagID=""; // 새로 읽어 들일 UID를 저장하는 변수
```

```
for(int i=0; i<4 ; i++) {  // 4바이트의 UID
  tagID.concat(String(mfrc522.uid.uidByte[i], HEX)); //16진수로 변환하여 문자열에 추가
}
tagID.toUpperCase(); // 대문자로 변환
mfrc522.PICC_HaltA(); // 읽기를 중단

Serial.println(“------------------------------------------------ !!”);
if (tagID == myTag) { // 새로 읽어 들인 UID가 등록된 것인지 확인
  Serial.println(“Access Granted !!!!”); //문자열 출력
}
else {
  Serial.println(“Access Denied !!!!”); //문자열 출력
}
}
```

[결과]

- 하나의 RFID 태그를 리더에 근접시켜 태그의 UID를 마스터 태그로 등록
- [그림 11.13]의 경우 4바이트의 UID인 97705AD3이 등록됨
- [그림 11.13]와 같이 등록된 태그를 리더 주위에 근접시키면 “Access Granted !!!” 라는 메시지가 시리얼 모니터에 출력되고 등록되지 않은 태그를 리더 주위에 가져가면 “Access Denied !!!” 라는 메시지가 시리얼 모니터에 출력

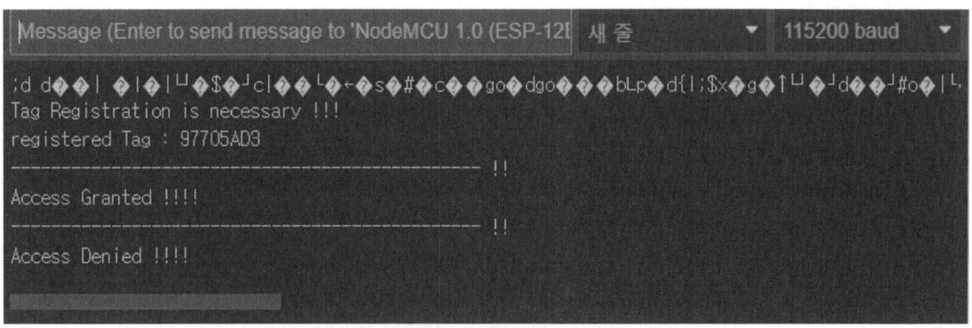

그림 11.13

실험 11-3

시리얼 모니터로부터 수신한 값에 따라 데이터를 RFID 태그에 쓰고 지우기

- 시리얼 모니터에서 줄바꿈 옵션을 **"No line ending (line ending 없음)"**으로 통신속도를 115200으로 설정
- 텍스트 입력 상자에 숫자 값을 입력(1~3)하고 NodeMCU로 전송
- 수신받은 값에 따라 다음과 같은 기능 수행

값	동작
1	태그 두 번째 블록(block 2)에 새로운 16바이트 데이터인 "Welcome Arduino"를 쓰기
2	태그 두 번째 블록(block 2) 지우기, 새로운 16바이트 데이터인 아스키 값 0을 쓰기
3	태그 정보 시리얼 모니터에 출력

- [그림 11.14]와 같이 1K 바이트 EEPROM에 저장되어있는 데이터 블록 중 두 번째 블록(블록 2)의 16바이트에 데이터를 쓰거나 지우기

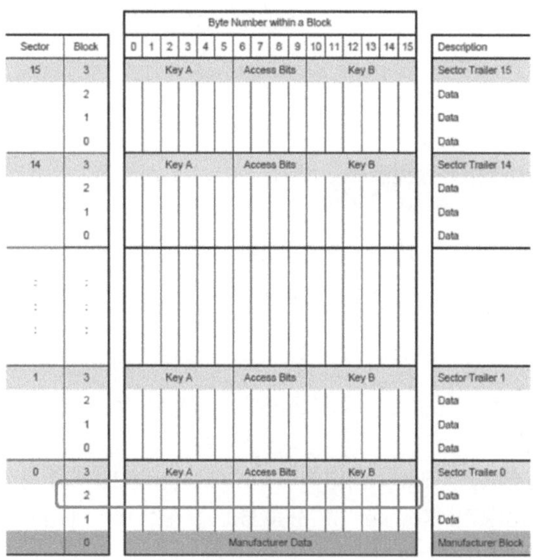

그림 8.14

- 두 번째 블록(block 2)에 새로운 16바이트 데이터가 제대로 써졌는지 확인하기 위해
  1) 쓰기 전에 16바이트 값을 읽어 시리얼 모니터에 출력하고
  2) 데이터를 쓴 후 다시 읽어 시리얼 모니터에 출력하는 과정을 통해 정확히 써졌는지 확인
- 초기값으로 0x00 16개가 시리얼 모니터에 출력되는지 확인 (아스키로 표현 시 공백으로 표시)
- [그림 11.15]와 같이 회로를 연결하고 아래의 프로그램을 업로드

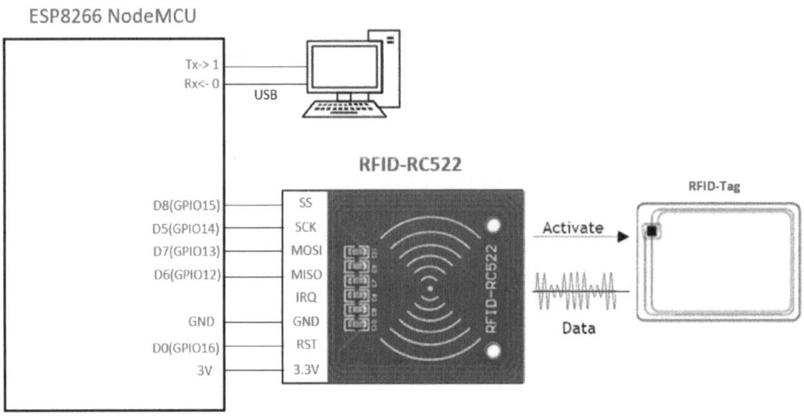

그림 11.15 실험 11-3 회로 연결

NodeMCU 디바이스 프로그램 ESP8266_RC522_StringWriteRead

```
#include <SPI.h>        // SPI 라이브러리 삽입
#include <MFRC522.h>  // RFID 리더 MFRC522 라이브러리 삽입

#define RST_PIN  16  // MFRC522 RST에 연결된 핀 번호 변수 정의 (D0, GPIO16)
#define SS_PIN   15  // MFRC522 SS에 연결된 핀 번호 변수 정의  (D8, GPIO15)

MFRC522 mfrc522(SS_PIN, RST_PIN);  // MFRC522 객체 생성
MFRC522::MIFARE_Key key; //MFRC522 클래스 내부에 정의된 구조체에 대한 인스턴스 생성
```

```
int block=2;  // 쓰고 읽으려는 블록 위치 번호
unsigned char blockContent[16]; // 블록 위치에 쓸 16 바이트를 저장하는 변수

//블록에 데이터를 쓰기 전, 쓴 후 읽어들여 저장하는 변수
// (18바이트 필요 16바이트 데이터+2바이트 CRC)
unsigned char readBlockData[18];
char choice; // 수행하고자 하는 기능 입력 값(1~3)

void setup() {
  Serial.begin(115200);      // 시리얼 모니터와 시리얼 개방, 통신속도 설정
  SPI.begin();               // SPI 인터페이스 초기화
  mfrc522.PCD_Init();        // MFRC522 RFID 리더기 초기화
  Serial.println("==============================================");
  Serial.println("1. 태그 블록에 데이터 쓰기");
  Serial.println("2. 태그 블록 지우기");
  Serial.println("3. 태그 정보 시리얼 모니터에 출력");
  Serial.println("");
  Serial.println("==> 수행하고자 하는 기능을 시리얼 모니터에 입력(1~3)");
  Serial.println("==============================================");

  // 읽기와 쓰기 기능을 수행하기 위한 보안 키로 6바이트가 0xFF로 초기화
  for (byte i = 0; i < 6; i++) {
    key.keyByte[i] = 0xFF; // keyByte는 MIFARE_Key struct에 정의되어 있음
  }
}

void loop() {
  if(Serial.available()) { //수신 버퍼에 수신 데이터가 있는지 확인
    choice = Serial.read(); //수신 버퍼에서 1바이트 읽어오기

    // 블록 위치에 쓸 데이터
    if(choice=='1') memcpy(blockContent,"Welcome Arduino",sizeof(blockContent));
    // 블록 위치에 쓸 데이터(모두 지움)
    else if(choice=='2') memset(blockContent,0,sizeof(blockContent));
```

```
    else if(choice=='3') ;
    else return ;

    Serial.print("\n태그를 대주세요 !!!   "); // 문자열 출력
  }

  if ( ! mfrc522.PICC_IsNewCardPresent()) { // 새로운 태그가 감지되었는지 확인
     return ; // 새로운 카드가 아니면 loop 함수의 시작으로 돌아감
  }

  // 태그(PICC)의 UID와 SAK을 읽을 수 있는지 확인
  // 1을 리턴하면 (읽으면) RFID 카드의 UID와 SAK을 읽어 mfrc522.uid 구조체에 저장
  if ( ! mfrc522.PICC_ReadCardSerial()) { // PICC의 UID와 SAK을 읽을 수 있는지 확인
    return ; // 읽을 수 없으면 loop 함수의 시작으로 돌아감
  }

  if(choice=='3') {
    // 태그 정보(UID, SAK, 타입, 데이터 블록)들을 시리얼 모니터에 출력
    mfrc522.PICC_DumpToSerial(&(mfrc522.uid));
    return; // loop 함수의 시작으로 돌아감
  }

   Serial.print("데이터를 쓰기 전에 블록을 읽기 : ");
   blockDataDisplay();

   writeBlock(block, blockContent); // 블록 위치에 16 바이트를 쓰는 함수 호출

   Serial.print("데이터를 쓴 후 블록을 읽기 : ");
   blockDataDisplay(); // 블록을 되읽기

   mfrc522.PICC_HaltA(); // 읽기 중단
   mfrc522.PCD_StopCrypto1(); // PCD가 인증된 상태에서 나감
   Serial.println("---------------- Completion !!"); // 문자열 출력
}
```

```
int writeBlock(int blockNumber, unsigned char arrayAddress[]) {
  int  sectorNum =  blockNumber/4;  // 블록에 대한 섹터 번호
  int  trailerBlock = sectorNum*4 + 3; // 블록에 대한 트레일러 블록 위치
  if (blockNumber%4 == 3) {  // 블록이 트레일러 블록 인지 확인
     Serial.print(blockNumber);
     Serial.println(" 은 트레일러(trailer) 블록 임");
     return 2;
  }
  Serial.print(blockNumber);
  Serial.println(" 은 데이터 블록 임 ");

  // 블록 쓰기를 위해 인증 수행
  byte status = mfrc522.PCD_Authenticate(MFRC522::PICC_CMD_MF_AUTH_
KEY_A, trailerBlock, &key, &(mfrc522.uid));
  if (status != MFRC522::STATUS_OK) {  // 인증에 성공하였는지 확인
    Serial.print("PCD_Authenticate() failed: ");
    return 3; // return "3" as error message
  }

  // 해당 블록 위치에 데이터 쓰기
  status = mfrc522.MIFARE_Write(blockNumber, arrayAddress, 16);
  if (status != MFRC522::STATUS_OK) {  //데이터 쓰기에 성공하였는지 확인
    Serial.print("MIFARE_Write() failed: ");
    return 4; // return "4" as error message
  }
  return 0;
}

void blockDataDisplay() {
  readBlock(block, readBlockData);  // 블록을 읽기
  for (int j=0 ; j<16 ; j++) {  // 블록 내용을 시리얼 모니터에 출력
    Serial.write(readBlockData[j]); // 시리얼 모니터에 각 바이트를 ASCII로 출력
  }
  Serial.println("");
```

```
}

int readBlock(int blockNumber, unsigned char arrayAddress[]) {
  int sectorNum =  blockNumber/4; // 블록에 대한 섹터 번호
  int trailerBlock = sectorNum*4 + 3; // 블록에 대한 트레일러 블록 위치

 // 블록 읽기를 위해 인증 수행
  byte status = mfrc522.PCD_Authenticate(MFRC522::PICC_CMD_MF_AUTH_
KEY_A, trailerBlock, &key, &(mfrc522.uid));
  if (status != MFRC522::STATUS_OK) {
      Serial.print("PCD_Authenticate() failed (read): ");
      return 3; //return "3" as error message
    }

   // 해당 블록 위치에서 데이터 읽기
  byte buffersize = 18; // 읽기 버퍼 크기를 저장하는 변수 선언
  status = mfrc522.MIFARE_Read(blockNumber, arrayAddress, &buffersize);
  if (status != MFRC522::STATUS_OK) { //데이터 읽기에 성공하였는지 확인
    Serial.print("MIFARE_read() failed: ");
    return 4;//return "4" as error message
  }
  return 0;
}
```

[결과]

- 디바이스 프로그램을 업로드하면 [그림 11.16]과 같이 초기 그림이 나타나고 텍스트 입력 상자에 3을 입력하고 전송
- RFID 태그를 리더에 근접시키면 [그림 11.17]과 같이 1K 바이트 EEPROM에 저장되어있는 데이터 블록 중 두 번째 블록(블록 2)의 16바이트가 16개의 0x00으로 시리얼 모니터에 출력

- 텍스트 입력 상자에 1을 입력하고 전송한 후 RFID 태그를 리더에 근접시키면 [그림 11.18]과 같은 메시지가 나타남. 데이터를 쓰기 전에 읽어 아스키 문자로 표시하였으므로 공백이 나오고 두 번째 블록(block 2)에 새로운 16바이트 데이터인 "Welcome Arduino"를 쓰고 난 후 재 읽기 과정을 통해 새로운 데이터인 "Welcome Arduino"가 두 번째 블록(block 2)에 제대로 써졌음을 확인
- 텍스트 입력 상자에 3을 입력하고 전송한 후 RFID 태그를 리더에 근접시키면 [그림 11.19]와 같이 두 번째 블록(블록 2)에 "Welcome Arduino"에 해당하는 아스키 문자 값이 저장됨을 확인
- 두 번째 블록(블록 2)에 있는 데이터를 지우기 위하여 텍스트 입력 상자에 2를 입력하고 전송한 후 RFID 태그를 리더에 근접시키면 [그림 11.20]과 같이 메시지가 나타남. 데이터를 쓰기 전에 블록 2를 읽어 표시하면 "Welcome Arduino"가 나타나며 아스키 문자로 0 값인 공백 문자를 블록 2에 쓰고 난 후 재 읽기 과정을 통해 표시하면 공백이 나타남을 확인
- 텍스트 입력 상자에 3을 입력하고 전송한 후 RFID 태그를 리더에 근접시키면 [그림 11.17]과 동일하게 두 번째 블록(블록 2)의 16바이트로 0x00 16개가 시리얼 모니터에 출력됨

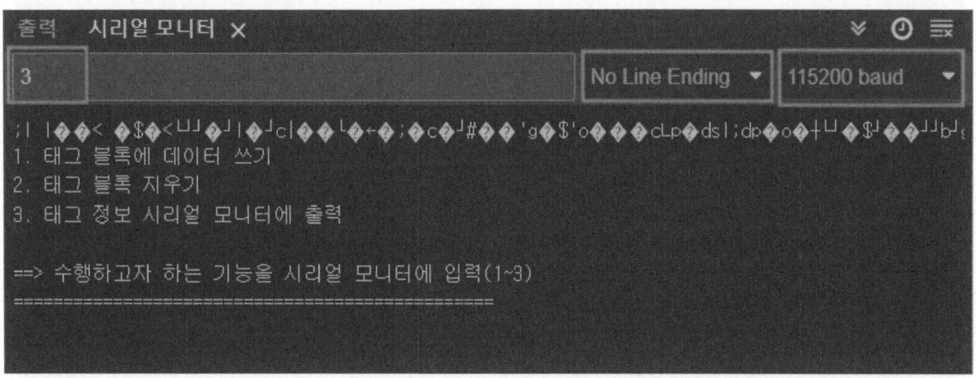

그림 11.16

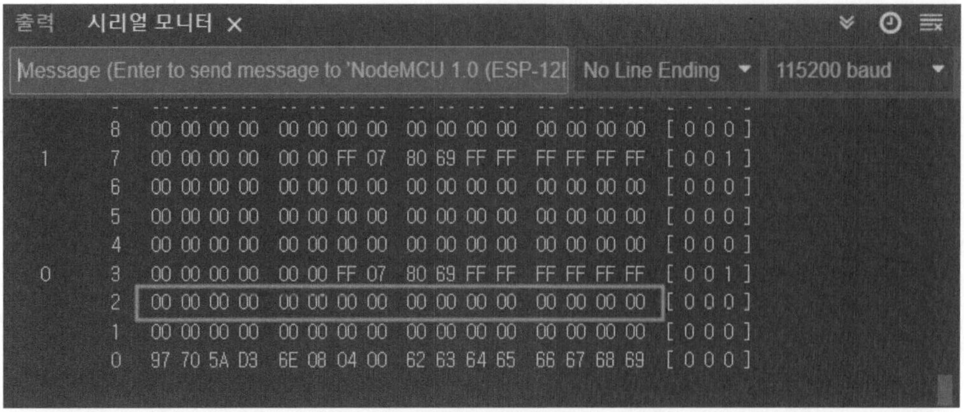

그림 11.17

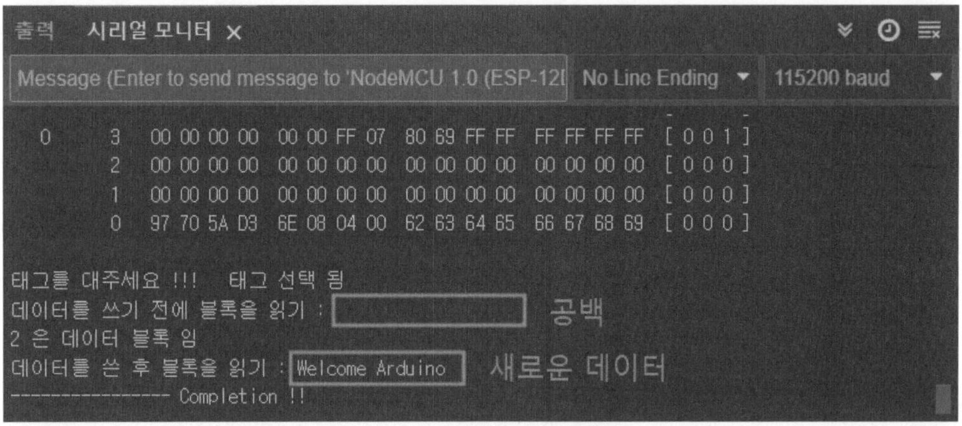

그림 11.18

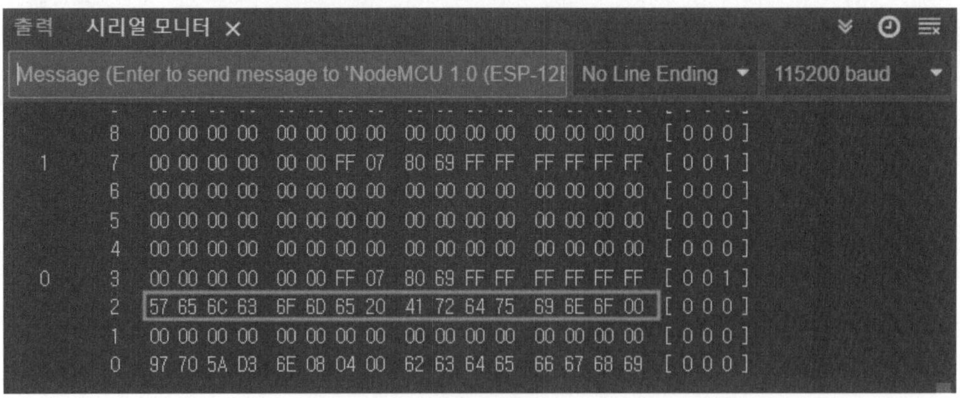

그림 11.19

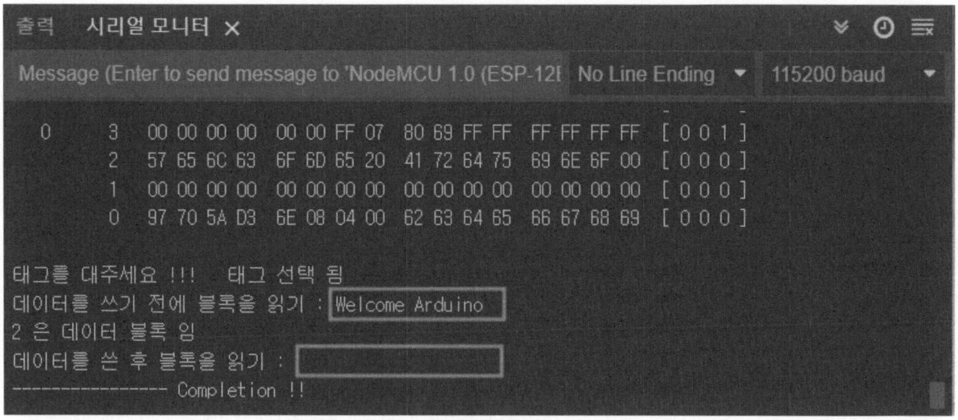

그림 11.20

실험 11-4

시리얼 모니터로부터 수신한 값에 따라 RFID 태그 값 관리

- 시리얼 모니터에서 줄바꿈 옵션을 **"No line ending (line ending 없음)"**으로 통신속도를 115200으로 설정
- 텍스트 입력 상자에 숫자 값을 입력(1~3)하고 NodeMCU로 전송
- 수신받은 값에 따라 다음과 같은 기능 수행

값	동작
1	태그 두 번째 블록(block 2)의 하위 4바이트를 정수형(int)으로 사용하며 태깅할 때 마다 100씩 증가하여 쓰기
2	태그 두 번째 블록(block 2) 하위 4바이트 값을 정수값 0으로 초기화
3	태그 정보 시리얼 모니터에 출력

- [그림 11.21]과 같이 1K 바이트 EEPROM에 저장되어있는 데이터 블록 중 두 번째 블록(블록 2)의 16바이트 중에서 하위 4바이트를 정수형(int) 타입으로 사용
- RFID 태그를 리더에 근접시킬 때마다 블록 2에 저장되어있는 하위 4바이트 값 (**현재 값**)을 읽어 시리얼 모니터에 출력

- 블록 2에 저장되어있는 현재 값에 100 증가한 값 (**다음 값**)을 블록에 다시 쓰고 제대로 써졌는지 재 읽기 과정을 통해 확인
- 값을 초기화할 필요가 있을 때 두 번째 블록(블록 2)의 16바이트 중에서 하위 4바이트 값을 0으로 초기화
- [그림 11.15]의 회로를 사용하고 아래의 프로그램을 업로드

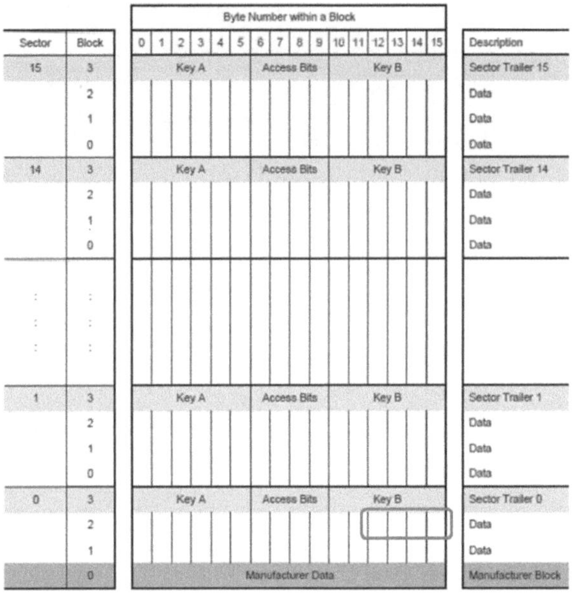

그림 11.21

NodeMCU 디바이스 프로그램 ESP8266_RC522_DataUpdate

```
#include <SPI.h>        // SPI 라이브러리 삽입
#include <MFRC522.h>  // RFID 리더 MFRC522 라이브러리 삽입

#define RST_PIN  16  // MFRC522 RST에 연결된 핀 번호 변수 정의 (D0, GPIO16)
#define SS_PIN   15  // MFRC522 SS에 연결된 핀 번호 변수 정의  (D8, GPIO15)

MFRC522 mfrc522(SS_PIN, RST_PIN);  // MFRC522 객체 생성
```

```
MFRC522::MIFARE_Key key; //MFRC522 클래스 내부에 정의된 구조체에 대한 인스턴스 생성

int block=2; // 쓰고 읽으려는 블록 위치 번호
unsigned char blockContent[16]; // 블록 위치에 쓸 16 바이트를 저장하는 변수

//블록에 데이터를 쓰기전, 쓴후 읽어들여 저장하는 변수
// (18바이트 필요 16바이트 데이터+2바이트 CRC)
unsigned char readBlockData[18];
char choice; // 수행하고자 하는 기능 입력 값(1~3)
unsigned int rfidNumData = 0; // rfid 태그에 쓰거나 읽은 값을 저장하는 변수 정의

void setup() {
  Serial.begin(115200);      // 시리얼 모니터와 시리얼 개방, 통신속도 설정
  SPI.begin();               // SPI 인터페이스 초기화
  mfrc522.PCD_Init();        // MFRC522 RFID 리더기 초기화
  Serial.println("==============================================");
  Serial.println("1. 태그 블록에 데이터 쓰기");
  Serial.println("2. 태그 블록 지우기");
  Serial.println("3. 태그 정보 시리얼 모니터에 출력");
  Serial.println("");
  Serial.println("==> 수행하고자 하는 기능을 시리얼 모니터에 입력(1~3)");
  Serial.println("==============================================");

  // 읽기와 쓰기 기능을 수행하기 위한 보안 키로 6바이트가 0xFF로 초기화
  for (byte i = 0; i < 6; i++) {
    key.keyByte[i] = 0xFF; // keyByte는 MIFARE_Key struct에 정의되어 있음
  }
}

void loop() {
  if(Serial.available()) { //수신 버퍼에 수신 데이터가 있는지 확인
    choice = Serial.read(); //수신 버퍼에서 1바이트 읽어오기
    if(choice!='1' && choice!='2' && choice!='3') return;

    Serial.print("\n태그를 대주세요 !!!   ");
```

```
}

if ( ! mfrc522.PICC_IsNewCardPresent()) { // 새로운 태그가 감지되었는지 확인
   return ; // 새로운 카드가 아니면 loop 함수의 시작으로 돌아감
}

// 태그(PICC)의 UID와 SAK을 읽을 수 있는지 확인
// 1을 리턴하면 (읽으면) RFID 카드의 UID와 SAK을 읽어 mfrc522.uid 구조체에 저장
if ( ! mfrc522.PICC_ReadCardSerial()) { // PICC의 UID와 SAK을 읽을 수 있는지 확인
  return ; // 읽을 수 없으면 loop 함수의 시작으로 돌아감
}

if(choice=='3') {
  // 태그 정보(UID, SAK, 타입, 데이터 블록)들을 시리얼 모니터에 출력
  mfrc522.PICC_DumpToSerial(&(mfrc522.uid)); //
  return; // loop 함수의 시작으로 돌아감
}

Serial.println("태그 선택 됨"); // 문자열 출력

Serial.print("데이터를 쓰기 전에 블록을 읽기 (4바이트) : ");
readBlock(block, readBlockData); // 블록 읽기
BlockTorfidNumData(); // 하위 4 바이트(int)에 해당하는 정수 값 결정하는 함수 호출
blockDataDisplay_4Byte();

if (choice=='1') {
  rfidNumData+=100; // 100 증가
}
else if (choice=='2') {
  rfidNumData = 0; // 0으로 초기화
}
rfidNumDataToBlock(); // 정수값을 하위 4바이트에 저장하는 함수 호출
writeBlock(block, readBlockData); // 블록 위치에 16바이트를 쓰는 함수 호출

Serial.print("데이터를 쓴 후 블록을 읽기 (4바이트) : ");
```

```
  readBlock(block, readBlockData); // 블록을 되읽기
  blockDataDisplay_4Byte();

  mfrc522.PICC_HaltA();  // 읽기 중단
  mfrc522.PCD_StopCrypto1(); // PCD가 인증된 상태에서 나감
  Serial.println("---------------- Completion !!"); // 문자열 출력
}

void rfidNumDataToBlock(void) {
  unsigned int copyrfidNumData=rfidNumData;

  for(int i=0;i<4;i++) { // 4번 반복
    readBlockData[15-i] = (byte) (copyrfidNumData & 0xFF); //4바이트의 각 값을
결정
    copyrfidNumData >>= 8; // 다음 바이트를 위해 우측으로 8번 쉬프트
  }
}

void BlockTorfidNumData(void) {
  unsigned int num=0;

  for(int i=0;i<4;i++) { // 4번 반복 (int에 해당하는 4바이트)
    num += readBlockData[15-i] * (0x01 << 8*i); // 4바이트에 해당하는 정수값 결정
  }
  rfidNumData = num; // 정수 값을 rfidNumData에 저장
}

int writeBlock(int blockNumber, unsigned char arrayAddress[]) {
  int  sectorNum =  blockNumber/4;  // 블록에 대한 섹터 번호
  int  trailerBlock = sectorNum*4 + 3; // 블록에 대한 트레일러 블록 위치
  if (blockNumber%4 == 3) { // 블록이 트레일러 블록 인지 확인
    Serial.print(blockNumber);
    Serial.println(" 은 트레일러(trailer) 블록 임");
    return 2;
  }
```

```
  Serial.print(blockNumber);
  Serial.println(" 은 데이터 블록 임 ");

  // 블록 쓰기를 위해 인증 수행
  byte status = mfrc522.PCD_Authenticate(MFRC522::PICC_CMD_MF_AUTH_
KEY_A, trailerBlock, &key, &(mfrc522.uid));
  if (status != MFRC522::STATUS_OK) { // 인증에 성공하였는지 확인
        Serial.print("PCD_Authenticate() failed: ");
        return 3;//return "3" as error message
  }

  // 해당 블록 위치에 데이터 쓰기
  status = mfrc522.MIFARE_Write(blockNumber, arrayAddress, 16);
  if (status != MFRC522::STATUS_OK) { //데이터 쓰기에 성공하였는지 확인
          Serial.print("MIFARE_Write() failed: ");
          return 4; // return "4" as error message
  }
  return 0;
}

void blockDataDisplay_4Byte() {
  for (int j=3 ; j>=0 ; j--) {  // 블록 내용을 시리얼 모니터에 출력
    Serial.print(readBlockData[15-j]); // 시리얼 모니터에 각 바이트를 ASCII로 출력
    Serial.print(" ");
  }
  Serial.println(" => "+(String)rfidNumData);
}

int readBlock(int blockNumber, unsigned char arrayAddress[]) {
  int  sectorNum =  blockNumber/4;  // 블록에 대한 섹터 번호
  int  trailerBlock = sectorNum*4 + 3; // 블록에 대한 트레일러 블록 위치

 // 블록 읽기를 위해 인증 수행
  byte status = mfrc522.PCD_Authenticate(MFRC522::PICC_CMD_MF_AUTH_
KEY_A, trailerBlock, &key, &(mfrc522.uid));
  if (status != MFRC522::STATUS_OK) {  // 인증에 성공하였는지 확인
```

```
        Serial.print("PCD_Authenticate() failed (read): ");
        return 3;//return "3" as error message
    }

    // 해당 블록 위치에서 데이터 읽기
    byte buffersize = 18; // 읽기 버퍼 크기를 저장하는 변수 선언
    status = mfrc522.MIFARE_Read(blockNumber, arrayAddress, &buffersize);
    if (status != MFRC522::STATUS_OK) { //데이터 읽기에 성공하였는지 확인
        Serial.print("MIFARE_read() failed: ");
        return 4;//return "4" as error message
    }
    return 0;
}
```

[결과]

- 디바이스 프로그램을 업로드하면 [그림 11.16]과 같은 초기 그림이 나타나고 텍스트 입력 상자에 2를 입력하고 전송
- RFID 태그를 리더에 근접시키면 [그림 11.22]와 같이 1K 바이트 EEPROM에 저장되어있는 데이터 블록 중 두 번째 블록(블록 2)의 하위 4바이트 값 4개가 0x00으로 정수 값 0에 해당하는 초기 값이 시리얼 모니터에 출력

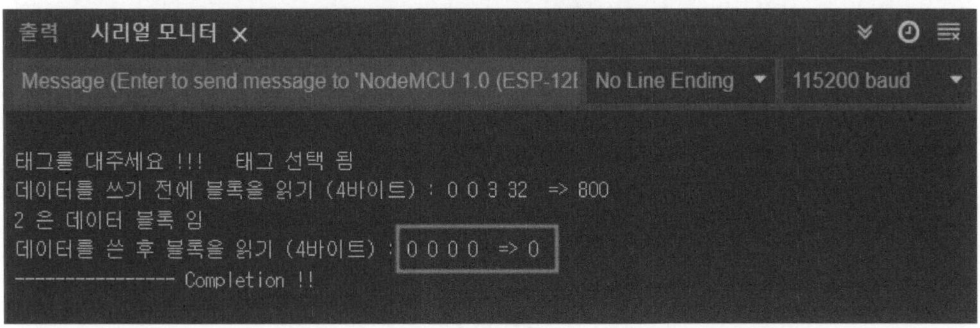

그림 11.22

- 텍스트 입력 상자에 1을 입력하고 전송한 후 RFID 태그를 리더에 근접시키면 [그림 11.23]과 같은 메시지가 나타남. 즉 데이터를 쓰기 전 값이 4바이트로 0 0 0 0 에 해당하는 0이고 100을 증가한 값을 두 번째 블록의 하위 4바이트에 쓴 값 0 0 0 100 에 해당하는 100이 쓰여 진 것을 확인. RFID 태그를 리더에 한번더 근접시키면 [그림 11.24]와 같이 데이터를 쓰기 전 값인 4바이트 0 0 0 100 에 해당하는 100에서 100을 증가시킨 값이 두 번째 블록의 하위 4바이트에 쓴 값 0 0 0 200에 해당하는 200이 써진 것을 확인. RFID 태그를 리더에 한 번 더 근접시키면 [그림 11.25]와 같이 300에 해당하는 0 0 1 44 값이 4바이트에 써지게 됨을 확인

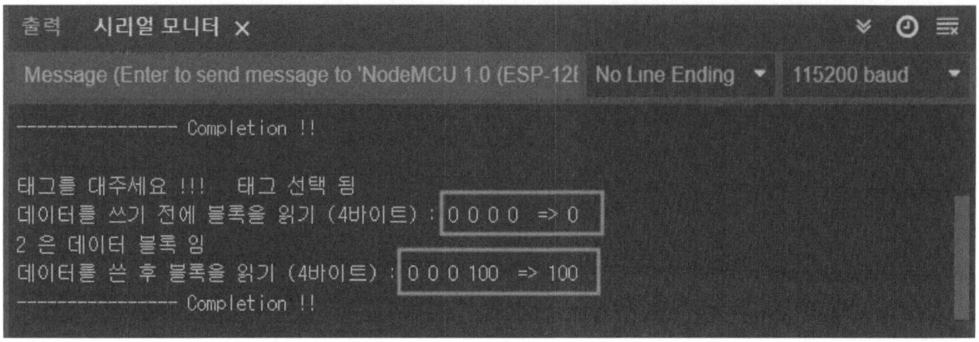

그림 11.23

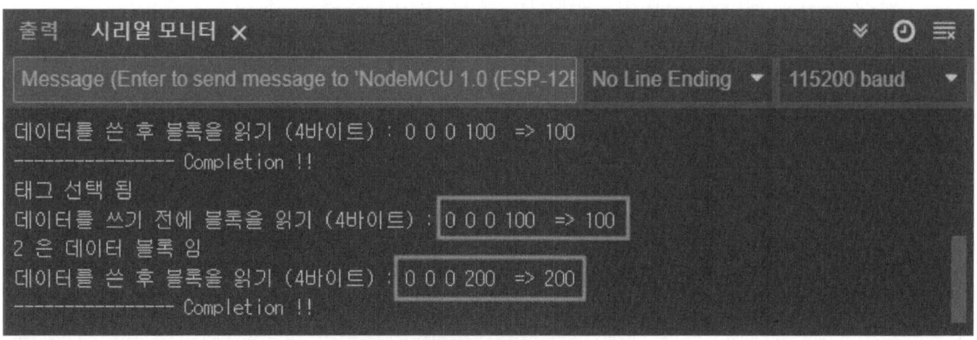

그림 11.24

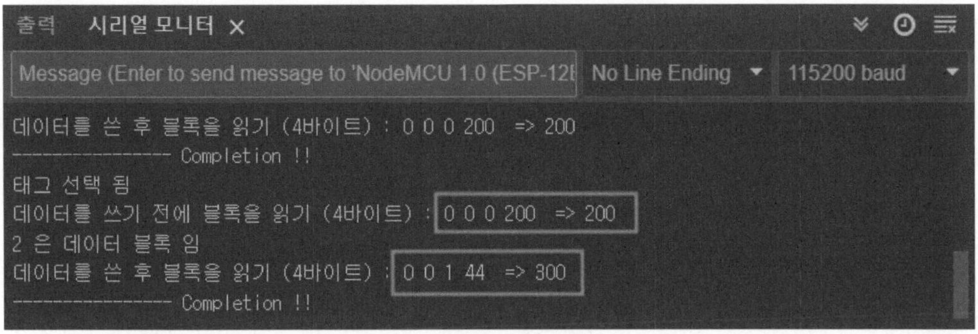

그림 11.25

- 텍스트 입력 상자에 3을 입력하고 전송한 후 RFID 태그를 리더에 근접시키면 [그림 11.26]과 10진수로 0 0 1 44에 해당하는 값이 16진수로 00 00 01 2C로 두 번째 블록(블록 2)의 하위 4바이트에 쓰여있음을 확인

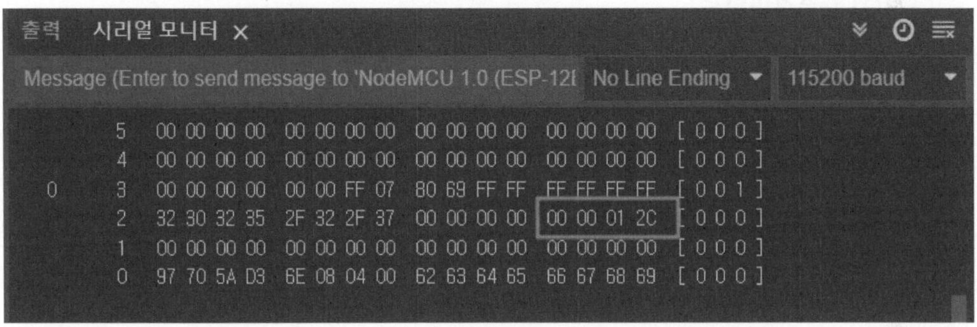

그림 11.26

11.5 MQTT 통신을 사용하여 RFID/NFC 태그 값 모니터링 실습

실험 11-5

MQTT 통신을 사용하여 RFID/NFC 태그 값 모니터링

1. 실습개요

- [실험 11-4]와 동일하나 이번 실습에서는 태깅한 NFC 태그의 UID 값과 태그에 저장된 값을 대시보드에서 모니터링하는 방법에 대하여 학습

2. MQTT 네트워크

○ **MQTT 브로커**

- 무료 MQTT 브로커 "test.mosquitto.org"을 사용 (또는 "mqtt-dashboard.com")

○ **MQTT 클라이언트**

- NodeMCU 디바이스와 대시보드 앱을 클라이언트로 사용

3. MQTT 동작

○ **MQTT 프로토콜을 이용한 동작 과정**

- [그림 11.27]과 같이 MQTT 네트워크를 구성하고 발행 및 구독 토픽 설정
- NodeMCU 발행 토픽 : NFC 태그로 리더에 태깅을 하면 NodeMCU 클라이언트는 태그의 UID 값과 태그에 저장된 값을 읽은 후 새로이 쓸 값을 결정하고 태그에 새로운 값을 저장. 또한, NodeMCU 클라이언트는 발행자가 되어 토픽 〃nodeMCU/nfcId〃에 페이로드로 읽은 UID 값을 이용하여 "UID값 님이 태깅하셨읍니다." 라는 메시지를 발행할 뿐만 아니라 태그에 새로이 쓸 값을 페이로드로 하는 토픽 〃nodeMCU/nfcValue〃도 발행
- 대시보드 구독 토픽 : 클라이언트 대시보드는 구독자가 되어 토픽 〃nodeMCU/nfcId〃를 구독하고 메시지를 받아 페이로드에 해당하는 어떠한 태그가 태깅을 하였는지 대시보드에 표시하고 토픽 〃nodeMCU/nfcValue〃를 구독하고 페이로드 값에 해당하는 NFC 태그에 저장 된 값을 대시보드에 시각적으로 표시하여 어떠한 태그에 저장된 값이 얼마인지 모니터링

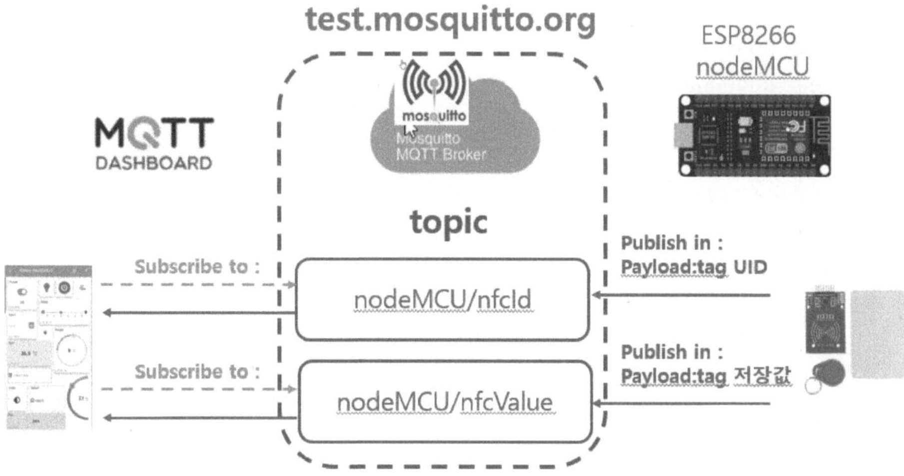

그림 11.27

○ 하드웨어 구성

- [그림 11.15]의 하드웨어 구성을 이용

NodeMCU 디바이스 프로그램

```
#include <ESP8266WiFi.h>  // ESP8266WiFi 라이브러리 삽입
#include <PubSubClient.h> // MQTT 클라이언트 라이브러리 삽입
#include <SPI.h>          // SPI 라이브러리 삽입
#include <MFRC522.h>      // RFID 리더 MFRC522 라이브러리 삽입

#define RST_PIN  16  // MFRC522 RST에 연결된 핀 번호 변수 정의 (D0, GPIO16)
#define SS_PIN   15  // MFRC522 SS에 연결된 핀 번호 변수 정의  (D8, GPIO15)

const char* ssid= " ***********"; //WiFi 네트워크 이름
const char* password =  "***********"; // WiFi 네트워크 비번

const char* mqtt_server= "test.mosquitto.org"; //mqtt 브로커

// 토픽설정------------------------
```

```
const char* nfcIdTopic = "nodeMCU/nfcId"; // 클라이언트 발행 토픽
const char* nfcValueTopic = "nodeMCU/nfcValue"; // 클라이언트 발행 토픽

WiFiClient espClient; // 네트워크 클라이언트로 WiFiClient 객체 생성
PubSubClient client(espClient); // 생성된 TCP 클라이언트를 이용하여
                                // MQTT 클라이언트 인스턴스 생성
char publishPayload[50]; // 발생 메시지 페이로드를 저장하는 변수

MFRC522 mfrc522(SS_PIN, RST_PIN);  // MFRC522 객체 생성
MFRC522::MIFARE_Key key; //MFRC522 클래스 내부에 정의된 구조체에 대한 인스턴스 생성

int block=2; // 쓰고 읽으려는 블록 위치 번호
unsigned char blockContent[16]; // 블록 위치에 쓸 16 바이트를 저장하는 변수

//블록에 데이터를 쓰기전, 쓴후 읽어들여 저장하는 변수
// (18바이트 필요 16바이트 데이터+2바이트 CRC)
unsigned char readBlockData[18];
char choice;  // 수행하고자 하는 기능 입력 값(1~3)
unsigned int rfidNumData = 0; // rfid 태그에 쓰거나 읽은 값을 저장하는 변수 정의

void setup() {
  Serial.begin(115200);      // 시리얼 모니터와 시리얼 개방, 통신속도 설정
  SPI.begin();               // SPI 인터페이스 초기화
  mfrc522.PCD_Init();        // MFRC522 RFID 리더기 초기화
  Serial.println("==============================================");
  Serial.println("1. 태그 블록에 데이터 쓰기");
  Serial.println("2. 태그 블록 지우기");
  Serial.println("3. 태그 정보 시리얼 모니터에 출력");
  Serial.println("");
  Serial.println("==> 수행하고자 하는 기능을 시리얼 모니터에 입력(1~3)");
  Serial.println("==============================================");

  // 읽기와 쓰기 기능을 수행하기 위한 보안 키로 6바이트가 0xFF로 초기화
  for (byte i = 0; i < 6; i++) {
    key.keyByte[i] = 0xFF; // keyByte는 MIFARE_Key struct에 정의되어 있음
```

```
  }
  setup_wifi(); // wifi 설정함수 호출
  client.setServer(mqtt_server, 1883); // MQTT 서버 연결 정보 등록
}

void loop() {
  if (!client.connected()) {  // 클라이언트가 서버에 연결되어 있는지 확인
    reconnect(); // 연결되어 있지 않으면 연결 시도
  }
  client.loop(); //클라이언트가 수신 메시지를 처리하고 서버에 연결 유지

  if(Serial.available()) { //수신 버퍼에 수신 데이터가 있는지 확인
    choice = Serial.read(); //수신 버퍼에서 1바이트 읽어오기
    if(choice!='1' && choice!='2' && choice!='3') return;

    Serial.print("\n태그를 대주세요 !!!   ");
  }

  if ( ! mfrc522.PICC_IsNewCardPresent()) { // 새로운 태그가 감지되었는지 확인
    return ; // 새로운 카드가 아니면 loop 함수의 시작으로 돌아감
  }

  // 태그(PICC)의 UID와 SAK을 읽을 수 있는지 확인
  // 1을 리턴하면 (읽으면) RFID 카드의 UID와 SAK을 읽어 mfrc522.uid 구조체에 저장
  if ( ! mfrc522.PICC_ReadCardSerial()) { // PICC의 UID와 SAK을 읽을 수 있는지 확인
    return ; // 읽을 수 없으면 loop 함수의 시작으로 돌아감
  }

  if(choice=='3') {
    // 태그 정보(UID, SAK, 타입, 데이터 블록)들을 시리얼 모니터에 출력
    mfrc522.PICC_DumpToSerial(&(mfrc522.uid)); //
    return; // loop 함수의 시작으로 돌아감
  }

  Serial.println("태그 선택 됨"); // 문자열 출력
```

```
Serial.print("데이터를 쓰기 전에 블록을 읽기 (4바이트) : ");
readBlock(block, readBlockData); // 블록 읽기
BlockTorfidNumData(); // 하위 4 바이트(int)에 해당하는 정수 값 결정하는 함수 호출
blockDataDisplay_4Byte();

if (choice=='1') {
  rfidNumData+=100; // 100증가
}
else if (choice=='2') {
  rfidNumData = 0; // 0으로 초기화
}

String tagID=""; // 새로 읽어 들일 UID를 저장하는 변수
for(int i=0; i<4 ; i++) {  // 4바이트의 UID
  tagID.concat(String(mfrc522.uid.uidByte[i], HEX)); //16진수로 변환하여 문자열에 추가
}
tagID.toUpperCase(); // 대문자로 변환

Serial.print("Publish message: ");
String tagIDString=tagID+" 님이 태깅하셨읍니다.";
Serial.println(tagIDString);
//String을 문자배열로 변환
tagIDString.toCharArray(publishPayload, tagIDString.length()+1);
client.publish(nfcIdTopic, publishPayload); // 토픽 발행
delay(200);

Serial.print("Publish message: ");
String rfidNumDataString=(String)rfidNumData;
Serial.println(rfidNumDataString);
// String을 문자배열로 변환
rfidNumDataString.toCharArray(publishPayload, rfidNumDataString.length()+1);
client.publish(nfcValueTopic, publishPayload); // 토픽 발행

rfidNumDataToBlock(); // 정수값을 하위 4바이트에 저장하는 함수 호출
writeBlock(block, readBlockData); // 블록 위치에 16바이트를 쓰는 함수 호출
```

```
  Serial.print("데이터를 쓴 후 블록을 읽기 (4바이트) : ");
  readBlock(block, readBlockData); // 블록을 되읽기
  blockDataDisplay_4Byte();

  mfrc522.PICC_HaltA();  // 읽기 중단
  mfrc522.PCD_StopCrypto1(); // PCD가 인증된 상태에서 나감
  Serial.println("---------------- Completion !!"); // 문자열 출력
}

void setup_wifi() {
  delay(10); // 10ms 대기
  WiFi.mode(WIFI_STA); // WiFi를 STA 모드로 설정
  WiFi.begin(ssid, password); // WiFi 연결 시도
  Serial.println("");
  Serial.print("Connecting to ");
  Serial.println(ssid); // WiFi 네트워크 이름 출력
  while (WiFi.status() != WL_CONNECTED) {  // 접속될 때까지 대기
    delay(500);
    Serial.print(".");
  }
  Serial.println("");
  Serial.print("WiFi connected to ");
  Serial.println(ssid); // WiFi 네트워크 이름 출력
  Serial.print("IP address: ");
  Serial.println(WiFi.localIP()); //AP에 의해 ESP 모듈에 할당된 IP 출력
}

void reconnect() {
  while (!client.connected()) { // 클라이언트가 서버에 연결되어 있는지 확인
    Serial.print("Attempting MQTT connection...");
    Serial.println(mqtt_server);

    // 랜덤 클라이언트 ID 생성
    String clientId = "ESP8266Client-"; // 클라이언트 Id
    clientId += String(random(0xffff), HEX); // 클라이언트 Id에 랜덤 숫자 추가
```

```
    if (client.connect(clientId.c_str())) { // 클라이언트 연결을 성공하였다면
      Serial.print("connected to");
      Serial.println(mqtt_server);
    }
    else {
      Serial.print("failed, rc=");
      Serial.print(client.state()); // 연결 실패에 대한 클라이언트의 현재 상태를 출력
      Serial.println(" try again in 5 seconds");
      delay(5000); // 재시도하기 전 5초 대기
    }
  }
}

void rfidNumDataToBlock(void) {
  unsigned int copyrfidNumData=rfidNumData;

  for(int i=0;i<4;i++) { // 4번 반복
    readBlockData[15-i] = (byte) (copyrfidNumData & 0xFF); //4바이트의 각 값을 결정
    copyrfidNumData >>= 8; // 다음 바이트를 위해 우측으로 8번 쉬프트
  }
}

void BlockTorfidNumData(void) {
  unsigned int num=0;

  for(int i=0;i<4;i++) { // 4번 반복 (int에 해당하는 4바이트)
    num += readBlockData[15-i] * (0x01 << 8*i); // 4바이트에 해당하는 정수값 결정
  }
  rfidNumData = num; // 정수 값을 rfidNumData에 저장
}

int writeBlock(int blockNumber, unsigned char arrayAddress[]) {
  int  sectorNum =  blockNumber/4;   // 블록에 대한 섹터 번호
  int  trailerBlock = sectorNum*4 + 3;  // 블록에 대한 트레일러 블록 위치
```

```
  if (blockNumber%4 == 3) {  // 블록이 트레일러 블록 인지 확인
    Serial.print(blockNumber);
    Serial.println(" 은 트레일러(trailer) 블록 임");
    return 2;
  }
  Serial.print(blockNumber);
  Serial.println(" 은 데이터 블록 임 ");

  // 블록 쓰기를 위해 인증 수행
  byte status = mfrc522.PCD_Authenticate(MFRC522::PICC_CMD_MF_AUTH_
KEY_A, trailerBlock, &key, &(mfrc522.uid));
  if (status != MFRC522::STATUS_OK) { // 인증에 성공하였는지 확인
        Serial.print("PCD_Authenticate() failed: ");
        return 3;//return "3" as error message
  }

  // 해당 블록 위치에 데이터 쓰기
  status = mfrc522.MIFARE_Write(blockNumber, arrayAddress, 16);
  if (status != MFRC522::STATUS_OK) { //데이터 쓰기에 성공하였는지 확인
          Serial.print("MIFARE_Write() failed: ");
          return 4; // return "4" as error message
  }
  return 0;
}

void blockDataDisplay_4Byte() {
  for (int j=3 ; j>=0 ; j--) {  // 블록 내용을 시리얼 모니터에 출력
    Serial.print(readBlockData[15-j]); // 시리얼 모니터에 각 바이트를 ASCII로 출력
    Serial.print(" ");
  }
  Serial.println(" => "+(String)rfidNumData);
}

int readBlock(int blockNumber, unsigned char arrayAddress[]) {
  int  sectorNum =  blockNumber/4;  // 블록에 대한 섹터 번호
```

```
  int  trailerBlock = sectorNum*4 + 3; // 블록에 대한 트레일러 블록 위치

 // 블록 읽기를 위해 인증 수행
  byte status = mfrc522.PCD_Authenticate(MFRC522::PICC_CMD_MF_AUTH_
KEY_A, trailerBlock, &key, &(mfrc522.uid));
  if (status != MFRC522::STATUS_OK) {  // 인증에 성공하였는지 확인
         Serial.print("PCD_Authenticate() failed (read): ");
         return 3;//return "3" as error message
  }

  // 해당 블록 위치에서 데이터 읽기
  byte buffersize = 18;// 읽기 버퍼 크기를 저장하는 변수 선언
  status = mfrc522.MIFARE_Read(blockNumber, arrayAddress, &buffersize);
  if (status != MFRC522::STATUS_OK) { //데이터 읽기에 성공하였는지 확인
          Serial.print("MIFARE_read() failed: ");
          return 4;//return "4" as error message
  }
  return 0;
}
```

○ MQTT Dashboard 앱 설정

- UID 값과 태그에 저장된 값을 시각적으로 표시하기 위하여 각각 Text 위젯을 이용하여 UID 값과 태그에 저장된 값을 모니터링

○ Text 위젯

- UID 값을 표시하기 위하여 옵션 항목들을 다음과 같이 설정

option			설정
Name			RFID/NFC 태그 UID
MQTT	MQTT enable		enable
	MQTT connection		mosquitto.org
	Subscribe to topic		nodeMCU/nfcId
Design	Text Value	Font size	20
		Color	
		Font style	
	Unit	Show unit	disable

○ Text 위젯

- 태그에 저장된 값을 표시하기 위하여 옵션 항목들을 다음과 같이 설정

option			설정
Name			RFID/NFC 태그 저장 값
MQTT	MQTT enable		enable
	MQTT connection		mosquitto.org
	Subscribe to topic		nodeMCU/nfcValue
Design	Text Value	Font size	20
		Color	
		Font style	
	Unit	Show unit	disable

○ 설계된 Dashboard 앱

그림 11.28

제12장

ESP8266 NodeMCU 시리얼 통신을 활용한 센서 제어

실험에 필요한 부품

캐소드 공통형 3색 RGB LED	LED	1KΩ 저항		
1개	1개	4개		
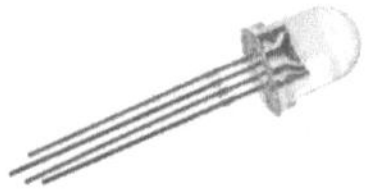		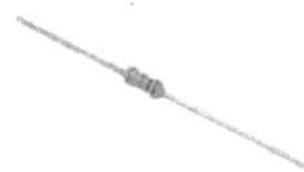		

12.1 시리얼 통신

- ESP8266 NodeMCU 보드에 장착된 마이크로 프로세서(MCU) 내부에서 처리되는 병렬데이터를 외부로 전송하기 위해 직렬데이터열로 바꾸어 전송하는 것을 시리얼(직렬) 통신이라 함
- 시리얼 통신 방식에는 UART 통신, I2C 통신, SPI 통신 등이 있음
- 시리얼 통신이라고 하면 통산 UART 통신을 의미
- UART는 범용 비동기 송수신기(Universal Asynchronous Receiver Transmitter)의 약자로 범용 비동기식 직렬통신 방식 임
- **시리얼 통신 즉, UART 통신**은 [그림 12.1]과 같이 NodeMCU 보드와 컴퓨터 또는 NodeMCU 보드와 직렬통신을 지원하는 다른 장치 사이 직렬통신을 위해 사용

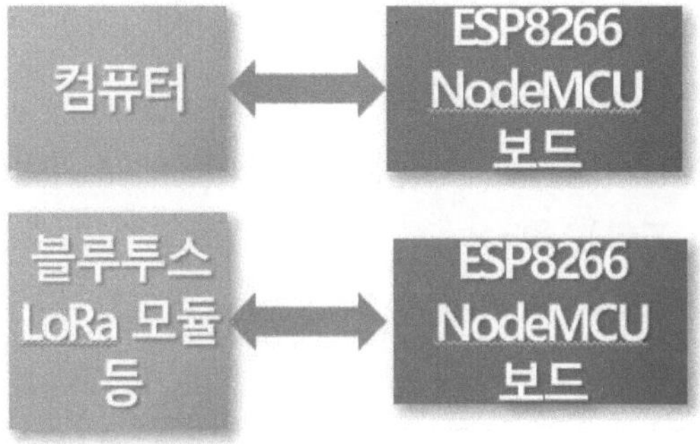

그림 12.1 시리얼통신

ESP8266 NodeMCU 보드 시리얼 통신

- 시리얼 통신 포트 수는 MCU 별로 상이
- NodeMCU 보드는 두 개의 하드웨어 시리얼 제공 즉 두 개의 포트(UART)를 가지고 있는데 [그림 12.2]와 같이 하나의 시리얼 포트(Serial 객체 사용)는 **송신 핀으로 TXD0(GPIO1)와 수신 핀으로 RXD0(GPIO3)을 사용**하며 다른 하나의 시리얼 포트는 송신만 할 수 있으며 송신 핀으로 TXD1(GPIO2)을 사용

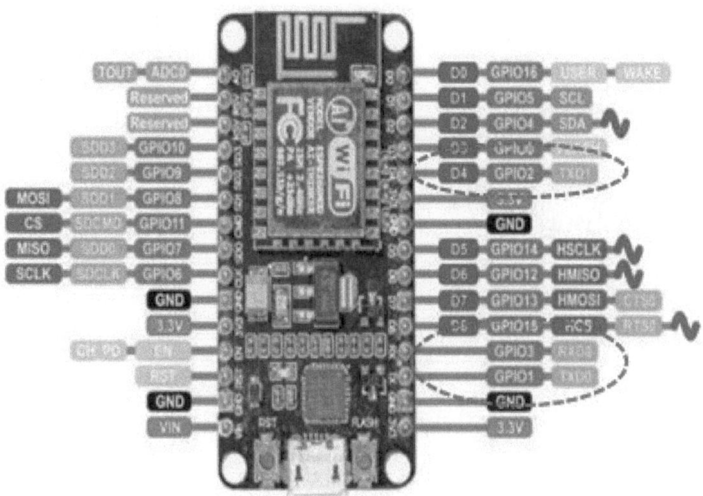

그림 12.2 NodeMCU 시리얼 통신

- NodeMCU 보드의 시리얼 포트(Serial 객체 사용) TXD0와 RXD0는 **컴퓨터와 시리얼 통신용으로 두 가지 용도로 사용**
  1) **업로드** : PC에서 작성한 NodeMCU 디바이스 프로그램을 NodeMCU 플래쉬 메모리에 업로드하는 용도
  2) **시리얼 모니터와 데이터 입출력**: NodeMCU가 PC 아두이노 IDE 시리얼 모니터 창에 데이터를 출력하거나 아두이노 IDE에서 NodeMCU로 데이터를 전송하는 용도

시리얼 통신(UART 통신) 사용 방법

- 시리얼 통신을 사용하여 NodeMCU 디바이스와 외부 컴퓨터 또는 시리얼 통신을 지원하는 다른 통신 장치와 통신을 수행하기 위해서는 다음과 같이 송수신 선을 연결해 주고 통신속도를 맞추어 주어야 함

1) **송수신 선 연결**: [그림 12.3]과 같이 NodeMCU 시리얼 포트의 송신(Tx) 핀인 TXD0 핀을 다른 장치의 수신 핀인 Rx 핀과 연결하고 NodeMCU 시리얼 포트의 수신(Rx) 핀인 RXD0 핀은 다른 장치의 송신 핀인 Tx 핀과 연결. 즉 Tx와 Rx을 서로 교차 연결

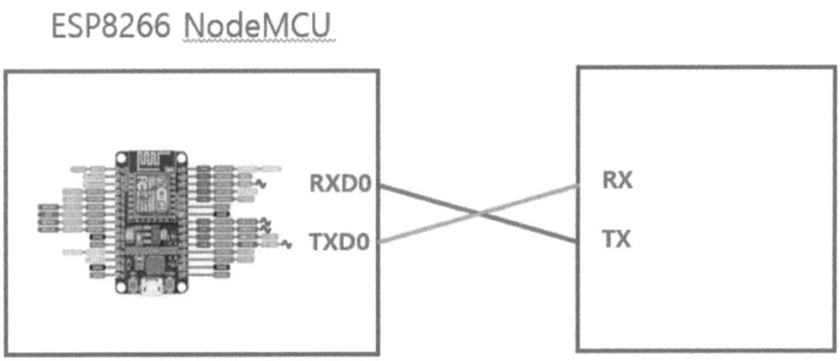

그림 12.3 송수신 선 연결

- NodeMCU 보드와 외부 컴퓨터 간 연결은 [그림 12.4]와 같이 USB 케이블을 통해 이루어지게 되며 이때 USB를 UART로 변환해 주는 칩에 의해 TX와 RX는 교차 연결됨

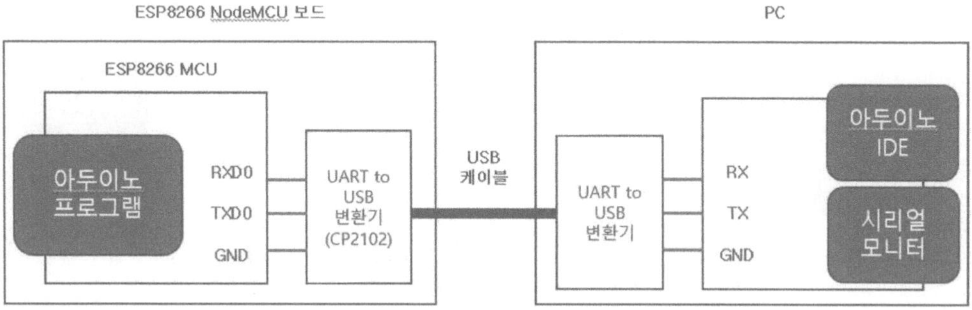

그림 12.4 NodeMCU 보드와 외부 컴퓨터 간 USB 연결

- [그림 12.5]는 ESP8266 NodeMCU 보드에서 USB를 UART로 변환해 주는 CP2102 MCU 위치를 나타냄

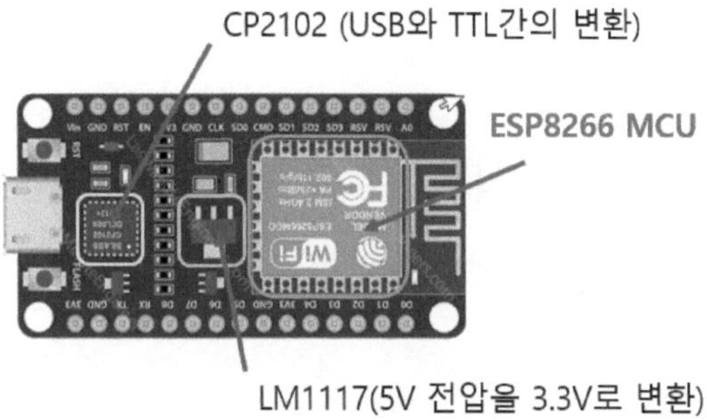

그림 12.5 NodeMCU 보드 USB-시리얼 변환기

2) **송수신 통신속도 설정**: 초당 비트 수(bps: bits per second, bits/sec)로 정의하는데 NodeMCU와 다른 장치 간 데이터 전송 속도

- NodeMCU와 다른 통신 장치는 동일한 속도로 데이터를 송수신하여야 하며 [그림 12.6]과 같이 NodeMCU가 USB 케이블로 외부 PC와 연결된 경우 NodeMCU의 아두이노 프로그램에서는 "**Serial.begin(통신속도)**" 함수를 사용하여 통신속도를 지정하며 외부 컴퓨터에서는 아두이노 IDE의 시리얼 모니터에서 동일한 통신속도를 설정

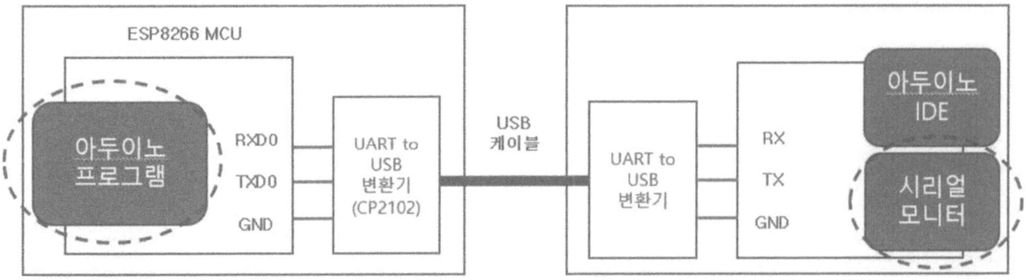

그림 12.6 송수신 통신 속도 설정

- 결론적으로, NodeMCU 디바이스와 외부 컴퓨터 또는 블루투스, LoRa 모듈과 같이 시리얼 통신을 지원하는 통신 장치간에 시리얼(UART) 통신을 수행하기 위해서는 하드웨어적으로 송수신 선이 교차 연결되어야 하며 서로 간에 데이터를 송수신하는 통신속도를 일치시켜야 함

시리얼 통신 전송 프레임 형식

- 시리얼 통신 전송 프레임은 [그림 12.7]과 같음

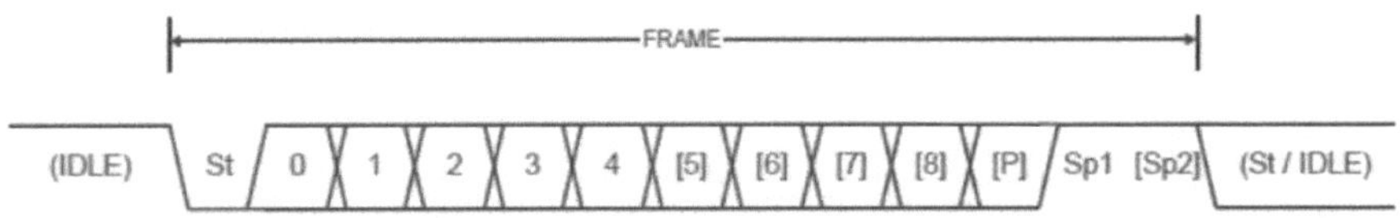

그림 12.7 시리얼 통신 전송 프레임

- 프레임 형식은 시작 비트, 데이터 비트, 패리티 비트, 정지 비트로 구성
  - 시작 비트 (St) : 프레임의 시작을 알려주는 것으로 항상 LOW
  - 데이터 비트 : 송수신 측에서 미리 약속된 길이만큼의 비트 데이터를 LSB부터 차례로 전송. 비트 데이터 길이는 5~9비트 사이에서 선택 가능
  - 패리티 비트 : 오류 검출을 위한 비트로 짝수 또는 홀수 패리티 사용
  - 정지 비트 (Sp) : 프레임의 끝을 알려주는 것으로 항상 HIGH이며 길이는 1비트, 1.5비트 혹은 2비트에서 선택 가능

- 데이터 비트 수, 짝수 또는 홀수 패리티 사용, 정지 비트 수는 사용자가 선택 가능
- 일반적으로 [그림 12.8]과 같이 8-N-1(데이터 길이는 8비트, 패리티 비트는 사용하지 않고, 정지 비트는 1비트인 **SERIAL_8N1**)이 디폴트 값으로 사용

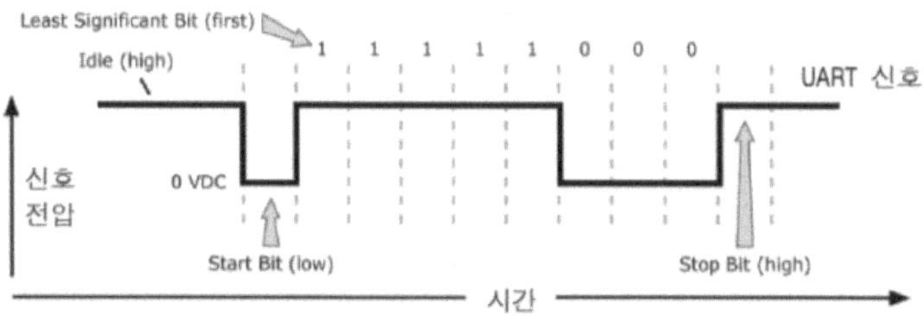

그림 12.8 8 데이터비트, 패리티없음, 1 정지비트 (**SERIAL_8N1**)인 경우

시리얼 통신 동작 원리

- 시리얼 통신을 하는 송수신기 간에 데이터 전송 속도나 처리 속도 시간 차이를 해결하기 위하여 [그림 12.9]와 같이 데이터를 쌓아두는 버퍼(64바이트 저장 가능)를 사용
- 송신 시 Serial.print() 또는 Serial.println() 함수 이용하여 송신 버퍼에 데이터를 쓰고 전송 속도에 맞추어 전송
- 수신 시 수신 버퍼에 수신 데이터가 있는지 Serial.available() 함수 이용하여 체크
- 수신 버퍼에 수신 데이터가 존재하면 Serial.read() 함수 이용하여 데이터를 읽음
- 수신 버퍼에서 데이터를 읽은 방법으로, 수신 버퍼에 수신 데이터가 있을 때 마다 **시리얼 인터럽트**를 사용하여 데이터를 읽을 수 도 있으며 수신 버퍼에 수신 데이터가 있는지 **폴링 방식**으로 체크하여 데이터를 읽을 수 있음

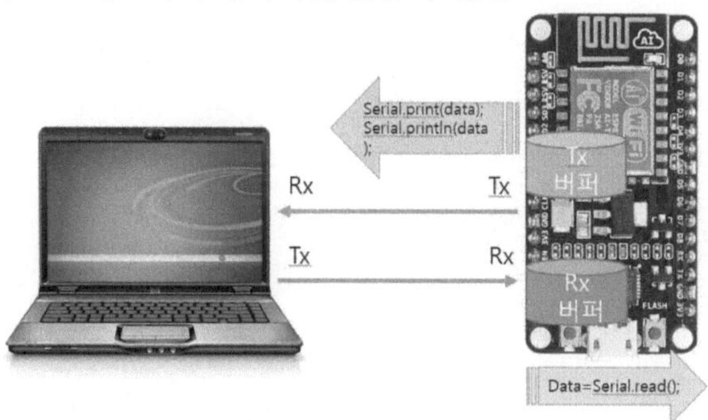

그림 12.9 시리얼 통신 동작 원리

아두이노 IDE 시리얼 모니터

- 시리얼의 두 가지 용도 중에서 PC 아두이노 IDE에 내장된 시리얼 모니터(Serial Monitor)와 NodeMCU 디바이스 간 데이터를 송수신하는 것에 대해서는 1장에서 다루었으므로 1장 내용을 참조

시리얼 객체에서 사용되는 여러 가지 메소드

void Serial.begin(speed) void Serial.begin(speed, config)		
기능	시리얼 통신의 데이터 전송 속도 설정, 시리얼 포트 개방, 통신 시작	
매개변수	speed	bits/sec(bps) 단위 전송 속도 설정- long (가능한 속도 : 300, 600, 1200, 2400, 4800, 9600, 14400, 19200, 28800, 38200, 57600, 115200, 230400, 250000, 460800, 500000, 921600, 1000000, 2000000))
	config	데이터비트, 패리티, 정지비트 설정 **8 데이터비트, 패리티없음, 1 정지비트 (SERIAL_8N1)이 디폴트 값** (가능한 값:SERIAL_5N1, SERIAL_6N1, SERIAL_7N1, SERIAL_8N1, SERIAL_5N2, SERIAL_6N2, SERIAL_7N2, SERIAL_8N2, SERIAL_5E1, SERIAL_6E1, SERIAL_7E1, SERIAL_8E1, SERIAL_5E2, SERIAL_6E2, SERIAL_7E2, SERIAL_8E2, SERIAL_5O1, SERIAL_6O1, SERIAL_7O1, SERIAL_8O1, SERIAL_5O2, SERIAL_6O2, SERIAL_7O2, SERIAL_8OE2,
리턴 값	void	없음

void Serial.end(void)		
기능	시리얼 통신 종료. TX/RX 핀은 GPIO 핀으로 사용 가능	
매개변수	void	없음
리턴 값	void	없음

int Serial.available(void)		
기능	시리얼 포트의 수신 버퍼(64바이트 저장 가능)에 저장된 데이터의 개수를 바이트 단위로 반환	
매개변수	void	없음
리턴 값	int	수신 버퍼에 저장된 데이터의 개수

int Serial.read(void)		
기능	수신된 데이터 중 첫 번째 바이트의 데이터를 읽음. 읽혀진 데이터는 수신 버퍼에서 삭제	
매개변수	void	없음
리턴 값	int	수신된 데이터 중 첫 번째 바이트 또는 **-1(데이터가 없을 시)**

StringSerial.readStringUntil(terminator)		
기능	시리얼 버퍼 내에서 찾고자 하는 문자까지 문자들을 읽어 문자열 반환	
매개변수	terminator	찾고자 하는 문자
리턴 값	String	문자열 반환 (**찾고자 하는 문자 전까지 반환**)

int Serial.peek(void)		
기능	수신된 데이터 중 첫 번째 바이트의 데이터를 읽음. 읽혀진 데이터는 수신 버퍼에서 삭제되지 않음	
매개변수	void	없음
리턴 값	int	수신된 데이터 중 첫 번째 바이트 또는 -1(데이터가 없을 시)

void Serial.flush(void)		
기능	수신 버퍼의 데이터를 비움	
매개변수	void	없음
리턴 값	void	없음

void serialEvent(void)		
기능	시리얼 인터럽트 사용 시 수신 버퍼에 수신 데이터가 있을 때 마다 호출되는 함수	
매개변수	void	없음
리턴 값	void	없음

boolean Serial.find(target)		
기능	문자열을 발견할 때까지 시리얼 버퍼에서 문자열을 읽음 문자열을 찾으면 시리얼 버퍼의 문자열 다음으로 위치	
매개변수	target	찾고자하는 문자열
리턴 값	boolean	문자열을 발견하면 true를 그렇지 않으면 false를 반환

<table>
<tr><th colspan="3">boolean Serial.findUntil(target, terminal)</th></tr>
<tr><td>기능</td><td colspan="2">target 문자열이나 terminator 문자열이 발견될 때까지 시리얼 버퍼에서 문자열을 읽음</td></tr>
<tr><td rowspan="2">매개변수</td><td>target</td><td>찾고자하는 문자열</td></tr>
<tr><td>terminal</td><td>종료 문자열</td></tr>
<tr><td>리턴 값</td><td>boolean</td><td>문자열을 발견하면 true를 그렇지 않으면 false를 반환</td></tr>
</table>

<table>
<tr><th colspan="3">long Serial.print(val)
long Serial.print(val, format)</th></tr>
<tr><td>기능</td><td colspan="2">데이터를 문자열 형태로 송신</td></tr>
<tr><td rowspan="2">매개변수</td><td>val</td><td>전송 할 데이터 값, 문자 또는 문자열을 문자열로 취급
- Serial.print(65) // "65" 출력 (문자열)
- Serial.print('N') // "N" 출력 (문자열)
- Serial.print("Hello") // "Hello" 출력 (문자열)</td></tr>
<tr><td>format</td><td>전송할 값이 문자열이 아닌 경우 출력 형식 지정
2진수 형태(BIN), 8진수 형태(OCT), 10진수 형태(DEC), 16진수 형태(HEX)
- Serial.print(78, BIN) → "1001110"
- Serial.print(78, OCT) → "116"
- Serial.print(78, DEC) → "78"
- Serial.print(78, HEX) → "4E"
플래쉬 메모리를 사용하기 위해서는 F()을 사용가능
(- Serial.print(F("Hello World"))</td></tr>
<tr><td>리턴 값</td><td>long</td><td>전송한 바이트 수</td></tr>
</table>

<table>
<tr><th colspan="3">long Serial.println(val)
long Serial.println(val, format)</th></tr>
<tr><td>기능</td><td colspan="2">데이터를 문자열 형태로 송신하고 줄바꿈
데이터의 마지막에 carriage return을 의미하는 '\r'과 new line을 의미하는 '\n'이 붙어서 송신</td></tr>
<tr><td rowspan="2">매개변수</td><td>val</td><td>Serial.print() 함수와 동일</td></tr>
<tr><td>format</td><td>Serial.print() 함수와 동일</td></tr>
<tr><td>리턴 값</td><td>long</td><td>Serial.print() 함수와 동일</td></tr>
</table>

int Serial.write(val) int Serial.write(str) int Serial.write(buf, len)		
기능	1 바이트 단위로 데이터를 바이너리 형태로 전송	
매개변수	val	단일 바이트로 전송하는 값 **- Serial.write(65); // ASCII 코드 65 ('A') 출력**
	str	스트링 - Serial.write("Hello"); // "Hello"의 ASCII 값 출력
	buf	배열
	len	버퍼 길이
리턴 값	int	전송한 바이트 수

long Serial.parseInt() long Serial.parseInt(char skipChar)		
기능	시리얼 버퍼 내 첫 번째 정수 값을 찾아 반환 정수가 아니거나 음수 부호가 아닌 문자는 넘어감	
매개변수	skipChar	지정된 문자를 넘어가기 위해 사용
리턴 값	long	찾은 정수 값 또는 0(정수값을 발견하지 못한 경우)

float Serial.parseFloat(void)		
기능	시리얼 버퍼 내 첫 번째 실수 값을 찾아 반환 숫자가 아니거나 음수 부호가 아닌 문자는 넘어감	
매개변수	void	없음
리턴 값	float	찾은 실수 값 또는 0(정수값을 발견하지 못한 경우)

12.2 NodeMCU 시리얼 통신을 사용한 제어 실습

실험 12-1

시리얼 모니터를 이용하여 LED 제어 (폴링 방식)

- 시리얼 모니터에서 줄바꿈 옵션을 **"새줄"**로 통신속도를 115200으로 설정
- 시리얼 모니터 텍스트 입력 상자에 "LED ON"을 입력하고 NodeMCU 보드로 전송

하면 온 보드 LED를 켜고 "LED OFF"라고 입력하여 전송하면 온 보드 LED를 끄기

- 폴링(Polling) 방식 : ESP8266 NodeMCU 디바이스는 PC 시리얼 모니터로부터 오는 데이터를 수신하는 방법으로 수신 버퍼에 데이터가 있는지 체크하는 폴링방식 이용하며 수신버퍼에서 데이터를 읽을 때는 Serial.readStringUntil()함수 이용
- 온 보드 LED는 D4 (GPIO2)에 연결되어 있으며 LED_BUILTIN 상수를 사용하여 액세스
- [그림 12.10]과 같이 회로를 연결하고 아래의 프로그램을 업로드

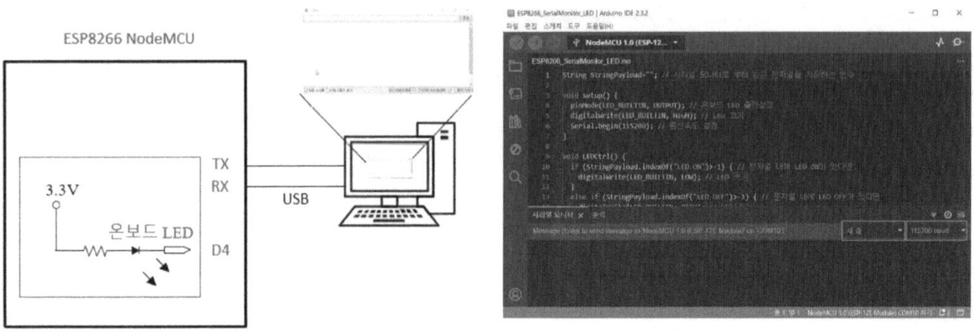

그림 12.10 실험 12-1 회로 연결

NodeMCU 디바이스 프로그램

```
String StringPayload=""; // 시리얼 모니터로부터 받은 문자열을 저장하는 변수

void setup() {
  pinMode(LED_BUILTIN, OUTPUT); // 온보드 LED 출력설정
  digitalWrite(LED_BUILTIN, HIGH); // LED 끄기(부논리)
  Serial.begin(115200); // 통신속도 설정
}

void LEDCtrl() {
  if (StringPayload.indexOf("LED ON")>-1) { // 문자열 내에 LED ON이 있다면
    digitalWrite(LED_BUILTIN, LOW); // LED 켜기
```

```
  }
  else if (StringPayload.indexOf("LED OFF")>-1) { // 문자열 내에 LED OFF가 있다면
    digitalWrite(LED_BUILTIN, HIGH); // LED 끄기
  }
}

void loop() {
  if(Serial.available()) { //수신 버퍼에 수신 데이터가 있는지 확인
    StringPayload= Serial.readStringUntil('\n'); // 수신버퍼에서'\n' 까지 문자열을 읽어
                                                 // '\n' 문자전까지 문자열 변수에 저장
    Serial.println(" 입력 명령 :"+StringPayload);
    LEDCtrl(); // 수신문자열 분석
    StringPayload=""; // 문자열 초기화
  }
}
```

[실험 수행 결과]

- [그림 2.11]과 같이 시리얼 모니터에서 줄바꿈 옵션을 "새줄"로 통신속도를 115200으로 설정하고 텍스트 입력상자에 LED ON을 입력한 후 엔터키를 누르면 온보드 LED가 켜짐

그림 12.11

실험 12-2

시리얼 모니터를 이용하여 LED 제어 (폴링 방식)

- [실험 12-1]과 동일
- 이번에는 수신 버퍼에서 데이터를 읽을 때는 Serial.readStringUntil()함수 대신에 한 바이트씩 읽는 **Serial.read() 함수를** 이용
- [그림 12.10]의 회로를 이용하고 아래의 프로그램을 업로드

NodeMCU 디바이스 프로그램

```
String StringPayload=""; // 시리얼 모니터로부터 받은 문자열을 저장하는 변수
booleancatchFrame=false; //문자열 수신 완료 결정 변수, 초기값으로 false 설정

void setup() {
  pinMode(LED_BUILTIN, OUTPUT); // 온보드 LED 출력설정
  digitalWrite(LED_BUILTIN, HIGH); // LED 끄기(부논리)
  Serial.begin(115200); // 통신속도 설정
}

voidLEDCtrl() {
  if (StringPayload.indexOf("LED ON")>-1) { // 문자열 내에 LED ON이 있다면
    digitalWrite(LED_BUILTIN, LOW); // LED 켜기
  }
  else if (StringPayload.indexOf("LED OFF")>-1) { // 문자열 내에 LED OFF가 있다면
    digitalWrite(LED_BUILTIN, HIGH); // LED 끄기
  }
}

void loop() {
  if(Serial.available()) { //수신 버퍼에 수신 데이터가 있는지 확인
    char ch=Serial.read(); //버퍼에서 1바이트 읽음
    if(ch!= '\n') { //수신문자가 종료문자인지 확인
      StringPayload+=ch; //수신문자를 문자열에 추가
```

```
    }
    else {
      catchFrame=true; //문자열이 정상적으로 수신
    }
  }
  if(catchFrame) { // 문자열이 정상적으로 수신되었는지 확인
    Serial.println(" 입력 명령 :"+StringPayload);
    LEDCtrl(); // 수신문자열 분석
    catchFrame=false; // 전송 문자열 분석을 종료하고 초기화
    StringPayload=""; // 수신문자열 초기화
  }
}
```

실험 12-3

시리얼 모니터를 이용하여 LED 제어 (인터럽트 방식)

- [실험 12-1]과 동일
- 이번에는 폴링방식 대신에 시리얼 인터럽트 방식을 이용
- 시리얼 인터럽트 방식 : ESP8266 NodeMCU 디바이스는 PC 시리얼 모니터로부터 오는 데이터를 수신하는 방법으로 시리얼 인터럽트 방식 이용 즉, 수신 버퍼에 수신 데이터가 존재할 때마다 호출되는 serialEvent() callback 함수 이용
- 수신 버퍼에서 데이터를 읽는 함수로 Serial.readStringUntil() 함수 이용
- [그림 12.10]의 회로를 이용하고 아래의 프로그램을 업로드

NodeMCU 디바이스 프로그램

```
volatile String StringPayload=""; // 시리얼 모니터로부터 받은 문자열을 저장하는 변수
volatile boolean catchFrame=false; //문자열 수신 완료 결정 변수

void setup() {
  pinMode(LED_BUILTIN, OUTPUT); // 온보드 LED 출력설정
  digitalWrite(LED_BUILTIN, HIGH); // LED 끄기(부논리)
  Serial.begin(115200); // 통신속도 설정
}

void LEDCtrl() {
  if (StringPayload.indexOf("LED ON")>-1) { // 문자열 내에 LED ON이 있다면
    digitalWrite(LED_BUILTIN, LOW); // LED 켜기
  }
  else if (StringPayload.indexOf("LED OFF")>-1) { // 문자열 내에 LED OFF가 있다면
    digitalWrite(LED_BUILTIN, HIGH); // LED 끄기
  }
}

void loop(){
  if(catchFrame) { // 문자열이 정상적으로 수신되었는지 확인
    Serial.println(" 입력 명령 :"+StringPayload);
    LEDCtrl(); // 수신문자열 분석
    catchFrame=false; // 전송 문자열 분석을 종료하고 초기화
  }
}

void serialEvent(){ // 수신버퍼에 데이터가 있을 때마다 호출되는 콜백함수
    StringPayload=Serial.readStringUntil('\n'); // 수신버퍼에서'\n' 까지 문자열을 읽어
                                                // '\n' 문자전까지 문자열 변수에 저장
    catchFrame=true; // 수신 완료 설정
}
```

실험 12-4

시리얼 모니터에서 시리얼 통신을 이용한 센서 제어 (단일 값 전송)

- [그림 12.12]와 같이 NodeMCU 보드에 단색 LED와 3색 RGB LED를 연결
- 시리얼 모니터에서 줄바꿈 옵션을 **"No line ending (line ending 없음)"**으로 통신속도를 115200으로 설정
- 텍스트 입력 상자에 숫자 값을 입력하고 NodeMCU로 전송
- 수신받은 값에 따라 다음과 같은 기능 수행

값	동작	설명
1	LED ON	LED 켜기
2	LED OFF	LED 끄기
3	RED ON	3색 LED 중 빨간색 켜기
4	GREEN ON	3색 LED 중 초록색 켜기
5	BLUE ON	3색 LED 중 파란색 켜기
6	RGB OFF	3색 LED 끄기

- 수신 데이터를 읽어 오는 방법으로 인터럽트 방식으로 serialEvent() callback 함수 이용
- [그림 12.12]와 같이 회로를 연결하고 아래의 프로그램을 업로드

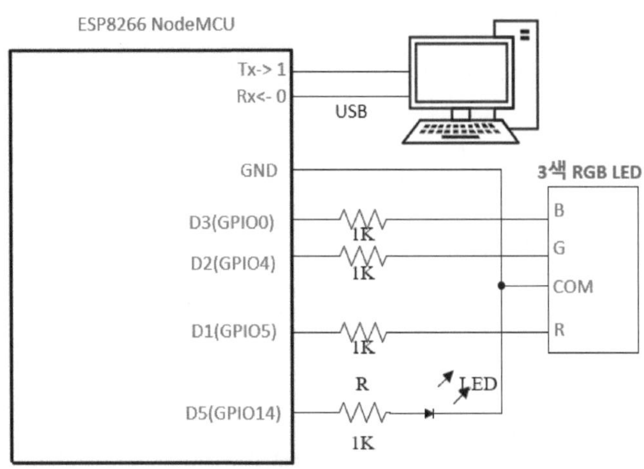

그림 12.12 실험 12-4 회로 연결

NodeMCU 디바이스 프로그램

```
const int ledPin=14; // LED에 연결된 핀 번호 변수 정의
const int rLedPin= 5; // D1 3색 LED 중 빨간색 LED와 연결된 핀 번호 변수 정의
const int gLedPin= 4; // D2 3색 LED 중 초록색 LED와 연결된 핀 번호 변수 정의
const int bLedPin= 0; // D3 3색 LED 중 파란색 LED와 연결된 핀 번호 변수 정의

volatile char data; // 수신 문자를 저장하기 위한 변수

void setup() {
  pinMode(ledPin, OUTPUT); // LED를 출력으로 설정
  pinMode(rLedPin, OUTPUT); // rLED를 출력으로 설정
  pinMode(gLedPin, OUTPUT); // gLED를 출력으로 설정
  pinMode(bLedPin, OUTPUT); // bLED를 출력으로 설정

  Serial.begin(115200); // 시리얼 개방, 통신속도 설정

  digitalWrite(rLedPin, LOW);  //rLED에 LOW 출력
  digitalWrite(gLedPin, LOW);  //gLED에 LOW 출력
  digitalWrite(bLedPin, LOW);  //bLED에 LOW 출력
}

void loop() {
  switch(data) {  // 읽어온 데이터에 따라 분기
    case '1' :
          digitalWrite(ledPin, HIGH); // LED 켜기
          break;
    case '2' :
          digitalWrite(ledPin, LOW); // LED 끄기
          break;
    case '3' : // 3색 LED 중 빨간색 켜기
        digitalWrite(rLedPin, HIGH);  //rLED 켜기
        digitalWrite(gLedPin, LOW);  //gLED 끄기
        digitalWrite(bLedPin, LOW);  //bLED 끄기
          break;
    case '4' : // 3색 LED 중 초록색 켜기
        digitalWrite(rLedPin, LOW);  //rLED 끄기
        digitalWrite(gLedPin, HIGH);  //gLED 켜기
```

```
        digitalWrite(bLedPin, LOW);  //bLED 끄기
          break;
    case '5' : // 3색 LED 중 파란색 켜기
        digitalWrite(rLedPin, LOW);  //rLED 끄기
        digitalWrite(gLedPin, LOW);  //gLED 끄기
        digitalWrite(bLedPin, HIGH);  //bLED 켜기
        break;
    case '6' : // 3색 LED 끄기
        digitalWrite(rLedPin, LOW);  //LED 끄기
        digitalWrite(gLedPin, LOW);  //gLED 끄기
        digitalWrite(bLedPin, LOW);  //bLED 끄기
      break;
  }
}

void serialEvent(){  // 수신버퍼에 데이터가 있을 때 마다 호출되는 콜백 함수
    data=Serial.read(); // 버퍼에서 1바이트 읽어오기
    Serial.println(data); // 시리얼 모니터에 값 출력
}
```

실험 12-5

시리얼 모니터에서 시리얼 통신을 이용한 센서 제어 (사용자 전송 프레임 전송)

- 시리얼 모니터에서 줄바꿈 옵션을 **"새줄"**로 통신속도를 115200으로 설정
- 텍스트 입력 상자에 숫자를 입력하는 대신 [그림 12.13]과 같은 사용자 전송 프레임을 정의하여 전송. 프레임은 시작 문자 '@'로 시작하고 중간에 구분자 문자 '#'을 종료 문자로 '!'을 정의하고 시작 문자와 구분자 사이에 센서명을 넣고 구분자와 종료 문자 사이에 센서 제어값이 들어가는 형태로 프레임 포맷을 사용자가 정의하여 사용

[전송 프레임 포맷]

시작문자(@)	센서 명	구분자(#)	센서 제어값	종료문자(!)
@	LED	#	1 : ON 0 : OFF	!
@	RGB	#	000000000 255255255	!

그림 12.13 전송 프레임 포맷

- LED의 경우 LED를 켜기 위해 센서값으로 1을 전송하고 끄기 위해 0을 전송
- 3색 LED의 경우 모든 색을 표현할 수 있도록 센서 제어값으로 "빨간색(r)초록색(g)파란색(b)"의 순으로 전송
- 각 색의 값은 000~255 값을 가지므로 3가지 색을 고려한다면 000000000~255255255 값을 전송
- 수신 데이터를 읽어 오는 방법으로 인터럽트 방식으로 serialEvent() callback 함수 이용
- [그림 12.12]의 회로를 이용하고 아래의 프로그램을 업로드

NodeMCU 디바이스 프로그램

```
const int ledPin=14; // LED에 연결된 핀 번호 변수 정의
const int rLedPin= 5; // D1 3색 LED 중 빨간색 LED와 연결된 핀 번호 변수 정의
const int gLedPin= 4; // D2 3색 LED 중 초록색 LED와 연결된 핀 번호 변수 정의
const int bLedPin= 0; // D3 3색 LED 중 파란색 LED와 연결된 핀 번호 변수 정의

volatile boolean catchFrame=false; //전송 프레임 수신 여부를 결정하는 변수
volatile String frameStr; // 전송 프레임 포맷에 해당하는 문자열을 저장하는 변수 선언
String sensorName; // 센서명에 해당하는 문자열을 저장하는 변수 선언
String sensorValue; // 센서명에 해당하는 센서 제어값을 저장하는 변수 선언

void setup() {
  pinMode(ledPin, OUTPUT); // LED를 출력으로 설정
  pinMode(rLedPin, OUTPUT); // rLED를 출력으로 설정
  pinMode(gLedPin, OUTPUT); // gLED를 출력으로 설정
  pinMode(bLedPin, OUTPUT); // bLED를 출력으로 설정

  Serial.begin(115200); // 시리얼 개방, 통신속도 설정

  digitalWrite(rLedPin, LOW);  //rLED에 LOW 출력
  digitalWrite(gLedPin, LOW);  //gLED에 LOW 출력
  digitalWrite(bLedPin, LOW);  //bLED에 LOW 출력
}

void FrameAnalysis() {
    if (sensorName == "LED") { // 센서명이 LED인지 확인
      Serial.println(" LED OK"); // 시리얼 모니터에 문자열 출력
      int data = sensorValue.toInt(); //센서 제어 값을 가져옴

      switch (data) { // 읽어온 데이터에 따라 분기
        case 0 :
          digitalWrite(ledPin, LOW); // LED 끄기
          break;
        case 1 :
```

```
        digitalWrite(ledPin, HIGH); // LED 켜기
          break;
      }
    }
    else if (sensorName == "RGB") { // 센서명이 RGB인지 확인
      Serial.println(" RGB OK"); // 시리얼 모니터에 문자열 출력
      int redValue = sensorValue.substring(0,3).toInt(); // red 값을 가져옴
      int greenValue = sensorValue.substring(3,6).toInt(); // green 값을 가져옴
      int blueValue = sensorValue.substring(6).toInt(); // blue 값을 가져옴
      analogWrite(rLedPin, redValue);    //rLED에 red값 출력
      analogWrite(gLedPin, greenValue); //gLED에 green값 출력
      analogWrite(bLedPin, blueValue);  //bLED에 blue값 출력
    }
}

void loop() {
  if(catchFrame == true) { //전송 프레임이 정상적으로 수신되었는지 확인
    //센서명을 읽어 냄
    sensorName = frameStr.substring(frameStr.indexOf('@')+1,frameStr.
indexOf('#'));
    //센서값 읽어 냄
    sensorValue = frameStr.substring(frameStr.indexOf('#')+1,frameStr.
indexOf('!'));
    FrameAnalysis(); // 프레임 분석 함수 호출
    catchFrame=false; //전송 프레임 분석을 종료하고 초기화
  }
}

void serialEvent(){ // 수신버퍼에 데이터가 있을 때마다 호출되는 콜백 함수
    frameStr=Serial.readStringUntil('\n'); // 수신버퍼에서 '\n' 문자까지 문자열을 읽어
                                           // '\n' 문자전 까지 문자열 변수에 저장
    if(frameStr.indexOf('@') == 0) catchFrame=true; // 읽은 문자열이 시작문자로
                   // 시작하는지 확인하고 확인되었으면 전송 프레임 수신을 설정
}
```

12.3 MQTT 프로토콜을 사용하여 NodeMCU 시리얼 통신 제어 실습

실험 12-6

MQTT 통신을 이용한 대시보드와 IDE 시리얼 모니터간 채팅 프로그램

1. 실습개요

- MQTT 프로토콜을 사용하여 클라이언트들인 ESP8266 NodeMCU 디바이스와 대시보드 간에 문자 전송 즉, MQTT 프로토콜을 사용하여 클라이언트 간 채팅 방법에 대하여 학습

2. MQTT 네트워크

○ **MQTT 브로커**

- 무료 MQTT 브로커 "test.mosquitto.org"을 사용 (또는 "mqtt-dashboard.com")

○ **MQTT 클라이언트**

- NodeMCU 디바이스와 대시보드 앱을 클라이언트로 사용

3. MQTT 동작

○ **MQTT 프로토콜을 이용한 동작 과정**

- [그림 12.14]와 같이 MQTT 네트워크를 구성하고 발행 및 구독 토픽 설정
- 채팅이 이루어지기 위해서는 NodeMCU 발행 토픽에 대시보드가 구독을 하고 대시보드 발행 토픽에 NodeMCU가 구독 즉, 서로 간에 발행 및 구독 토픽 설정
- NodeMCU 클라이언트는 발행자가 되어 시리얼 모니터 텍스트 입력상자에 입력한 문자열을 페이로드드로하는 토픽 " nodeMCU/Text " 을 발행하며 대시보드 클라이언트는 구독자가 되어 구독한 메시지를 받아 페이로드를 대시보드에 문자 출력
- 대시보드 클라이언트는 응답으로 발행자가 되어 대시보드 창에 문자열을 입력하면 문자열을 페이로드하는 토픽 " nodeMCU/TextIn " 을 발행. NodeMCU 클라이언트는 구독자가 되어 구독한 메시지를 받아 페이로드를 시리얼 모니터에 출력하여 MQTT 프로토콜을 이용한 클라이언트 간 채팅을 수행

- 시리얼 모니터에서 줄바꿈 옵션을 "새줄"로 통신속도를 115200으로 설정. NodeMCU가 시리얼 모니터로부터 오는 데이터를 수신하는 방법으로 폴링 방법 이용

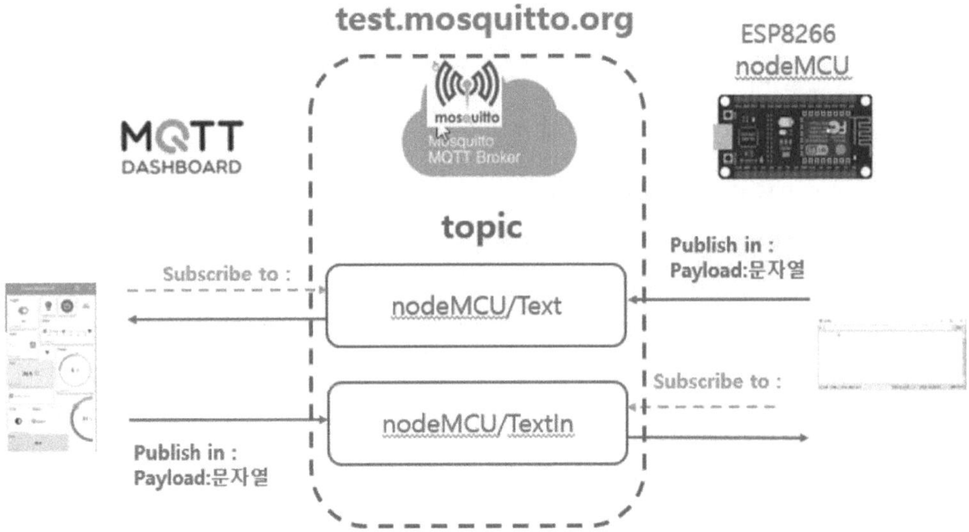

그림 12.14

○ 하드웨어 구성

- [그림 12.10]의 하드웨어 구성을 이용

NodeMCU 디바이스 프로그램

```
#include <ESP8266WiFi.h> // ESP8266WiFi 라이브러리 삽입
#include <PubSubClient.h> // MQTT 클라이언트 라이브러리 삽입

const char* ssid= "**********"; //WiFi 네트워크 이름
const char* password =  "**********"; // WiFi 네트워크 비번

const char* mqtt_server= "test.mosquitto.org"; //mqtt 브로커

// 토픽설정------------------------
```

```
const char* outTopic= "nodeMCU/Text"; // 클라이언트 발행 토픽
const char* inTopic= "nodeMCU/TextIn"; // 클라이언트 구독 토픽

WiFiClient espClient; // 네트워크 클라이언트로 WiFiClient 객체 생성
PubSubClient client(espClient); // 생성된 TCP 클라이언트를 이용하여
                                // MQTT 클라이언트 인스턴스 생성

String StringPayload=""; // 시리얼 모니터로부터 받은 문자열을 저장하는 변수
char publishPayload[50]; // 발행 메시지 페이로드를 저장하는 변수

void setup() {
  Serial.begin(115200); // 통신속도 설정
  setup_wifi(); // wifi 설정함수 호출
  client.setServer(mqtt_server, 1883); // MQTT 서버 연결 정보 등록
  client.setCallback(callback); //구독 토픽에 대한 메시지를 받았을 때 호출될 함수 지정
}

void loop() {
  if (!client.connected()) {  // 클라이언트가 서버에 연결되어 있는지 확인
    reconnect(); // 연결되어 있지 않으면 연결 시도
  }
  client.loop(); //클라이언트가 수신 메시지를 처리하고 서버에 연결 유지

  if(Serial.available()) { //수신 버퍼에 수신 데이터가 있는지 확인
    StringPayload= Serial.readStringUntil('\n'); // 수신버퍼에서 '\n' 문자까지 문자열을
                                                 // 읽어 '\n' 문자전 까지 문자열 변수에 저장
    Serial.println((String)outTopic+" : "+StringPayload);
    //String을 문자배열로 변환
    StringPayload.toCharArray(publishPayload,StringPayload.length());
    client.publish(outTopic, publishPayload); // 토픽에 대한 메시지 발행
    StringPayload="";
  }
}

void callback(char* topic, byte* payload, unsigned int length) {
```

```
  Serial.print("Message arrived [");
  Serial.print(topic);
  Serial.print("] ");
  for (int i= 0; i< length; i++) { // 구독메시지 페이로드 출력
    Serial.print((char)payload[i]);
  }
  Serial.println();
  if((String)topic == inTopic) { // 구독 토픽 확인
    for (int i= 0; i< length; i++) { // 페이로드 값 출력
      Serial.print((char)payload[i]);
    }
    Serial.println();
  }
}

void setup_wifi() {
   delay(10); // 10ms 대기
   WiFi.mode(WIFI_STA); // WiFi를 STA 모드로 설정
   WiFi.begin(ssid, password); // WiFi 연결 시도
   Serial.println("");
   Serial.print("Connecting to ");
   Serial.println(ssid); // WiFi 네트워크 이름 출력
   while (WiFi.status() != WL_CONNECTED) { // 접속될 때까지 대기
      delay(500);
      Serial.print(".");
   }
   Serial.println("");
   Serial.print("WiFiconnected to ");
   Serial.println(ssid); // WiFi 네트워크 이름 출력
   Serial.print("IP address: ");
   Serial.println(WiFi.localIP()); //AP에 의해 ESP 모듈에 할당된 IP 출력
}

void reconnect() {

  while (!client.connected()) { // 클라이언트가 서버에 연결되어 있는지 확인
```

```
    Serial.print("Attempting MQTT connection...");
    Serial.println(mqtt_server);

    // 랜덤 클라이언트 ID 생성
    String clientId= "ESP8266Client-"; // 클라이언트 Id
    clientId+= String(random(0xffff), HEX); // 클라이언트 Id에 랜덤숫자 추가

    if (client.connect(clientId.c_str())) { // 클라이언트 연결을 성공하였다면
      Serial.print("connected to");
      Serial.println(mqtt_server);
      client.subscribe(inTopic); // 구독할 토픽 지정
    }
    else {
      Serial.print("failed, rc=");
      Serial.print(client.state()); // 연결 실패에 대한 클라이언트의 현재 상태를 출력
      Serial.println(" try again in 5 seconds");
      delay(5000); // 재시도하기 전 5초 대기
    }
  }
}
```

○ MQTT Dashboard 앱 설정

- 대시보드에서 문자열을 송신하기 위하여 Input 위젯을 사용
- 대시보드에서 수신 문자열을 표시하기 위하여 Text 위젯을 사용

○ Input 위젯

- 옵션 항목들을 다음과 같이 설정

option			설정
Name			**송신 메시지**
MQTT	MQTT enable		**enable**
	MQTT connection		**mosquitto.org**
	Topic for publish		**nodeMCU/TextIn**
Design	Button	Icon	**18**
		Color	
		Size	

○ **Text 위젯**

• 옵션 항목들을 다음과 같이 설정

option			설정
Name			**수신 메시지**
MQTT	MQTT enable		**enable**
	MQTT connection		**mosquitto.org**
	Subscribe to topic		**nodeMCU/Text**
Design	Text Value	Font size	**18**
		Color	
		Font style	
	Unit	Show unit	**disable**

○ **설계된 Dashboard 앱**

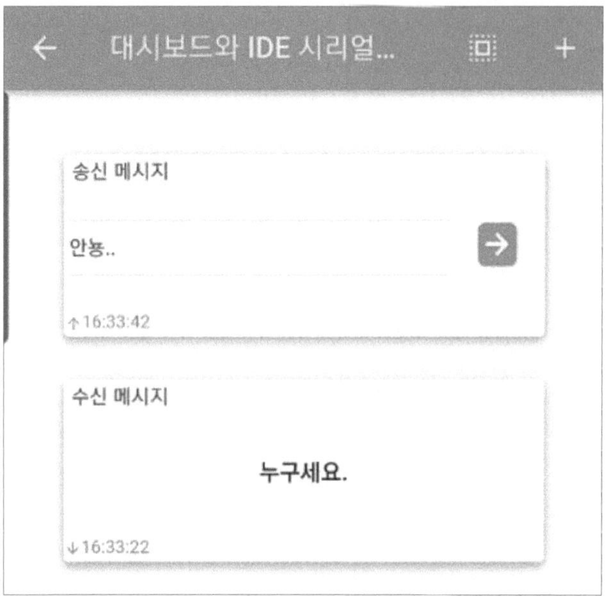

그림 12.15

제13장

ESP8266 NodeMCU 시리얼 통신과 블루투스 통신을 활용한 센서 제어

실험에 필요한 부품

블루투스 모듈 (HC-06)	온도센서 TMP36	캐소드 공통형 3색 RGB LED	LED	1KΩ 저항
1개	1개	1개	1개	4개

13.1 근거리무선통신 네트워크(WPAN)

근거리무선통신 네트워크(WPAN : Wireless Personal Area Network)

- 10m 이내의 짧은 거리에 존재하는 무선기기들을 연결하여 기기 간에 통신을 지원함으로써 다양한 응용서비스를 가능하게 하는 무선 네트워크
- [그림 13.1]과 같이 대표적인 WPAN 통신시스템으로 Bluetooth 통신, UWB 통신, ZigBee 통신시스템이 있고 이들 3개 통신시스템에 대한 주요 특징을 [표 13.1]에 비교

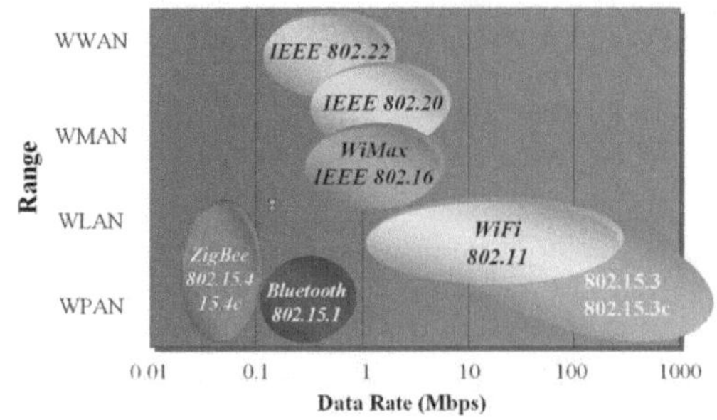

WAN : Wide Area Network
MAN : Metropolitan Area Network
LAN : Local Area Network
PAN : Personal Area Network

그림 13.1 WPAN 통신

표 13.1 WPAN 통신 비교

	bluetooth	UWB	Zigbee
표준명칭	IEEE 802.15.1	IEEE 802.15.3a	IEEE 802.15.4
주파수	2.4GHz(ISM band)	500MHz	868MHz, 915MHz, 2.4GHz
MAC	TDMA	임펄스 전송	CSMA/CA
전송속도	24Mbps	500Mbps	250k, 40k, 20k
전송거리	10m~100m	10m	10m ~ 75m
활용	음성, 데이터전송	멀티미디어 데이터 전송	센서간 통신

13.2 Bluetooth 통신

Bluetooth

- 블루투스(Bluetooth, BT): 근거리에 놓여 있는 컴퓨터와 이동단말기·가전제품 등을 무선으로 연결하여 쌍방향으로 실시간 통신을 가능하게 해주는 규격을 말하거나 그 규격에 맞는 제품을 이르는 말
- 이름 유래 : 블루투스라는 이름은 덴마크의 국왕 '해럴드 블루투스'에서 따왔다고 함. 이 해럴드 블루투스는 스칸디나비아를 통일한 인물이기 때문에 모든 전자기기가 통합적으로 이어진다는 의미를 두고 있다고 함

Bluetooth 통신

- 블루투스(Bluetooth, BT) 통신 기술은 1994년 에릭슨이 최초로 개발한 WPAN 산업 표준이나 나중에 소니 에릭슨, IBM, 노키아, 도시바 등이 참여한 블루투스 SIG(Special Interest Group)을 통해 본격적으로 상용화를 진행
- 블루투스는 휴대폰, 노트북, 이어폰, 헤드폰 등의 휴대기기를 서로 연결해 정보를 교환하는 WPAN의 대표적 기술 중 하나로 IEEE 802.15.1 표준으로 규격화한 기술
- ISM(Industrial Scientific and Medical) 주파수 대역인 2400~2483.5MHz를 사용. 이 중 2402~2480MHz에서 총 79개 채널을 사용. 이 때문에 블루투스의 사용 대역을 2.4 GHz라고 함

> **참고** ISM이란 산업, 과학, 의료용으로 할당된 주파수 대역으로, 전파 사용에 대해 허가를 받을 필요가 없어 저전력의 전파를 사용하는 개인 무선기기에 사용. 아마추어 무선, 무선랜, 블루투스, ZigBee, 무선전화기 등이 이 ISM 대역을 사용

- 2.4 GHz 주파수의 ISM 대역은 전파 사용에 대한 허가를 받을 필요가 없이 누구나 사용할 수 있음
  - 동일 주파수를 사용하는 다른 시스템에 의해 전파 간섭 발생 가능성 있음
  - 블루투스는 이를 방지하기 위해 주파수 호핑방식을 사용
  - 데이터를 전송할 때 79개의 채널 중 하나를 독점하여 데이터를 전송하는 방식이 아닌 빠르게 채널을 이동하며 데이터를 조금씩 전송하는 방식
- Bluetooth 통신의 주요 특징을 [표 13.2]에 나타냄

표 13.2 Bluetooth 통신의 주요 특징

• 주파수 : 2.4GHz대의 ISM 대역 사용 (전파 간섭 발생 가능) • 네트워크 구성 : 마스터-슬레이브구조, 1:N 연결 - 클래식 블루투스 기준 최대 7대 까지 가능 - BLE(Bluetooth Low Energy)에서는 다중 연결 가능 • 전송방식 : 주파수 호핑(Frequency Hopping)방식 - 클래식 블루투스: 79개 채널(1MHz 대역폭), 1초당 1600번 호핑 - BLE: 40개 채널(2MHz 대역폭) 사용 • 데이터 전송율: 최대 24Mbps - 클래식 블루투스 : 최대 3Mbps (2.0+EDR), 24Mbps (3.0+HS, Wi-Fi 사용) - BLE : 최대 2Mbps (5.0 이후) • 전력 소모량 : 대기상태 0.3mA, 송수신시 30mA의 저전력 소비 • 간섭현상 : IEEE 802.11b 무선랜과 전파간섭 현상 발생 • 직용 거리 : 10m~100m (출력등급에 따라 다름) - Class 1: 최대 100m (100mW, 산업용·장거리) - Class 2: 최대 10m (2.5mW, 스마트폰·이어폰 등 일반적인 소비자 기기) - Class 3: 최대 1m (1mW, 초근거리 장치)

• 블루투스의 발전

▷ v1.0 : 전송 속도 1Mbps(1998년)

▷ v2.0 : 전송 속도 3Mbps(2004년)

▷ v3.0 : 전송 속도 24Mbps(2009년)

▷ v4.0 : 기존 블루투스 고속 전송과 저전력 기능 포함(2010년)

- 클래식 블루투스, 블루투스 high speed, 블루투스 low energy(BLE) 프로토콜 포함
- 클래식 블루투스는 고속 전송, BLE는 저전력 (전송 속도 1Mbps)에 사용

▷ v5.0 : 사물인터넷에 초점을 맞춤. 전송 속도 2Mbps(2016년)

▷ v5.1 : 방향 탐색 기능 추가 (2019년)

- BLE 신호를 이용한 AoA(Angle of Arrival) 및 AoD(Angle of Departure) 기술 도입
- 더 정밀한 실내 위치 추적 및 네비게이션 가능

▷ v5.2 : 오디오 기능 강화 (2020년)
- LE Audio 도입: 저전력 환경에서도 고품질 오디오 지원
- 멀티 스트림 오디오 지원: 한 기기가 여러 오디오 장치에 동시 연결 가능

▷ v5.3 : 연결 안정성 및 보안 강화 (2021년)

▷ v5.4 : 브로드캐스트 기능 확장 (2023년)

13.3 Bluetooth 통신 모듈

- [그림 13.2]는 실험에 사용할 HC-06 블루투스 모듈을 보여주며 [표 13.3]에 주요 특징을 나타냄

Rx (레벨 3.3V) UART 수신
Tx (레벨 3.3V) UART 송신
GND : 접지
VCC : 2.6~6V (3.3V)
STATE, EN : 개방

그림 13.2 HC-06 블루투스 모듈

표 13.3 HC-06 블루투스 모듈 주요특징

• 2.4GHz 무선 트랜시버 (2.4GHz 내장 안테나) • 적응 주파수 호핑(adaptive frequency hopping) 기능 • 블루투스 V2.1 지원 : 2Mbps ~ 3Mbps • Class 2 전력 레벨 (10m 정도의 통신 거리) • UART 인터페이스 지원 : 1200, 2400, 4800, 9600(초기값), 19200, 38400, 57600, 115200, 230400, 460800, 921600, 1382400 • AT 커맨드 사용 (명령어는 대부분 "AT+"로 시작하며, 설정 및 데이터 전송)

AT 커맨드

- AT 커맨드(Command)는 블루투스 설정 내용을 변경하기 위하여 블루투스에 전달할 수 있는 명령어의 형식과 동작을 설명. 많이 사용하는 AT 커맨드는 [표 13.4]와 같음. 문자 AT로 시작하기 때문에 AT 커맨드라 하며 컴퓨터에서 NodeMCU 보드를 통해 블루투스에 전달

표 13.4 AT 커맨드

AT 커맨드	응답	초기값	설명
AT	OK		UART 연결 확인
AT+NAMEname	OKsetname	HC-06	블루투스 디바이스 이름 설정
AT+PINxxxx	OKsetPIN	1234	블루투스 디바이스 비밀번호 변경
AT+BAUDn	n=1인 경우 OK1200 n=2인 경우 OK2400 n=3인 경우 OK4800 n=4인 경우 OK9600 n=5인 경우 OK19200 n=6인 경우 OK38400 n=7인 경우 OK57600 n=8인 경우 OK115200 n=9인 경우 OK230400 n=A인 경우 OK460800 n=B인 경우 OK921600 n=C인 경우 OK1382400	9600	UART 전송속도 설정 n=1인 경우 1200 n=2인 경우 2400 n=3인 경우 4800 n=4인 경우 9600 n=5인 경우 19200 n=6인 경우 38400 n=7인 경우 57600 n=8인 경우 115200 n=9인 경우 230400 n=A인 경우 460800 n=B인 경우 921600 n=C인 경우 1382400
AT+VERSION	OKlinorV1.8	LinorV1.8	펌웨어 버전 확인

◦ SoftwareSerial 라이브러리

- HC-06 블루투스 모듈은 UART 인터페이스 지원하므로 NodeMCU 보드와 시리얼 연결 필요 즉, NodeMCU 보드와 블루투스 모듈은 시리얼 통신을 위해 시리얼 포트가 연결되어야 함
- NodeMCU 보드는 두 개의 시리얼 포트(UART0, UART1)를 가지고 있음
- 하나의 시리얼 포트(UART0)는 **송신 핀으로 TXD0와 수신 핀으로 RXD0을 사용하며 컴퓨터와 시리얼 통신용(업로드, 시리어모니터)으로 사용**
- 다른 하나의 시리얼 포트(UART1) 는 송신만 할 수 있으며 송신 핀으로 TXD1을 사용
- 여분의 시리얼 포트가 없기 때문에 추가적인 시리얼 포트를 구현하기 위한 방법 필요
- **직렬 포트가 추가적으로 필요한 경우, SoftwareSerial 라이브러리**를 이용하여 **소프트웨어적으로 직렬 통신 포트를 구현 가능**

◦ SoftwareSerial 사용법

- **라이브러리 포함**: 아래와 같이 SoftwareSerial 라이브러리를 포함

  #include <SoftwareSerial.h>

- **SoftwareSerial 객체 인스턴스 화**: 수신(RX) 및 송신(TX)에 사용할 핀을 정의

  SoftwareSerial 객체 생성 : **SoftwareSerial 객체명(Rx_PIN, Tx_PIN);**

- 사용 예

```
#include <SoftwareSerial.h> //소프트웨어 시리얼 라이브러리 삽입

#define RxPin 12 // D6(GPIO12) 소프트웨어 시리얼 수신 핀 설정
#define TxPin 13 // D7(GPIO13) 소프트웨어 시리얼 송신 핀 설정

SoftwareSerial Serial3(RxPin, TxPin); // SoftwareSerial 인스턴스 생성
```

- **시리얼 포트 초기화**: begin() 메서드를 사용하여 통신속도 설정

  Serial3.begin(115200);

- **데이터 읽기 및 쓰기**: read(), write(), print(), println()과 같은 표준 시리얼 메소드를 사용

  Serial3.read();// **버퍼에서 1바이트 읽기(수신)**
  Serial3.print(cmd);// **블루투스 모듈로 쓰기(송신)**

ESP8266 NodeMCU 보드와 HC-06 블루투스 모듈 연결

- ESP8266 NodeMCU 보드와 HC-06 블루투스 모듈 연결은 [그림 13.3]과 같으며 NodeMCU는 PC와 하드웨어 시리얼(Serial) 통신을 하고 HC-06 블루투스 모듈과는 소프트웨어 시리얼 통신 수행
- PC IDE 시리얼 모니터 창과 ESP8266 NodeMCU간 연결 : Serial 포트를 이용하며 USB 케이블로 연결
- ESP8266 NodeMCU와 HC-06 **블루투스** 모듈간 연결: 소프트웨어 시리얼을 이용하며 송수신 선을 교차 연결
- 동작 과정 : PC 아두이노 IDE 시리얼 모니터 창 텍스트 입력상자에서 AT 커맨드를 입력하면 NodeMCU는 AT 커맨드를 받고(**Serial 포트 이용**) 이를 블루투스 모듈에 전달(**소프트웨어 시리얼 이용**)하고 블루투스 모듈로부터 응답을 받아(**소프트웨어 시리얼 이용**) PC 시리얼 모니터에 표시(**Serial 포트 이용**)

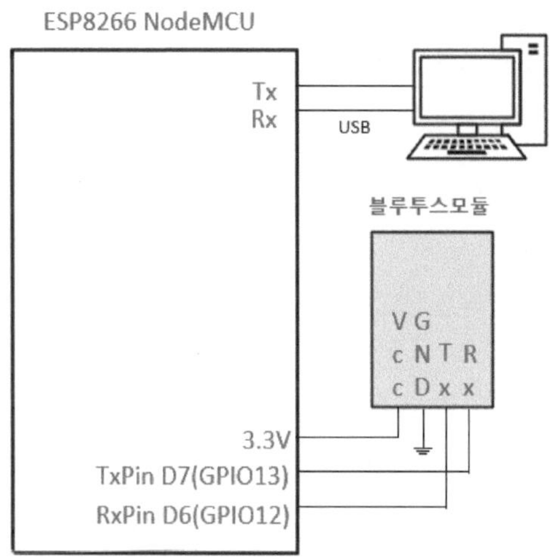

그림 13.3 NodeMCU 보드와 HC-06 블루투스 모듈 연결

13.4 NodeMCU 시리얼 통신과 블루투스 통신을 활용한 센서 제어 실습

실험 13-1

AT 커맨드를 사용한 HC-06 블루투스(BT) 설정변경

- [그림 13.3]과 같이 NodeMCU 보드의 Serial 포트(하드웨어 시리얼)를 컴퓨터에 소프트웨어 시리얼 포트를 블루투스 모듈에 연결
- 아래의 프로그램을 업로드

NodeMCU 디바이스 프로그램 ESP8266_BT_ATcommand

```
#include <SoftwareSerial.h> //소프트웨어 시리얼 라이브러리 삽입

#define RxPin 12 // D6(GPIO12) 소프트웨어 시리얼 수신 핀 설정
#define TxPin 13 // D7(GPIO13) 소프트웨어 시리얼 송신 핀 설정
```

```
SoftwareSerial Serial3(RxPin, TxPin); // SoftwareSerial 인스턴스 생성

void setup() {
  Serial.begin(115200); // 시리얼 모니터와 시리얼 개방, 통신속도 설정
  Serial3.begin(9600); // 블루투스 모듈과 시리얼 개방, 통신속도는 초기값(9600)으로 설정
}

void loop() {
  if (Serial.available()>0) { //수신버퍼에 수신 데이터가 있는지 확인 (시리얼 모니터로부터 수신)
    String cmd = Serial.readStringUntil('\n'); //수신버퍼에서 커맨드 종료 문자까지 읽음
    Serial.println();
    Serial.print(cmd+" : "); // 시리얼 모니터에 AT 커맨드 출력
    Serial3.print(cmd ); // 읽어온 AT 커맨드를 블루투스 모듈로 송신
  }

  if (Serial3.available()>0) { // 수신버퍼에 수신 데이터가 있는지 확인 (BT로부터 수신)
    while(Serial3.available()) { // 수신버퍼에 수신 데이터가 있는 동안 동작
      char ch = Serial3.read(); //버퍼에서 1바이트 읽어오기
      Serial.print(ch); // 읽어온 데이터를 시리얼 모니터에 출력
    }
  }
}
```

설정변경 실험

- PC에서 시리얼 모니터를 띄우고 아래의 AT 커맨드를 시리얼 모니터 텍스트 입력상자에 입력하고 응답을 확인하는 과정을 통하여 블루투스의 설정을 변경 (㈜ **시리얼 모니터 창에서 줄바꿈 옵션을 "새줄"로 설정)**

AT 커맨드	응답	초기값	설명	
AT	OK		UART 연결 확인	[그림 13.4] [그림 13.5]
AT+NAMEmyBT	OKsetname	HC-06	블루투스 디바이스 이름을 myBT로 변경	[그림 13.6] [그림 13.7]
AT+PIN4321	OKsetPIN	1234	블루투스 디바이스 비밀번호를 4321로 변경	[그림 13.8] [그림 13.9]
AT+BAUD6	OK38400	9600	블루투스 디바이스 전송속도를 38400으로 변경	[그림 13.10] [그림 13.11]

㈜ 시리얼 모니터 창에서 줄바꿈 옵션을 “새줄”로 설정

그림 13.4

그림 13.5

그림 13.6

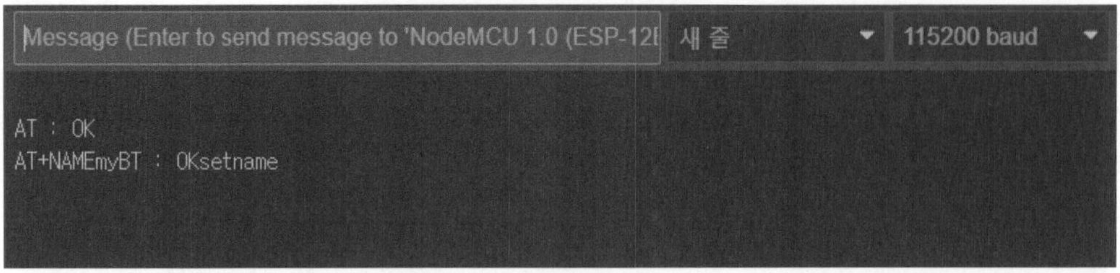

그림 13.7

그림 13.8

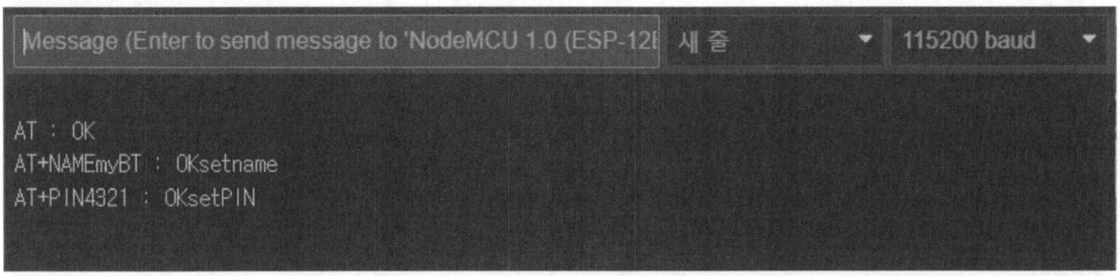

그림 13.9

그림 13.10

그림 13.11

- 위의 AT 커맨드를 사용한 블루투스 설정변경을 통하여 블루투스 디바이스 이름은 myBT로 비밀번호는 4321로 디바이스 전송 속도는 38400bps로 변경됨

실험 13-2

스마트 폰에서 Serial Bluetooth 앱을 사용하여 HC-06 BT 모듈과 페어링하기

- [그림 13.12]와 같이 NodeMCU 보드의 Serial 포트(하드웨어 시리얼)를 컴퓨터에 소프트웨어 시리얼 포트를 블루투스 모듈에 연결
- [실험 13-1]을 통해 HC-06 블루투스 디바이스 이름은 myBT로 비밀번호는 4321로 디바이스 전송속도는 38400bps로 변경되었음에 유의
- 아래의 프로그램을 업로드

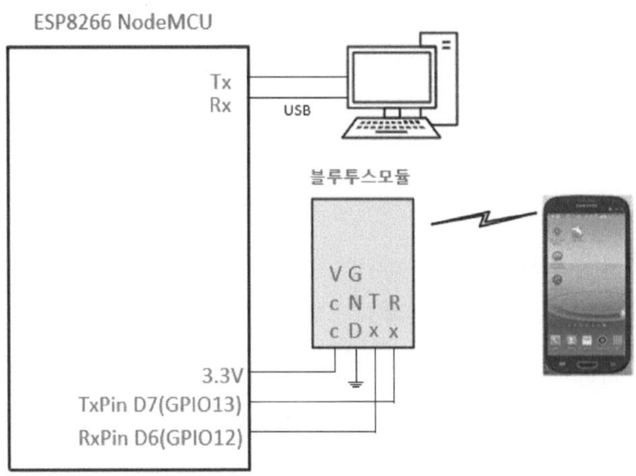

그림 13.12 실험 13-2 회로 연결

NodeMCU 디바이스 프로그램 ESP8266_BT_Phone_Pairing

```
#include <SoftwareSerial.h> //소프트웨어 시리얼 라이브러리 삽입

#define RxPin 12 // D6(GPIO12) 소프트웨어 시리얼 수신 핀 설정
#define TxPin 13 // D7(GPIO13) 소프트웨어 시리얼 송신 핀 설정
SoftwareSerial Serial3(RxPin, TxPin); // SoftwareSerial 인스턴스 생성

String myString=""; //BT로부터 수신된 문자열을 저장하는 변수 선언

void setup() {
  Serial.begin(115200); // 시리얼 모니터와 시리얼 개방, 통신속도 설정
  Serial3.begin(38400); // BT와 시리얼 개방, [실험 13-1]에서 설정된 통신속도로 설정
}

void loop() {
  while (Serial3.available()) { // 수신버퍼에 수신 데이터가 있는지 확인 (BT로부터 수신)
    char myChar = (char) Serial3.read(); //버퍼에서 1바이트 읽어오기
    myString+=myChar; //수신문자를 문자열에 추가
    delay(5); // 5ms 지연
  }

  if (!myString.equals("")) { //수신문자열이 비어있는지 확인
    Serial.println("input value : "+myString); // 수신문자열을 시리얼 모니터에 출력
    myString=""; //수신문자열을 초기화
  }
}
```

○ 블루투스 SPP 프로파일

- 블루투스는 여러 장비에 사용되는 통신 규격으로, 장치의 종류마다 별도의 프로토콜이 존재하며 이런 프로토콜의 규칙들을 프로파일이라고 부름
- SPP(**Serial Port Profile**) 프로파일이란 장치 간 시리얼 통신을 하게 해주는 통신 규정
- Serial Communication Interface(RS-232 또는 UART)를 무선으로 대체

• 가장 기본적인 프로파일 중 하나인 SPP 프로파일을 사용하면 두 장치는 Rx, Tx 라인이 마치 유선으로 연결된 것처럼 송수신 할 수 있음

• 스마트 폰에서 SPP 프로화일을 지원하는 “Serial BlueTooth Terminal” 앱을 검색하고 설치

○ **스마트 폰과 BT 모듈 간 통신 실험**

• [그림 13.13], [그림 13.14]와 같이 스마트 폰 Play 스토아에서 **“Serial BlueTooth Terminal”** 앱을 검색하고 설치하면 [그림 13.15]와 같이 앱이 설치됨

그림 13.13

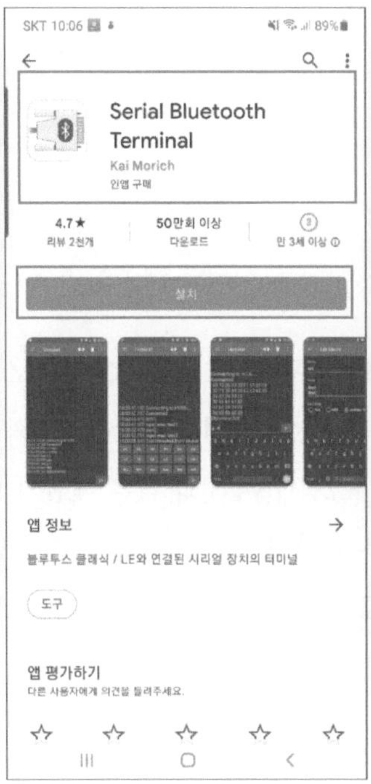

그림 13.14

그림 13.15

• 스마트 폰 환경설정에서 블루투스를 켜면 [그림 13.16]과 같이 사용할 수 있는 기기에 설정한 myBT 디바이스가 존재할 것이며 이를 누르면 [그림 13.17]과 같이 디바이스 PIN 번호를 입력하라는 창이 나타나게 됨. 비밀번호로 4321을 설정하였으므로 이를 입력하고 확인 버튼을 누르면 [그림 13.18]과 같이 myBT 디바이스가 등록됨

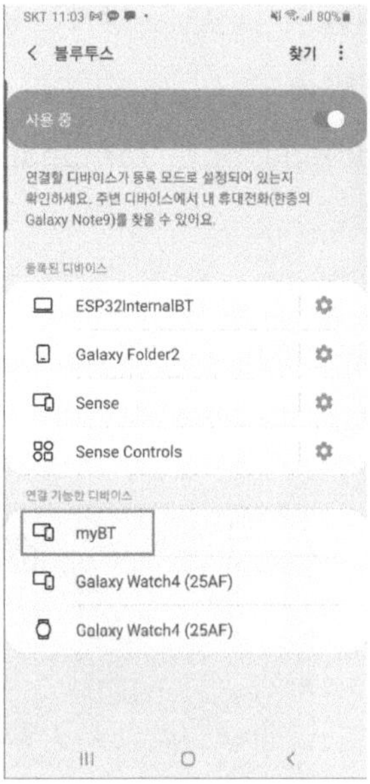

그림 13.16]

그림 13.17]

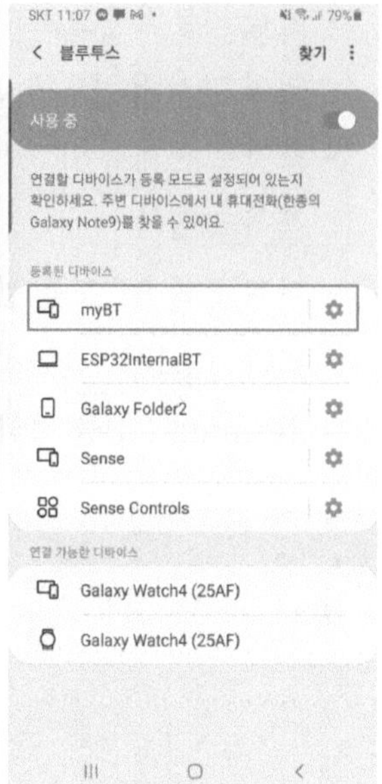

그림 13.18

- **스마트 폰과 BT 모듈 간의 페어링** : [그림 13.15]의 스마트 폰 바탕화면에서 "Serial BlueTooth Terminal" 앱을 선택하면 [그림 13.19]와 같은 창이 나타나고 왼쪽 위에 있는 메뉴 버튼을 누르고 [그림 13.20]과 같은 메뉴가 나타나면 "Device"를 선택. 그러면 [그림 13.21]과 같은 화면이 나타나는데 [실험 13-1]에서 설정한 myBT 디바이스를 선택하면 [그림 13.22]와 같이 연결을 시도하고 스마트 폰과 BT 모듈 간 연결되었다는 즉, 페어링이 되었다는 메시지가 나타남.

그림 13.19

그림 13.20

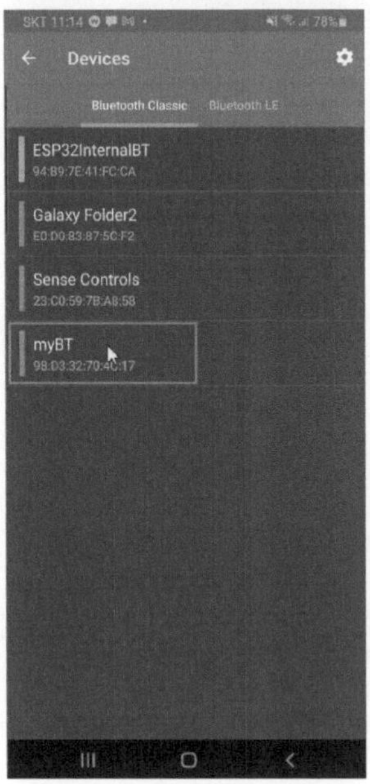

그림 13.21

그림 13.22

• [그림 13.23]과 같이 문자 입력창에 "welcome!!!"을 입력하고 전송 버튼을 누르면 [그림 13.24]와 같이 PC 시리얼 모니터에서 BT 통신을 통해 수신된 입력 문자열을 확인할 수 있음

그림 13.23

그림 13.24

실험 13-3

스마트 폰에서 HC-06 블루투스(BT)를 통한 센서 제어

• 스마트 폰 Serial BlueTooth Terminal 앱을 이용하여 다음의 기능을 수행
  - 앱에서 NodeMCU 보드에 있는 LED를 ON, OFF 제어하기
  - 앱에서 NodeMCU 보드에 있는 RGB LED를 제어하기
  - 앱에서 NodeMCU 보드에 있는 온도센서 값을 읽어오기

• 앱과 NodeMCU 간의 통신 프레임을 [표 13.5]와 같이 사용자 정의 프레임을 정의하여 사용

표 13.5 앱과 NodeMCU 간의 통신 프레임

[전송 프레임 포맷]

시작문자(@)	센서 명	구분자(#)	센서 제어값	종료문자(!)
@	LED	#	1 : ON 0 : OFF	!
@	RGB	#	000000000 255255255	!
@	GET	#	TMP	!
@	TMP	#	온도값	!

- 스마트 폰 Serial BlueTooth Terminal 앱의 텍스트 입력 상자에 [표 13.5]와 같은 사용자 전송 프레임을 정의하여 전송. 프레임은 시작 문자 '@'로 시작하고 중간에 구분자 문자 '#'을 종료 문자로 '!'을 정의하고 시작 문자와 구분자 사이에 센서명을 넣고 구분자와 종료 문자 사이에 센서 제어값이 들어가는 형태로 프레임 포맷을 사용자가 정의하여 사용
- LED의 경우 센서명은 LED이고 LED를 켜기 위해 센서값으로 1을 전송하고 끄기 위해 0을 전송
- 3색 LED의 경우 센서명은 RGB이고 센서 제어값으로 "빨간색(r)초록색(g)파란색(b)"의 순으로 전송하는데 각 색의 값은 000~255 값을 가지므로 3가지 색을 고려한다면 000000000~255255255 값을 전송
- 스마트 폰에서 NodeMCU에 있는 온도센서의 온도 값을 읽어오기 위해 센서명은 GET이고 센서 제어값으로 TMP로 구성된 프레임을 전송하면 NodeMCU에서는 온도센서의 온도 값을 읽어 센서명이 TMP이고 온도 값을 센서 제어 값으로 하는 프레임을 HC-06 블루투스 모듈을 통해 스마트 폰으로 전송하면 스마트 폰에서는 블루투

스 통신을 통해 받은 데이터를 표시

- [그림 13.25]와 같이 회로를 연결하고 아래의 프로그램을 업로드

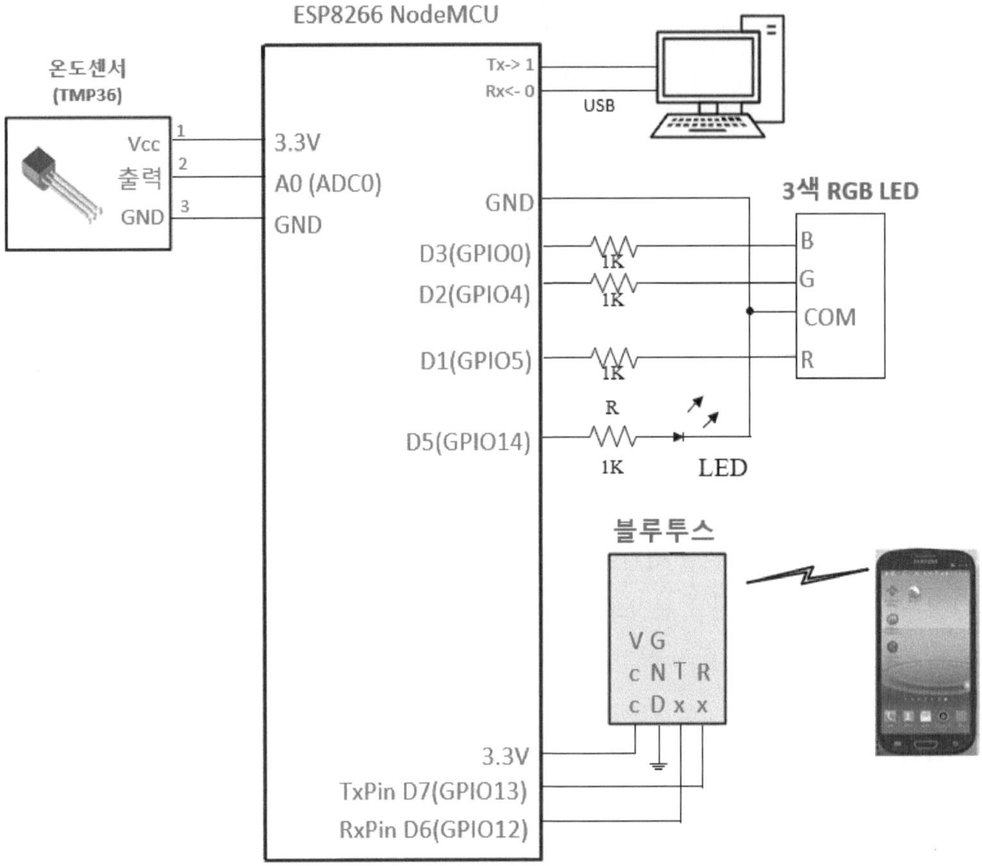

그림 13.25 실험 13-3 회로 연결

NodeMCU 디바이스 프로그램 ESP8266_BT_Sensor_Ctrl

```
#include <SoftwareSerial.h> //소프트웨어 시리얼 라이브러리 삽입

#define RxPin 12 // D6(GPIO12) 소프트웨어 시리얼 수신 핀 설정
#define TxPin 13 // D7(GPIO13) 소프트웨어 시리얼 송신 핀 설정
SoftwareSerial Serial3(RxPin, TxPin); // SoftwareSerial 인스턴스 생성

const int ledPin=14;    // LED에 연결된 핀 번호 변수 정의
const int rLedPin= 5;  // D1 3색 LED 중 빨간색 LED와 연결된 핀 번호 변수 정의
const int gLedPin= 4;  // D2 3색 LED 중 초록색 LED와 연결된 핀 번호 변수 정의
const int bLedPin= 0;  // D3 3색 LED 중 파란색 LED와 연결된 핀 번호 변수 정의
const int tempPin = 0; // 온도센서와 연결된 핀 번호 변수 정의

boolean catchFrame=false; // BT로부터 온 수신 프레임 수신 여부를 결정하는 변수
String frameStr; // 수신 프레임 포맷에 해당하는 문자열을 저장하는 변수 선언
String sensorName; // 센서명에 해당하는 문자열을 저장하는 변수 선언
String sensorValue; // 센서명에 해당하는 센서 제어값을 저장하는 변수 선언

boolean getCatchFrame=false; // BT로부터 GET 프레임 수신 여부를 결정하는 변수
String  getSensorName; // GET 프레임 센서명에 해당하는 문자열을 저장하는 변수 선언

void setup() {
  pinMode(ledPin, OUTPUT); // LED를 출력으로 설정
  pinMode(rLedPin, OUTPUT); // rLED를 출력으로 설정
  pinMode(gLedPin, OUTPUT); // gLED를 출력으로 설정
  pinMode(bLedPin, OUTPUT); // bLED를 출력으로 설정

  Serial.begin(115200); // 시리얼 모니터와 시리얼 개방, 통신속도 설정
  Serial3.begin(38400); // BT와 시리얼 개방, [실험 13-1]에서 설정된 통신속도로 설정

  digitalWrite(ledPin, LOW);   //LED에 LOW 출력
  digitalWrite(rLedPin, LOW);  //rLED에 LOW 출력
  digitalWrite(gLedPin, LOW);  //gLED에 LOW 출력
  digitalWrite(bLedPin, LOW);  //bLED에 LOW 출력
```

```
}

void FrameAnalysis() {
  if (sensorName == "LED") { // 센서명이 LED인지 확인
    Serial.println(" LED OK"); // 시리얼 모니터에 문자열 출력
    int data = sensorValue.toInt(); //센서 제어 값을 가져옴

    switch (data) { // 읽어온 데이터에 따라 분기
      case 0 :
        digitalWrite(ledPin, LOW); // LED 끄기
        break;
      case 1 :
        digitalWrite(ledPin, HIGH); // LED 켜기
        break;
    }
  }
  else if  (sensorName == "RGB") { // 센서명이 RGB인지 확인
    Serial.println(" RGB OK"); // 시리얼 모니터에 문자열 출력
    int redValue = sensorValue.substring(0,3).toInt(); // red 값을 가져옴
    int greenValue = sensorValue.substring(3,6).toInt(); // green 값을 가져옴
    int blueValue = sensorValue.substring(6).toInt(); // blue 값을 가져옴

    analogWrite(rLedPin, redValue);     //rLED에 red값 출력
    analogWrite(gLedPin, greenValue);  //gLED에 green값 출력
    analogWrite(bLedPin, blueValue);   //bLED에 blue값 출력
  }
  else if  (sensorName == "GET") { // 센서명이 값을 읽어오기 위한 GET인지 확인
    Serial.println(" GET OK"); // 시리얼 모니터에 문자열 출력
    getSensorName = sensorValue; // GET 프레임의 센서명을 가져옴
    getCatchFrame=true; // GET 프레임을 수신함
  }
}

void GetResponse(void){ //GET 프레임에 대한 응답 처리
```

```
    if (getSensorName == "TMP") { // GET 프레임의 센서명이 TMP인지 확인
      int getTempC= analogRead(tempPin); //아날로그 입력핀에서 AD값 읽음
      float voltage = getTempC*3.3/1023.0; // V 단위로 전압값 환산
      float tempC= voltage *100 - 50; // 온도로 환산

      String sendTmpBack="@TMP#"+(String) (int)tempC+"!"; //프레임 구성
      Serial.println(sendTmpBack); //온도를 시리얼 모니터에 출력
      Serial3.print(sendTmpBack); //온도를 BT 모듈에 전송
    }
}

void loop() {
  if (Serial3.available()>0) { // 수신버퍼에 수신 데이터가 있는지 확인 (BT로부터 수신)
    frameStr=Serial3.readStringUntil('!'); // 수신버퍼에서 '!' 문자까지 문자열을 읽어
                                            // 문자열 변수에 저장
    if(frameStr.indexOf('@') == 0) catchFrame=true; // 읽은 문자열이 시작문자로
                    // 시작하였는지 확인하고 확인되었으면 전송 프레임 수신을 설정
  }
  if(catchFrame == true) { //BT로부터 온 수신 프레임이 정상적으로 수신되었는지 확인
    Serial.println(frameStr); // 시리얼 모니터에 수신 프레임 출력
    //센서명을 읽어 냄
    sensorName = frameStr.substring(frameStr.indexOf('@')+1,frameStr.
indexOf('#'));
    sensorValue= frameStr.substring(frameStr.indexOf('#')+1); //센서값 읽어 냄
    FrameAnalysis(); // 프레임 분석 함수 호출
    catchFrame=false; //BT로부터 온 수신 프레임 분석을 종료하고 초기화
  }
  if(getCatchFrame == true) { //BT로부터 GET 프레임이 정상적으로 수신되었는지 확인
    Serial.println(getSensorName); // 시리얼 모니터에 GET 프레임의 센서명 출력
    GetResponse(); //GET 프레임 처리 함수 호출

    getCatchFrame=false; //GET 프레임 처리를 종료하고 초기화
  }
}
```

○ **스마트 폰에서 센서 제어 실험**

- [그림 13.26]과 같이 설치한 앱의 문자 입력창에 "@RGB#255000000!"을 입력하고 전송 버튼을 누르면 NodeMCU에 연결된 3색 RGB LED가 빨간색으로 점등됨을 확인할 수 있음

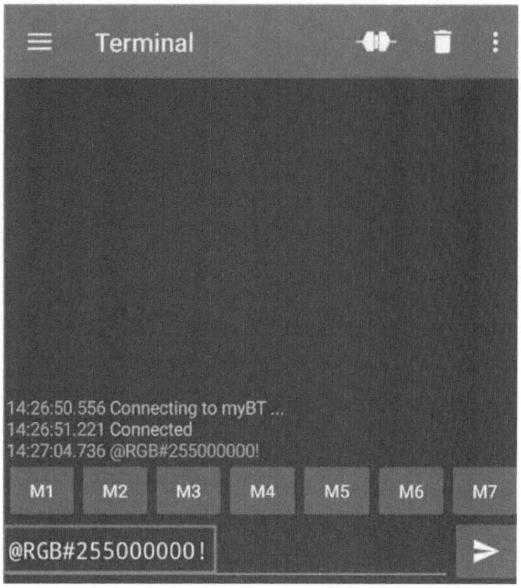

그림 13.26

- NodeMCU에 연결된 온도센서 값을 가지고 와서 스마트 폰에 표시하기 위하여 [그림 13.27]과같이 앱의 문자 입력창에 "@GET#TMP!"를 입력하고 전송 버튼을 누르면 [그림 13.28]과 같이 온도 값이 스마트 폰에 표시되는 것을 확인할 수 있음

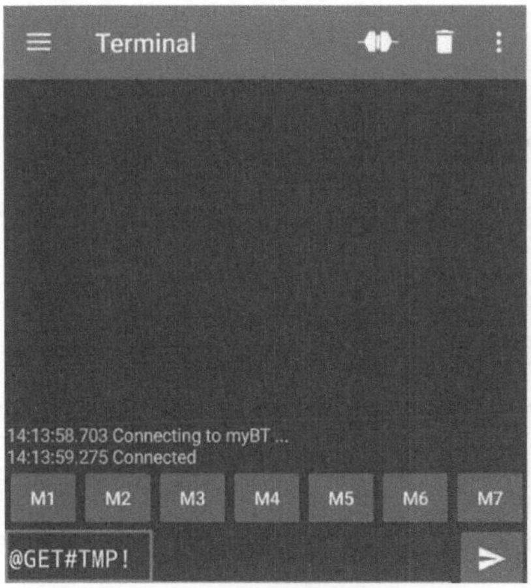

그림 13.27

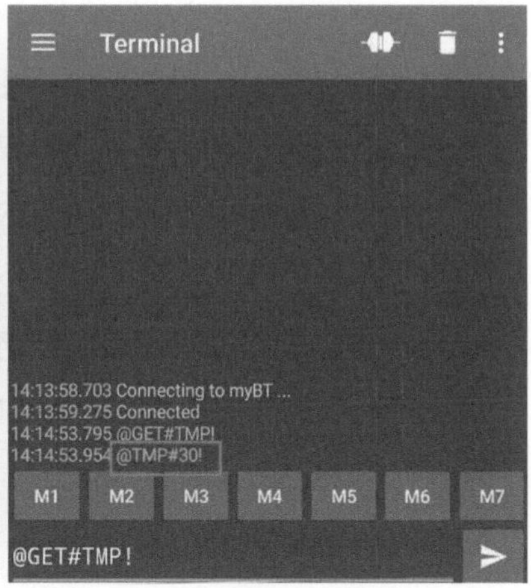

그림 13.28

13.5 MQTT 프로토콜을 사용하여 스마트 폰에서 블루투스(BT) 통신을 통한 센서 제어 모니터링 실습

실험 13-4

스마트 폰에서 HC-06 블루투스(BT)를 통한 센서 제어 상태를 MQTT 프로토콜을 사용하여 클라이언트에서 모니터링 실습

1. 실습개요

- [실험 13-4]와 동일하게 스마트 폰에서 블루투스 통신을 사용하여 NodeMCU에 있는 센서를 제어하며 제어된 센서의 상태를 MQTT 프로토콜을 사용하여 MQTT 네트워크 클라이언트인 MQTTBOX에서 모니터링하는 방법에 대하여 학습

2. MQTT 네트워크

○ **MQTT 브로커**

- 무료 MQTT 브로커 "test.mosquitto.org"을 사용 (또는 "mqtt-dashboard.com")

○ **MQTT 클라이언트**

- NodeMCU 디바이스와 MQTTBOX 앱을 클라이언트로 사용

3. MQTT 동작

○ MQTT 프로토콜을 이용한 동작 과정

- [그림 13.29]와 같이 MQTT 네트워크를 구성하고 발행 및 구독 토픽 설정
- NodeMCU는 토픽을 발행하고 PC에서 동작하는 MQTTBOX 앱은 NodeMCU의 토픽을 구독
- **NodeMCU 발행 토픽** : 스마트 폰 Serial BlueTooth Terminal 앱을 이용하여 NodeMCU 보드에 있는 LED를 ON, OFF 제어하기 위해 사용자 정의 프레임을 전송하면 NodeMCU는 블루투스 통신을 통해 프레임을 수신받은 후 LED를 제어하고 토픽 "nodeMCU/BT/LED"에 사용자 정의 프레임의 센서 제어값을 페이로드로 하는 메시지를 발행. 또한 스마트 폰 앱에서 RGB LED를 제어하기 위해 사용자 정의 프레임을 전송하면 NodeMCU는 블루투스 통신을 통해 프레임을 수신받은 후 RGB LED를 제어하고 사용자 정의 프레임의 센서 제어값을 페이로드로 하는 토픽 "nodeMCU/BT/Color"을 발행
- **MQTTBOX 앱 구독 토픽** : MQTTBOX 클라이언트는 토픽 "nodeMCU/BT/LED"과 "nodeMCU/BT/Color"을 구독하고 구독한 메시지를 수신받아 메시지 창에 표시하여 센서들의 상태를 모니터링

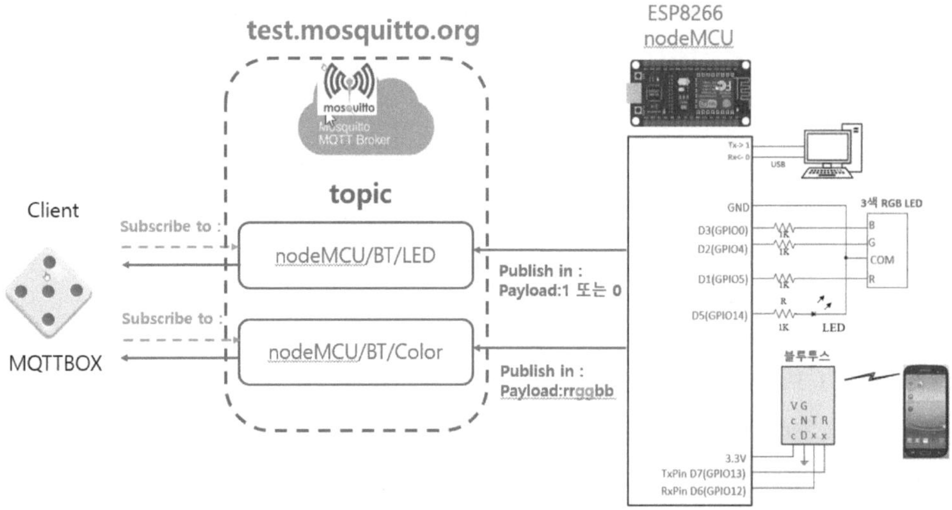

그림 13.29

○ 하드웨어 구성

- [그림 13.25]의 하드웨어 구성을 이용

NodeMCU 디바이스 프로그램

```
#include <SoftwareSerial.h> //소프트웨어 시리얼 라이브러리 삽입
#include <ESP8266WiFi.h>  // ESP8266 WiFi 라이브러리 삽입
#include <PubSubClient.h> // MQTT 클라이언트 라이브러리 삽입

const char* ssid= "**********"; //WiFi 네트워크 이름
const char* password =  "**********"; // WiFi 네트워크 비번

const char* mqtt_server = "mqtt-dashboard.com"; //mqtt 브로커

// 토픽설정-------------------------
const char* btLedTopic = "nodeMCU/BT/LED"; // 클라이언트 발행 토픽
const char* btColorTopic = "nodeMCU/BT/Color"; // 클라이언트 발행 토픽

WiFiClient espClient; // 네트워크 클라이언트로 WiFiClient 객체 생성
PubSubClient client(espClient); // 생성된 TCP 클라이언트를 이용하여
                                // MQTT 클라이언트 인스턴스 생성
char publishPayload[50]; // 발생 메시지 페이로드를 저장하는 변수

#define RxPin 12 // D6(GPIO12) 소프트웨어 시리얼 수신 핀 설정
#define TxPin 13 // D7(GPIO13) 소프트웨어 시리얼 송신 핀 설정
SoftwareSerial Serial3(RxPin, TxPin); // SoftwareSerial 인스턴스 생성

const int ledPin=14;    // LED에 연결된 핀 번호 변수 정의
const int rLedPin= 5;  // D1 3색 LED 중 빨간색 LED와 연결된 핀 번호 변수 정의
const int gLedPin= 4;  // D2 3색 LED 중 초록색 LED와 연결된 핀 번호 변수 정의
const int bLedPin= 0;  // D3 3색 LED 중 파란색 LED와 연결된 핀 번호 변수 정의

boolean catchFrame=false; // BT로부터 온 수신 프레임 수신 여부를 결정하는 변수
String frameStr;    // 수신 프레임 포맷에 해당하는 문자열을 저장하는 변수 선언
```

```
String sensorName; // 센서명에 해당하는 문자열을 저장하는 변수 선언
String sensorValue; // 센서명에 해당하는 센서 제어값을 저장하는 변수 선언

void setup_wifi() {
  delay(10); // 10ms 대기
  WiFi.mode(WIFI_STA); // WiFi를 STA 모드로 설정
  WiFi.begin(ssid, password); // WiFi 연결 시도
  Serial.println("");
  Serial.print("Connecting to ");
  Serial.println(ssid); // WiFi 네트워크 이름 출력
  while (WiFi.status() != WL_CONNECTED) { // 접속될 때까지 대기
    delay(500);
    Serial.print(".");
  }
  Serial.println("");
  Serial.print("WiFi connected to ");
  Serial.println(ssid); // WiFi 네트워크 이름 출력
  Serial.print("IP address: ");
  Serial.println(WiFi.localIP()); //AP에 의해 ESP 모듈에 할당된 IP 출력
}

void setup() {
  pinMode(ledPin, OUTPUT); // LED를 출력으로 설정
  pinMode(rLedPin, OUTPUT); // rLED를 출력으로 설정
  pinMode(gLedPin, OUTPUT); // gLED를 출력으로 설정
  pinMode(bLedPin, OUTPUT); // bLED를 출력으로 설정

  Serial.begin(115200); // 시리얼 모니터와 시리얼 개방, 통신속도 설정
  Serial3.begin(38400); // BT와 시리얼 개방, [실험 13-1]에서 설정된 통신속도로 설정

  digitalWrite(ledPin, LOW);  //LED에 LOW 출력
  digitalWrite(rLedPin, LOW);  //rLED에 LOW 출력
  digitalWrite(gLedPin, LOW);  //gLED에 LOW 출력
  digitalWrite(bLedPin, LOW);  //bLED에 LOW 출력
```

```
  Serial.begin(115200); // 통신속도 설정
  setup_wifi(); //wifi 네트워크 접속
  client.setServer(mqtt_server, 1883); // MQTT 서버 연결 정보 등록
}

void publishMessage(String state, String message) {
   message.toCharArray(publishPayload,message.length()+1); // String을 문자배열로 변환
   Serial.print("Publish message: ");
   Serial.println(publishPayload);

   if (state == "LED" ) {
      client.publish(btLedTopic, publishPayload); // 토픽에 대한 메시지 발행
   }
   else if (state == "RGB" ){
      client.publish(btColorTopic, publishPayload); // 토픽에 대한 메시지 발행
   }
}

void FrameAnalysis() {
   if (sensorName == "LED") { // 센서명이 LED인지 확인
     Serial.println(" LED OK"); // 시리얼 모니터에 문자열 출력
     int data = sensorValue.toInt(); //센서 제어 값을 가져옴

     switch (data) { // 읽어온 데이터에 따라 분기
       case 0 :
         digitalWrite(ledPin, LOW); // LED 끄기
         break;
       case 1 :
         digitalWrite(ledPin, HIGH); // LED 켜기
         break;
     }
     publishMessage("LED", sensorValue); // 메시지 발행
   }
   else if  (sensorName == "RGB") { // 센서명이 RGB인지 확인
```

```
      Serial.println(" RGB OK"); // 시리얼 모니터에 문자열 출력
      int redValue = sensorValue.substring(0,3).toInt(); // red 값을 가져옴
      int greenValue = sensorValue.substring(3,6).toInt(); // green 값을 가져옴
      int blueValue = sensorValue.substring(6).toInt(); // blue 값을 가져옴

      analogWrite(rLedPin, redValue);     //rLED에 red값 출력
      analogWrite(gLedPin, greenValue);  //gLED에 green값 출력
      analogWrite(bLedPin, blueValue);   //bLED에 blue값 출력
      publishMessage("RGB", sensorValue); // 메시지 발행
    }
}

void reconnect() {
  while (!client.connected()) { // 클라이언트가 서버에 연결되어 있는지 확인
    Serial.print("Attempting MQTT connection...");
    Serial.println(mqtt_server);

    // 랜덤 클라이언트 ID 생성
    String clientId = "ESP8266Client-"; // 클라이언트 Id
    clientId += String(random(0xffff), HEX); // 클라이언트 Id에 랜덤 숫자 추가

    if (client.connect(clientId.c_str())) { // 클라이언트 연결을 성공하였다면
      Serial.print("connected to");
      Serial.println(mqtt_server);
    }
    else {
      Serial.print("failed, rc=");
      Serial.print(client.state()); // 연결 실패에 대한 클라이언트의 현재 상태를 출력
      Serial.println(" try again in 5 seconds");
      delay(5000); // 재시도하기 전 5초 대기
    }
  }
}
```

```
void loop() {
  if (!client.connected()) {  // 클라이언트가 서버에 연결되어 있는지 확인
    reconnect(); // 연결되어 있지 않으면 연결 시도
  }
  client.loop(); //클라이언트가 수신 메시지를 처리하고 서버에 연결 유지

  if (Serial3.available()>0) { // 수신버퍼에 수신 데이터가 있는지 확인 (BT로부터 수신)
    frameStr=Serial3.readStringUntil('!'); // 수신버퍼에서 '!' 문자까지 문자열을 읽어
                                            // 문자열 변수에 저장
    if(frameStr.indexOf('@') == 0) catchFrame=true; // 읽어들인 문자열이 시작문자로
                   // 시작하였는지 확인하고 확인되었으면 전송 프레임 수신을 설정
  }

  if(catchFrame == true) { //BT로부터 온 수신 프레임이 정상적으로 수신되었는지 확인
    Serial.println(frameStr); // 시리얼 모니터에 수신 프레임 출력
    // 센서명을 읽어 냄
    sensorName = frameStr.substring(frameStr.indexOf('@')+1,frameStr.
indexOf('#'));
    sensorValue= frameStr.substring(frameStr.indexOf('#')+1); //센서값 읽어 냄
    FrameAnalysis(); // 프레임 분석 함수 호출
    catchFrame=false; //BT로부터 온 수신 프레임 분석을 종료하고 초기화
  }
}
```

○ MQTTBOX 앱 설정

- MQTTBOX 클라이언트 설정을 위해 [그림 13.30]과 같이 클라이언트 이름과 MQTT 브로커 서버인 Host를 설정하고 저장
  - 클라이언트 이름 : btCtrlMonitoring
  - Host : mqtt-dashboard.com

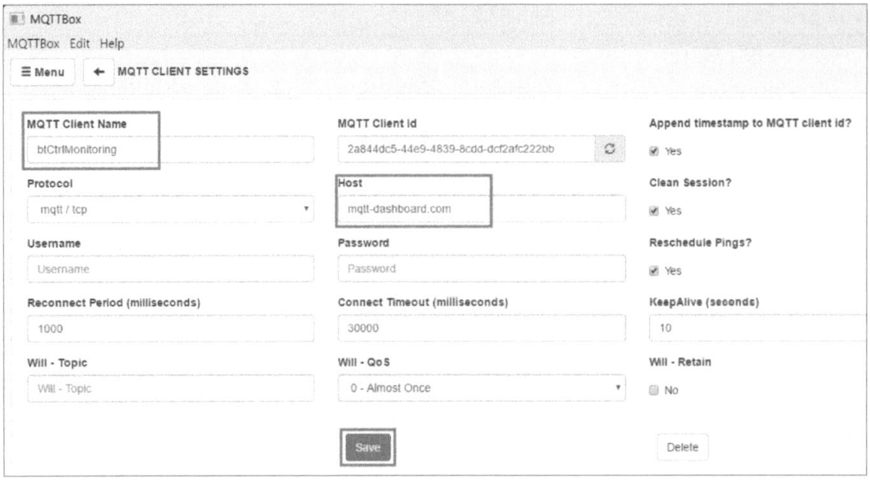

그림 13.30

- MQTTBOX 클라이언트가 2개의 토픽을 구독하기 위해 [그림 13.31]과 설정하고 구독 버튼을 누름

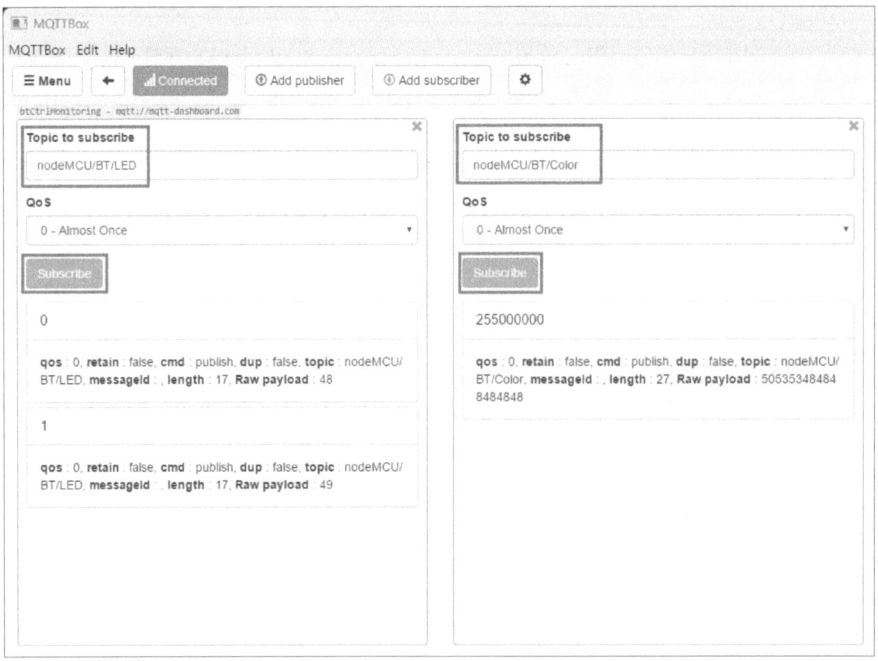

그림 13.31

○ **실험 수행 결과**

- [그림 13.26]과 같이 설치한 스마트 폰 Serial BlueTooth Terminal 앱의 문자 입력창에 “@RGB#255000000!”을 입력하고 전송 버튼을 누르면 NodeMCU에 연결된 3색 RGB LED가 빨간색으로 점등되고 [그림 13.32]와 같이 NodeMCU 클라이언트가 토픽에 대한 메시지를 발행

그림 13.32

- MQTTBOX 클라이언트 앱에서는 구독한 토픽에 대하여 메시지를 수신받고 [그림 13.33]과 같이 메시지 창에 수신메시지가 표시됨을 확인

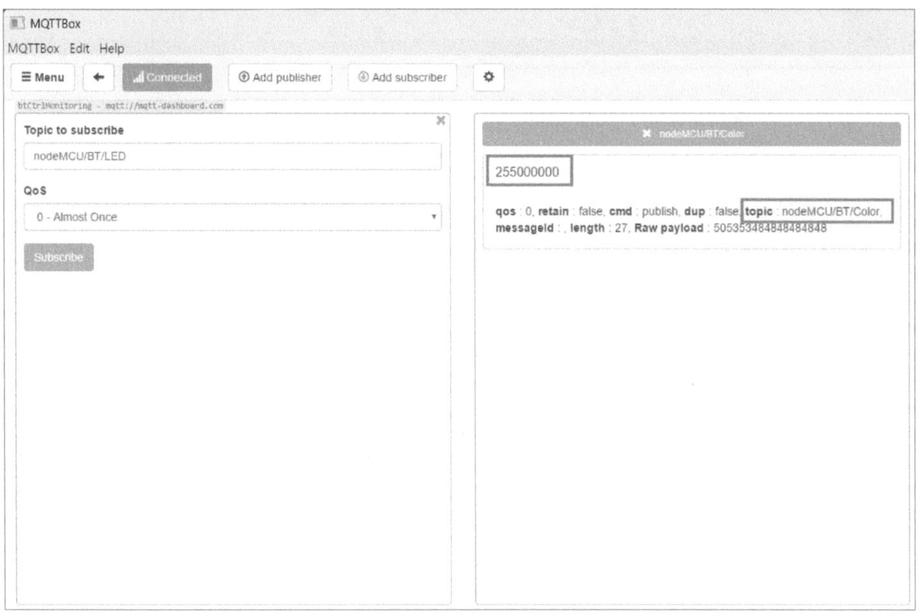

그림 13.33

제14장

ESP8266 NodeMCU 로라(LoRa) 통신을 활용한 센서 제어

실험에 필요한 부품

LoRa 모듈 (RYLR896)	온습도센서 DHT22			
2개	1개			

14.1 LoRa(Long Range) 통신

무선 네트워크 기술의 장점 및 단점

- [그림 14.1]은 다양한 무선 네트워크 기술들을 보여주고 있으며 무선 기술마다 장단점 존재

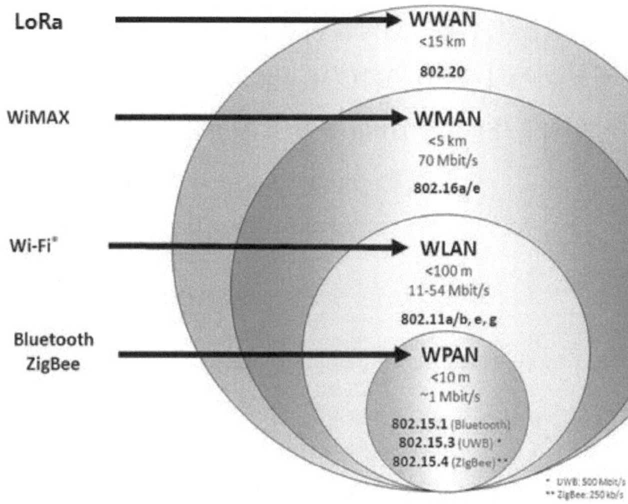

그림 14.1 무선 네트워크 기술

- **WPAN 기술** : 블루투스나 지그비와 같은 저전력 무선통신 프로토콜로 10m 이내의 짧은 거리에 존재하는 무선기기들을 연결하여 기기 간에 통신을 지원함으로써 다양한 응용서비스를 가능하게 하는 무선 네트워크. 근거리 통신에서는 유용하나 통신 범위가 10m 이내로 짧음
- **WLAN 기술** : 100m 거리에서 9.6Gbps(IEEE 802.11ax)까지 고속 전송에 사용. WiFi는 대량의 데이터를 고속으로 전송, 거리가 100m로 제한적
- **WWAN 기술** : 3G, LTE, 5G와 같은 셀룰러 네트워크를 기반으로 빠른 속도와 장거리를 결합하지만 전력 소비가 큼
- **LPWAN 기술** : Low Power Wide Area Network, 저전력 장거리 통신으로 데이터 전송 속도가 낮은 사물인터넷(IoT)에서 거리가 15km 범위에서 10년 이상 배터리 수명을 유지할 수 있도록 설계. LPWAN 기술은 [표 14.1]과 같이 면허대역과 비면허대역으로 나누어 짐

- 비면허 대역 : LoRa, SigFox 등이 대표인 통신시스템으로 전파 도달 거리가 15km 이상이며 전력 사용이 극도로 낮고, 통신 모듈 가격과 사용료가 낮음
- 면허 대역: 기존 셀룰러 주파수 대역을 사용할 수 있도록 3GPP가 제안, 기존 LTE 망을 그대로 활용 가능하며 LTE-MTC(Machine Type Comm.), NB-IoT 등이 해당. 통신 모듈 가격과 사용료가 LoRa 등에 비해 높음

표 14.1 LPWAN 기술

방식 / 항목	非 3GPP		3GPP			
	SigFox	LoRa	LTE-M(MTC)			NB-IoT (Cat-M2)
			Cat1	Cat0	Cat-M (M1)	
표준	ETSI	LoRa Alliance	3GPP Rel. 8 (+Rel. 12 PSM[4])	3GPP Rel. 12	3GPP Rel. 13	3GPP Rel. 13
채널수신 대역폭	100 Hz	125~500 KHz	20 Mhz	20 Mhz	1.4 MHz	200 KHz
최대 전송속도 (DL/UL)	하루256bit / ~160bps	EU:250bps~ 50Kbpx US:980bps~ 21.9Kbps	10 Mbps/ 5 Mbps	1 Mbps/ 1 Mbps	1 Mbps/ 1 Mbps	200 Kbps/ 144 Kbps
Duplex 모드	Half	Half	Full	Half (opt)	Half (opt)	Half (opt)
단말송신전력	10 uW~ 100 mW	EU: 14 dBm US: 20 dBm	23 dBm	23 dBm	20 dBm or 23 dBm	23 dBm
사용대역	비면허대역	비면허대역	LTE대역	LTE대역	LTE대역	LTE대역, 보호대역, 별도대역
가격/단말모뎀 복잡도 (Rel. 8,Cat1기준)	~$5	~$5	~$20/100%	~$15/50%	~$10/20~25%	~$5/10%
배터리수명	10년 이상	10년 이상	10년 이하	10년 이하	10년 이상	10년 이상
가입사용료 (기기당)	~$1/년	~$1/년	-	~$2~9/월	~$2~9/월	-
통신거리 (외부)	~30 km(개활지) ~10 km(도심)	~15 km(개활지) ~5 km(도심)	~10 km	~11 km	~11 km	~15 km
표준완료/상용화	2014/상용화	2015/상용화	2009 (2015)/상용화	2015/상용화	2016/2017예정	2016/2017예정

LoRa 기술 개요

- LoRa는 Long Range의 약자로 저전력 장거리(LPWAN) 무선 통신 기술 즉, 변조 기술로 주로 저전력, 저비용, 광범위한 커버리지가 필요한 IoT 애플리케이션에 사용
- LoRa는 Semtech사가 개발한 물리 계층 기술로, 첩 대역확산(CSS: Chirp Spread Spectrum)기법을 사용하여 데이터를 전송하는데 CSS는 주파수를 일정하게 변화시키며 신호를 전송하는 방식으로 잡음에 강하고 장거리 전송에 유리
- Semtech사는 2012년 프랑스 CycleoSAS로부터 LoRaWAN 기술도 인수
- LoRa는 15 킬로미터 이상의 거리를 지원하며 최대 1백만 노드를 수용. 저전력 및 장거리의 조합은 데이터 전송률을 최대 50Kbps로 제한
- 전송 대역폭은 일반적으로 125kHz, 250kHz, 500kHz가 사용되며, 대역폭에 따라 데이터 전송률과 커버리지가 달라지게 되며 데이터 전송률은 0.3kbps부터 50kbps까지 지원하고, 확산계수(SF: Spreading Factor)를 조정하여 전송 거리와 속도를 최적화
- LoRa는 비면허 대역인 ISM(Industrial, Scientific, and Medial Radio Band) 대역에서 동작하는데 유럽에서는 868MHz 대역 주파수가 북미에서 915MHz 대역 주파수가 사용되고 있으나 국내에서는 이 두 주파수대와 다르게 920MHz 주파수 대역으로 920.9~923.3MHz의 주파수가 LoRa 통신에 할당
- 우리나라에서 사용하고 있는 LoRa 주파수와 전송 대역폭은 [표 14.2]와 같음

[표 14.2] LoRa 주파수와 전송 대역폭

Center frequency (MHz)	Bandwidth (kHz)	Maximum EIRP output power (dBm)	
		For end-device	For gateway
920.9	125	10	23
921.1	125	10	23
921.3	125	10	23
921.5	125	10	23
921.7	125	10	23
921.9	125	10	23
922.1	125	14	23
922.3	125	14	23
922.5	125	14	23
922.7	125	14	23
922.9	125	14	23
923.1	125	14	23
923.3	125	14	23

- LoRa는 유럽 통신사를 중심으로 한 다국적 기업 협의체인 로라 얼라이언스(LoRa Alliance)를 중심으로 기술 개발 및 보급이 활발히 이뤄지고 있으며 IBM, 시스코, 보쉬 등 유수 IT 기업이 참여해 기술 개발을 주도. 국내에서는 SK텔레콤이 로라 얼라이언스에 참여
- LoRa는 간단한 정보를 주고 받는 사물인터넷 통신에 적용되어 스마트 팩토리, 가스 검침, 미아 방지, 물품 분실방지, 원격 데이터 획득, 도시 조명 제어, 날씨 모니터링, 농업 등 다양한 IoT 기기에 응용

LoRaWAN

- LoRaWAN은 LoRa 무선통신 기술을 이용한 광역 네트워크
- LoRaWAN은 [그림 14.2]와 같이 LoRa 물리 계층 위에서 작동하는 네트워크 프로토콜로, 데이터 링크 계층의 기능을 제공
- 즉, LoRa 기술을 사용하여 네트워크 통신을 관리하는 프로토콜로 링크 계층(MAC)에 속하며 LoRa Alliance가 이를 규정

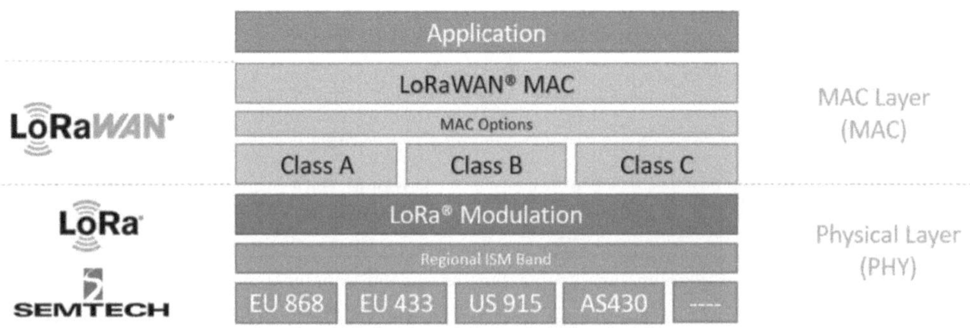

[그림 14.2] LoRa와 LoRaWAN

LoRa 네트워크 아키텍처

- LoRa 네트워크 구조는 [그림 14.3]과 같이 엔드 노드(End Node), 게이트웨이(Gateway), 네트워크 서버, 응용 서버로 구성
- **엔드 노드 (End Node) 또는 센서 노드(Sensor Node):** 센서나 액추에이터와 같은 단말 장치로 데이터를 수집하여 게이트웨이로 전송. 센서 데이터를 수집하고 LoRa 통신을 이용해 LoRaAP인 LoRaWAN 게이트웨이로 전달. 여러 게이트웨이에서 수신 가능
- **게이트웨이 (GateWay):** 다수의 엔드 노드로부터 데이터를 수집하여 네트워크 서버로 전달하는데 LoRa AP 역할을 수행
- **네트워크 서버** : 데이터를 관리하고 라우팅하며, 응용 서버와 통신. 모든 게이트웨이에서 메시지를 수집하고 중복 데이터를 필터링하여 수신 상태가 가장 좋은 게이트웨이를 결정
- **응용 서버** : 최종 사용자가 센서 데이터를 처리할 수 있는 올바른 응용 프로그램 서버로 패킷을 전달

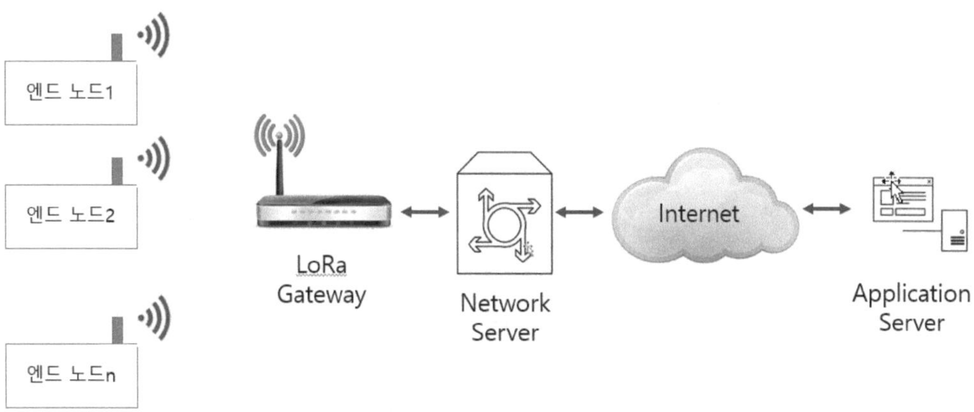

그림 14.3 LoRa 네트워크

- LoRa 통신 모듈과 센서 모듈을 활용하면, 그 어떤 IoT 기기도 소통할 수 있음. [그림 14.4]와 같이 센서 노드가 수집한 정보를 LoRa 통신을 이용해 LoRa AP(LoRaWAN Gateway)로 전달하고, 이렇게 전달된 정보는 클라우드나 서버에 저장되며 저장된 데이터를 분석해서 사용자 맞춤형 IoT 서비스를 제공하거나, 실시간으로 현장 상황을 파악하는데 활용

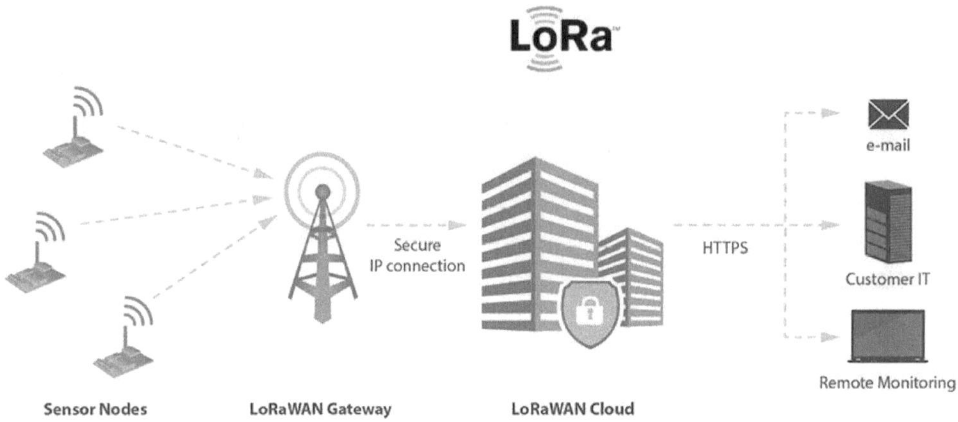

[그림 14.4] LoRa 네트워크

첩 대역확산(CSS:Chirpspread spectrum)

- LoRa가 저전력, 장거리 통신을 가능하게 하는 변조 방식
- [그림 14.5]와 같이 선형주파수 변조된 첩 신호를 반송파 신호로 사용하여 메시지를 변조
- 첩 신호는 시간에 따라 주파수가 증가하는 업 첩(up-chirp)과 시간에 따라 주파수가 감소하는 다운 첩으로 구성

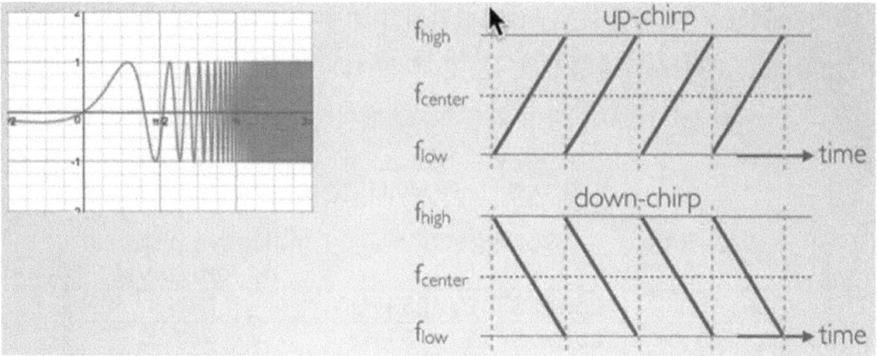

그림 14.5

- 시간에 따라 주파수가 증가하는 하나의 업 첩(up-chirp)은 [그림 14.6]과 같으며 여기에서 가로폭은 대역폭(BW:Bandwidth)이며 세로폭은 심볼간격으로 확산계수(SF: Spread Factor (7~12))에 의해 결정

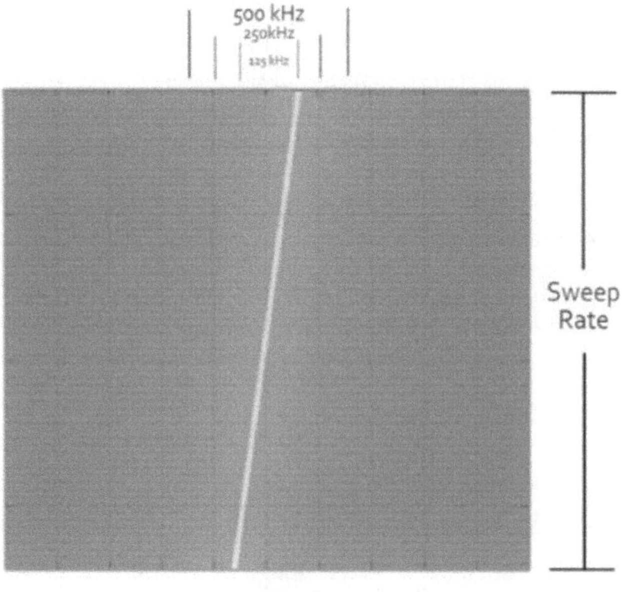

그림 14.6

- 확산계수(SF)가 커지면 심볼구간이 증가되고 그에 따라 심볼율과 데이터 전송률 (DR: Data Rate)은 감소되며 통신거리는 증가
- 우리나라에서 [표 14.3]과 같이 확산계수와 데이터 전송률을 정의

표 14.3 LoRa 데이터 전송률

Data Rate	Configuration	Indicative physical bit rate [bit/s]
0	LoRa: SF12 / 125 kHz	250
1	LoRa: SF11 / 125 kHz	440
2	LoRa: SF10 / 125 kHz	980
3	LoRa: SF9 / 125 kHz	1760
4	LoRa: SF8 / 125 kHz	3125
5	LoRa: SF7 / 125 kHz	5470
6..14	RFU	
15	Defined in [TS001][45]	

- LoRa 패킷은 [그림 14.7]과 같이 프리엠블(Preamble), 동기 메시지(Sync message), 데이터에 해당하는 페이로드와 에러 검사용 CRC로 구성
  - 프리엠블: LoRa 패킷인지 확인하는 역할, N개의 업 첩으로 구성
  - Sync message : 패킷의 시작을 알림, 2개의 다운 첩으로 구성

LoRa Physical Layer			
Preamble	Sync message	Payload	CRC (only in uplink)

그림 14.7

14.2 RYLR896 LoRa 모듈

- [그림 14.8]은 실험에 사용할 RYLR896 LoRa 모듈을 보여주며 주요 특징을 [표 14.4]에 나타냄

- RYLR896 트랜시버 모듈은 전류 소모를 최소화하면서 초장거리 스펙트럼 확산 통신 및 높은 간섭 내성을 제공하는 로라 장거리 모뎀을 특징으로 하며 NCC 및 FCC 인증을 받음
- RYLR896 트랜시버 모듈은 국내 920MHz ISM 대역(920.9-923.3MHz)에서 동작할 수 있도록 RF 주파수를 설정 가능

- 1. VDDC : 3.3V (3.6V max)
- 2. /NRST : 리셋 (active LOW)
- 3. TXD : UART 송신데이터 (3.3V 레벨)
- 4. RXD : UART 수신데이터 (3.3V 레벨)
- 5. NC
- 6. GND : 접지

그림 14.8 RYLR896 LoRa 모듈

표 14.4 RYLR896 LoRa 모듈 주요 특징

- Semtech SX1276 엔진
- 우수한 블로킹 면역
- 낮은 수신 전류
- 고감도
- AT 명령으로 쉽게 제어 (AT 명령은 "\r\n"으로 종료)
- 디폴트 전송률 : 115200 bps
- 127 dB 다이나믹 레인지 RSSI
- PCB 통합 안테나로 설계
- AES128 데이터 암호화
- **국내 920MHz ISM 대역(920.9-923.3MHz)에서 동작하도록 RF 주파수를 설정 가능**

LoRa 모듈을 제어하기 위한 AT 커맨드

- AT 커맨드(Command)는 LoRa 모듈 설정 내용을 변경하기 위하여 LoRa 모듈에 전달할 수 있는 명령어의 형식과 동작을 설명
- 문자 AT로 시작하기 때문에 AT 커맨드라 하며 컴퓨터에서 NodeMCU 보드를 통해 LoRa모듈에 전달
- AT 커맨드를 사용하는 순서

1. **"AT + ADDRESS"**를 사용하여 모듈 주소 설정. 주소는 송신기 또는 수신기의 ID로 간주
2. **"AT + NETWORKID"**를 사용하여 로라 네트워크의 ID를 설정. 이것은 그룹 기능이며 동일한 NETWORKID를 설정해야만 모듈이 서로 통신할 수 있음. 지정된 수신자의 주소가 다른 그룹에 속하면 서로 통신할 수 없음. 권장 값은 1 ~ 15
3. **"AT + BAND"**를 사용하여 RF 주파수를 설정. 송신기와 수신기는 서로 통신하기 위해 동일한 주파수를 사용해야 함. **국내 920MHz ISM 대역(920.9-923.3MHz)에서 동작하도록 [표 14.2]를 참조하여 RF 주파수 설정 가능**
4. **"AT + PARAMETER"**를 사용하여 RF 파라미터들을 설정. 송신기와 수신기는 서로 통신하기 위해 동일한 파라미터를 설정해야 함. 파라미터들은 다음과 같음.
   - 〈확산계수 (SF)〉 : SF가 클수록 감도가 좋으나 전송 시간이 오래 걸림
   - 〈대역폭〉 : [표 14.3]과 같이 125kHz 대역폭을 사용
   - 〈부호율(Coding Rate)〉 : 1로 설정하면 코딩 속도가 가장 빠름
   - 〈프리앰블(Programmed Preamble)〉 : 프리앰블 코드로 프리앰블 코드가 더 크면 데이터를 잃을 기회가 줄어 듬. 일반적으로 프리앰블 코드는 전송 시간의 허가 하에 10을 초과하여 설정할 수 있음.
5. **"AT + SEND"**를 사용하여 지정된 주소로 데이터를 전송. 모듈에서 사용하는 프로그램으로 인해 페이로드 부분이 실제 데이터 길이보다 8바이트 증가

명령어 종류 및 설명

- 주의 사항

> - 모든 AT 명령은 "\r\n"으로 종료
> - 명령 끝에 "?"을 추가하여 현재 설정 값을 확인할 수 있음
> - 다음 AT 명령을 실행할 수 있도록 모듈이 +OK를 응답할 때까지 기다려야 함

1. AT : 모듈이 명령에 응답할 수 있는지 테스트 / UART 연결 확인

구문	응답
AT	+OK

2. AT+RESET : 소프트웨어 리셋

구문	응답
AT+RESET	+RESET +READY

3. AT + MODE : 작업 모드를 설정

<table>
<tr><th>구문</th><th>응답</th></tr>
<tr><td>AT + MODE = 〈매개 변수〉</td><td rowspan="2">+OK</td></tr>
<tr><td>0 : 송신 및 수신 모드 (기본값)
1 : 수면 모드
(예) : 수면모드 설정
AT + MODE = 1</td></tr>
<tr><td>AT+MODE?</td><td>+MODE=1</td></tr>
</table>

4. AT + IPR : UART 전송 속도 설정

<table>
<tr><th>구문</th><th>응답</th></tr>
<tr><td>AT + IPR = 〈속도〉</td><td rowspan="2">+OK</td></tr>
<tr><td>〈속도〉는 UART 전송 속도로 다음 값을 가짐
300, 1200, 4800, 9600, 19200, 28800, 38400,
57600, 115200 (기본값).

(예) : 전송 속도를 9600으로 설정
AT + IPR = 9600</td></tr>
<tr><td>AT+IPR?</td><td>+IPR=9600</td></tr>
</table>

5. AT + PARAMETER : RF 파라미터 설정

구문	응답
AT + PARAMETER = 〈확산계수〉,〈대역폭〉, 〈부호 율〉,〈프리엠블〉	+OK
• 〈확산 계수〉 7 ~ 12, (기본값 12) • 〈대역폭〉 0 ~ 9 목록은 아래와 같음 0 : 7.8KHz (권장 사양 이상 권장) 1 : 10.4KHz (권장 사양 이상 권장) 2 : 15.6KHz 3 : 20.8 KHz 4 : 31.25 KHz 5 : 41.7 KHz 6 : 62.5 KHz **7 : 125 KHz (기본값)** 8 : 250 KHz 9 : 500 KHz • 〈부호율〉 1 ~ 4, (기본값 1) • 〈프리앰블〉 4 ~ 7 (기본값 4) (예) : 아래와 같이 매개 변수를 설정 〈확산계수〉 7, 〈대역폭〉 20.8KHz, 〈부호율〉 4, 〈프리앰블〉 5, AT + PARAMETER = 7,3,4,5	
AT+PARAMETER?	+PARAMETER=7,3,4,5

6. AT + BAND : RF 주파수 설정

구문	응답
AT + BAND = 〈매개 변수〉	+OK
• 〈매개 변수〉는 RF 주파수이며 단위는 Hz 470000000 : 470000000Hz (기본값 : RYLR40x) 915000000 : 915000000Hz (기본값 : RYLY89x) (예) : 주파수를 920900000Hz로 설정 AT + BAND = 920900000	
AT+BAND?	+BAND=920900000

7. AT + ADDRESS : 모듈의 주소 설정

<table>
<tr><th>구문</th><th>응답</th></tr>
<tr><td>AT + ADDRESS = 〈주소〉</td><td rowspan="2">+OK</td></tr>
<tr><td>• 〈주소〉 = 0 ~ 65535 (기본값은 0)

(예) : 모듈 주소를 120으로 설정
AT + ADDRESS = 120</td></tr>
<tr><td>AT+ADDRESS?</td><td>+ADDRESS=120</td></tr>
</table>

8. AT + NETWORKID : 네트워크 ID 설정

<table>
<tr><th>구문</th><th>응답</th></tr>
<tr><td>AT + NETWORKID = 〈네트워크 ID〉</td><td rowspan="2">+OK</td></tr>
<tr><td>• 〈네트워크 ID〉 0 ~ 16 (기본값 0)
- "0"은 LoRa의 공용 ID. NETWORK의 구별을 위해 0을 설정하는 것은 권장하지 않음.

(예) : 네트워크 ID를 6으로 설정
AT + NETWORKID = 6</td></tr>
<tr><td>AT+NETWORKID?</td><td>+NETWORK=6</td></tr>
</table>

9. AT + CRFOP : RF 출력 전력 설정

<table>
<tr><th>구문</th><th>응답</th></tr>
<tr><td>AT + CRFOP = 〈전원〉</td><td rowspan="2">+OK</td></tr>
<tr><td>• 〈전원〉 0 ~ 15
15 : 15dBm (기본값)
14 : 14dBm
......
01 : 1dBm
00 : 0dBm

(예) : 출력 전력을 10dBm으로 설정
AT + CRFOP = 10]</td></tr>
<tr><td>AT+CRFOP?</td><td>+CRFOP=10</td></tr>
</table>

10. AT + SEND : 주소로 데이터 보내기

구문	응답
AT+SEND=〈수신 주소〉, 〈데이터 길이〉, 〈데이터〉	+OK
• 〈수신 주소〉 0 ~ 65535, 〈수신 주소〉가 0일 때 모든 주소로 데이터를 전송 • 〈데이터 길이〉 최대 240바이트 • 〈데이터〉 ASCII 형식 (예) : HELLO 문자열을 주소 50에 전송 AT + SEND = 50,5,HELLO	
AT+SEND?	+SEND=50,5,HELLO

12. +RCV : 수신된 데이터 표시

구문	응답
+RCV=〈송신기주소〉,〈길이〉,〈데이터〉,〈RSSI〉,〈SNR〉	
• 〈주소〉 송신기 주소 ID • 〈길이〉 데이터 길이 • 〈데이터〉 데이터 • 〈RSSI〉 수신된 신호 강도 표시기 • 〈SNR〉 신호 대 잡음비	
(예) : 모듈은 송신기 주소 ID 50이 보낸 5바이트 데이터인 HELLO 문자열을 수신하며 RSSI는 -99dBm이고 SNR은 40이면 다음과 같이 표시 +RCV = 50,5,HELLO,-99,40	

13. AT + VER? : 펌웨어 버전 확인

구문	응답
AT+VER?	+VER=RYLR406_Vx.x.x(RYLR40x) +VER=RYLR89C_Vx.x.x(RYLR89x)

14. AT + FACTORY : 모든 현재 매개 변수를 제조업체 기본값으로 설정

구문	응답
AT + FACTORY	+FACTORY
• 〈제조업체 기본값〉 : • BAND : 915MHz • UART : 115200 • 확산 계수 : 12 • 대역폭 : 125kHz • 코딩 속도 : 1 • 프리앰블 길이 : 4 • 네트워크 ID : 0 • CRFOP : 15	

15. 기타 메시지

구문	응답
After RESET	+READY

16. 오류 결과 코드

구문	응답
• AT 명령 끝에 "enter" 또는 0x0D 0x0A가 없음	+ERR=1
• AT 명령의 헤드가 "AT"문자열이 아님	+ERR=2
• AT 명령에 "="기호가 없음	+ERR=3
• 알수 없는 명령	+ERR=4
• TX 시간 초과	+ERR=10
• RX 시간 초과	+ERR=11
• CRC 오류	+ERR=12
• 240 바이트 이상의 TX 데이터	+ERR=13
• 오류를 알 수 없음	+ERR=15

SoftwareSerial 라이브러리 및 사용법

- 13장의 **SoftwareSerial 라이브러리에서 설명한 것과 같이** NodeMCU 보드에서 추가적인 직렬(UART) 포트가 필요할 때 **SoftwareSerial 라이브러리**를 이용하여 **소프트웨어적으로 직렬 통신 포트를 구현 가능**
- **라이브러리 포함**: 아래와 같이 SoftwareSerial 라이브러리를 포함

  #include 〈SoftwareSerial.h〉
- **SoftwareSerial 객체 인스턴스 화**: RX 및 TX에 사용할 핀을 정의

  SoftwareSerial 객체 생성 : **SoftwareSerial 객체명(Rx_PIN, Tx_PIN);**
- 사용 예

```
#include 〈SoftwareSerial.h〉 //소프트웨어 시리얼 라이브러리 삽입

#define RxPin 12 // D6(GPIO12) 소프트웨어 시리얼 수신 핀 설정
#define TxPin14 // D5(GPIO14) 소프트웨어 시리얼 송신 핀 설정

SoftwareSerial Serial2(RxPin, TxPin); // SoftwareSerial 인스턴스 생성
```

- **시리얼 포트 초기화**: begin() 메서드를 사용하여 통신속도 설정

  Serial2.begin(115200);
- **데이터 읽기 및 쓰기**: read(), write(), print(), println()과 같은 표준 시리얼 함수를 사용

  Serial2.read();// 버퍼에서 1바이트 읽기(수신)

  Serial2.print(cmd);// LoRa 모듈로 쓰기(송신)

ESP8266 NodeMCU 보드와 RYLR896 LoRa 모듈 연결

- 소프트웨어 시리얼을 이용하여 [그림 14.9]와 같이 연결
- PC IDE 시리얼 모니터 창과 ESP8266 NodeMCU 보드 연결: 하드웨어 시리얼(Serial) 포트 이용하며 USB 케이블로 연결
- ESP8266 NodeMCU와 RYLR896 LoRa 모듈 모듈 연결: 소프트웨어 시리얼을 이용하며 송수신 선을 교차 연결
- PC 아두이노 IDE 시리얼모니터 창 텍스트 입력상자에서 AT 커맨드를 입력하면 NodeMCU는 AT 커맨드를 받고(Serial 포트 이용) 이를 LoRa 모듈에 전달(소프트웨어 시리얼 이용)하고 LoRa 모듈로부터 응답을 받아(소프트웨어 시리얼 이용) PC 시리얼 모니터에 표시(Serial 포트 이용)

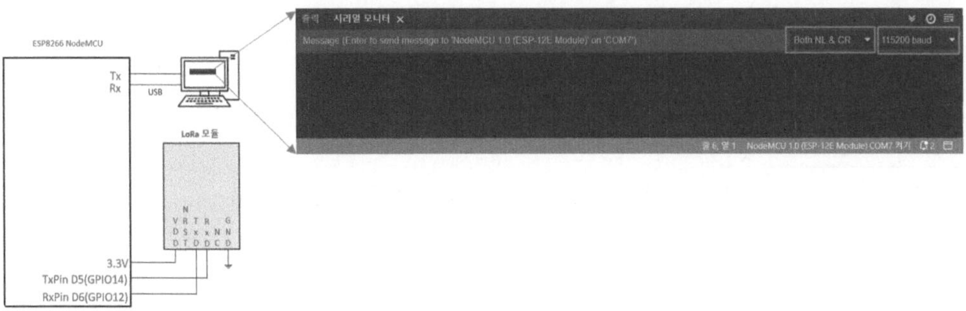

그림 14.9 NodeMCU 보드와 LoRa 모듈 연결

ESP8266 NodeMCU 보드와 RYLR896 LoRa 모듈 간 데이터 송수신 관련 AT 명령

- 엔드 노드의 주소가 60이고 게이트웨이의 주소가 50이라 할 때 [그림 14.10]은 데이터 송수신 관련 AT 명령을 보여줌
- 엔드 노드가 주소가 50인 게이트웨이로 길이가 5인 HELLO라는 문자열을 전송하기 위해 엔드 노드 NodeMCU는 “AT+SEND=50,5,HELLO”를 Serial2 소프트웨어

시리얼을 통해 LoRa 모듈에 전송하면 이를 수신 받은 LoRa 모듈은 게이트웨이로 LoRa 통신을 사용하여 전송

- 게이트웨이의 LoRa 모듈은 엔드 노드로부터 온 데이터를 받은 후 60번 엔드 노드로부터 온 데이터 길이가 5인 HELLO를 수신받았다는 AT 명령인 "+RCV=60,5,HELLO,-95,39" 형태로 게이트웨이 NodeMCU에 전달

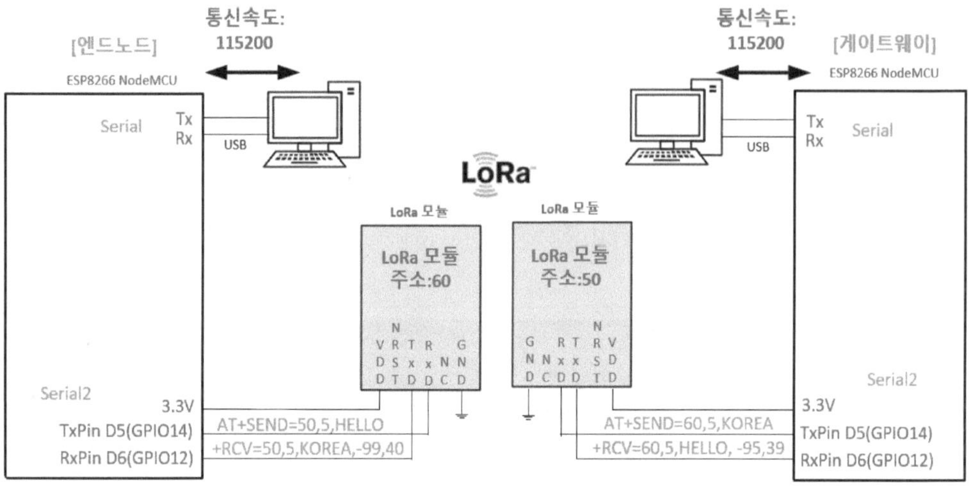

그림 14.10 NodeMCU 보드와 LoRa 모듈 간 AT 명령

14.3 NodeMCU 시리얼 통신과 LoRa 통신을 활용한 센서 제어 실습

실험 14-1

AT 커맨드를 사용한 LoRa 모듈 설정 변경

- [그림 14.11]과 같이 NodeMCU 보드의 하드웨어 시리얼(Serial) 포트와 소프트웨어 시리얼을 컴퓨터와 LoRa 모듈에 연결

그림 14.11 실험 14-1 회로 연결

- ESP8266 NodeMCU 시리얼 포트(Serial)를 컴퓨터에 연결: 시리얼 모니터에서 줄바꿈 옵션을 **"Both NL & CR"**로 통신속도를 115200bps로 설정
- ESP8266 NodeMCU 소프트웨어 시리얼(SoftwareSerial)을 LoRa 모듈에 연결: 소프트웨어 시리얼로 Tx 핀은 GPIO14(D5 핀)을 Rx핀은 GPIO12(D6핀)을 이용. **LoRa모듈의 디폴트 전송률은115200bps**
- 동작 과정: 시리얼 모니터 텍스트 입력 상자에 AT 커맨드를 입력하여 NodeMCU로 보내면 NodeMCU는 이를 LoRa 모듈로 전송. LoRa 모듈로부터 응답을 받아서 시리얼 모니터 창에 표시
- 아래의 프로그램을 업로드

NodeMCU 디바이스 프로그램 ESP8266_RYLR_ATcommand

```
#include <SoftwareSerial.h> //소프트웨어 시리얼 라이브러리 삽입

#define RxPin 12 // D6(GPIO12) 소프트웨어 시리얼 수신 핀 설정
#define TxPin 14 // D5(GPIO14) 소프트웨어 시리얼 송신 핀 설정
SoftwareSerial Serial2(RxPin, TxPin); //SoftwareSerial 객체 생성

voidsetup() {
  Serial.begin(115200); // 시리얼 모니터와 시리얼 개방, 통신속도 설정
  Serial2.begin(115200);//LoRa 모듈과 시리얼 개방, 통신속도는 초기값(115200)으로 설정
```

```
}

voidloop() {
  if(Serial2.available()>0) { //수신버퍼에 수신 데이터가 있는지 확인 (LoRa로부터 수신)
    while(Serial2.available()) { // 수신버퍼에 수신 데이터가 있는 동안 동작
      charch=Serial2.read(); //버퍼에서 1바이트 읽어오기
      Serial.print(ch); // 읽어온 데이터를 시리얼 모니터에 출력
    }
  }

  if(Serial.available()>0) { //수신버퍼에 수신 데이터가 있는지 확인 (시리얼 모니터로부터 수신)
    String cmd=""; // AT 커맨드를 저장할 변수 초기화
    while(Serial.available()) { // 수신버퍼에 수신 데이터가 있는 동안 동작
      cmd+= (char)Serial.read(); //버퍼에서 1바이트씩 읽어와 커맨드 스트링에 추가
    }
    Serial2.print(cmd); // 읽어온 AT 커맨드를 LoRa 모듈로 송신
  }
}
```

설정변경 실험

- PC에서 시리얼 모니터를 띄우고 아래의 AT 커맨드를 시리얼 모니터 텍스트 입력상자에 입력하고 응답을 확인하는 과정을 통하여 LoRa 모듈의 설정을 변경 (㈜ **시리얼 모니터 창에서 줄바꿈 옵션을 "Both NL & CR"로 설정**)

AT 커맨드	응답	설명	
AT	+OK	LoRa 모듈 테스트(UART 연결 확인)	[그림 14.12] [그림 14.13]
AT+RESET	+RESET +READY	모듈 리셋	[그림 14.14] [그림 14.15]
AT+PARAMETER=10,7,1,7	+OK	RF 파라미터 설정	[그림 14.16] [그림 14.17]
AT+BAND=920900000	+OK	**국내 920MHz ISM 대역 중** RF 주파수를 920.9MHz로 설정	[그림 14.18] [그림 14.19]
AT+ADDRESS=115	+OK	모듈 주소를 115로 설정	[그림 14.20] [그림 14.21]
AT+NETWORKID=6	+OK	네트워크 ID를 6으로 설정	[그림 14.22] [그림 14.23]

㈜ 시리얼 모니터 창에서 줄바꿈 옵션을 "Both NL & CR"로 설정

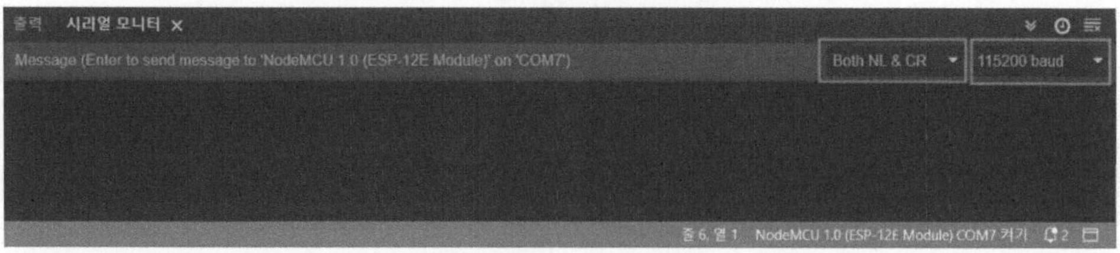

그림 14.12

그림 14.13

그림 14.14

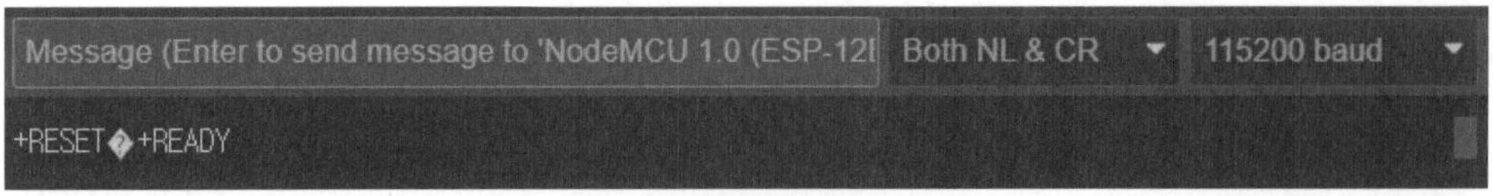

그림 14.15

그림 14.16

그림 14.17

그림 14.18

그림 14.19

그림 14.20

그림 14.21

그림 14.22

그림 14.23

- 설정된 값을 확인하기 위해서는 [그림 14.24]와 같이 AT 커맨드의 끝에 "?"를 추가하면 [그림 14.25]와 같이 설정된 값이 출력

그림 14.24

그림 14.25

실험 14-2

LoRa 네트워크를 구성하고 엔드 노드에서 게이트웨이로 문자열 전송

- [실험 14-1]에서는 LoRa 모듈을 설정하기 위하여 시리얼 모니터 창에서 AT 커맨드를 사용하여 설정하였음
- 이번 실험에서는 프로그램 안에서 LoRa 모듈을 설정하도록 수정
- LoRa 네트워크를 [그림 14.26]과 같이 구성하고 엔드 노드에서 2초마다 게이트웨이로 간단한 문자열 "Welcome to Koreatech 숫자!"을 전송하는데 숫자는 1씩 증가

- 엔드 노드의 LoRa 모듈 주소를 115로 설정
- 게이트웨이의 LoRa 모듈 주소를 116으로 설정
- LoRa 모듈의 RF 주파수를 920.9MHz로 설정
- 네트워크 ID를 6으로 설정
- LoRa 모듈의 디폴트 전송률 : 115200bps
- PC 시리얼 모니터와 통신 속도 : 115200bps
- 게이트웨이에서는 문자열을 받아 시리얼 모니터에 출력

• 아래의 프로그램을 업로드

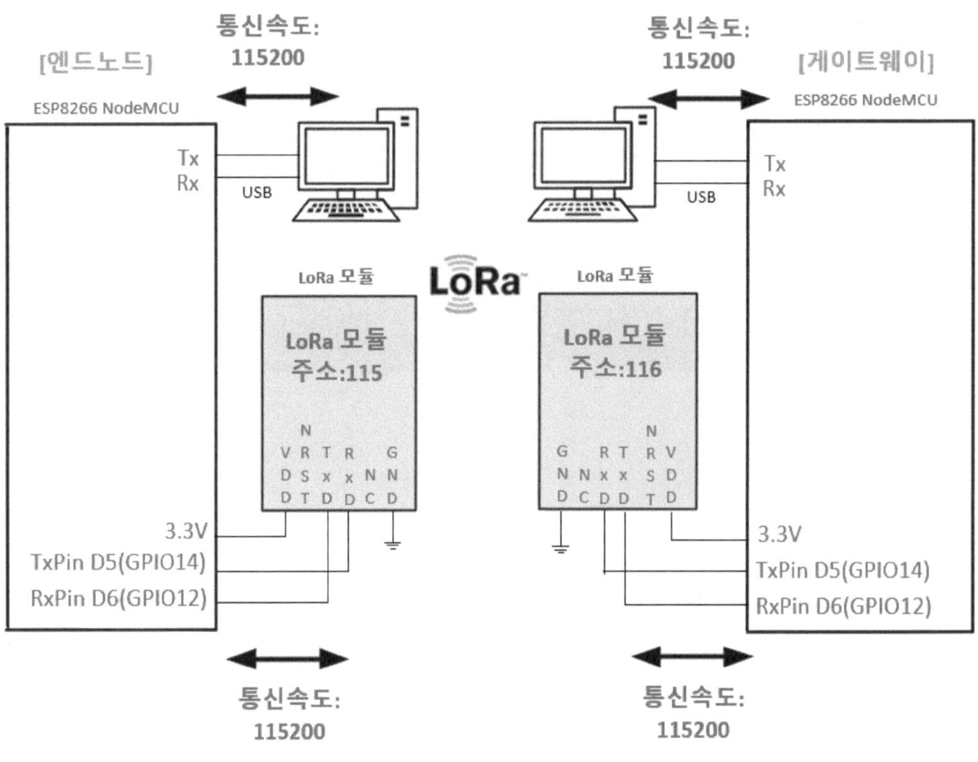

그림 14.26 실험 14-2 회로 연결

엔드 노드 NodeMCU 디바이스 프로그램 ESP8266_RYLR_Tx_SimpleMessage

```
#include <SoftwareSerial.h> //소프트웨어 시리얼 라이브러리 삽입

#define RxPin 12 // D6(GPIO12) 소프트웨어 시리얼 수신 핀 설정
#define TxPin 14 // D5(GPIO14) 소프트웨어 시리얼 송신 핀 설정
SoftwareSerial Serial2(RxPin, TxPin); //SoftwareSerial 객체 생성

#define DEBUG true //LoRa 응답 디버깅 용도
int value = 0; // 2초마다 페이로드 증가 값을 저장하는 변수
unsigned long lastTime= 0; // millis() 함수가 리턴한 이전시간을 저장하는 변수

void setup() {
  Serial.begin(115200); // 시리얼 모니터와 시리얼 개방, 통신속도 설정
  Serial2.begin(115200); // LoRa모듈과 통신속도를 초기값(115200)으로 설정
  sendData("AT\r\n",300,DEBUG); // LoRa 모듈 테스트
  sendData("AT+RESET\r\n",300,DEBUG); // 모듈 리셋
  sendData("AT+PARAMETER=10,7,1,7\r\n",300,DEBUG); // RF 파라미터 설정
  sendData("AT+BAND=920900000\r\n",300,DEBUG); // RF 주파수를 920.9MHz로 설정
  sendData("AT+ADDRESS=115\r\n",300,DEBUG); // 모듈 주소 설정 (115)
  sendData("AT+NETWORKID=6\r\n",300,DEBUG); // 네트워크 ID 설정
  Serial.println("LoRa Ready !!");
}

String sendData(String command, const int timeout, boolean debug) {
  String response = ""; // LoRa 모듈로부터 온 응답문자열 초기화
  Serial2.print(command); // LoRa 모듈에 커맨드 전송
  long int time = millis(); // 현재시간을 저장
  while( (time+timeout) > millis()) { //타임아웃 기간 동안 처리
    while(Serial2.available()) { //수신버퍼에 수신데이터가 있는지 확인
      char c = Serial2.read(); //버퍼에서 1바이트 읽어오기
      response+=c; //응답 문자열에 추가
    }
  }
  if(debug) { //디버그가 참이면
```

```
      Serial.print(response); // 응답 문자열을 시리얼 모니터에 출력
   }
   return response; // 응답 문자열 반환
}

void loop(){
   if (millis() - lastTime > 2000) { // 2초가 지났는지 확인
    lastTime= millis(); // 현재시간을 이전시간에 저장
    ++value; // 값 증가

    String message="Welcome to Koreatech"+(String)value;
    //LoRa 모듈로 전송
    Serial2.print("AT+SEND=116,"+(String)message.length()+","+message+"\r\n");
    //시리얼 모니터에 문자열 출력
    Serial.println("AT+SEND=116,"+(String)message.length()+","+message+"\r\n");
  }
}
```

게이트웨이 NodeMCU 디바이스 프로그램 ESP8266_RYLR_Rx_SimpleMessage

```
#include <SoftwareSerial.h> //소프트웨어 시리얼 라이브러리 삽입

#define RxPin 12 // D6(GPIO12) 소프트웨어 시리얼 수신 핀 설정
#define TxPin 14 // D5(GPIO14) 소프트웨어 시리얼 송신 핀 설정
SoftwareSerial Serial2(RxPin, TxPin); //SoftwareSerial 객체 생성

#define DEBUG true  //LoRa 응답 디버깅 용도
String rcvString=""; // LoRa 모듈로부터 수신된 문자열을 저장하는 변수 선언

void setup() {
   Serial.begin(115200); // 시리얼 모니터와 시리얼 개방, 통신속도 설정
   Serial2.begin(115200); // LoRa 모듈과 통신속도를 초기값(115200)으로 설정
```

```
  sendData("AT\r\n",300,DEBUG); // LoRa 모듈 테스트
  sendData("AT+RESET\r\n",300,DEBUG); // 모듈 리셋
  sendData("AT+PARAMETER=10,7,1,7\r\n",300,DEBUG); // RF 파라미터 설정
  sendData("AT+BAND=920900000\r\n",300,DEBUG); // RF 주파수를 920.9MHz로 설정
  sendData("AT+ADDRESS=116\r\n",300,DEBUG); // 모듈 주소 설정 (116)
  sendData("AT+NETWORKID=6\r\n",300,DEBUG); // 네트워크 ID 설정
  Serial.println("LoRaReady !!");
}

String sendData(String command, const int timeout, boolean debug) {
  String response = ""; // LoRa 모듈로부터 온 응답 문자열 초기화
  Serial2.print(command); // LoRa 모듈에 커맨드 전송
  long int time = millis(); // 현재시간을 저장

  while( (time+timeout) > millis()) { //타임아웃 기간 동안 처리
    while(Serial2.available()) { //수신버퍼에 수신데이터가 있는지 확인
      char c = Serial2.read(); //버퍼에서 1바이트 읽어오기
      response+=c; //응답 문자열에 추가
    }
  }

  if(debug) { //디버그가 참이면
    Serial.print(response); // 응답 문자열을 시리얼 모니터에 출력
  }
  return response; // 응답 문자열 반환
}

void loop() {
  if(Serial2.available()){ //수신버퍼에 수신 데이터가 있는지 확인 (LoRa로부터 수신)
    rcvString= Serial2.readStringUntil('\n'); // 수신버퍼에서 '\n' 문자까지 문자열을
                                              // 읽어 '\n' 문자전 까지 문자열 변수에 저장
    Serial.println("---------------------------");
    Serial.println("수신 데이터 스트링 : "+rcvString); //문자열 출력
    Serial.println("수신 데이터 스트링 길이 : "+(String)rcvString.length()); //문자열 출력
```

```
      if(rcvString.startsWith("+RCV=")) { //수신 문자열이 문자열 "+RCV="로 시작하는 확인
        int fstCommaPosi=rcvString.indexOf(","); // 첫번째 콤마 위치
        //송신기 주소 ID 추출
        String TxAddress= rcvString.substring(rcvString.indexOf("=")+1, fstCommaPosi);
        int sndCommaPosi=rcvString.indexOf(",", fstCommaPosi+1); //두번째 콤마 위치
        // 데이터 길이 추출
        String dataLength= rcvString.substring(fstCommaPosi+1,sndCommaPosi);
        int thirdCommaPosi=rcvString.indexOf(",", sndCommaPosi+1); //세번째 콤마 위치
          // 수신 데이터 추출
        String rxData= rcvString.substring(sndCommaPosi+1,thirdCommaPosi);
        Serial.println("Rx Data (Payload) : "+rxData); //문자열 출력
        Serial.println("----------------------------");
      }
    }
  }
```

[실험 수행 결과]

- 엔드 노드에서는 "**AT + SEND = 〈수신 주소〉, 〈데이터 길이〉, 〈데이터〉**" 형식에 따라 [그림 14.27]에 보인 것과 같이 게이트웨이 주소 116에 22바이트의 데이터인 "Welcome to koreatech 숫자"를 2초마다 게이트웨이로 전송
- 게이트웨이에서는 수신된 데이터 표시 형태인 "**+RCV=〈송신기 주소〉, 〈길이〉, 〈데이터〉, 〈RSSI〉, 〈SNR〉**"에 따라 [그림 14.27]에 나타낸 것과 같이 송신기 주소 ID 115에서 22바이트의 데이터인 "Welcome to koreatech 숫자"를 수신하고 있으며 이때 수신 세기와 SNR이 표시되고 있음

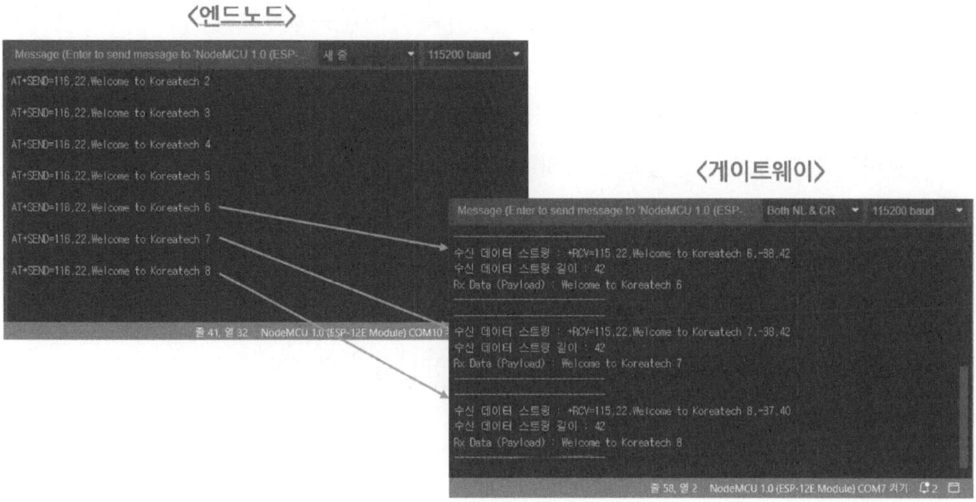

그림 14.27

실험 14-3

양방향으로 데이터 전송

- 게이트웨이에서 엔드 노드에 있는 센서를 제어하고 엔드 노드로부터 받은 센서 제어 값을 게이트웨어에 표시하는 양방향 데이터 전송 실험
- LoRa 네트워크를 다음과 같이 구성
  - 엔드 노드의 LoRa 모듈 주소를 115로 설정
  - 게이트웨이의 LoRa 모듈 주소를 116으로 설정
  - LoRa 모듈의 RF 주파수를 920.9MHz로 설정
  - 네트워크 ID를 6으로 설정
  - LoRa 모듈의 디폴트 전송률 : 115200bps
  - PC 시리얼 모니터와 통신 속도 : 115200bps
- 엔드 노드에 DHT22 온습도 센서를 연결하고 D4(GPIO2)에 연결된 온보드 LED (LED_BUILTIN 상수를 사용하여 액세스)를 이용

- 게이트웨이에서는 엔드 노드로 보낼 문자열을 시리얼 모니터로부터 받는데 시리얼 모니터에서 줄바꿈 옵션을 **"새줄"**로 설정
- 게이트웨이 시리얼 모니터 창에서 "DHT"를 입력하면 게이트웨이는 이를 엔드 노드로 보내고 엔드 노드는 온습도 센서의 온습도 값을 읽어 게이트웨이로 전송
- 게이트웨이는 수신한 온도 값과 습도 값을 시리얼 모니터에 출력
- 게이트웨이의 시리얼 모니터 창에서 "LED ON"를 입력하면 엔드 노드로 보내지고 이를 수신한 엔드 노드는 온보드 LED를 켬
- 게이트웨이의 시리얼 모니터 창에서 "LED OFF"를 입력하면 엔드 노드로 보내지고 이를 수신한 엔드 노드는 온보드 LED를 끔
- [그림 14.28]과 같이 회로를 연결하고 아래의 프로그램을 업로드

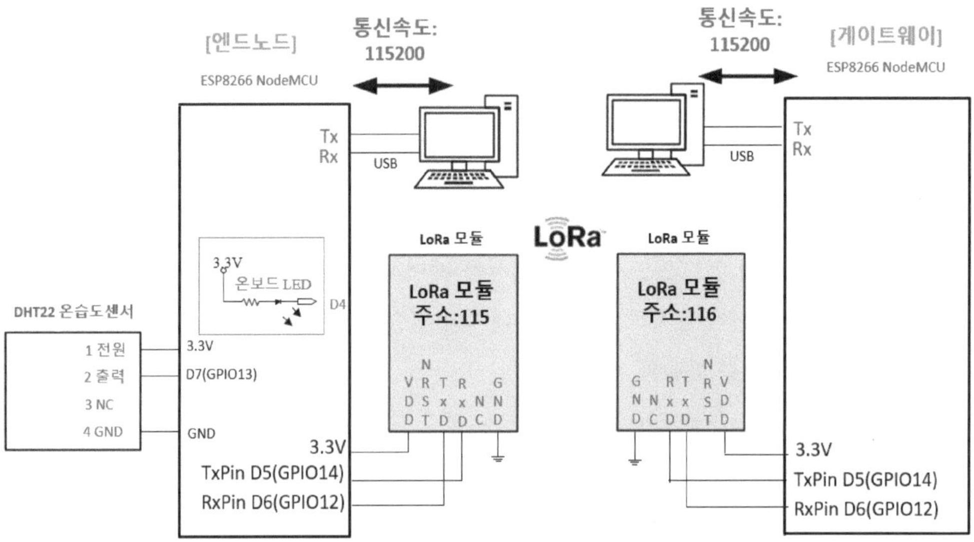

그림 14.28 실험 14-3 회로 연결

엔드 노드 NodeMCU 디바이스 프로그램 (ESP8266_RYLR_Tx_biDirectionComm

```
#include <SoftwareSerial.h> //소프트웨어 시리얼 라이브러리 삽입
#include "DHT.h" // DHT 라이브러리 삽입

#define RxPin 12 // D6(GPIO12) 소프트웨어 시리얼 수신 핀 설정
#define TxPin 14 // D5(GPIO14) 소프트웨어 시리얼 송신 핀 설정
SoftwareSerial Serial2(RxPin, TxPin); //SoftwareSerial 객체 생성

const int DHTPin=13;  // D7 DHT 센서에 연결된 핀 번호 변수 정의
#define DHTType DHT22  // DHT 타입 결정 DHT22
DHT dht(DHTPin, DHTType); // DHT 객체 생성

#define DEBUG true // LoRa 응답 디버깅 용도
String rcvString=""; // LoRa 모듈로 부터 수신된 문자열을 저장하는 변수 선언

void setup() {
  Serial.begin(115200); // 시리얼 모니터와 시리얼 개방, 통신속도 설정
  Serial2.begin(115200); // LoRa 모듈과 통신속도를 초기값(115200)으로 설정
  sendData("AT\r\n",300,DEBUG); // LoRa 모듈 테스트
  sendData("AT+RESET\r\n",300,DEBUG); // 모듈 리셋
  sendData("AT+PARAMETER=10,7,1,7\r\n",300,DEBUG); // RF 파라미터 설정
  sendData("AT+BAND=920900000\r\n",300,DEBUG); // RF 주파수를 920.9MHz로 설정
  sendData("AT+ADDRESS=115\r\n",300,DEBUG); // 모듈 주소 설정 (115)
  sendData("AT+NETWORKID=6\r\n",300,DEBUG); // 네트워크 ID 설정
  Serial.println("LoRa Ready !!");

  pinMode(DHTPin, INPUT); // DHT 센서가 연결된 핀을 입력으로 설정
  Serial.println("DHT22 test!");
  dht.begin(); //DHT 센서 초기화

  pinMode(LED_BUILTIN, OUTPUT); // 온보드 LED 출력설정
  digitalWrite(LED_BUILTIN, HIGH); // 온보드 LED 끄기(부논리)
}
```

```
String sendData(String command, const int timeout, boolean debug) {
  String response = ""; //LoRa 모듈로부터 온 응답 문자열 초기화
  Serial2.print(command); // LoRa 모듈에 커맨드 전송
  long int time = millis(); // 현재시간을 저장
  while( (time+timeout) > millis()) { //타임아웃 기간 동안 처리
    while(Serial2.available()) { //수신버퍼에 수신 데이터가 있는지 확인
      char c = Serial2.read(); //버퍼에서 1바이트 읽어오기
      response+=c; //응답 문자열 만들기
    }
  }
  if(debug) { //디버그가 참이면
    Serial.print(response); // 응답 문자열을 시리얼 모니터에 출력
  }
  return response; // 응답 문자열 반환
}

void loop() {
 if(Serial2.available()) { //수신버퍼에 수신 데이터가 있는지 확인 (LoRa로부터 수신)
    rcvString = Serial2.readStringUntil('\n'); // 수신버퍼에서 '\n' 문자까지 문자열을
                                               // 읽어 '\n' 문자전 까지 문자열 변수에 저장
    if(rcvString.startsWith("+RCV=")) { //읽어들인 문자열이 문자열 "+RCV="로 시작하는 확인
      Serial.println("----------------------------");
      Serial.println("수신 데이터 스트링 : "+rcvString); //문자열 출력
      Serial.println("수신 데이터 스트링 길이 : "+(String)rcvString.length()); //문자열 출력

      int fstCommaPosi=rcvString.indexOf(","); // 첫번째 콤마 위치
       //송신기 주소 ID 추출
       String TxAddress= rcvString.substring(rcvString.indexOf("=")+1, fstCommaPosi);
       int sndCommaPosi=rcvString.indexOf(",", fstCommaPosi+1); //두번째 콤마 위치
       // 데이터 길이 추출
       String dataLength= rcvString.substring(fstCommaPosi+1,sndCommaPosi);
       int thirdCommaPosi=rcvString.indexOf(",", sndCommaPosi+1); //세번째 콤마 위치
         // 수신 데이터 추출
       String rxData= rcvString.substring(sndCommaPosi+1,thirdCommaPosi);
       Serial.println("Rx Data (Payload) : "+rxData); //문자열 출력
```

```
      Serial.println("----------------------------");

      if (rxData == "DHT") {
        float humid = dht.readHumidity(); // 습도 읽기
        float temp = dht.readTemperature(); // 온도 읽기

        // 읽은 값이 NaN(Not a Number)인지 확인
        if (isnan(humid) || isnan(temp)) {
          Serial.println("DHT 센서 읽기 실패 !");
          return;
        }

        String tempHumidString="<Temperature: "+(String) temp+" / "
+"Humidity: "+(String) humid+">";
       // 게이트웨이(주소 116)로 데이터 전송
       Serial2.print("AT+SEND=116,"+(String)tempHumidString.length()
+","+tempHumidString+"\r\n");
        delay(500);   // 전송완료를 위해 대기
       Serial.println("AT+SEND=116,"+(String)tempHumidString.length()
+","+tempHumidString+"\r\n");
      }
      else if (rxData == "LED ON") {
        digitalWrite(LED_BUILTIN, LOW); // 온보드 LED 켜기
      }
      else if (rxData == "LED OFF") {
        digitalWrite(LED_BUILTIN, HIGH); // 온보드 LED 끄기
      }
    }
  }
}
```

게이트웨이 NodeMCU 디바이스 프로그램 ESP8266_RYLR_Rx_biDirectionComm

```
#include <SoftwareSerial.h> //소프트웨어 시리얼 라이브러리 삽입

#define RxPin 12 // D6(GPIO12) 소프트웨어 시리얼 수신 핀 설정
#define TxPin 14 // D5(GPIO14) 소프트웨어 시리얼 송신 핀 설정
SoftwareSerial Serial2(RxPin, TxPin); //SoftwareSerial 객체 생성

#define DEBUG true // LoRa 응답 디버깅 용도
String rcvString=""; // LoRa 모듈로부터 수신된 문자열을 저장하는 변수 선언

void setup() {
  Serial.begin(115200); // 시리얼 모니터와 시리얼 개방, 통신속도 설정
  Serial2.begin(115200); // LoRa 모듈과 시리얼 개방, 통신속도는 초기값(115200)으로 설정
  sendData("AT\r\n",300,DEBUG); // LoRa 모듈 테스트
  sendData("AT+RESET\r\n",300,DEBUG); // 모듈 리셋
  sendData("AT+PARAMETER=10,7,1,7\r\n",300,DEBUG); // RF 파라미터 설정
  sendData("AT+BAND=920900000\r\n",300,DEBUG); // RF 주파수를 920.9MHz로 설정
  sendData("AT+ADDRESS=116\r\n",300,DEBUG); // 모듈 주소 설정 (116)
  sendData("AT+NETWORKID=6\r\n",300,DEBUG); // 네트워크 ID 설정
  Serial.println("LoRa Ready !!");
}

String sendData(String command, const int timeout, boolean debug) {
  String response = ""; //LoRa 모듈로부터 온 응답 문자열 초기화
  Serial2.print(command); // LoRa 모듈에 커맨드 전송
  long int time = millis(); // 현재시간을 저장
  while( (time+timeout) > millis()) { //타임아웃 기간 동안 처리
    while(Serial2.available()) { //수신버퍼에 수신 데이터가 있는지 확인 (LoRa로부터 수신)
      char c = Serial2.read(); //버퍼에서 1바이트 읽어오기
      response+=c; //응답 문자열 추가
    }
  }
  if(debug) { //디버그가 참이면
```

```
    Serial.print(response); // 응답 문자열을 시리얼 모니터에 출력
  }
  return response; // 응답 문자열 반환
}

void loop() {
  while(Serial.available()) { //수신버퍼에 수신 데이터가 있는지 확인 (시리얼 모니터로부터 수신)
    String command=Serial.readStringUntil('\n'); // 수신버퍼에서 '\n' 문자까지 문자열을
                                                   // 읽어 '\n' 문자전 까지 문자열 변수에 저장
    Serial.println(command); //문자열 출력
    // 엔드 노드(주소115)로 문자열 전송
    Serial2.print("AT+SEND=115,"+(String)command.length()+","+command+"\r\n");
    delay(300);
    Serial.println("----------------------------");
    Serial.print("AT+SEND=115,"+(String)command.length()+","+command+"\r\n");
    Serial.println("----------------------------");
  }

  if(Serial2.available()){ //수신버퍼에 수신 데이터가 있는지 확인 (LoRa로부터 수신)
    rcvString = Serial2.readStringUntil('\n'); // 수신버퍼에서 '\n' 문자까지 문자열을
                                                // 읽어 '\n' 문자전 까지 문자열 변수에 저장
    if(rcvString.startsWith("+RCV=")) { //읽어들인 문자열이 문자열 "+RCV="로 시작하는 확인
      Serial.println("----------------------------");
      Serial.println("수신 데이터 스트링 : "+rcvString); //문자열 출력
      Serial.println("수신 데이터 스트링 길이 : "+(String)rcvString.length()); //문자열 출력
      int fstCommaPosi=rcvString.indexOf(","); // 첫번째 콤마 위치
      //송신기 주소 ID 추출
      String TxAddress= rcvString.substring(rcvString.indexOf("=")+1, fstCommaPosi);
      int sndCommaPosi=rcvString.indexOf(",", fstCommaPosi+1); //두번째 콤마 위치
      // 데이터 길이 추출
      String dataLength= rcvString.substring(fstCommaPosi+1,sndCommaPosi);
      int thirdCommaPosi=rcvString.indexOf(",", sndCommaPosi+1); //세번째 콤마 위치
       // 수신 데이터 추출
```

```
      String rxData= rcvString.substring(sndCommaPosi+1,thirdCommaPosi);
      Serial.println("Rx Data (Payload) : "+rxData); //문자열 출력
      Serial.println("----------------------------");
    }
  }
}
```

[실험 수행 결과]

- [그림 14.29]와 같이 게이트웨이 시리얼 모니터의 줄바꿈 옵션을 **"새줄"**을 선택하고 시리 얼 모니터 창에서 "LED ON"를 입력하고 엔터를 치면 게이트웨이에서는 **"AT + SEND = 〈수신 주소〉, 〈데이터 길이〉, 〈데이터〉"** 형식에 따라 **"AT + SEND = 115,6,LED ON"**을 엔드 노드로 전송

그림 14.29

- 엔드 노드에서는 수신된 데이터 표시 형태인 **"+RCV=〈송신기 주소〉, 〈길이〉, 〈데이터〉, 〈RSSI〉, 〈SNR〉"**에 따라 [그림 14.30]과 같이 송신기 주소 ID 116에서 전송한 25바이트를 수신하고 페이로드에 해당하는 6바이트의 "LED ON"을 수신한 후 온보드 LED를 켬

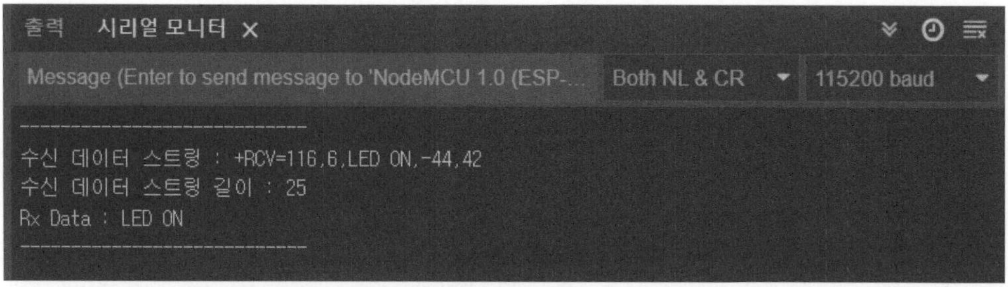

그림 14.30

- 게이트웨이 시리얼 모니터 창에서 "DHT"를 입력하고 엔터를 치면 [그림 14.31]과 같이 게이트웨이에서는 "**AT + SEND = 〈수신 주소〉, 〈데이터 길이〉, 〈데이터〉**" 형식에 따라 "**AT + SEND = 115,6,DHT**"을 엔드 노드로 전송

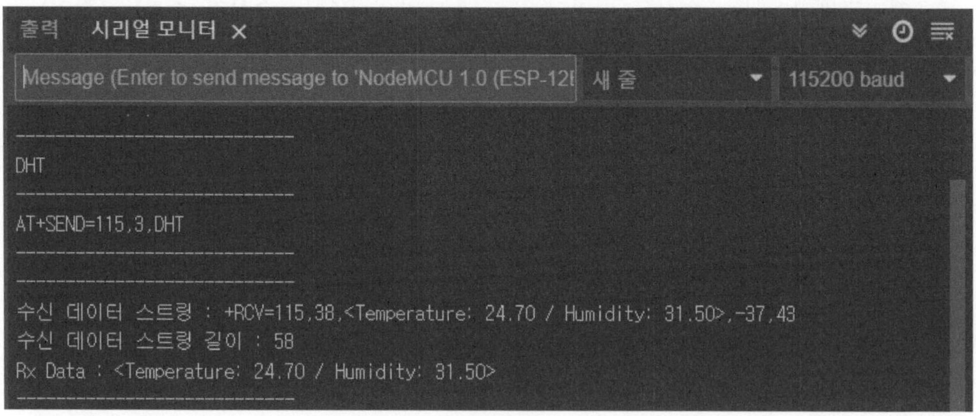

그림 14.31

- 엔드 노드에서는 수신된 데이터 표시 형태인 "**+RCV=〈송신기 주소〉, 〈길이〉, 〈데이터〉, 〈RSSI〉, 〈SNR〉**"에 따라 [그림 14.32]와 같이 송신기 주소 ID 116에서 전송한 22바이트를 수신하고 페이로드에 해당하는 3바이트가 "DHT"임을 확인한 후 DHT22 온습도 센서에서 온습도 값을 읽어와 "**AT + SEND = 〈수신 주소〉, 〈데이터 길이〉, 〈데이터〉**" 형식에 따라 게이트웨이로 온습도 값을 전송

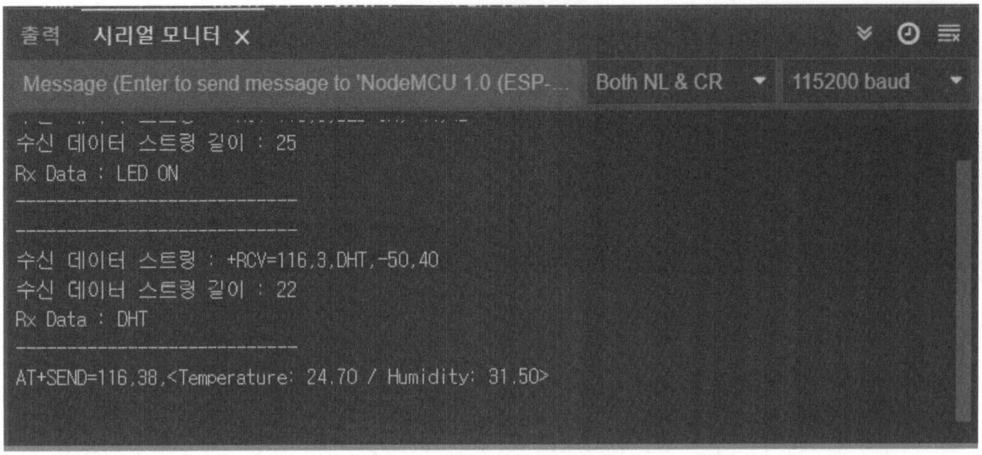

그림 14.32]

- 게이트웨이에서는 수신된 데이터 표시 형태인 "**+RCV=〈송신기 주소〉, 〈길이〉, 〈데이터〉, 〈RSSI〉, 〈SNR〉**"에 따라 [그림 14.31]과 같이 엔드 노드 주소 ID 115에서 전송한 58바이트를 수신하고 페이로드에 해당하는 온습도 센서의 온습도 값인 〈Temperature: 24.70 / Humidity: 31.50〉을 표시

14.4 MQTT 프로토콜을 사용하여 LoRa 네트워크에서 센서 제어 실습

실험 14-4

MQTT 통신을 이용하여 LoRa 네트워크 엔드 노드에서 대시보드로 문자열 전송

1. 실습개요

- LoRa 네트워크 엔드 노드에서 게이트웨이로 문자열을 전송하고 게이트웨이에서는 MQTT 프로토콜을 사용하여 MQTT 네트워크 클라이언트인 대시보드로 문자열을 전송하는 방법에 대하여 학습

2. MQTT 네트워크

○ **MQTT 브로커**

- 무료 MQTT 브로커 "test.mosquitto.org"을 사용 (또는 "mqtt-dashboard.com")

○ **MQTT 클라이언트**

- NodeMCU 디바이스와 대시보드 앱을 클라이언트로 사용

3. MQTT 동작

○ **MQTT 프로토콜을 이용한 동작 과정**

- [그림 14.33]과 같이 LoRa 네트워크와 MQTT 네트워크로 구성

1) LoRa 네트워크

- LoRa 네트워크 엔드 노드에서 2초마다 게이트웨이로 문자열 "Welcome to Koreatech 숫자!"를 전송. 이때 숫자는 2초마다 1씩 증가
- LoRa 네트워크 게이트웨이인 NodeMCU 디바이스는 MQTT 네트워크의 클라이언트로 동작

2) MQTT 네트워크

- **NodeMCU 발행 토픽** : NodeMCU 클라이언트(LoRa 네트워크 게이트웨이)는 발행자가 되어 LoRa 네트워크를 통해 수신한 문자열을 페이로드로 하는 토픽 "nodeMCU/LoRa/Text" 을 발행
- **대시보드 구독 토픽** : 클라이언트 대시보드는 구독자가 되어 토픽 "nodeMCU/LoRa/Text" 를 구독하고 구독한 메시지를 받아 페이로드를 대시보드에 문자 출력
- 즉, LoRa 네트워크 엔드 노드의 데이터는 LoRa 네트워크와 MQTT 네트워크(인터넷)을 거쳐 대시보드 클라이언트에 전송

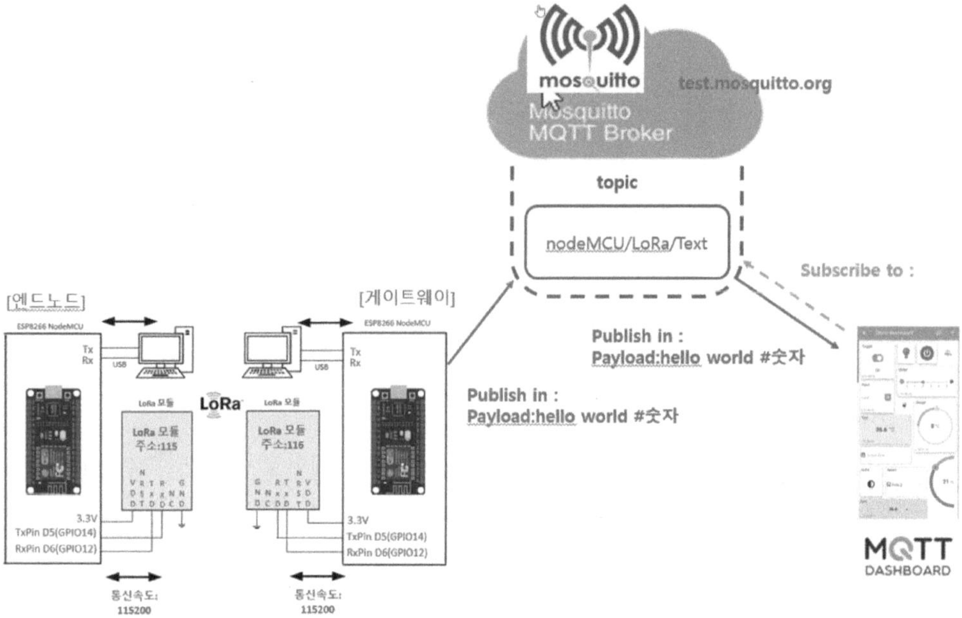

그림 14.33]

○ 하드웨어 구성

- [그림 14.26]의 하드웨어 구성을 이용

엔드 노드 NodeMCU 디바이스 프로그램

- 엔드 노드는 [실험 14-2]에서 수행한 것과 동일
- [실험 14-2] 엔드 노드 디바이스 프로그램(ESP8266_RYLR_Tx_SimpleMessage)을 그대로 사용

게이트웨이 NodeMCU 디바이스 프로그램

```
#include <ESP8266WiFi.h> // ESP8266WiFi 라이브러리 삽입
#include <PubSubClient.h> // MQTT 클라이언트 라이브러리 삽입
#include <SoftwareSerial.h> //소프트웨어 시리얼 라이브러리 삽입

#define RxPin 12 // D6(GPIO12) 소프트웨어 시리얼 수신 핀 설정
#define TxPin 14 // D5(GPIO14) 소프트웨어 시리얼 송신 핀 설정
SoftwareSerial Serial2(RxPin, TxPin); //SoftwareSerial 객체 생성

const char* ssid= "**********"; //WiFi 네트워크 이름
const char* password = "**********"; // WiFi 네트워크 비번

const char* mqtt_server= "test.mosquitto.org"; //mqtt브로커

// 토픽설정------------------------
const char* outTopicText= "nodeMCU/LoRa/Text"; // 클라이언트 발행 토픽

WiFiClient espClient; // 네트워크 클라이언트로 WiFiClient 객체 생성
PubSubClient client(espClient); // 생성된 TCP 클라이언트를 이용하여
                                // MQTT 클라이언트 인스턴스 생성

#define DEBUG true // LoRa 응답 디버깅 용도
String rcvString=""; // LoRa 모듈로부터 수신된 문자열을 저장하는 변수 선언
char publishPayload[50]; // 발생 메시지 페이로드를 저장하는 변수

void setup() {
  Serial.begin(115200); // 시리얼 모니터와 시리얼 개방, 통신속도 설정
  Serial2.begin(115200); // LoRa 모듈과 시리얼 개방, 통신속도는 115200으로 설정

  sendData("AT\r\n",300,DEBUG); // LoRa 모듈 테스트
  sendData("AT+RESET\r\n",300,DEBUG); // 모듈 리셋
  sendData("AT+PARAMETER=10,7,1,7\r\n",300,DEBUG); // RF 파라미터 설정
  sendData("AT+BAND=920900000\r\n",300,DEBUG); // RF 주파수를 920.9MHz로 설정
  sendData("AT+ADDRESS=116\r\n",300,DEBUG); // 모듈 주소 설정 (116)
```

```
  sendData("AT+NETWORKID=6\r\n",300,DEBUG); // 네트워크 ID 설정
  Serial.println("LoRaReady !!");
  setup_wifi(); // wifi 설정함수 호출
  client.setServer(mqtt_server, 1883); // MQTT 서버 연결 정보 등록
}

StringsendData(String command, const int timeout, boolean debug) {
    String response = ""; //LoRa 모듈로부터 온 응답 문자열 초기화
    Serial2.print(command); // LoRa 모듈에 커맨드 전송
    long int time = millis(); // 현재시간을 저장
    while( (time+timeout) > millis()) { //타임아웃 기간 동안 처리
      while(Serial2.available()) { //수신버퍼에 수신 데이터가 있는지 확인 (LoRa로부터 수신)
        char c = Serial2.read(); //버퍼에서 1바이트 읽어오기
        response+=c; //응답 문자열 추가
      }
    }
    if(debug) { //디버그가 참이면
      Serial.print(response); // 응답 문자열을 시리얼 모니터에 출력
    }
    return response; // 응답 문자열 반환
}

void setup_wifi() {
   delay(10); // 10ms 대기
   WiFi.mode(WIFI_STA); // WiFi를 STA 모드로 설정
   WiFi.begin(ssid, password); // WiFi 연결 시도
   Serial.println("");
   Serial.print("Connecting to ");
   Serial.println(ssid); // WiFi 네트워크 이름 출력
   while (WiFi.status() != WL_CONNECTED) { // 접속될 때까지 대기
     delay(500);
     Serial.print(".");
   }
   Serial.println("");
   Serial.print("WiFiconnected to ");
```

```
  Serial.println(ssid); // WiFi 네트워크 이름 출력
  Serial.print("IP address: ");
  Serial.println(WiFi.localIP()); //AP에 의해 ESP 모듈에 할당된 IP 출력
}

void loop() {
 if(!client.connected()) { // 클라이언트가 서버에 연결되어 있는지 확인
   reconnect(); // 연결되어 있지 않으면 연결 시도
 }
 client.loop(); //클라이언트가 수신 메시지를 처리하고 서버에 연결 유지

 if(Serial2.available()){ //수신버퍼에 수신 데이터가 있는지 확인 (LoRa로부터 수신)
   rcvString= Serial2.readStringUntil('\n');
   Serial.println("----------------------------");
   Serial.println("[로라 통신을 통한 수신 데이터 스트링]");
   Serial.println(rcvString); //문자열 출력

   if(rcvString.startsWith("+RCV=")) { //수신 문자열이 문자열 "+RCV="로 시작하는 확인
     int fstCommaPosi=rcvString.indexOf(","); // 첫번째 콤마 위치
     //송신기 주소 ID 추출
     String TxAddress= rcvString.substring(rcvString.indexOf("=")+1, fstCommaPosi);
     int sndCommaPosi=rcvString.indexOf(",", fstCommaPosi+1); //두번째 콤마 위치
     // 데이터 길이 추출
     String dataLength= rcvString.substring(fstCommaPosi+1,sndCommaPosi);
     int thirdCommaPosi=rcvString.indexOf(",", sndCommaPosi+1); //세번째 콤마 위치
      // 수신 데이터 추출
     String rxData= rcvString.substring(sndCommaPosi+1,thirdCommaPosi);

     Serial.println("Rx Data (Payload) : "+rxData); //시리얼 모니터에 수신 데이터 출력
     Serial.println();
     Serial.println("[MQTT 메시지 전송 프로토콜을 사용하여 브로커에 메시지 전송]");
     publishMessage("text",rxData); // 토픽 발행
     Serial.println("----------------------------\n");
   }
 }
```

```
}

void reconnect() {
  while (!client.connected()) { // 클라이언트가 서버에 연결되어 있는지 확인
    Serial.print("Attempting MQTT connection...");
    Serial.println(mqtt_server);

    // 랜덤 클라이언트 ID 생성
    String clientId= "ESP8266Client-"; // 클라이언트 Id
    clientId+= String(random(0xffff), HEX); // 클라이언트 Id에 랜덤숫자 추가

    if (client.connect(clientId.c_str())) { // 클라이언트 연결을 성공하였다면
      Serial.print("connected to");
      Serial.println(mqtt_server);
     }
     else {
      Serial.print("failed, rc=");
      Serial.print(client.state()); // 연결 실패에 대한 클라이언트의 현재 상태를 출력
      Serial.println(" try again in 5 seconds");
      delay(5000); // 재시도하기 전 5초 대기
    }
  }
}

void publishMessage(String topicKind, String message) {
  message.toCharArray(publishPayload,message.length()+1);
  Serial.print("Publish message: ");
  Serial.println(publishPayload);
  if(topicKind== "text" ) {
    client.publish(outTopicText, publishPayload); // 토픽에 대한 메시지 발행
  }
}
```

○ **MQTT Dashboard 앱 설정**

- 대시보드에서 수신 문자열을 표시하기 위하여 Text 위젯을 사용

○ **Text 위젯**

- 옵션 항목들을 다음과 같이 설정

option			설정
Name			LoRa+MQTT 문자수신
MQTT	MQTT enable		enable
	MQTT connection		mosquitto.org
	Subscribe to topic		nodeMCU/LoRa/Text
Design	Text Value	Font size	18
		Color	
		Font style	
	Unit	Show unit	disable

○ **설계된 Dashboard 앱**

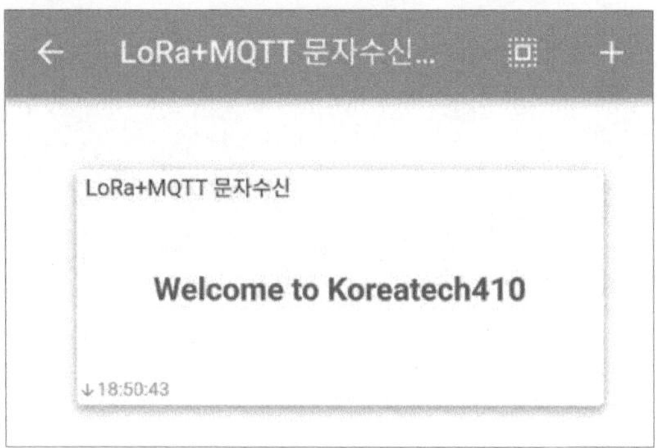

그림 14.34

○ **실험 수행 결과**

- [그림 14.35]와 같이 엔드 노드에서는 "**AT + SEND = 〈수신 주소〉, 〈데이터 길이〉, 〈데이터〉**" 형식에 따라 게이트웨이 주소 116에 데이터인 "Welcome to koreatech 숫자"를 2초마다 게이트웨이로 전송 마지막 부분을 보면 23바이트 "Welcome to koreatech410" 데이터를 게이트웨이로 전송

- 게이트웨이에서는 수신된 데이터 표시 형태인 "**+RCV=〈송신기 주소〉, 〈길이〉, 〈데이터〉, 〈RSSI〉, 〈SNR〉**"에 따라 [그림 14.35]에 나타낸 것과 같이 송신기 주소 ID 115에서 23바이트의 데이터인 "Welcome to koreatech410"을 수신하고 있으며 이때 수신 세기와 SNR이 표시되고 있음
- 게이트웨이는 MQTT 네트워크에서 클라이언트 역할을 수행하여 수신한 데이터를 페이로드로하는 메시지를 발행하는 것을 [그림 14.35]에서 확인
- 설계한 대시보드 앱에서는 구독한 토픽에 대한 메시지를 수신받은 후 페이로드에 해당하는 부분을 텍스트 위젯에 표시하면 [그림 14.34]와 같이 나타남. 표시되는 결과는 LoRa 네트워크의 엔드 노드에서 보낸 데이터가 LoRa 네트워크와 MQTT 네트워크를 통해 수신된 것 임

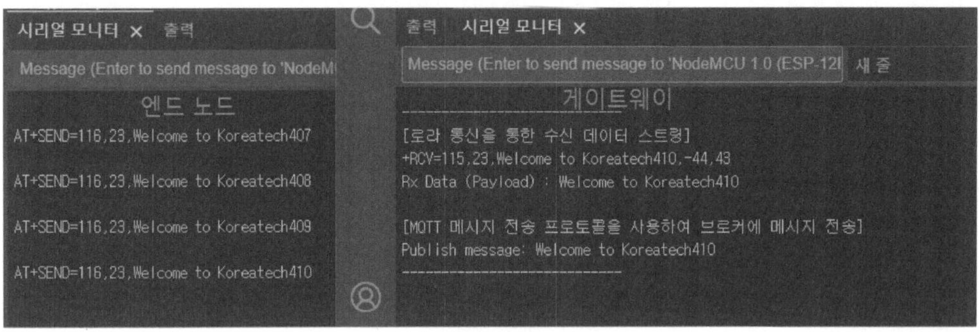

그림 14.35

제15장

ESP8266 NodeMCU 수면모드 활용

실험에 필요한 부품

온습도센서 DHT22	터치스위치 IM120710023			
1개	1개			
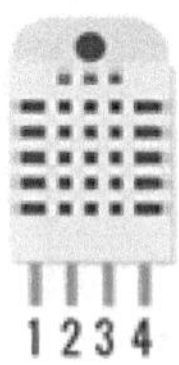				

15.1 수면모드

수면(sleep)모드 필요성

- ESP8266 NodeMCU 모듈은 WiFi 기능이 내장되어 있어 기본적으로 전력 소모량이 많은 디바이스
- IoT 환경에서 중요한 요소 중 하나는 배터리 사용 시간을 늘리는 것
- 예를 들어, IoT 환경을 생각해 보면 1시간 마다 온도 센서의 온도 값을 읽어 서버로 보내는 경우 실제 센싱 및 전송 작업을 하는 시간은 1분 정도이고 나머지 시간은 프로세서가 동작없이 배터리 소모

- 실제 센싱 및 전송 작업을 할 때에만 깨어나서 작업하고 나머지 시간 동안에는 전력 소모를 줄이는 기술이 필요
- ESP8266 모듈은 사용하지 않을 때에는 거의 모든 기능이 정지되어 있는 수면모드(Sleep mode)에서 대기하고 있다가 어떤 조건이 만족되면 다시 깨어나 작동하는 기능을 지원
- 즉, ESP8266을 수면모드로 설정하면 전력 소비를 줄여(Power Saving) 배터리 가동 시간을 늘릴 수 있음. [그림 15.1]과 같이 수면모드는 전력을 절약하는 모드 임
- ESP8266을 수면모드로 설정하는 것은 작동하는 동안 더 많은 전력을 소비하는 활동 (예 : WiFi)을 차단하지만 프로세서를 깨울 수 있는 충분한 활동 만 남겨 두는 것을 의미

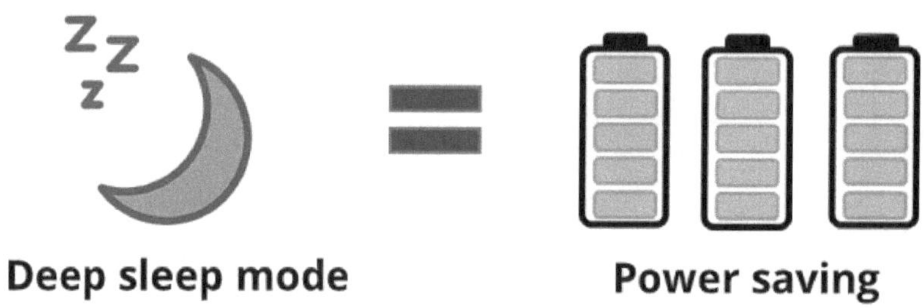

그림 15.1 수면모드

수면모드(sleep mode)의 종류

- 수면모드(sleep mode)에는 [표 15.1]과 같이 모뎀 수면, 얕은 수면 및 깊은 수면의 세 가지 모드가 있음
- 모뎀 수면은 WiFi 기능만 끄는 것을 의미하고 얕은 수면모드에서는 CPU가 유휴상태(Pending)에 있다가 인터럽트(타이머인터럽트, 외부인터럽트)나 WiFi 데이터 수신 시 깨어나는 모드
- 가장 효율적으로 전력을 절약할 수 있는 깊은 수면모드에서는 ESP8266이 시간을 추적하는 방법인 RTC(Real Time Clock)를 제외하고는 모든 것이 항상 꺼져 있음

표 15.1 수면모드의 종류

	모뎀 수면 (Modem-sleep)	얕은 수면 (Light-sleep)	깊은 수면 (Deep-sleep)
WiFi	OFF	OFF	OFF
시스템 클럭	ON	OFF	OFF
RTC	ON	ON	ON
CPU	ON	Pending	OFF

15.2 모뎀 수면모드

- 스마트폰에 배터리가 부족할 때 가장 먼저 끄는 것은 블루투스와 와이파이일 것임. ESP8266 NodeMCU에서도 WiFi를 꺼서 전력을 아낄 수 있는데 이것이 **모뎀 수면모드**
- 즉, 모뎀 수면모드에서는 [표 15.1]과 같이 WiFi 만을 끄는 모드

모뎀 수면모드 진입 및 탈출

① 배선 : 모뎀 수면모드를 사용하는 경우 **별도의 배선이 필요하지 않음**

② 수면 모드 진입

- 현재 연결된 WiFi 네트워크에서 강제로 연결을 해제(Disconnect)하고 WiFi 모듈을 강제로 절전 모드인 수면모드(Sleep Mode)로 전환하여 전력 소비를 줄이는 기능을 수행
- 이러한 기능을 다음의 modemSleepBegin() 함수에서 수행하도록 함수를 작성하고 추후 이용

```
// 모뎀 수면모드 시작
void modemSleepBegin() {
  WiFi.disconnect(); // WiFi AP 연결 해제
  WiFi.forceSleepBegin(); // 모뎀 수면모드 진입
  delay(10); // WiFi가 종료될때까지 대기
}
```

③ 수면모드 탈출

- WiFi를 강제 수면모드(Sleep Mode)에서 깨워 다시 WiFi를 활성화한 후 WiFi 네트워크에 접속
- 이러한 기능을 다음의 modemSleepWake() 함수에서 수행하도록 함수를 작성하고 추후 이용

```
// 모뎀 수면모드에서 깨어나 일반모드로 복귀
void modemSleepWake() {
  WiFi.forceSleepWake(); // 수면모드에서 깨워 WiFi 활성화
  setup_wifi(); // WiFi 연결
}
```

15.3 깊은 수면모드

- 가장 전력 효율이 높음
- 깊은 수면모드에서 ESP8266은 [표 15.1]과 같이 **시간을 추적하는** RTC (Real Time Clock)를 제외하고는 모든 것이 꺼져 있음

깊은 수면모드 깨우기

- ESP8266 NodeMCU를 깊은 수면 모드 전환 후 깨우는 두 가지 방법

1) 타이머 깨우기

- NodeMCU는 미리 정의된 시간이 지나면 스스로 깨어남 즉, 외부의 도움없이 시간이 되면 자동적으로 동작을 수행
- 깨어나면 ESP8266은 처음부터 즉, setup() 함수부터 다시 시작

2) 외부 깨우기:

- RST 핀에 연결된 스위치를 눌러 NodeMCU를 깨움 즉, 외부의 도움이 필요하며 수동 동작 수행
- 깨어나면 NodeMCU는 처음부터 즉, setup() 함수부터 다시 시작

1) 타이머 깨우기 (Timer Wake Up)

- NodeMCU는 미리 정의된 시간이 지나면 스스로 깨어남 즉, 외부의 도움없이 시간이 되면 자동적으로 동작을 수행

① 배선

- NodeMCU 디바이스 프로그램을 **업로드 한 후에 [그림 15.2]와 같이 RST 핀을 D0(GPIO16) 핀에 연결**
- NodeMCU 핀아웃을 살펴보면 D0(GPIO16) 이 특수 핀으로 WAKE 기능이 있음
- ESP8266의 RST 핀은 ESP8266이 실행되는 동안 항상 HIGH이며 RST 핀이 LOW 신호를 수신하면 MCU를 리셋

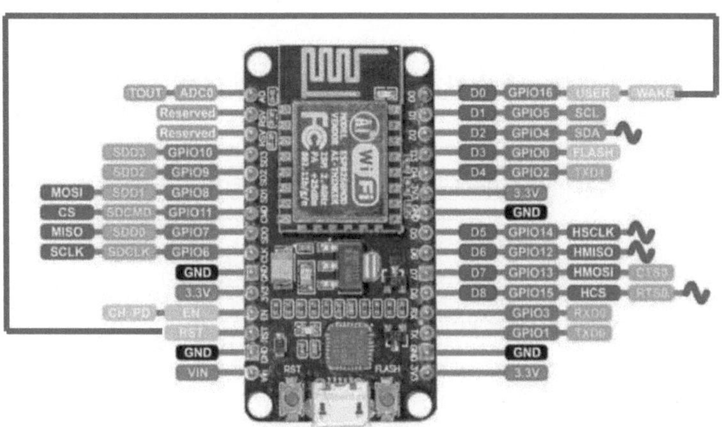

그림 15.2 타이머 깨우기 깊은 수면모드

② 수면모드 진입

- 수면모드 시간을 지정하면 지정한 시간만큼 수면모드로 들어감
- ESP8266 NodeMCU를 깊은 수면 상태로 전환할 때 사용하는 함수로 마이크로 초 단위의 수면 시간을 인수로 전달

ESP.deepsleep(uS)

- 사용 예

```
const unsigned long stime= 60000000; // 60초
ESP.deepsleep(stime); // 60초 동안 수면모드로 들어 감
```

③ 수면모드 탈출

- 수면모드 진입 시에 지정된 시간이 경과 되면 **D0(GPIO16)에 LOW 신호 출력**
- 즉, D0(GPIO16)이 RST 핀에 연결되면 설정된 시간 후에 MCU가 리셋되어 ESP8266을 깨울 수 있음
- 주의해야 할 점은 수면모드에서 깨어 나면 정지되었던 다음부터 다시 시작하는 것이 아니라 프로그램이 완전히 재시작해서 setup 함수부터 다시 시작

2) 외부 깨우기 (External Wake Up)

- RST 핀에 연결된 스위치를 눌러 NodeMCU를 깨움 즉, 외부의 도움이 필요하며 수동 동작 수행

① 배선

- **RST 핀 외부에 버튼이나 스위치를 연결**하고 스위치 입력을 통해 ESP8266을 깨우는 방법
- 터치스위치를 사용하는 경우 [그림 15.3]과 같이 터치스위치를 ESP8266 보드에 연결
- 터치스위치는 터치가 없을 때는 HIGH 상태이고 터치가 있으면 LOW 상태로 변화하는 센서

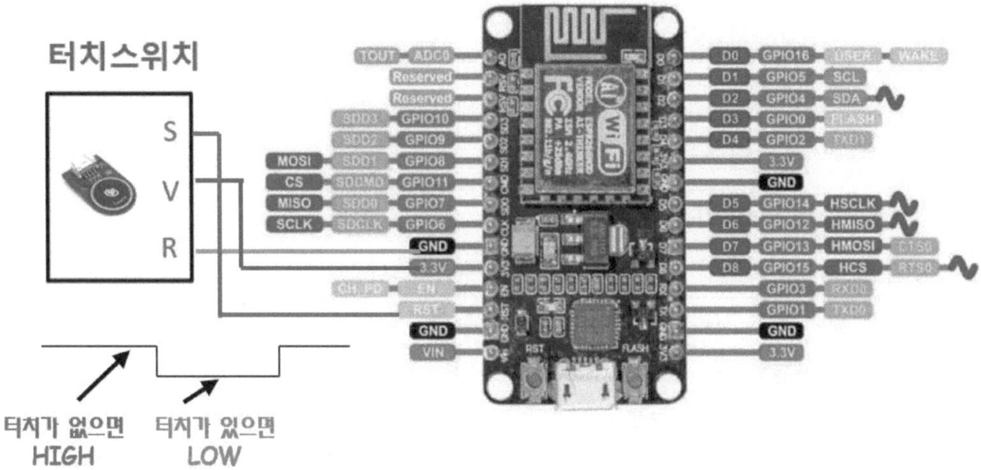

그림 15.3 외부 깨우기 깊은 수면모드

② 수면모드 진입

- ESP8266을 **무기한 수면모드**로 설정
- 이를 위해 deepSleep() **함수에 인수로 0을 전달**

```
ESP.deepSleep(0); //무기한 수면모드
```

③ 수면모드 탈출

- 푸시 버튼이나 스위치를 누르면 RST 핀이 LOW가 되고 LOW에서 HIGH로 변하면 즉, 상승(RISING)에지에서 수면모드에서 깨어 남
- 터치스위치 사용 시 터치스위치에서 터치가 떨어지는 순간 수면모드에서 깨어남
- 수면모드에서 깨어 나면 정지 되었던 다음부터 다시 시작하는 것이 아니라 프로그램이 완전히 재시작해서 setup **함수부터 다시 시작**

15.4 NodeMCU 깊은 수면모드를 활용한 센서 제어 실습

실험 15-1

깊은 수면모드 타이머 깨우기

- 깊은 수면모드 타이머 깨우기를 사용하여 2초마다 DHT22 온습도 센서의 온도 값과 습도 값을 읽고 시리얼 모니터에 출력
- 5번 읽고 나서 30초 동안 수면모드로 진입
- [그림 15.4]와 같이 회로를 연결하고 아래의 프로그램을 업로드
- 주의사항 : 디바이스프로그램을 **업로드 한 후에** RST **핀을** D0(GPIO16)**에 연결**

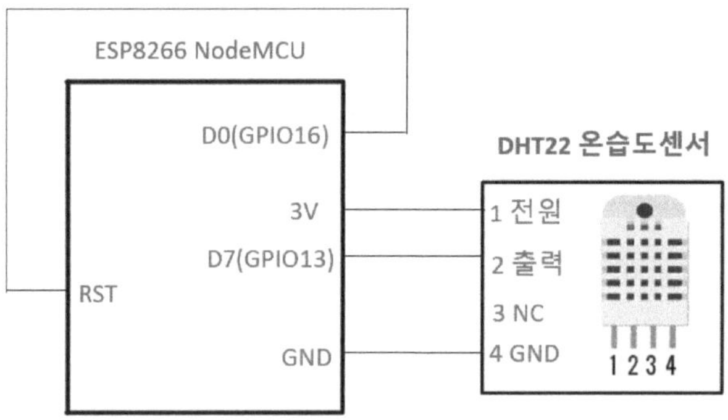

그림 15.4 실험 15-1 회로 연결

NodeMCU 디바이스 프로그램 ESP8266_DeepSleep_TimerWake

```
#include "DHT.h" // DHT 라이브러리 삽입

const int DHTPin=13;  // D7 DHT 센서에 연결된 핀 번호 변수 정의
#define DHTType DHT22   // DHT 타입 결정 DHT 22
DHT dht(DHTPin, DHTType); // DHT 객체 생성

unsigned long lastTime=0; // millis() 함수가 리턴한 이전 시간을 저장하는 변수
```

```
const unsigned long sTime = 30000000; // 30초
int readingNum=0; // 센서 값를 읽은 횟수를 저장하는 변수

void setup() {
  pinMode(DHTPin, INPUT); // DHT 센서를 입력으로 설정
  Serial.begin(115200); // 통신속도 설정
  dht.begin(); //DHT 센서 초기화
}

void loop() {
  if(millis()-lastTime >= 2000) { //  2초가 지났는지 확인
    lastTime=millis(); // 현재시간을 이전시간에 저장
    readingNum++; // 읽은 횟수를 증가
    Serial.println("\nNumber of Reading : "+String(readingNum));

    float h = dht.readHumidity(); // 습도 읽기
    float t = dht.readTemperature(); // 온도 읽기
    // 온도 값이나 습도 값을 읽을 수 있는지 체크
    if (isnan(h) || isnan(t)) {
      Serial.println("DHT 센서 값을 읽는데 실패 !");
      return;
    }
    Serial.println("Humidity: "+(String)h+" %");
    Serial.println("Temperature: "+(String)t+" *C ");

    if(readingNum == 5) {
      Serial.println();
      Serial.println("30초 동안 수면모드로 들어 갑니다.");
      Serial.println();
      ESP.deepSleep(sTime); // 30초 동안 절전모드 진입
    }
  }
}
```

○ **NodeMCU 다바이스 프로그램 실행 결과**

- [그림 15.5]와 같이 2초마다 DHT22 온습도 센서의 온도 값과 습도 값을 읽어 시리얼 모니터에 출력하는 과정을 5번 반복하고 나서 30초 동안 수면모드로 진입

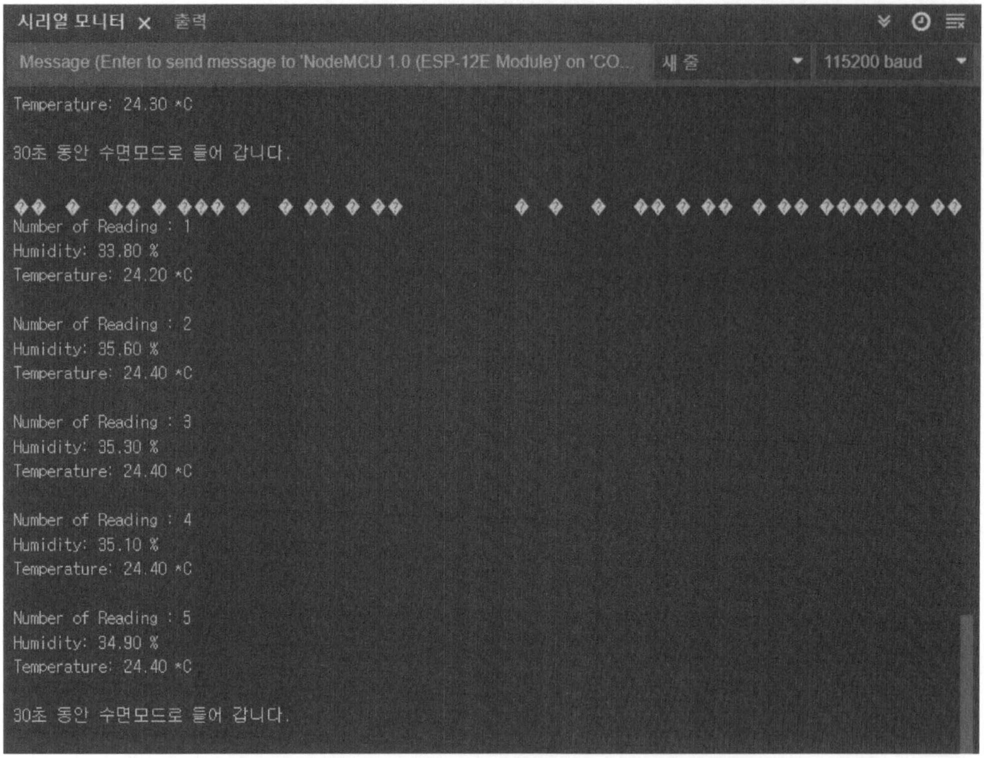

그림 15.5

실험 15-2

깊은 수면모드 외부 깨우기

- 깊은 수면모드 외부 깨우기를 사용하며 수면모드 탈출을 위해 터치스위치를 연결
- 무기한 수면모드에 있다가 터치스위치 입력으로 수면모드에서 탈출하고 수면모드에서 깨어나 온습도 값을 읽어 시리얼 모니터에 출력한 후 다시 무기한 수면모드로 들어가는 동작을 반복

• [그림 15.6]과 같이 회로를 연결하고 아래의 프로그램을 업로드.

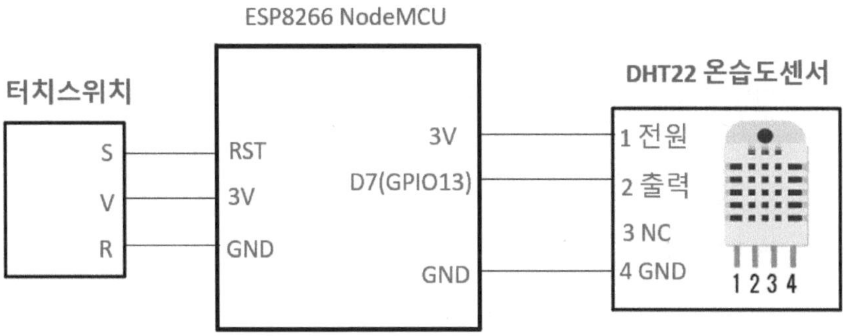

그림 15.6 실험 15-2 회로 연결

NodeMCU 디바이스 프로그램 ESP8266_DeepSleep_TouchExternalWake

```
#include "DHT.h" // DHT 라이브러리 삽입

const int DHTPin=13;  // D7 DHT 센서에 연결된 핀 번호 변수 정의
#define DHTType DHT22   // DHT 타입 결정 DHT 22
DHT dht(DHTPin, DHTType); // DHT 객체 생성

void setup() {
  pinMode(DHTPin, INPUT); // DHT 센서를 입력으로 설정
  Serial.begin(115200); // 통신속도 설정
  dht.begin(); //DHT 센서 초기화
}

void loop() {
  float h = dht.readHumidity(); // 습도 읽기
  float t = dht.readTemperature(); // 온도 읽기
  // 온도 값이나 습도 값을 읽을 수 있는지 체크
  if (isnan(h) || isnan(t)) {
    Serial.println("DHT 센서 값을 읽는데 실패 !");
    return;
```

```
  }
  Serial.println("--------------------");
  Serial.println("Humidity: "+(String)h+" %");
  Serial.println("Temperature: "+(String)t+" *C ");
  Serial.println();

  Serial.println("RST 핀이 LOW일 때까지 무기한 수면모드로 들어 갑니다.");
  ESP.deepSleep(0);  // 무기한 수면모드 진입
}
```

○ NodeMCU 다바이스 프로그램 실행 결과

- [그림 15.7]과 같이 무기한 수면모드에 있다가 터치스위치 입력으로 수면모드에서 깨어나 온습도 값을 읽어 시리얼 모니터에 출력한 후 다시 무기한 수면모드로 들어 가는 동작을 확인

그림 15.7

15.5 MQTT 통신 및 NodeMCU 깊은 수면모드를 활용한 센서 제어

실험 15-3

MQTT 통신 및 NodeMCU 깊은 수면모드 타이머 깨우기를 활용한 온습도 센서 모니터링

1. 실습개요

- NodeMCU 클라이언트는 전력 절약(Power Saving)을 위해 깊은 수면모드 타이머 깨우기를 사용하여 30초마다 수면모드에서 깨어나 온도 값과 습도 값을 페이로드로 하는 2개의 토픽을 MQTT 브로커에게 발행하고 다시 수면모드로 들어감
- 대시보드 클라이언트는 구독 토픽의 페이로드 값인 온도 값과 습도 값을 대시보드에 시각적으로 표시하여 온습도를 원격에서 모니터링하는 방법에 대하여 학습

2. MQTT 네트워크

○ MQTT 브로커

- 무료 MQTT 브로커 "test.mosquitto.org"을 사용 (또는 "mqtt-dashboard.com")

○ MQTT 클라이언트

- NodeMCU 디바이스와 대시보드 앱을 클라이언트로 사용

3. MQTT 동작

○ MQTT 프로토콜을 이용한 동작 과정

- [그림 15.8]과 같이 MQTT 네트워크를 구성하고 발행 및 구독 토픽 설정
- **NodeMCU 발행 토픽** : NodeMCU 클라이언트는 전력 절약을 위해 깊은 수면모드 타이머 깨우기를 사용하여 30초마다 수면모드에서 깨어나 온습도 값을 읽고 온도 값을 페이로드로 하는 토픽 " nodeMCU/DHT/Temp " 을 발행하고, 습도 값을 토픽 " nodeMCU/DHT/Humi " 의 페이로드로 발행
- **대시보드 구독 토픽** : 대시보드 클라이언트는 구독자가 되어 토픽 " nodeMCU/DHT/Temp " 와 " nodeMCU/DHT/Humi " 를 구독하고 수신된 메시지의 페이로드 값인 온도 값과 습도 값을 대시보드에 시각적으로 표시하여 온습도를 모니터링

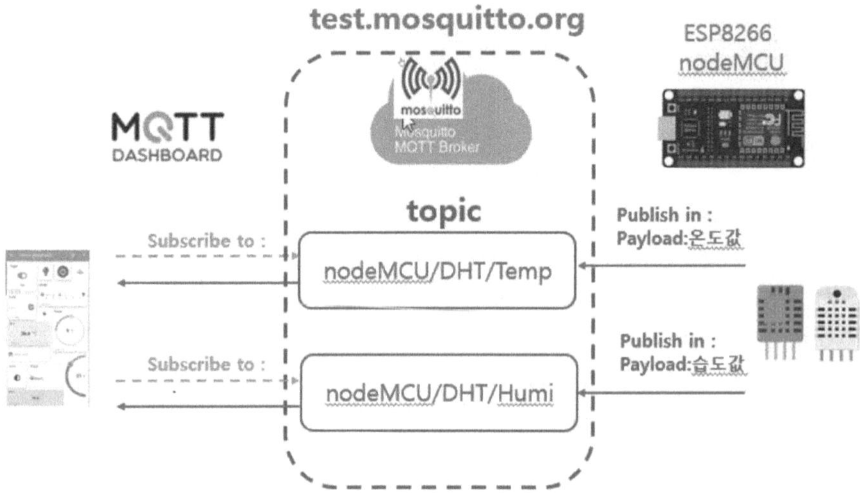

그림 15.8

○ 하드웨어 구성

- [그림 15.4]의 하드웨어 구성을 이용

NodeMCU 디바이스 프로그램

```
#include <ESP8266WiFi.h> // ESP8266WiFi 라이브러리 삽입
#include <PubSubClient.h> // MQTT 클라이언트 라이브러리 삽입
#include "DHT.h" // DHT 라이브러리 삽입

const char* ssid= "**********"; //WiFi 네트워크 이름
const char* password = "**********"; // WiFi 네트워크 비번

const char* mqtt_server= "test.mosquitto.org"; //mqtt 브로커
// 토픽설정------------------------
const char* outTopicTemp= "nodeMCU/DHT/Temp"; // 클라이언트 발행 토픽
const char* outTopicHumi= "nodeMCU/DHT/Humi"; // 클라이언트 발행 토픽

WiFiClient espClient; // 네트워크 클라이언트로 WiFiClient 객체 생성
PubSubClient client(espClient); // 생성된 TCP 클라이언트를 이용하여
                                // MQTT 클라이언트 인스턴스 생성
```

```
const int DHTPin=13; // D7 DHT 센서에 연결된 핀 번호 변수 정의
#define DHTType DHT22   // DHT 타입 결정 DHT 22
DHT dht(DHTPin, DHTType); // DHT 인스턴스 생성

const unsigned long sTime= 30000000; // 30초
char publishPayload[50]; // 발행 메시지 페이로드를 저장하는 변수

void setup() {
  pinMode(DHTPin, INPUT); // DHT 센서를 입력으로 설정
  Serial.begin(115200);  // 통신속도 설정
  dht.begin();  //DHT 센서 초기화

  setup_wifi(); // wifi 설정함수 호출
  client.setServer(mqtt_server, 1883); // MQTT 서버 연결 정보 등록
}

void loop() {
  if (!client.connected()) {  // 클라이언트가 서버에 연결되어 있는지 확인
    reconnect(); // 연결되어 있지 않으면 연결 시도
  }
  client.loop(); //클라이언트가 수신 메시지를 처리하고 서버에 연결 유지

  float h = dht.readHumidity(); // 습도 읽기
  float t = dht.readTemperature(); // 온도 읽기
  // 온도 값이나 습도 값을 읽을 수 있는지 체크
  if (isnan(h) || isnan(t)) {
    Serial.println("DHT 센서 값을 읽는데 실패 !");
    return;
  }
  Serial.println();
  Serial.println("Temperature: "+(String)t+" *C ");
  Serial.println("Humidity: "+(String)h+" %");

  String tString=String(t);
  publishMessage("Temp",tString); // 온도 토픽에 대한 메시지 발행
  String hString=String(h);
```

```
  publishMessage("Humi",hString); // 습도 토픽에 대한 메시지 발행

  Serial.println();
  Serial.println("30초 동안 수면모드로 들어 갑니다.");
  delay(300); // 지연 필요 !!!!
  ESP.deepSleep(sTime); // 30초 동안 절전모드 진입
}

void setup_wifi() {
   delay(10); // 10ms 대기
   WiFi.mode(WIFI_STA); // WiFi를 STA 모드로 설정
   WiFi.begin(ssid, password); // WiFi 연결 시도
   Serial.println("");
   Serial.print("Connecting to ");
   Serial.println(ssid); // WiFi 네트워크 이름 출력
   while (WiFi.status() != WL_CONNECTED) { // 접속될 때까지 대기
     delay(500);
     Serial.print(".");
   }
   Serial.println("");
   Serial.print("WiFiconnected to ");
   Serial.println(ssid); // WiFi 네트워크 이름 출력
   Serial.print("IP address: ");
   Serial.println(WiFi.localIP()); // AP에 의해 ESP 모듈에 할당된 IP 출력
}

void publishMessage(String HumiTemp, String message) {
    message.toCharArray(publishPayload,message.length()+1); // String을 문자배열로 변환
    Serial.print("Publish message: ");
    Serial.println(publishPayload);

    if (HumiTemp== "Humi" ) {
       client.publish(outTopicHumi, publishPayload); // 토픽에 대한 메시지 발행
    }
    else if (HumiTemp== "Temp" ) {
```

```
        client.publish(outTopicTemp, publishPayload); // 토픽에 대한 메시지 발행
    }
}

void reconnect() {
  while (!client.connected()) { // 클라이언트가 서버에 연결되어 있는지 확인
    Serial.print("Attempting MQTT connection...");
    Serial.println(mqtt_server);

    // 랜덤 클라이언트 ID 생성
    String clientId= "ESP8266Client-"; // 클라이언트 Id
    clientId+= String(random(0xffff), HEX); // 클라이언트 Id에 램덤숫자 추가

    if (client.connect(clientId.c_str())) { // 클라이언트 연결을 성공하였다면
      Serial.print("connected to");
      Serial.println(mqtt_server);
    }
    else {
      Serial.print("failed, rc=");
      Serial.print(client.state()); // 연결 실패에 대한 클라이언트의 현재 상태를 출력
      Serial.println(" try again in 5 seconds");
      delay(5000); // 재시도하기 전 5초 대기
    }
  }
}
```

○ MQTT Dashboard 앱 설정

- 온도 및 습도 값을 시각적으로 표시하기 위하여 Gauge 위젯 2개를 이용하여 값들을 모니터링.

○ Gauge 위젯

- 옵션 항목들을 다음과 같이 설정

Option			설정
Name			**온도**
Min Value			0
Max Value			50
Min Step			1
MQTT	MQTT enable		**enable**
	MQTT connection		**mosquitto.org**
	Subscribe to topic		**nodeMCU/ DHT/Temp**
Design	Gauge	Type	**Half top**
		Fill color	**〈붉은색 선택〉**
		Width	**15**
	Text Value	Font size	**14**
		Color	
		Font style	
	Unit	Show unit	**enable**
		Unit	

Option			설정
Name			**습도**
Min Value			0
Max Value			100
Min Step			1
MQTT	MQTT enable		**enable**
	MQTT connection		**mosquitto.org**
	Subscribe to topic		**nodeMCU/ DHT/Humi**
Design	Gauge	Type	**Half top**
		Fill color	**〈노랑색 선택〉**
		Width	**15**
	Text Value	Font size	**14**
		Color	
		Font style	
	Unit	Show unit	**enable**
		Unit	**%**

○ 설계된 Dashboard 앱

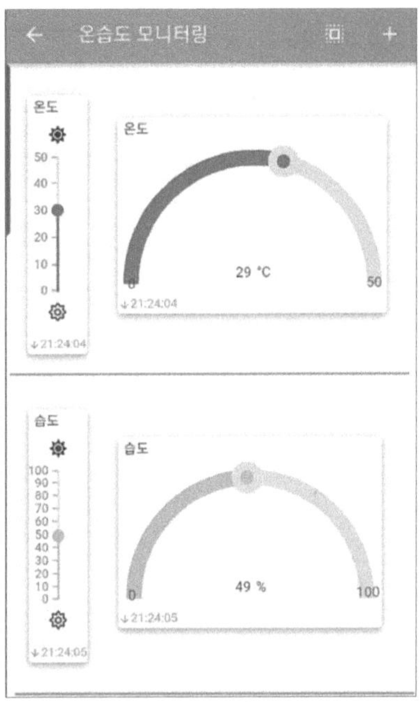

그림 15.9

15.6 NodeMCU 모뎀 수면모드를 활용한 센서 제어

실험 15-4

NodeMCU 모뎀 수면모드를 활용하여 측정한 날짜 및 시간과 온습도 센서 값을 모니터링

- 1초마다 NodeMCU의 온보드 LED를 점등하는 동작을 수행. WiFi를 사용할 필요가 없으므로 모뎀 수면모드에서 동작
- NodeMCU의 온보드 LED를 점등하는 동작을 20회 수행하고 나서 모뎀 수면모드에서 깨어나 WiFi 네트워크에 접속하고 NTP 서버에 접속하여 현재 날짜와 시간 정보를 가져오고 DHT22 온습도 센서의 온도 값과 습도 값을 측정한 후 시리얼 모니터에 현재 날짜, 시간, 온도 값, 습도 값을 출력하고 다시 모뎀 수면모드로 들어가는 동작을 반복
- NTP 서버로 "pool.ntp.org"을 이용하고 시간 동기화를 하고 날짜, 시간을 가져옴
- [그림 15.10]과 같이 회로를 연결하고 아래의 프로그램을 업로드

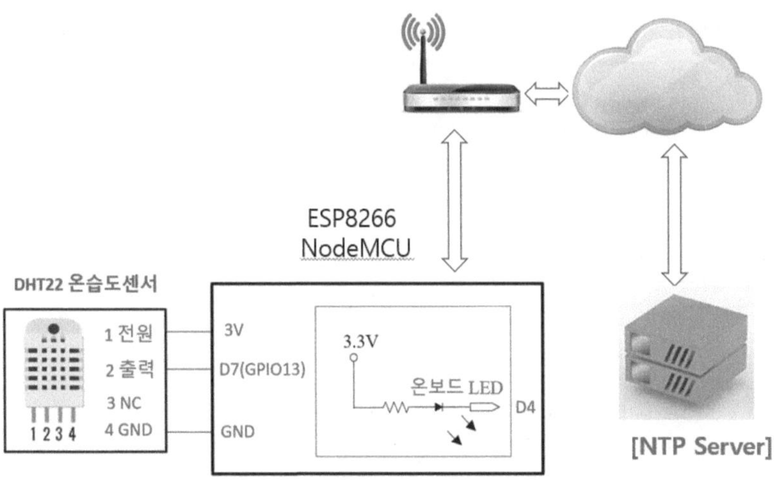

그림 15.10

NodeMCU 디바이스 프로그램 ESP8266_modemSleep_DHT22_NTP

```
#include <ESP8266WiFi.h> // ESP8266WiFi 라이브러리 삽입
#include <time.h>  // 시간과 관련된 함수를 위한 라이브러리
#include "DHT.h"   // DHT 라이브러리 삽입

const char* ssid= "**********";  //WiFi 네트워크 이름
const char* password =  "**********"; // WiFi 네트워크 비번

const char* NTP_server = "pool.ntp.org"; //NTP 서버
int GMTOffset = 60 * 60 * 9; // 시간 오프셋 설정, 한국은 UTC/GMT +9
int daylightOffset = 0;  // 국가에서 서머타임을 사용하는 경우 오프셋 값 설정
const String weekDays[]={"Sun", "Mon", "Tue", "Wed", "Thu", "Fri", "Sat"};
String DateTime; // 날짜와 시간을 저장하는 변수

const int DHTPin=13; // D7 DHT 센서에 연결된 핀 번호 변수 정의
#define DHTType DHT22   // DHT 타입 결정 DHT 22
DHT dht(DHTPin, DHTType); // DHT 객체 생성

boolean ledState = HIGH; // 온보드 LED 끔
unsigned long lastTime=0; // millis() 함수가 리턴한 이전 시간을 저장하는 변수
int timeNum=0; // 20초 경과를 저장하는 변수

void modemSleepBegin() {
  WiFi.disconnect(); // WiFi AP 연결 해제
  WiFi.forceSleepBegin(); // WiFi 종료
  delay(10); // WiFi가 종료될때 까지 대기
}

 void modemSleepWake() {
  WiFi.forceSleepWake(); // WiFi 실행
  setup_wifi(); //WiFi 연결
}

void setup_wifi() {
  delay(10); // 10ms 대기
  WiFi.begin(ssid, password); // WiFi 연결 시도
```

```
  Serial.println("");
  Serial.print("Connecting to ");
  Serial.println(ssid); // WiFi 네트워크 이름 출력
  while (WiFi.status() != WL_CONNECTED) { // 접속될 때까지 대기
    delay(500);
    Serial.print(".");
  }
  Serial.println("");
  Serial.print("WiFi connected to ");
  Serial.println(ssid); // WiFi 네트워크 이름 출력
  Serial.print("IP address: ");
  Serial.println(WiFi.localIP()); //AP에 의해 ESP 모듈에 할당된 IP 출력
}

void setup() {
  pinMode(LED_BUILTIN, OUTPUT); // 온보드 LED 출력설정
  digitalWrite(LED_BUILTIN, ledState); // 초기상태로 온보드 LED 끔
  pinMode(DHTPin, INPUT); // DHT 센서를 입력으로 설정
  Serial.begin(115200);  // 통신속도 설정
  configTime(GMTOffset, daylightOffset, NTP_server); // NTP 서버를 통한 시간 동기화
  dht.begin(); //DHT 센서 초기화

  modemSleepBegin(); // Modem sleep 시작
}

void getDateTime(void) {
  // 현재시간 가져오기
  time_t rawtime=time(nullptr);
  struct tm *timeinfor = localtime(&rawtime);

  String Date=(String)(timeinfor->tm_year+1900)+"/"+(String)(timeinfor->tm_mon+1)+"/";
  Date += (String)timeinfor->tm_mday;

  String Time=(String)timeinfor->tm_hour+":";
  if (timeinfor->tm_min < 10) Time+="0";
  Time += (String) timeinfor->tm_min;
  Time += ":";
```

```
  if (timeinfor->tm_sec < 10) Time+="0";;
  Time += (String)timeinfor->tm_sec;

  DateTime=Date+" "+Time;
}

void loop() {
  if(millis()-lastTime >=1000) { //1초가 지났는지 체크
    lastTime=millis(); // 현재시간을 이전시간에 저장
    ledState=!ledState;
    digitalWrite(LED_BUILTIN, ledState); // 온보드 LED 출력

    if(++timeNum == 20) {
      timeNum=0;

      modemSleepWake(); // Modem sleep에서 깨어나기 (Normal 모드로 복귀)
      getDateTime(); //날짜와 시간 가져오기

      float h = dht.readHumidity(); // 습도 읽기
      float t = dht.readTemperature(); // 온도 읽기
      // 온도 값이나 습도 값을 읽을 수 있는지 체크
      if (isnan(h) || isnan(t)) {
        Serial.println("DHT 센서 값을 읽는데 실패 !");
        return;
      }
      Serial.println("----------------------------------");
      Serial.println("현재 날짜와 시간 :"+DateTime);
      Serial.println("Temperature: "+(String)t+" *C ");
      Serial.println("Humidity: "+(String)h+" %");

      // Modem sleep 시작
      Serial.println("Modem sleep 으로 들어감");
      delay(300); // 지연 필요
      modemSleepBegin(); // Modem sleep 시작
      Serial.println("----------------------------------");
    }
  }
}
```

15.7 MQTT 통신 및 NodeMCU 모뎀 수면모드를 활용한 센서 제어

실험 15-5

MQTT 통신 및 NodeMCU 모뎀 수면모드를 활용한 온습도 센서 모니터링

1. 실습개요

- NodeMCU 클라이언트는 10초마다 온도 값과 습도 값을 페이로드로 하는 2개의 토픽을 MQTT 브로커에게 발행. 전력 절약을 위해 브로커에게 메시지를 전송할 때 만 모뎀 수면모드에 깨어나 MQTT 브로커에게 메시지를 전송하고 모뎀 수면모드로 들어감
- 대시보드 클라이언트는 구독 토픽의 페이로드 값인 온도 값과 습도 값을 대시보드에 시각적으로 표시하여 온습도를 모니터링하는 방법에 대하여 학습

2. MQTT 네트워크

○ **MQTT 브로커**

- 무료 MQTT 브로커 "test.mosquitto.org"을 사용 (또는 "mqtt-dashboard.com")

○ **MQTT 클라이언트**

- NodeMCU 디바이스와 대시보드 앱을 클라이언트로 사용

3. MQTT 동작

○ **MQTT 프로토콜을 이용한 동작 과정**

- [그림 15.8]의 MQTT 네트워크를 구성하고 발행 및 구독 토픽 설정
- **NodeMCU 발행 토픽** : NodeMCU 클라이언트는 전력 절약을 위해 모뎀 수면모드를 사용하여 10초마다 수면모드에서 깨어나 온습도 값을 읽고 온도 값을 페이로드로하는 토픽 " nodeMCU/DHT/Temp " 을 발행하고, 습도 값을 토픽 " nodeMCU/DHT/Humi " 의 페이로드로 발행
- **대시보드 구독 토픽** : 대시보드 클라이언트는 구독자가 되어 토픽 " nodeMCU/DHT/Temp " 와 " nodeMCU/DHT/Humi " 을 구독하고 수신된 메시지의 페이로드 값인 온도 값과 습도 값을 대시보드에 시각적으로 표시하여 온습도를 모니터링

○ 하드웨어 구성

- NodeMCU 클라이언트에서는 [그림 15.11] 회로를 구성하고 아래의 디바이스 프로그램을 업로드

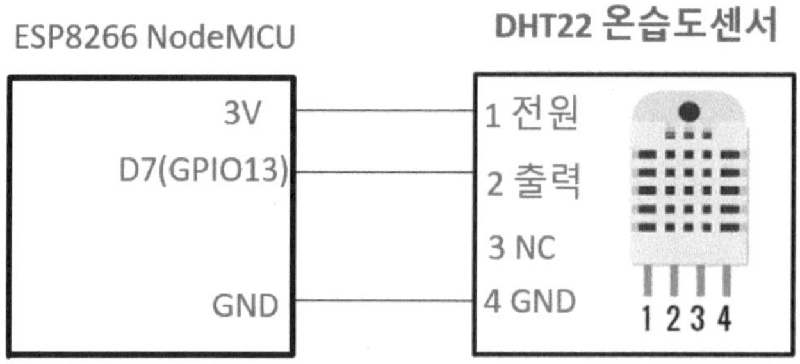

그림 15.11

NodeMCU 디바이스 프로그램

```
#include <ESP8266WiFi.h> // ESP8266WiFi 라이브러리 삽입
#include <PubSubClient.h> // MQTT 클라이언트 라이브러리 삽입
#include "DHT.h" // DHT 라이브러리 삽입

const char* ssid= "**********"; //WiFi 네트워크 이름
const char* password = "**********"; // WiFi 네트워크 비번

const char* mqtt_server= "test.mosquitto.org"; //mqtt 브로커
// 토픽설정-------------------------
const char* outTopicTemp= "nodeMCU/DHT/Temp"; // 클라이언트 발행 토픽
const char* outTopicHumi= "nodeMCU/DHT/Humi"; // 클라이언트 발행 토픽

WiFiClient espClient; // 네트워크 클라이언트로 WiFiClient 객체 생성
PubSubClient client(espClient); // 생성된 TCP 클라이언트를 이용하여
                                // MQTT 클라이언트 인스턴스 생성

const int DHTPin=13;       // D7 DHT 센서에 연결된 핀 번호 변수 정의
#define DHTType DHT22      // DHT 타입 결정 DHT 22
```

```
DHT dht(DHTPin, DHTType); // DHT 인스턴스 생성

char publishPayload[50]; // 발행 메시지 페이로드를 저장하는 변수
unsigned long lastTime=0; // millis() 함수가 리턴한 이전 시간을 저장하는 변수

// 모뎀 수면모드 시작
void modemSleepBegin() {
  WiFi.disconnect(); // WiFi AP 연결 해제
  WiFi.forceSleepBegin(); // WiFi 종료
  delay(10); // WiFi가 종료될 때까지 대기
}

// 모뎀 수면모드에서 깨어나 일반모드로 복귀
void modemSleepWake() {
  WiFi.forceSleepWake();  // WiFi 실행
  setup_wifi();  //WiFi 연결
}

void setup() {
  pinMode(DHTPin, INPUT); // DHT 센서를 입력으로 설정
  Serial.begin(115200);  // 통신속도 설정
  dht.begin(); //DHT 센서 초기화
  setup_wifi(); // wifi 설정함수 호출
  client.setServer(mqtt_server, 1883); // MQTT 서버 연결 정보 등록

  modemSleepBegin(); // 모뎀 수면모드 시작
}

void loop() {
  if(millis()-lastTime>=10000) { //1초가 지났는지 체크
     lastTime=millis(); // 현재시간을 이전시간에 저장

     modemSleepWake(); // 모뎀 수면에서 깨어나기 (일반 모드로 복귀)
```

```
    if (!client.connected()) {  // 클라이언트가 서버에 연결되어 있는지 확인
      reconnect(); // 연결되어 있지 않으면 연결 시도
    }
    client.loop(); //클라이언트가 수신 메시지를 처리하고 서버에 연결 유지

    float h = dht.readHumidity(); // 습도 읽기
    float t = dht.readTemperature(); // 온도 읽기
    // 온도 값이나 습도 값을 읽을 수 있는지 체크
    if (isnan(h) || isnan(t)) {
      Serial.println("DHT 센서 값을 읽는데 실패 !");
      return;
    }
    Serial.println();
    Serial.println("Temperature: "+(String)t+" *C ");
    Serial.println("Humidity: "+(String)h+" %");

    String tString=String(t);
    publishMessage("Temp",tString); // 온도 토픽에 대한 메시지 발행
    String hString=String(h);
    publishMessage("Humi",hString); // 습도 토픽에 대한 메시지 발행

    // 모뎀 수면 시작
    Serial.println("Modem sleep으로 들어감");
    delay(300); // 지연 필요
    modemSleepBegin(); // 모뎀 수면 시작
  }
}

void setup_wifi() {
  delay(10); // 10ms 대기
  WiFi.mode(WIFI_STA); // WiFi를 STA 모드로 설정
  WiFi.begin(ssid, password); // WiFi 연결 시도
  Serial.println("");
  Serial.print("Connecting to ");
```

```
  Serial.println(ssid); // WiFi 네트워크 이름 출력
  while (WiFi.status() != WL_CONNECTED) { // 접속될 때까지 대기
    delay(500);
    Serial.print(".");
  }
  Serial.println("");
  Serial.print("WiFiconnected to ");
  Serial.println(ssid); // WiFi 네트워크 이름 출력
  Serial.print("IP address: ");
  Serial.println(WiFi.localIP()); //AP에 의해 ESP 모듈에 할당된 IP 출력
}

void publishMessage(String HumiTemp, String message) {
   message.toCharArray(publishPayload,message.length()+1); // String을 문자배열로 변환
   Serial.print("Publish message: ");
   Serial.println(publishPayload);

   if (HumiTemp== "Humi" ) {
      client.publish(outTopicHumi, publishPayload); // 토픽에 대한 메시지 발행
   }
   else if (HumiTemp== "Temp" ){
      client.publish(outTopicTemp, publishPayload); // 토픽에 대한 메시지 발행
   }
}

void reconnect() {
  while (!client.connected()) { // 클라이언트가 서버에 연결되어 있는지 확인
   Serial.print("Attempting MQTT connection...");
   Serial.println(mqtt_server);

   // 랜덤 클라이언트 ID 생성
   String clientId= "ESP8266Client-"; // 클라이언트 Id
   clientId+= String(random(0xffff), HEX); // 클라이언트 Id에 랜덤숫자 추가
```

```
    if (client.connect(clientId.c_str())) { // 클라이언트 연결을 성공하였다면
      Serial.print("connected to");
      Serial.println(mqtt_server);
    }
    else {
      Serial.print("failed, rc=");
      Serial.print(client.state()); // 연결 실패에 대한 클라이언트의 현재 상태를 출력
      Serial.println(" try again in 5 seconds");
      delay(5000); // 재시도하기 전 5초 대기
    }
  }
}
```

○ MQTT Dashboard 앱 설정

- [실험 15-3]에서 설계한 [그림 15.9]의 대시보드 앱을 사용

저자소개

김한종(KIM HAN JONG)

1982~1986 : 한양대학교 전자공학과 공학사

1986~1988 : 연세대학교 전자공학과 공학석사

1988~1994 : 연세대학교 전자공학과 공학박사

1994~현재 : 한국기술교육대학교 전기전자통신공학부 교수

관심분야 : IoT, 이동통신, 방송통신, 부호이론, 변복조기술, 디지털신호처리, 마이크로 프로세서 응용 등

ESP8266과 MQTT 통신으로 만드는 사물인터넷 세상

발행	2025년 11월 30일
저자	김한종
발행인	윤태건
펴낸 곳	도서출판 가람
편집디자인	아트기획
주소	경기도 파주시 성재길 1-40 2층
전화	031) 948-0336~7
팩스	031) 948-0338
등록번호	406-2016-000141
E-mail	garam3322@naver.com
ISBN	979-11-89819-08-8 93560

정가 33,000원